Understanding of modern science

3rd Edition

현대과학의 이해

박 영 목 저

Understanding of
MODERN SCIENCE

Understanding of modern science

 북스힐

현대과학의 이해 3판

저 자 ㅣ 박 영 목

발행인 ㅣ 조 승 식

발행처 ㅣ (주)도서출판 북스힐

등록번호 ㅣ 제22-457호(1998년 7월 28일)

주소 ㅣ 142-877 서울시 강북구 한천로 153길 17

홈페이지 ㅣ www.bookshill.com

전자우편 ㅣ bookshill@bookshill.com

전화 ㅣ 02-994-0071(代)

팩스 ㅣ 02-994-0073

2006년 3월 5일 1판 1쇄 발행
2010년 3월 20일 개정증보판 2쇄 발행
2018년 8월 10일 3판 3쇄 발행

값 22,000원

ISBN 978-89-5526-565-1

개정 3판 머리말

개정증보판이 나온 지 4년이 넘었다. 그 사이 과학이 바뀐 것은 별로 없으나 자세히 들여다보니 고칠 것이 눈에 많이 띄었다. 또한 전국에서 이 책을 과학 교양 교재로 선택하는 대학이 많이 늘어났다는 이야기를 듣고 보니 더욱더 신경이 쓰일 수밖에 없다. 그 결과가 이 개정 3판이다. 그러나 틀 자체를 바꾸지는 않았다. 부분적으로 불만족스러운 곳을 새로이 고쳐 썼고 띄어쓰기, 오탈자를 수정하는데 그쳤다. 그 결과 눈에 띌 정도로 내용이 수정이 된 곳은 2, 3, 4장이고 나머지에는 큰 변동은 없다. 초판 그대로 중쇄를 거듭하는 것이 독자에 대한 올바른 자세임을 알고 그렇게 되도록 노력을 하지만 지나고 보면 그것이 불가능하다는 사실을 느낀다. 독자들에게 이해를 구한다.

2013년 2월
저자 씀

개정증보판 머리말

　2년여 전 자신과 한 약속을 지키게 되었다. 2006년 봄, 이 책의 초판이 출간되었을 때 못마땅한 곳과 잘못된 부분을 2년 내에 수정하자고 스스로에게 약속하였던 것이다. 초판 출간 당시에도 이미 못마땅한 곳이 눈에 많이 뜨였지만, 그 사이 가르치면서 발견한 문제점 때문에 상당히 많은 부분을 수정해야 했고, 보다 매끈한 서술을 위해 추가한 부분도 상당한 분량이다. 가장 크게 바뀐 단원이 '자연 변화의 서술'인데, 보다 완전하게 용어들을 정리하다 보니 장황해진 느낌마저 주게 되었다. 또한 이전의 '물질의 성질' 단원을 '물질의 구성단위'와 '물질의 성질과 변화'의 두 단원으로 분리한 것은 물질을 이루는 가장 기본적인 구성단위와 원자핵의 반응에 대한 설명을 추가하기 위한 것이다. 결과적으로 학문적인 심도가 더 깊어지게 되었다.

　이 책은 원래부터 대학의 교재를 위해 쓰인 것으로, 일반인을 위한 읽을거리로부터는 거리가 멀다고 할 수 있는데, 개정증보판에서도 그 경향은 그대로 유지되거나 오히려 부분적으로는 전문 도서의 수준에까지 미치게 되어 가벼운 마음으로 시작한 학생들에게는 어려운 감이 있을 것으로 생각된다. 시작할 때는 보다 쉬운 책으로 만들고자 했지만 성공하지 못한 셈이다. 결국 뒤처리는 강의하는 사람의 몫으로 남겨지게 되었다. 수강 환경에 적합한 내용을 선택하여야 할 것으로 보인다.

　어려운 중에도 2판을 출간할 수 있게 도와주신 도서출판 북스힐의 조승식 사장님에게 감사를 드린다.

2008년 8월
저자 씀

머 리 말

　현대 과학은 자연과학 중에서 비교적 최근에 수립된 내용을 말하며 자연과학은 물리학, 화학, 생물학, 지구과학, 천문학 등 자연을 대상으로 하는 기초적인 과학을 의미한다. 이렇게 자연과학이 매우 광범위한 영역에 걸쳐 있기 때문에 자연과학 전체에 대해서 광범위하게 이해하는 것은 매우 어렵다고 할 수 있다. 특히 현대의 자연과학은 다양한 자연 현상을 설명하기 위해 복잡한 이론과 여러 가지 관련 지식을 요구하기 때문에 비전공자가 이해하기가 더욱 더 어려워진다. 이런 점에서 보면 어느 한 개인이 자연과학 전체를 대상으로 하는 책을 저술하는 것은 거의 불가능하다고 할 수 있다. 어느 특정 전공자가 저술했을 때 다른 분야를 잘 알지 못하기 때문에 수박 겉 핥기식으로 흐르기 쉽고, 욕심을 내다보면 내용상의 오류를 남기기 쉬워지는 것이다. 이러한 문제점을 잘 알고 있지만 장기간의 강의와 남다른 경험을 바탕으로 책을 출간하기로 결정하였다. 이미 유사한 내용을 출판한 적이 있지만 이번에는 특히 긴장이 된다. 왜냐하면 이제는 독자층이 넓어져 부족한 부분이 많이 드러날 것이기 때문이다. 그러나 한편으로는 독자들의 지적 사항을 수용하여 다음 판을 더 좋게 꾸며 볼 수도 있다는 생각에 은근히 기쁘기도 하다.

　과거 자연과학 개론 형태의 저술이 국내에도 여럿 출판되었으나 대체로 여러 저자가 각자의 전공 분야를 소개하는 형식이었다. 이러한 책의 공통적인 특징은 비교적 산만하거나 높낮이가 다른 이질적 요소들이 섞여 있다는 점이다. 이 책에서는 그러한 문제점을 회피하기 위해 위에서 나열한 자연과학의 각 영역을 골고루 소개하되 백과사전식 나열은 피하고 가장 현대적이며 핵심적인 내용만을 선택하여 서술하려고 노력하였다. 그러나 어느 정도의 기초 지식을 습득하는 것도 필요하기 때문에 각 영역에서 기본이 되는 내용은 포함하였다. 또한 전체 14장의 내용이 어느 정도 연속성이 있기 때문에 강의자는 순서대로 가르치거나 일부를 제외 할 경우 이를 감안하여 결정하기 바란다.

　이 책이 나오기까지 도움을 주신 여러 분께 고마운 마음을 표한다. 그 중에서도 지구과학, 생물학, 화학 분야에서 원고를 검토해주신 강원대학교 박수인, 동의대학교 허만규, 경성대학교 권태우 교수님과 이 책을 출간해 주신 북스힐출판사 조승식 사장님께 깊은 감사를 드린다.

2006년 2월

저 자 (ympark@phyux1.ks.ac.kr)

차 례

C·O·N·T·E·N·T·S

C·O·N·T·E·N·T·S

현대 과학의 배경

최초의 합리적 과학이 고대 그리스에서 태어났다. 비록 그 내용은 자연현상에 대한 사변적 설명에 불과하지만 그 이전의 신화적이거나 주술적인 설명에서 벗어났다는 데 큰 의의를 가진다. 그러나 고대 그리스의 과학은 천여 년에 걸친 중세 암흑기를 거치며 더 이상 발전하지는 못했다. 현대 과학의 직접적인 배경이 되는 경험주의적인 과학은 16·17세기에 나타났다.

1.1 과학의 여명기

수십만 년에 걸친 인류의 역사에서 인간이 자연을 조직적으로 관찰하여 원시적인 방법으로나마 기록을 남기기 시작한 시기는 불과 약 1만 년 전의 일로서 신석기 시대 초기에 해당한다. 이때의 인간은 자신들이 이해할 수 없는 것은 모두 초자연적 존재의 섭리로 해석하였다. 이와 같이 자연현상에 대한 원시인의 인식은 비합리적이었고, 그들이 이해한 내용은 과학적 지식이라고 하기보다는 주술적·종교적인 성격을 강하게 띤 믿음이나 상상에 불과하였다.

메소포타미아의 과학

그림 1.1 바빌로니아의 천문학자. 고대 바빌로니아에서는 점성술을 위한 천문 관측이 성행했으며, 이러한 활동은 역법을 제작하는 등 천문학의 발전을 가져왔다.

인류의 과학 지식은 신비의 대상으로 여겨진 천문 현상의 관측으로부터 형성되기 시작하였다. 처음에는 이러한 관측은 별자리의 발견과 같은 비교적 단순한 결과로 나타났지만 점차 천체의 이동이나 상태의 변화를 이용한 점성술로 발전하였다. 점성술은 행성이 통치자와 국가의 운명에 영향을 미친다고 하는 미신으로서 B.C. 2000년경에 고대 바빌로니아[1]에서 싹튼 후, 고대 그리스에 전해지면서 모든 인간의 운명이 별자리의 영향을 받는다는 믿음으로 발전하였다. 천문학자는 원래 점성술을 실행하는 사람이었다. 점성술은 아무런 과학적 근거가 없는 미신이었지만 천문 관측을 통해 천문학을 발전시키는 계기를 마련하였다.

천문 관측으로부터 발견된 천체 운동의 규칙성은 시계의 역할을 했다. 규칙적으로 되풀이되는 밤낮의 교대와 계절의 반복적인 출현은 년, 월, 일과 같이 인간에게 익숙한 시간의 단위가 되었을 것이다. 이러한 주기적 천문 현상에 근거한 시간의 단위 이외에도 임의로 고안된 단위도 있었다. 예를 들면 바빌로니아 인은 다섯 행성과 태양, 달의 이름을 사용하여 주일이라는 시간의 단위를 만들어 내었다. 바빌로니아 인이 사용하던 년, 월, 주일, 일, 시, 분, 초와 같은 시간의 단위는 현재도 사용되고 있다. 또한 그들은 농경문화에 필요한 역법인 태음력을 만들어 사용하였다.

천문 관측의 기준이 지구에 있었기 때문에 고대인은 천체 운동의 중심도 자연히 지구에 있다고 보았으며, 별들은 하늘에 있는 큰 구에 고정되어 규칙적인 원운동을 하는 것으로 생각하였다.

---

1) 메소포타미아 지방에서 명멸했던 왕국 중의 하나

이집트의 과학

고대 바빌로니아가 사방으로 다른 국가와 접촉할 수 있는 지형적인 요건을 갖추고 있었던 반면, 고대 이집트는 비교적 고립된 사회였다. 그 때문에 절대 권력을 쥔 파라오가 지배하는 단일 전제국가로서의 형태는 오래 지속되었으나 고대 이집트 인이 파라오를 신으로 숭상하는 등 미신적인 생각에 오랫동안 벗어나지 못한 점에서 엿볼 수 있듯이 전반적으로 과학의 활동이 활발하지 않았던 것으로 추측된다. 따라서 문명의 규모에 비해 고대 이집트 인이 남긴 과학 활동의 흔적은 많지 않은 편들다. 특히 천문 관측의 결과는 비석이나 무덤 내의 장식 이외에는 찾아보기 힘들다.

그림 1.2 고대 바빌로니아 시대의 달력. 행성의 위치까지 예측하는 내용이 담긴 점토판의 기록으로 미루어 보아 고대 바빌로니아 시대의 천문학은 상당한 수준에 있었던 것으로 추정된다.

고대 이집트 인에게 가장 중요한 천체는 달과 시리우스(Sirius)였다. 초승달은 달이라는 시간의 시작이었고, 시리우스가 일출 직전에 뜰 때는 일 년의 시점이었다. 시리우스의 출현과 함께 새해가 시작하도록 한 것은 이때가 나일 강의 범람 시기와 일치하며 농업에 매우 중요한 시점이었기 때문이다. 다른 농경 사회와는 달리 고대 이집트에서 태양의 위치를 기준으로 한 역법인 태양력이 고안된 이유가 이 때문으로 보인다.

한편 나일 강 유역의 홍수는 홍수 이후의 토지 재측량에 필요한 기하학을 발전시킨 주요한 원인이 되었다. 이와 같이 수학과 기하학은 필요성에 의해 발전된 학문으로 인간의 지적 호기심에 의해 시작된 천문학과는 대조적인 기원을 가지고 있다.

1.2 합리적 과학의 탄생

고대 그리스의 과학이라 함은 보통 기원전 500년 전후의 고대 그리스 인의 지적 활동에 의해 발전한 과학을 말하며, 주로 자연현상에 대한 철학적 설명을 추구하였기 때문에 흔히 자연철학으로 불린다.

사변적 과학

고대 그리스의 자연철학자들은 자연현상에 대한 신화적인 설명으로부터 탈피하여 자연적인 설명을 시도하였다. 예를 들면 탈레스(Thales, B.C.625~B.C.545)는 지구가 물 위에 떠 있기 때문에 물이 흔들리면 지진이 발생한다고 하였다. 나아가 그는 물이 만물의 근원이라고 하였다.

아낙시만드로스(Anaximandros, B.C.610~B.C.546)는 최초로 화학적

생명의 기원을 주장한 사람이다. 즉 생물은 습기와 태양광에 의해 생성된다고 하여 생명의 기원을 물질의 결합에 의한 것으로 보았던 것이다. 또한 그는 인간은 일종의 물고기로부터 생겨났다고 보는 진화의 개념을 도입하기도 했다.

엠페도클레스(Empedokles, B.C.49~B.C.430)는 우주는 물, 불, 흙, 공기의 4원소로 구성되어 있으며 이들 4원소의 적당한 비율에 의해 모든 물질이 생성된다고 보는, 이른바 4원소설을 주장하였다. 그리고 물질에는 대립되는 힘인 사랑과 투쟁이 존재하며 이들의 작용에 의해 물질의 변화가 생긴다고 하였다. 이러한 생각은 원소의 존재와 각 물질에 고유한 원소의 혼합 비율이 존재한다는 것을 말하고 있다.

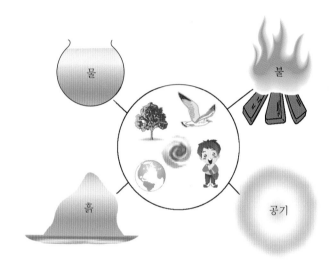

그림 1.3 고대 그리스의 4원소설. 고대 그리스인은 물, 불, 흙, 공기가 물질을 구성하는 기본 원소라고 생각하였다.

그림 1.4 데모크리토스. 원자론의 선구자이다. 고대의 원자는 추상적인 존재로서 실존하는 것은 아니다.

루키포스(Leukippos, B.C.440경)에 의해 시작된 고대의 원자론에서는 물질을 구성하는 원초적인 구성 성분이 추구되었다. 데모크리토스(Democritos, B.C.420경)는 이러한 더 이상 나눌 수 없는 물질의 구성 단위를 원자라고 불렀으며, 이들 원자는 불연속적이고 영원불변하여 창조 및 파괴가 불가능하다고 보았다. 그러나 고대인이 구상한 원자는 실재하는 것이라기보다는 사고를 하기 위한 추상적인 존재에 불과한 것이었다.

우주의 구조에 대한 이론은 대부분 지구 중심적인 동심 천구설(theory of homocentric spheres)이었다. 예를 들어, 유독수스(Eudoxus, B.C.408~B.C.355)는 지구가 우주의 중심이라고 생각하여 지구를 중심으로 한 동심 천구에 별들이 고정된 기하학적 모형을 고안하였다. 모호하지만 천체의 주기적 운동을 설명하기 위한 최초의 우주 모형이었다는데 의의가 있다고 할 수 있다.

이와 같이 고대 그리스의 과학은 자연현상에 대해서 신화적, 주술적, 초자연적 설명을 배격하고 이미 잘 이해히고 있는 다른 자연현상을 이용하는 등 비교적 합리적인 설명을 제시하였으나 대부분이 과학적 근거가 결여된 사변적인 성격을 띠고 있었음을 부인할 수 없다.

아리스토텔레스의 과학

고대 그리스의 과학은 아리스토텔레스(Aristoteles, B.C.384~B.C.322)에 의해 집대성되었다.

아리스토텔레스는 동물을 유혈(척추)동물과 무혈(무척추)동물로 나누어 생물의 분류에서 선구적인 역할을 하였으며 천문학에서는 여러 개의 동심 천구를 이용한 지구 중심설을, 역학[2]에서는 자연물의 존재와 변화는 신의 목적을 실현하기 위한다고 하는 목적론(objectivism)을 주장하였다. 특히 떨어지는 물체의 운동 속도는 무게에 비례하므로 무거운 물체가 더 빨리 떨어진다고 생각하였다. 이러한 생각은 17세기에 갈릴레이(Galileo Galilei, 1564~1642)의 반증이 있기까지 천 년 이상 비판 없이 수용되어 왔다. 또한 그는 고귀한 물질인 에테르(ether)로 구성된 천상계와 물, 불, 흙, 공기의 비천한 물질로 구성된 천하계의 서로 다른 두 세상이 존재한다는, 이른바 위계론(hierarchism)을 주장하였다. 이 위계론에 입각한 우주관은 중세 사회에서 계급 제도를 옹호하는 이념적 근거로 사용되었다.

아리스토텔레스는 단편적인 지식을 종합하여 정리하였고 철학적 원리로부터 통일적 과학 체계를 추구하는 자세를 취하였지만, 그의 목적론과 위계론은 중세기에 기독교적 관념을 조장하여 우주관에서 유물론적 요소가 사라지게 함으로써 과학 발전의 장애가 되고 말았다.

그림 1.5 **아리스토텔레스.** 고대 그리스의 철학자인 아리스토텔레스는 위계론과 목적론으로 중세에 과학의 발달에 지장을 주었다.

헬레니즘의 실용 과학

알렉산더 대왕(Alexander The Great, B.C. 356~B.C. 323)의 정복에 의해 만들어진 헬레니즘 세계의 과학은 이전의 고대 그리스 과학과는 대조적으로 현실적인 문제에 보다 많은 관심을 기울이게 되었다. 예를 들어 아르키메데스(Archimedes, B.C.287~B.C.212)는 부력 현상을 연구하였으며, 지렛대의 원리도 발견하였다.

---

2) 힘과 운동 사이의 관계를 규명하는 물리학의 세부 분야

□ **아르키메데스와 황금 왕관**

아르키메데스는 황금 왕관 속에 포함된 구리의 비율이 얼마나 되는지를 알아내는 방법을 찾아낸 것으로 유명하며, 그것은 부력 현상을 이해하였기 때문에 가능하였다. 물체의 부력은 자신의 부피와 같은 물의 무게와 같고 물속의 물체는 이 부력만큼 가벼워진다. 동일한 무게를 가진다고 하더라도 물질마다 부피, 즉 부력이 다르기 때문에 왕관 속의 황금과 구리의 양을 알아낼 수 있었던 것이다.

에라토스테네스(Eratosthenes, B.C.276~B.C.194)는 탁월한 착상으로 지구의 둘레를 측정하여 현재 알려진 값과 10% 범위 내에서 일치하는 정도로 정확한 결과를 얻었다.

그림 1.6 지구 둘레의 측정. 헬레니즘 시대의 에라토스테네스는 같은 날 거리가 s만큼 떨어진 두 지점에서 태양광의 입사 각도 θ를 측정하여 지구의 둘레를 계산하였다. $s=R\theta$이므로 지구의 둘레는 $2\pi s/\theta$가 된다.

히파르코스(Hipparchos, B.C.190~B.C.120)는 천체의 운동을 정밀하게 관측하여 춘분점과 추분점이 이동한다는 사실을 발견하였고[3] 지구와 달 사이의 거리를 지구 지름의 30배라고 계산해 내기도 하였다. 또한 그는 별을 밝기에 따라 6등급으로 나누는 분류법을 고안하였는데 그 분류법은 지금도 사용되고 있다.

프톨레마이오스(Ptolemaios, A.D.85~A.D.165)는 기존의 동심 천구설을 바탕으로 별의 운동을 설명하는 한편, 지구를 중심으로 한 천구상에 위치한 거대한 이심원(epicyle) 외에 이심원 상에 중심을 둔 작은 원인 주전원(deferent)을 도입하여 행성의 역행 운동까지도 설명하였다.

□ **역행 운동**

행성의 운동은 서→동이 표준이나 일부 행성은 1년에 몇 개월 동안 반대 방향으로 운동한다. 이를 역행 운동이라고 하며 지구와 행성의 공전 주기가 다르기 때문에 발생하는 겉보기 현상이다.

그림 1.7 프톨레마이오스. 동심 천구에 바탕을 둔 고대 천문학을 완성하였다. 이 때문에 고대 천문학을 프톨레마이오스 천문학이라고도 한다.

이와 같이 프톨레마이오스의 천문학은 당시로서는 상당히 효율적으로 모든 별의 운동을 설명하여 오랫동안 표준적인 이론으로 사용되었다. 이

---

3) 춘분점과 추분점은 천구상에서 태양이 이동하는 경로 즉 황도와 지구 적도를 연장한 원이 만나는 점들이다. 지구 자전축의 운동 때문에 이 점들은 이동하게 된다.

때문에 고대와 중세의 천문학을 프톨레마이오스 천문학이라고 부르기도 한나.

연금술은 값싼 금속을 귀금속으로 변환시키려는 활동으로, 기원전 3세기의 기록에 최초로 나타나며 헬레니즘 시대에 가장 활발하였다. 헬레니즘 시대의 연금술사들은 고대 그리스의 물질의 상호 전환 원리에 따라 천한 금속을 귀금속으로 변환시키고자 하였으며, 이 과정을 죽음과 부활로 보는 등 신비주의적인 경향을 띠게 되었다. 연금술은 화학 실험에 필요한 여러 가지 기구들의 제작을 통해 화학의 발전으로 직접 연결될 수 있었으나 실제로 그렇게 되지는 못하였는데 그것은 실험이 마술적 성격을 띠었으며 개발한 기술은 비밀로 전수되었기 때문이다.

고대 그리스의 과학이 사변적이었음에 비하면 헬레니즘 시대의 과학은 현실적 문제를 풀기 위한 응용 과학의 측면이 강했다. 헬레니즘 시대의 과학자들은 고대 그리스의 자연철학자들의 주관심사였던 자연현상에 대한 본질적인 설명과 같은 사변적 경향의 문제보다는 기하학, 역학, 천문학, 화학과 같은 보다 현실적인 방향을 선택하였던 것이다.

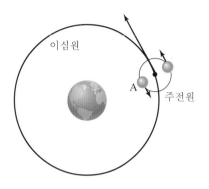

그림 1.8 이심원과 주전원. 고대의 천문학 체계로서 행성의 역행 운동을 설명할 수 있다. 행성이 A의 위치에서 주전원을 따라 회전할 때 반대 방향으로 운동하는 것처럼 보인다.

1.3 로마와 중세의 과학

세계의 절반을 지배한 로마 제국은 기술에만 관심을 기울였기 때문에 로마 시대는 대부분의 과학 활동이 사라지는 불행한 시대였고, 이어진 중세기의 유럽 대륙에서는 아예 과학의 흔적조차 찾아보기 힘들 정도가 되었다. 그러나 중세의 암흑기 동안에 고대 그리스 과학의 명맥은 이슬람 세계로 이어져 르네상스 시대에 과학 활동이 재개될 수 있도록 한 발판이 되었다.

로마의 기술 위주 시대

로마인들은 지나치게 실용적이었고 그들에게는 과학의 발전에 절대적으로 필요한 사고와 탐구 정신이 결여되어 있었다. 따라서 고대 그리스와 헬레니즘 과학을 전수는 받았으나 발전시키지는 못하였고, 다만 국가가 필요로 하는 토목, 건축 등의 기술 분야에서 부분적인 발달을 가져왔을 뿐이다.

이집트의 태양력을 전수 받은 로마에서는 B.C.46년에 유명한 율리우스역(Julian calendar)이 제정되었다. 율리우스역은 1년을 365일로 하고 매 4년마다 윤년을 둔 것으로서 현대 역법의 기원이 되었다.

과학과 기술은 물질 문명의 발전에서 두 가지 측면을 담당하고 있다. 학

그림 1.9 로마 시대의 수로. B.C.10년경에 건설된 로마의 수로이다. 수십 킬로미터에 걸친 수로를 건설할 수 있을 정도로 로마의 건축 기술은 상당한 수준이었다.

자적 전통이 과학의 이론적인 측면이라고 하면 과학 지식을 실용화하여 인간에게 이로운 것을 만들어 내는 장인적 전통이 바로 기술적인 측면이다. 이 두 가지를 서로 떼어놓으면 어느 것도 제대로 발전할 수 없다. 장인적 전통을 무시한 과학은 사변적인 성격을 띠게 되고 이론적 뒷받침 없는 기술은 곧 한계에 부닥치게 된다. 두 전통 중에서 한 가지 만이 강조되어 과학이 제대로 발전하지 못한 예를 고대 그리스 과학과 로마의 과학에서 찾을 수 있다. 즉 고대 그리스 과학은 학자적 전통만을 추구했으며 로마 시대에는 학자적 전통이 없는 장인적 전통만을 중요시했다.

중세의 과학

중세는 학문의 암흑기라고 불린다. 모든 학문적 노력은 신학에 집중되었고 기독교 교리에 어긋나는 어떠한 과학적 사고도 용납되지 않았던 시기였다. 특히 기독교에 결합한 아리스토텔레스의 위계론과 목적론은 과학 발전의 주요 장애물이었다. 전통적이고 권위주의적인 세상에서는 자유로운 사고를 요하는 과학의 발전이 어렵다는 사실이 여실히 증명된 예라고 할 수 있다.

중세 유럽이 학문의 암흑기에 있던 동안, 이슬람 인은 고대 그리스의 과학 도서를 아랍어로 번역하였으며 그 과학을 계승·발전시켰다. 이후 12세기에 유럽에 르네상스가 도래하였을 때 이슬람과 그리스 문헌이 번역되어 전 유럽에 보급되기 시작하였고 이슬람의 과학이 유럽으로 역수입되었다. 이와 같이 이슬람 과학은 로마 시대와 중세 동안 사라질 뻔한 고대 그리스의 과학을 유지하여 전승하는 데 큰 역할을 했다.

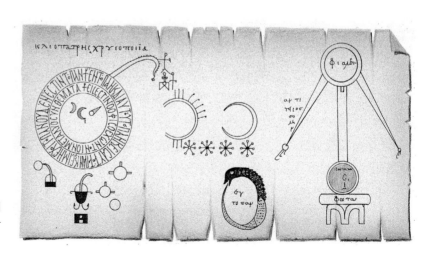

그림 1.10   연금술에 의한 금의 제조법. 4세기경의 어느 연금술사가 기록한 금의 제조법이라고 한다.

중세 이슬람의 과학 활동으로 연금술을 들 수 있다. 이슬람 연금술의 모체는 그리스의 물질 변환 사상으로, 자연계의 모든 것은 유기적인 관계에 있기 때문에 서로 변환이 가능하다는 생각이었다. 그러나 이슬람에서는 금속의 변환만을 목적으로 하는 신비주의를 지양하고 물질의 분류, 실험 기구의 사용법과 같은 실제적인 연구 방법에 더 집중하였다. 이런 영향으로 알코올, 비누, 유리의 제조와 같은 화학의 발전이 있었다. 그러나 국가의 쇠퇴와 함께 이러한 것이 더 이상의 진보로 이어지지는 못하였다.

1.4 근대의 물리학

근대에는 과학적 활동이 활발해졌고 아리스토텔레스의 과학이 재평가되어 많은 부분에서 부정 혹은 수정되기 시작하였다. 이어진 16 · 17세기는 과학의 혁명기라고 불릴 정도로 과학적 사고와 실험에 의해 과학 지식이 비약적으로 축적되는 시기로, 과학사적으로도 가장 중요한 사건인 태양 중심설이 확립되었던 시기였다. 이후 20세기 전까지 천문학뿐만 아니라 역학, 화학, 생물학, 지질학 등에서 많은 양의 과학 지식이 축적되어 새로운 물질관과 함께 시작하는 현대 과학의 기초가 되었다.

천문학의 혁명

근대에 들어 정밀한 천체 관측에 의해서 동심 천구설과 같은 지구 중심설의 인위성과 비효율성이 드러나기 시작하였다. 이에 따라 근대 초기의 천문학자들은 보다 더 효율적으로 천체의 운동을 설명할 수 있는 이론을 찾기 시작하였다. 그러나 당시의 억압적인 종교적 분위기 때문에 종교적으로 이단시되는 이론은 마음대로 표현하기가 어려웠다. 그럼에도 불구하고 코페르니쿠스(Nicolaus Copernicus, 1473~1543)는 태양 중심설을 발표하기에 이르렀다. 그러나 코페르니쿠스의 이론에서는 태양이 중심에 있다고는 하였으나 고대로부터 내려온 원 운동의 가설을 계속 사용하여 별들이 천구에 고정된 것으로 보았다. 뿐만 아니라 그의 우주 모형은 동적인 역학적 모형이 아니라 정적인 수학적 모형에 지나지 않았다.

코페르니쿠스에 의해 시작된 근대 천문학의 혁명을 계승한 케플러(Johannes Kepler, 1571~1630)는 정밀한 관측 자료로부터 행성 운동의 규칙성을 표현하는 유명한 케플러의 법칙(Kepler's laws)을 발견하였다. 케플러의 발견은 천상계에 있는 천체들은 완벽한 원 운동을 한다는 위계론과

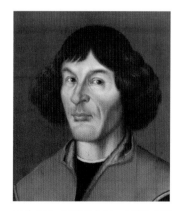

그림 1.11 코페르니쿠스. 수학적 모형에 불과하지만 태양 중심설을 제안하여 근대의 천문학 혁명이 일어나게 하였다.

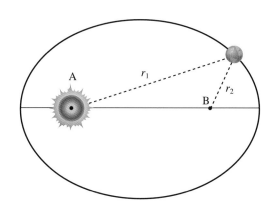

그림 1.12 케플러의 제1법칙. 행성은 태양을 한 초점(A 혹은 B)에 두고 타원 운동을 하고 있다. 타원은 그림에서 r_1과 r_2의 합이 일정한 궤도이다.

일치하지 않았을 뿐만 아니라 천체의 운동이 신의 목적을 수행하기 위한 것이 아니고, 신의 섭리가 없어도 자연의 법칙에 의해서 기계적으로 일어나고 있다는 것을 의미하였다. 그러나 그의 태양 중심설은 지구가 우주의 중심이 아님을 입증은 하였으나 규칙적인 천체 운동의 원인에 대한 역학적 설명이 결여되었기 때문에 당시의 사람들은 그의 주장을 '케플러 현상'이라고 부르면서 폄하하였다.

갈릴레이(Galileo Galilei, 1564~1642)는 스스로 망원경을 제작하여 태양의 흑점, 달 표면의 산과 골짜기를 발견하였다. 이는 천체의 모습이 완전 무결한 것이 아니라는 사실을 의미하며 아리스토텔레스의 천상계는 고결하다는 위계론에 배치되는 모습이었다. 뿐만 아니라 그는 금성의 위상 변화와 목성의 위성을 발견하여 모든 천체는 지구를 중심으로 회전한다는 프톨레마이오스의 천문학 체계를 부정하고 코페르니쿠스의 태양 중심설을 옹호하였다.

그림 1.13 갈릴레이. 태양 중심설을 확립하였으며 근대의 정량적 과학의 표본을 보여주었다.

□ **갈릴레이 재판**

스콜라 학자[4]들은 갈릴레이가 아리스토텔레스의 권위에 도전하는 것으로 보았고 성직자들은 그를 이단이라고 하여 종교 재판에 회부하였다. 갈릴레이에 대한 유죄 선고가 취소된 것은 1757년으로 갈릴레이 사후 100년 이상이 걸렸으며 그의 저서가 금서 목록에서 해제되는 데에도 200년이 걸렸다. 갈릴레이 재판에 대한 교황청의 사과는 1991년으로 350년 후였다.

---

4) 스콜라 철학이란 기독교의 교리를 학문적으로 체계화하려는 철학을 말함.

고전 역학의 완성

고대로부터 수학은 일부 학자들만이 독점하여 사용하는 과학적 이론과는 관계없는 형이상학[5]적인 것으로 생각되어 왔다. 이런 흔적은 코페르니쿠스의 이론에까지 엿보인다. 그러나 17세기에는 수학이 과학 연구의 한 도구로 사용되기 시작하였으며 그러한 경향은 역학 문제의 풀이에서 먼저 나타났다.

갈릴레이는 낙하 실험과 같은 실험을 통해 아리스토텔레스의 역학 체계를 부정하고 양적이고 보편적인 근대 역학을 수립하였다. 그의 연구 방법은 실험에 의해 과학적 법칙을 찾아내고 결과를 정량적으로 표현하는 전형적인 근대 과학의 특징을 보여주고 있다.

역학은 뉴턴(Isaac Newton, 1642~1727)에 의하여 수학적으로 체계화되었다. 뉴턴은 힘과 운동 사이의 관계를 운동의 법칙이라고 불리는 세 가지 수학적인 법칙으로 기술하였으며, 지금도 이 법칙은 일상적인 역학 문제를 거의 완벽하게 설명하고 있다. 뉴턴에 의해 완성된 이 역학 체계를 고전역학 혹은 뉴턴역학(Newtonian mechanics)이라고 부르며, 20세기에 미시적 세계의 역학 현상을 고려하기 전까지는 대부분의 역학 문제에서 효율성과 정확성이 뛰어난 이론으로 인정을 받았다. 또한 뉴턴은 지표로 사과가 떨어지는 현상과 태양 주위로 행성이 운동하고 있는 현상을 같은 방법으로 해석하는 만유인력의 법칙을 발견하기도 하였다.

그림 1.14 **뉴턴.** 고전역학을 수립하고 기계적 우주관이 성립하게 하여 근대의 과학 혁명을 완수한 학자로 평가받고 있다.

그림 1.15 **작용과 반작용의 법칙.** 고속의 가스를 분출하는 작용에 대한 반작용에 의해 로켓은 앞으로 나아간다. 운동의 법칙 중의 하나인 작용과 반작용의 법칙을 설명한다.

기계론적 우주관의 성립

뉴턴의 역학에 의하면 물체의 운동은 목적론에서 말하는 것처럼 신이 설정한 목적에 의해서 결정되는 것이 아니고, 몇 개의 법칙에 의해 설명되기 때문에 단순한 기계적인 성질만을 가지게 된다. 예를 들면 운동의 법칙과 만유인력의 법칙을 결합하면 케플러 현상까지도 설명할 수 있다. 따라서 행성 운동의 규칙성에 관한 케플러의 발견은 더 이상 현상이 아니고 운동의 법칙과 만유인력의 법칙에 의해 완전히 이해되는 자연현상의 일부가 되고 만 것이다. 이와 같이 근대의 천문학과 역학에 의하면 우주는 신의 섭리에 의한 것이 아니라 기계와 같이 자동적으로 운행되는 것이라고 해석할 수 있게 된다. 이러한 생각을 기계론(mechanism)이라고 하며 근대 이후 지금까지 물리 과학을 지배하는 사상이 되었다.

---

5) 신, 세계, 영혼 등과 같이 자연현상을 초월하거나 그 배후에 존재하는 것의 본질과 근본 원리를 탐구하는 학문

라플라스(Pierre Laplace, 1749~1827)는 철저한 기계론자였다. 그는 세계는 뉴턴역학의 체계에서 완전히 이해되며 현재를 알면 미래를 예측할 수 있다는 이른바 '계산의 신'[6]이라는 개념까지 도입하였다. 이것은 물론 이론적인 프랑스 과학의 측면을 보여주는 것이라고 할 수도 있지만 라플라스가 태양계의 기원과 같은 문제에서도 신의 창조라는 생각을 완전히 버리고 신성운설이라고 불리는 현대적인 우주 진화설의 기초를 마련한 점은 높이 평가되어야 할 것이다.

□ 성운설과 신성운설

라플라스의 신성운설은 칸트(Immanuel Kant, 1724~1804)가 태양계의 기원에 대해서 제안한 성운설과는 독립적으로 제안된 것이다. 칸트는 구름과 같은 상태의 물질이 만유인력에 의해 응집된 것이 천체이며, 이들 천체가 반발력에 의해 흩어져 집단을 이룬 것이 태양계와 같은 것들이라고 설명하였다.

태양계도 물질의 진화에 의해 생성된다는 성운설은 생물학의 진화론과 개념적으로 일치하는 부분이 있었기 때문에 상당히 인기가 있었다. 그러나 성운설에서는 행성의 운동에 대한 설명이 결여되어 있었다. 이에 비해 신성운설은 태양계는 원래부터 자전하는 고온의 기체로부터 출발하였다고 하여 나중에 형성된 태양계 행성들의 회전 운동도 설명할 수 있었다.

에너지 개념의 성립[7]

열역학은 뜨거운 수증기를 동력으로 변환하는 장치인 증기 기관에서 열이 어떻게 동력을 발생시키며, 어떻게 하면 최대의 효율을 얻을 수 있는가와 같은 열과 동력 사이의 수량적 연구의 필요성으로부터 발전하였다.

현대의 에너지 보존 법칙에 해당되는 이론은 마이어(Julius Mayer, 1814~1878)와 헬름홀츠(Hermann von Helmholtz, 1821~1894)에 의해 확립되었다. 이 이론에 의하면 열이나 동력과 같은 에너지는 창조되거나 파괴될 수 없으며, 형태의 전환만 가능할 뿐이라는 것이다. 이를 열역학 제1 법칙이라고 부른다. 주울(James Prescott Joule, 1818~1889)은 나아가 열, 전기, 기계적 에너지의 동등성을 실험적으로 증명하여 에너지 보존 법칙을 더욱 더 확고하게 하였다.

---

6) 특정한 순간에 우주의 모든 입자의 상태를 알면 과거와 미래의 일들을 모두 계산해 낼 수 있는 능력을 가진 가상적인 수리물리학자

7) 에너지, 에너지 보존 법칙, 열, 열기관, 열역학의 법칙, 절대 온도, 엔트로피 등은 2장에서 자세히 설명함

카르노(Sadi Carnot, 1796~1832)는 가장 큰 효율을 얻을 수 있는 이상적인 열기관을 고안하였고 열은 고온에서 저온의 한 방향으로만, 즉 비가역적으로 이동한다는 사실을 지적하기도 하였다. 이는 열역학 제2법칙으로 불린다. 카르노가 고안한 열기관의 효율은 전적으로 온도에 의해 결정되는데 이 성질을 이용하면 새로운 방식으로 온도를 정의할 수 있음이 켈빈(Lord Kelvin, 1824~1907)에 의해 발견되어 이를 절대 온도라고 부르게 되었다.

열의 본성에 대한 연구는 맥스웰(James Maxwell, 1831~1879)과 볼츠만(Ludwig Boltzmann, 1844~1906)등에 의해 통계 역학이라는 새로운 접근 방식으로 이루어졌다. 즉 그들은 확률론에 입각하여 미시적 구성단위들의 행동으로부터 열이나 압력과 같은 거시적 현상을 설명할 수 있었던 것이다. 특히 볼츠만은 물질을 이루는 구성단위들의 상태를 정량적으로 표현하는 엔트로피(entropy)라는 개념을 도입하였고 자연적인 과정에서 물질의 변화는 그 구성단위들이 가장 무질서한 상태로 되는 방향으로 일어나며 이때 엔트로피가 최대로 된다는 사실도 증명하였다.

그림 1.16 **볼츠만.** 미시적 구성 요소의 행동을 통계적으로 취급하여 열 현상을 설명하였고, 엔트로피로 자연 변화의 방향성을 설명하였다.

전기와 자기의 이해

프랭클린(Benjamin Franklin, 1706~1790) 등에 의해서 전기에는 2종류가 존재한다는 사실과 서로 다른 종류의 전기는 인력을 미치고 같은 종류는 반발한다는 사실이 발견되었다. 이러한 2종류의 전기를 양전기와 음전기로 부르게 되었다. 쿨롱(Charles Coulomb, 1738~1806)은 전기를 띤 물체 사이에 작용하는 전기력의 크기를 간단한 공식으로 나타낸 쿨롱의 법칙(Coulomb's law)을 발견하여 전기학을 수리 과학으로 발전시켰다.

볼타(Alessandro Volta, 1745~1827)가 발명한 화학 전지[8]는 흐르는 전기, 즉 전류를 발생시킬 수 있었고 이를 이용하여 자기와 같은 다른 자연현상에 대해서도 연구를 할 수 있도록 해주었다. 옴(Georg Ohm, 1787~1854)은 이 전기 문제에서 전압, 전류, 저항 사이의 관계를 수량화시켜 현대 전자공학에서 가장 기본이 되는 관계식인 옴의 법칙(Ohm's law)을 수립하였다.

암페어(Andre Marie Ampere, 1775~1836)는 전류가 흐르고 있는 도선 주위에 있는 나침반의 바늘이 움직인다는 사실로부터 전류가 자기 현상을 일으킨다는 것을 발견하였으며, 나아가 두 전류 도선에 의한 인력과 척력의 크기를 계산하였다. 반대로 페러데이(Michael Faraday, 1791~1867)는

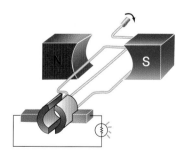

그림 1.17 **발전기의 구조.** 자기장 속에서 도선을 회전시키면 전류가 발생하는 전자기 유도가 일어난다. 발전기는 이를 이용하여 전기를 발생시키는 장치이다.

---

8) 화학 반응을 이용해 만든 전지(6장 참조)

그림 1.18 **맥스웰**. 전자기학을 이론적으로 완성하였으며 전자기파의 존재를 예언하였다.

변화하는 자기가 전기를 일으키는, 이른바 전자기 유도에 대해서 설명함으로써 전기 공업의 이론적인 뒷받침을 마련하였다.

전자기학의 이론은 맥스웰(James Clerk Maxwell, 1831~1879)에 의해서 완성되었다. 이 이론에 따르면 전기와 자기는 공간에 각각 전기장과 자기장이라는 눈에는 보이지 않지만 언제든지 전기와 자기 현상을 일으킬 수 있는 일종의 잠재 능력이 미치는 영역을 형성한다. 맥스웰은 이 전자기장의 이론으로부터 전자기장의 파동 즉 전자기파가 존재한다는 것을 예언하였고 빛을 전자기파의 일종으로 간주하였다. 나중에 헤르츠(Heinrich Hertz, 1857~1894)에 의해 전자기 파동이 실제로 존재한다는 사실이 입증되었으며 전자기파는 무선통신이나 전파 탐지에 사용되기에 이르렀다.

맥스웰이 빛의 본성이 파동이라고 지적하기 훨씬 전에 빛의 본성이 입자라고 데카르트(Rene Decartes, 1596~1650)가 제안한 적이 있었다. 뉴턴도 직진성, 반사, 굴절 등의 성질을 근거로 같은 주장을 하였다. 반면에 간섭(interference)과 회절(diffraction)[9]이라는 성질에 근거한 파동설이 제안되기도 했다. 특히 호이겐스(Christian Huygens, 1629~1695)는 빛은 매질을 통해서 전파하는 파동이며, 매질의 경계에서 빛의 속도가 달라지기 때문에 반사와 굴절을 한다고 설명하였다.

1.5 근대의 화학

근대의 화학은 화학의 지식을 의학에 적용하여 약재를 연구하고 생명 현상을 물리 · 화학적 지식에 근거하여 연구하고자 했던 의화학(iatrochemistry)으로부터 출발했다고 할 수 있다. 의화학은 중세의 화학과 근대화학을 연결시킨 고리 역할을 하였다.

의화학자들은 인체는 화학적 체계이므로 광물질의 약재를 사용하여 그 체계를 조절할 수 있다고 주장하였다. 이렇게 의화학은 질병에 대한 화학 요법의 모태가 되었으며 화학 발전을 자극하였다. 그러나 의화학의 이론은 비논리적이었으며 신비적 사고에 의한 요소를 많이 가지고 있었으며 그러한 사조는 생기론(vitalism)으로 이어지게 되었다.

화학 반응의 기계론적 해석

화학 반응에 대한 16 · 17세기의 화학자들이 가지고 있던 인식의 큰 줄

---

9) 파동의 일반적인 성질(3장 참조)

기는 생기론과 기계론의 두 가지였다. 생기론은 무기물[10]이 살아 있는 내부의 생명력에 의해 변화한다는 신비론적 생각이고, 기계론은 물질 자체는 생명이 없는 존재이며 물질이 변화를 한다는 것은 외부로부터 어떤 힘을 받아서 단순히 기계와 같이 반응을 할 뿐이라고 보는 견해이다. 물론 생기론은 옳지 않은 생각이나 당시의 기계론만으로는 거시적인 역학 문제와는 달리 미시적 세계에서 일어나는 화학적 현상을 잘 설명할 수 없었다.

화학적 현상에 대한 최초의 기계론적 해석은 공기나 기체와 관계된 분야이었다. 공기는 무형이며 보이지 않고 바람을 일으키기 때문에 중세에서는 신비의 대상이 되었다. 고대 용어로 공기가 스피리투스(spiritus)로 표시된 점을 보더라도 공기를 정신적인 것으로 취급한 사실을 알 수 있다.

영국의 보일(Robert Boyle, 1627~1691)은 고대의 4원소설을 부정하면서 다른 물질로 분해되는 것은 원소가 아니라고 하여 원소의 개념을 새로이 정립하였고, 물질은 기계적으로 운동하는 작은 입자로 형성되어 있다고 하였다. 또한 그는 '기체의 온도가 일정할 때 압력과 부피의 곱은 변하지 않는다.'는 보일의 법칙(Boyle's law)을 수립하였다. 이것은 당시까지 신비의 대상이던 공기를 기계론적인 관점에서 취급했다는 사실을 의미한다.

기체에 대한 보일의 법칙은 나중에 프랑스의 샤를(Jacques Charles, 1746~1823)에 의해 발견된 기체의 부피와 온도 사이의 관계식과 결합하여 현재에도 널리 사용되는 보다 더 일반적인 형태의 기체 법칙으로 자리 잡았다. 그러나 실제 이들에 대한 완벽한 증명은 이후의 원자론이 나온 뒤에 가능하였다.

화학의 혁명

라브와지에(Antoine Lavoisier, 1743~1794)는 금속을 가열하면 무게가 증가한다는 사실로부터 연소가 프리스틀리(Joseph Priestly, 1733~1804)가 발견한 산소와 금속의 결합, 즉 산화라고 주장하였다. 이 주장에 대한 근거는 연소 과정에서 일어난 산소량의 감소가 연소물의 증가량과 같다는 점이었다. 이렇게 라브와지에에 의해 화학 연구에서 정량적 연구 방식이 도입된 것을 화학의 혁명이라고 부른다.

라브와지에는 원소를 어떤 수단에 의해서도 분해되지 않는 물질로 정의하고, 실험을 통하여 물은 수소와 산소라고 하는 두 원소의 결합이라고 결론지어 4원소설을 부정하였으며 원소 23종을 기호로 표시하였다.

그림 1.19 라브와지에. 정량 화학의 선구자였지만 정치 혁명 중에 사형을 당하였다.

---

10) 탄소 화합물을 제외한 다른 물질

근대의 원자론

고대의 원자론에서 물질을 구성하는 본질적인 요소로 도입된 원자는 실존하는 것이 아니고 사고를 위한 가상적인 것이었다. 그러나 돌턴(John Dalton, 1766~1844)의 근대 원자론에서 말하는 원자는 물질의 구성단위로서 실존하며 크기, 무게, 성질이 서로 다르다. 원자론을 이용하면 화학에서 잘 알려진 일정 성분비의 법칙과 배수 비례의 법칙 등이 설명된다.

□ **일정 성분비의 법칙**

화합물을 이루는 구성 원소의 질량 비는 일정하다. 예를 들어 물의 양에 관계없이 수소와 산소의 질량 비 혹은 원자 수의 비는 일정하다.

□ **배수 비례의 법칙**

A, B 두 원소가 결합해서 두 가지 이상의 화합물을 만들 때, A의 일정 질량과 결합하는 B의 질량 사이에는 간단한 정수비가 성립한다. 예를 들어 일산화탄소(CO)와 이산화탄소(CO_2)에서 탄소(C)와 결합하는 산소의 비는 1:2이다.

그림 1.20 **아보가드로.** 분자 개념을 세우고 아보가드로의 법칙을 발견하였다.

원자론을 바탕으로 아보가드로(Amedeo Avogadro, 1776~1856)에 의하여 분자[11]라는 개념이 도입되었다. 분자의 개념을 사용하면 당시에 원자로서만 해결할 수 없었던 기체 반응 과정을 잘 설명할 수 있었다. 예를 들면 수소 2부피가 산소 1부피와 결합하여 수증기 3부피가 아니고 2부피로 되는 현상을 설명할 수 있게 되었다. 또한 아보가드로는 규정된 조건에서 같은 부피에 있는 기체 분자의 수는 기체의 종류에 관계없이 모두 같다는 아보가드로의 법칙(Avogadro's law)을 세웠다. 아보가드로는 이렇게 화학 변화를 분자 수준에서 해석하여 물리화학의 시조가 되었다.

현대 화학의 기초 수립

원소를 무게에 따라 적당히 분류해 보면 화학적 성질이 주기적으로 되풀이되는 것을 볼 수 있다. 이를 주기율표라고 하며 멘델리브(Dmitri Mendeleev, 1834~1907)에 의해 최초로 만들어졌다. 최초로 만들어진 이 주기율표에는 빈 자리가 많이 있었는데, 이는 그 자리를 메울 아직 발견되지 않은 원소가 존재한다는 것을 암시하며 결국 그러한 예견된 성질을 가

---

11) 다수의 원자가 결합한 것

진 원소를 발견하는 동기로 작용하였다. 현대의 주기율표는 원소의 배열 기준을 변경하여 보다 더 주기성이 규칙적이 되도록 개선한 것이다.

베크렐(Antoine-Henri Becqurel, 1852~1909)과 퀴리(Marie Curie, 1867~1934) 등은 방사선[12]을 내는 원소[13]인 방사성 원소를 발견하였고, 방사선을 내는 현상의 본질은 원소의 변환임을 밝혀냈다.

화학 전지를 사용하여 전기의 화학적 작용, 예를 들면 물의 전기분해와 같은 현상이 관찰될 수 있었다. 곧이어 양과 음 두 가지 종류의 전기 개념이 성립함에 따라 화학적 결합력도 전기적 현상으로 해석하는 노력으로 발전하게 되었다.

화학 반응에 관계하는 요인들에 대한 연구에서 아레니우스(Svante Arrhenius, 1859~1927)는 화학 반응의 빠르기가 온도, 압력 등과 같은 물리적 환경에 관계한다는 사실을 밝혔다. 또한 그는 어떤 물질은 물에 녹아 양의 전기를 띤 입자와 음의 전기를 띤 입자로 분리된다는, 이른바 전리설(theory of electrolysis)을 제안하여 그러한 용액의 전기 전도 현상을 설명할 수 있었다.

당시의 사람들은 유기물[14]은 생명체만이 만들 수 있다고 믿었다. 그러나 뵐러(Friedrich Wöhler, 1800~1882)가 유기물의 일종인 요소(urea)를 인공적으로 합성하여 유기물과 무기물의 구분이 생명력의 유무에 좌우된다는 생각을 부정하게 되었다. 유기물의 구조에 관한 연구에서는 케쿨레(Friedrich Kekule, 1829~1896)가 벤젠의 구조를 발견하여 유기화학의 발전에 크게 기여하였다. 벤젠은 유기물에서 가장 기본적인 물질 중의 하나로, 다른 복잡한 유기물의 구성단위로 사용되는 경우가 많다. 이러한 유기화학의 실험적·이론적 발전에 의해서 19세기 후반에는 수천 가지의 유기물이 합성되기에 이르렀다.

그림 1.21 멘델리브의 주기율표. 초기의 주기율표에는 빈자리도 많았을 뿐만 아니라 원소의 배열 기준도 지금과는 달랐다.

그림 1.22 아레니우스. 물리적 환경이 화학 반응의 속도에 미치는 영향에 대해 연구하였으며 수용액의 전도성의 근원을 설명하는 전리설을 발표하였다.

1.6 근대의 생물학

근대의 자유스런 분위기는 생물을 생리학, 발생학, 유전학[15] 등의 여러 각도에서 연구할 수 있도록 하였으며 결과적으로 이단시되는 생물의 진화론

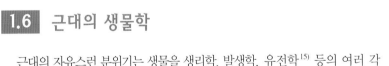

12) 고속의 입자의 흐름이나 에너지가 큰 전자기파
13) 같은 종류의 원자로 구성된 물질
14) 이산화탄소 등 일부 물질을 제외한 탄소의 화합물
15) 생리학은 생물체 내에서 일어나는 물리 화학적 현상을 연구하고, 발생학은 생물 개체의 발생 과정을 연구하고, 유전학은 어버이로부터 자손으로 생물의 형태와 성질이 이어지는 과정을 연구하는 학문

까지 자연스럽게 나타나게 되었다.

생리학의 발전

생리학은 르네상스 시대의 해부학과 근대의 세포학, 조직학[16], 물리학, 화학의 지식이 결합하여 새로운 생물학의 연구 방법으로 나타나게 되었다. 예를 들어 근대 생리학자들은 호흡 현상의 본질을 연소와 같은 과정인 산소와의 결합으로 생각하였는데, 이러한 데에는 산소를 발견한 프리스틀리와 같은 화학자의 노력이 큰 기여를 하였다.

삭스(Julius von Sachs, 1832~1897) 등은 식물의 엽록체[17]를 연구하여 광합성, 즉 엽록체 내에서 물과 이산화탄소가 햇빛에 의해 반응하여 유기물과 부산물인 산소를 생성하는 과정을 발견하였다.

동물의 생리에서 베르나르(Claude Bernard, 1813~1878)는 호르몬[18]의 역할을 최초로 설명하였다.

이와 같이 근대에는 생리 현상도 물질의 화학적 반응으로 설명하는 등 생물학에서도 지배적인 사조는 기계론이었다.

현미경과 미생물의 발견

17세기의 생물학 발전에 가장 큰 영향을 끼친 사건은 현미경의 발명이었다. 현미경으로 식물 세포를 관찰하여 세포라는 용어를 처음 사용한 사람은 훅(Robert Hooke, 1635~1703)이었다.

말피기(Marcello Malphigi, 1628~1694)와 레벤훅(Antony van Leeuwenhoek, 1632~1723)도 현미경을 사용하여 개구리의 모세혈관을 발견하고 이를 통한 혈액 순환을 확인하였다. 그들은 또한 미생물과 식물 조직을 관찰하여 조직학의 선구자로 불리게 되었다.

현미경의 발명은 생물의 구성에 대한 연구가 세포에 초점을 맞추게 하였고 세포 단위에서의 생물학 연구 방법인 세포학이 수립되는 계기가 되었다. 결국 슈완(Theodor Schwann, 1810~1882)과 슐라이덴(Matthias Schleiden, 1804~1881)은 생물의 구성단위는 세포이고 동식물 모두 일정하게 배열된 세포의 집합체라는 이른바 세포설(cell theory)을 내어놓았다.

그림 1.23 훅의 현미경. 훅과 같은 미생물학자들이 현미경을 사용하여 관찰한 미시적 생물의 세계는 당시에는 대중적으로도 인기가 있었다. 미생물학파라고 하는 연구 단체까지 나타났다고 한다.

16) 조직은 동일 기능의 세포 집단이고 조직학은 조직의 구조와 기능을 연구하는 학문
17) 광합성을 하는 세포 내의 소기관
18) 생물체 내에서 특정한 화학 반응이 일어나도록 해주는 단백질의 일종

미생물학도 현미경의 사용으로 발전하게 된 분야 중의 하나이다. 이 분야의 대표적인 학자로 파스퇴르(Louis Pasteur, 1822~1895)를 들 수 있으며 그는 젖산 발효[19]와 질병이 미생물에 의한 것이라고 하는 세균설(germ theory of disease)을 발표하였다. 이를 바탕으로 그는 포도주의 살균법을 개발하고 탄저병 및 광견병의 퇴치에도 기여하였다.

미생물학자인 코흐(Robert Koch, 1843~1910)도 콜레라와 폐결핵의 병원체를 발견하였고 그 감염 경로도 밝혔으며 투베르쿨린 반응을 이용한 폐결핵의 진단 방법까지 개발하였다.

그림 1.24 **파스퇴르.** 질병의 세균설로 미생물학의 기초를 마련하였다.

리스터(Joseph Lister, 1827~1912)는 미생물에 의해 부패가 유발되고 상처가 화농한다고 생각하여 수술 도구를 소독하여 수술 환자의 사망률을 현저하게 낮추었으며 마취제를 사용하는 등 현대 외과 의학의 기초를 마련하였다.

면역학에서는 제너(Edward Jenner, 1749~1823)가 종두법을 발견하여 당시까지 무서운 전염병으로 여겨진 천연두를 예방할 수 있게 하였고, 에르리히(Paul Ehrlich, 1854~1915)는 항원과 항체 사이의 관계를 규명하였으며 화학 약품의 약리 작용에 대해서도 연구하였다.

□ **항원과 항체**

혈액 속에 병원체나 외부의 물질이 들어왔을 때 그에 대항하기 위하여 생성되는 물질이 항체이고, 항체를 만들게 하는 원인이 되는 물질을 항원이라 한다.

생물의 발생 과정에 대한 연구

생물의 발생 과정에 대한 당시의 속설은 아리스토텔레스로부터 시작된 자연 발생설로서, 생물은 적당한 자연 조건을 주면 무생물로부터 저절로 발생한다는 생각이었다. 이 자연 발생설은 레디(Francesco Redi, 1618~1676)에 의해 최초로 실험에 의해 부정되었으나 완전한 붕괴는 파스퇴르의 유명한 반증 실험에 의해서였다. 이로 인해 아리스토텔레스 시대로부터 계속된 자연 발생설은 '생명은 오로지 생명으로부터 유래한다.'는 생물 속생설로 대체되었다.

---

19) 미생물에 의하여 탄수화물이 분해되어 젖산이 만들어지는 과정

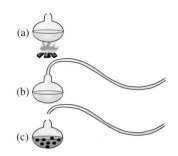

그림 1.25 파스퇴르의 실험. (a) 고기 국물을 끓인 뒤, (b) S자 관이 달린 플라스크에 담아두었으나 부패하지 않았다. (c) 그러나 관을 자르면 곧 부패하여 미생물이 관찰되었다.

□ 파스퇴르의 실험

파스퇴르는 이미 현미경을 통한 관찰로부터 부패는 미생물에 의해 발생한다는 것을 알고 있었다. 그는 플라스크에 담긴 끓인 고기 국물이 S자형의 목이 긴 관을 통해서만 공기와 접촉할 수 있게 하였다. 공기 속의 미생물은 긴 S자 관을 쉽게 통과해서 갈 수가 없으므로 한번 멸균된 고기 국물에서는 새로운 미생물이 발생할 수가 없었다.

발생학은 생물의 발생 과정을 연구하는 생물학의 한 분야이다. 근대의 생물학자들이 주장한 발생 이론은 크게 보아 전성설과 후성설로 나눌 수 있다.

전성설(theory of performationism)은 부모의 축소판이 난자나 정자 속에 이미 물질로서 존재하거나 각 생물에 고유한 발생 과정의 설계도가 들어 있다고 보는 관점이다. 반면에 후성설(theory of epigenesis)은 배아(embryo)가 단순한 상태로부터 복잡한 상태로 발전하여 완전한 성체의 구조를 가지게 된다는 학설로서 현대 생물학과 일치하는 관점이다.

□ 배아

배아는 다세포 생물의 발생 과정에서 나타나는 소수의 세포로 이루어진 초기 단계의 상태를 말한다. 배아의 각 세포는 고유한 역할을 하는 각종 조직과 기관으로 분화하여 궁극적으로 배아가 완전한 성체로 성장할 수 있게 한다.

유전학

근대의 유전학은 농업 생산력의 증대와 품종 개량의 요구로 발전하기 시작한 분야로서 당시에는 이를 위한 잡종 실험이 성행하였다. 그러한 활동을 하던 사람들 중에서 멘델(Gregor Mendel, 1822~1884)은 완두콩의 교배 실험으로부터 유전에 관한 멘델의 법칙(Mendel's law)을 발견하여 실험 유전학의 시조가 되었다.

멘델의 연구 결과는 유전 현상을 지배하는 본질에까지 접근하지 못했지만 특정한 형질[20]을 가진 식물의 재배나 가축의 사육에 응용 가능성이 매우 높은 것이었다. 그럼에도 불구하고 멘델의 연구는 당시 학계의 즉각적인 관심을 얻지는 못하였다.

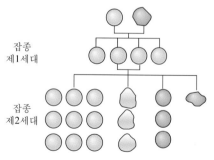

잡종 제1세대

잡종 제2세대

그림 1.26 멘델의 법칙. 노랗고 둥근 완두콩과 푸르고 주름진 완두콩을 교배하여 얻은 잡종 제1세대에서는 노랗고 둥근 것만 나타난다. 그러나 제2세대에서는 각 형질이 9:3:3:1로 분리되어 나타난다.

---

20) 생물의 형태와 성질

□ 유전과 유전 물질

세포 내에는 생물의 형질을 결정하는 특별한 물질이 존재하며 이 물질은 다음 세대로 전달되어 새로이 태어난 자손이 어버이의 형질을 이어받을 수 있게 해준다. 이와 같이 유전 물질의 작용에 의해 어버이의 형질 대부분이 자손에게 나타나는 현상을 유전이라고 하며 이렇게 생물의 형질을 결정하여 유전 현상을 지배하는 물질을 유전 물질이라고 한다. 유전 물질은 사실은 DNA라고 하는 거대 분자이다.

분류학과 진화론

분류학의 대가로 알려진 린네(Carl von Linne, 1707~1778)는 식물을 분류하기 위해 인위적인 분류법을 채용하였다. 생물을 용도와 같은 인간의 기준으로 분류하는 인위적 분류는 생물의 유사성에 기초한 자연적인 분류에 비해 목적 지향적으로 비칠 수도 있지만 체계적인 분류의 시작으로 분류학에 끼친 영향이 크다고 할 수 있다. 그는 생물을 분류하여 이름을 붙이는 방법으로 라틴어로 된 이명법(binomial nomenclature)을 사용하였다.

생물을 분류해 보면 생물이 어떤 큰 집단에서 작은 집단으로 마치 나무의 큰 줄기로부터 작은 가지로 나누어지듯이 생물 상호간의 계통적인 구조를 나타내게 된다. 이 결과는 생물이 실제로 그러한 계통적인 단계로 진화해 왔음을 시사하며 생물의 진화에 대한 연구를 유도하게 되었다.

라마르크(Jean-Baptiste Lamarck, 1744~1829)도 종의 불변성을 부정하고 진화의 원인을 규명하려는 노력을 한 결과 용불용설, 즉 획득 형질의 유전에 의한 진화의 메커니즘을 제안하였다. 또한 그는 인간도 신의 창조물이 아니라 단세포 생물로부터 진화해 온 자연의 소산이라고 주장하였다. 특히 라마르크는 동물을 '진보의 법칙'에 따라 고등한 형태로 진화하는 기계와 같은 존재로 보았는데 여기에는 계몽 사상과 기계론의 두 가지 사상이 결합되어 있음을 볼 수 있다.

근대 생물 진화론의 체계를 완성한 사람은 다윈(Charles Darwin, 1809~1882)이다. 그는 식량 공급이 제한되면 생물 사이에 경쟁이 일어나므로 그러한 생물 중에서 생존에 제일 유리한 변이(variation)[21]를 가지고 있는 자만이 살아남는다고 하는, 이른바 자연 선택 혹은 적자 생존의 기작으로 진화가 일어난다고 보았다.

다윈이 진화론을 발표할 무렵 유럽은 산업 혁명기에 있었으며 당시의

그림 1.27 다윈. '종의 기원'이라는 저서에서 자연 선택에 의한 진화 이론을 주장하였다.

21) 한 개체의 형질이 어버이의 형질과 다른 현상 혹은 그러한 형질

시민 사회에는 시민 계급의 평등 사상, 자유 경쟁주의, 자유 방임주의 등과 같은 '경쟁에 의한 목적의 달성'이 미화되는 분위기가 만연해 있었는데 다윈의 이론이 이러한 사회적 배경과 관련이 있다고 하는 것이 옳은 판단일 것이다. 특히 자연 선택에 의한 생물의 진화론은 인구의 증가와 식량 수급의 불균형이 사회 문제를 발생시킨다고 하는 맬더스(Thomas Malthus, 1766~1834)의 생각으로부터 영향을 받은 것으로 보인다. 그러나 비록 다윈의 진화론이 맬더스의 주장에 영향을 받아서 만들어졌다고 하지만, 맬더스는 그의 저서 '인구론'에서 인류의 미래를 암담하게 본 반면, 다윈의 학설을 지지하는 사람들은 개체 사이의 생존 경쟁이 오히려 인간 사회의 진보에 기여한다고 보았다. 이와 같이 다윈의 진화론은 당시의 식민지 개발 정책과 약육강식을 정당화해 주는 이론적인 근거로 사용되는 등 사회학, 윤리학 등에 지대한 영향을 미쳤다. 물론 다윈의 진화론은 과학적, 사회적, 특히 신학적인 측면에서 많은 비판을 받았으나 당시의 자유주의적인 가치관과 부합하였기 때문에 일반인들로부터는 큰 호응을 얻었다.

생물의 진화 이론은 발생학의 분야에도 영향을 미쳤다. 헤켈(Ernst Haeckel, 1834~1919)은 동물은 배아 단계에서는 종류에 관계없이 형태가 비슷하다는 사실로부터 생물의 진화 과정이 발생 과정에서 재연된다고 생각하였다.

다윈의 진화론에서 설명이 불충분한 변이의 발생 과정에 대한 이론도 제안되었다. 드브리스(Hugo de Vries, 1848~1935)는 천재지변이 아니더라도 자연적으로 생물의 형질이 갑자기 변화할 수 있다는, 이른바 돌연 변이설(theory of mutations)을 주장하였다. 돌연 변이에 의한 진화는 예측할 수 없는 불연속적인 진화의 가능성을 의미한다.

생물의 신체 중의 어느 부분이 유전에 관계하는가 하는 문제에 대하여 바이스만(August Weismann, 1834~1914)은 신체를 구성하는 단순한 물질과는 다른 특별한 물질인 생식질이라고 하는 유전 물질의 존재를 가정하였다. 이 생식질은 다음 세대로 계속 이어져 생물의 나머지 물질을 조직화하여 그 생물의 형태와 성질을 결정하는 역할을 한다고 가정되었다. 따라서 바이스만은 환경으로부터 얻어진 신체의 변화는 다음 세대로 이어지지 못한다고 주장하였다. 또한 그는 부모의 생식질의 융합 과정에서 변이가 만들어지고 생식 과정에서 부모의 생식질이 반으로 쪼개지는 현대 생물학의 감수 분열을 예언하기도 하였으며 유전자의 개념을 도입하기도 하였다.

그림 1.28 드브리스. 생물의 변이가 급작스럽게 일어나는 돌연 변이의 가능성과 그에 따른 불연속적 진화의 가능성을 주장하였다.

□ 유전자, 염색체, 감수 분열

한 생물은 여러 가지 형질의 복합체로 표현될 수 있으며 각 형질을 구현하는 유전 물질(DNA)의 일부를 유전자라고 한다. 물론 유전자 한 개와 특정 형질이 반드시 일대일로 대응하는 식으로 관계를 맺고 있는 것은 아니지만 개념적으로는 그런 식으로 설명하기도 한다.

유전자는 유전 물질의 일부이고 유전 물질은 염색체라고 하는 현미경으로 관측 가능한 형태로 존재하며 그 수는 생물의 종(교배에 의해 생식 능력이 있는 자손이 태어나는 생물의 무리)에 의해 결정되는 고유한 숫자이다. 사람의 경우 23쌍, 즉 46개의 염색체가 있다. 쌍을 형성하는 2개의 염색체는 양친으로부터 하나씩 유래한 것이다.

생물의 총량이나 개체 수의 증가는 반드시 세포의 분열에 의해서 달성되기 때문에 그러한 과정에서 염색체도 그만큼 복제되어야 한다. 그러므로 세포가 분열하는 과정에서는 일시적으로 염색체의 수가 2배로 증가한다. 그러나 세포가 분열해 버리면 세포당 염색체의 수는 평소의 값을 되찾게 된다. 그런데 일부 특별한 세포에서는 염색체의 수가 감소하는 분열이 일어난다. 예를 들어, 정자나 난자를 만드는 생식 세포는 단 1회의 염색체 복제 후 연속적으로 2회의 분열을 하기 때문에 새로이 만들어진 세포의 염색체의 수는 원 세포의 절반으로 감소한다. 이를 감수 분열이라고 한다. 물론 정자와 난자가 만나 수정이 되면 다시 평상적인 염색체 수를 가진 세포가 된다.

1.7 근대의 지질학과 지리학

지질학이란 지구의 생성 과정, 지각의 형태, 구조, 변화 과정과 암석, 물, 공기 등과 같은 지구의 구성 요소에 대해 연구하는 학문으로 18세기가 되어서야 비로소 독립된 과학으로서의 체계를 갖추기 시작하였다.

지리학은 지표면의 과학적인 탐사를 통해 지도의 제작과 각종 과학적 자료의 수집을 목적으로 하는 과학이다. 이러한 목적을 위한 지리적 탐사는 주로 신대륙 개척을 위한 항로의 개발 등을 통해서 이루어졌다.

지질학

근대 초기의 지질학자들은 암석 등 땅 속에 있는 무기물이 자신의 내적 생명력에 의해 성장하는 것으로 생각하였다. 그러나 18세기에는 이러한 생기론적 생각보다는 기계적인 원인을 찾기 시작하였으며 마침내 물과 불의 2가지 생성 원인을 두고 격렬한 논쟁이 있게 되었다.

물의 작용에 의하여 암석을 포함한 지각이 형성된다고 믿는 이론을 수성론

그림 1.29 허튼. 화성론의 대가 일 뿐만 아니라 지구의 변화 원리는 과거나 현재가 동일하다고 하는 동일 과정설의 주창자이다.

(neptunism)이라고 부르며 한때 설득력 있는 이론으로 널리 퍼졌었다. 수성론의 중심 인물인 베르너(Abraham Werner, 1749~1817)는 원시 해양으로부터 대부분의 암석이 결정 혹은 침전 과정에 의해 생성되었다고 주장하였다.

반면에 화산과 열의 작용에 의하여 암석이 생성되었다는 화성론(plutonism)도 제기되었다. 허튼(James Hutton, 1726~1797)은 지구 내부는 용암으로 가득 차 있고 지각은 용암 그릇이며 화산은 안전핀과 같은 것이라고 생각하였다. 그러면 지구 내부의 용암이 분출 및 냉각하여 지각의 암석으로 변화하고 이들이 지하의 압력과 열에 의하여 다른 암석으로 변화할 수 있게 된다.

수성론과 화성론은 사실 상호보완적인 이론이지만 각자의 이론을 주장하는 학자들이 지구상의 어느 부분에 대해 더 관심을 두고 집중적으로 연구를 했느냐에 따라 서로 상반된 주장을 하게 된 것 뿐이다. 즉 화석이 흔히 출토되는 지역을 연구한 학자는 수성론을, 화산 활동이 활발한 지역의 학자들은 화성론을 주장하였던 것이다.

허튼은 오늘날 지질학적 변화를 일으키는 동력이 과거에도 지각의 형성 과정에 똑같이 작용하였다고 보았다. 즉 허튼은 자연계에 존재하는 힘은 현재에도 과거와 같이 작용하며 이 동일한 작용에 의해 지표를 구성하고 있는 암석이 계속 변화해 왔다는 지질학적 진화 이론을 주장한 것이다. 이러한 지질학적 진화 이론은 라이엘(Charles Lyell, 1797~1875)에 의해 계승되었다. 그는 방대한 지질학의 자료를 수집 · 분석하여 현재에도 작용하고 있는 원인으로 과거의 지표 변화까지 설명하는 허튼의 이론에 동조하였다. 자연계에 존재하는 힘은 언제나 동일하고 이 힘에 의하여 지표상의 변화가 계속되고 있다는 이 원리를 동일 과정설(uniformitarianism)이라고 한다. 이와 같이 동일 과정설은 물질에 작용하는 힘은 불변하나 물질은 그 힘에 의해 계속 변화한다고 설명하여, 물질의 불변성을 바탕으로 우주는 기계적인 운동만을 되풀이한다고 설명하는 기계론과는 차이를 보이고 있다. 기계론자들이 지구를 단순한 역학적 대상으로 보는 것과는 달리 지질학적 진화론자들은 지구가 마치 생물처럼 진화의 역사를 가지는 것으로 보았던 것이다.

지리학

근대에는 식민지를 개척하기 위한 목적으로 항해술과 탐험 기술이 발전하였으며 이를 이용하여 전 세계적으로 지형 측량이 이루어졌다. 이 과정에서 지리학자들은 지도의 제작과 지형, 자원 분포, 생물상 등과 같은 방대한 과학적 자료를 수집하였다. 이 분야에 가장 큰 업적을 남긴 사람은 훔볼트(Alexander von Humboldt, 1769~1859)로 그는 아메리카 대륙을 탐사하여 화산과 해류를 조사하였으며 지구의 자기장과 기후에 대한 연구 결과도 남겼다.

1.8 근대 과학의 방법과 제도

근대 과학의 특징 중 한 가지는 과학의 방법에 대한 고찰이 있었다는 점이다. 그것은 이전 시대와는 대조적인 측면이며 과학 연구의 효율성을 제고하기 위한 노력이라고 할 수 있다.

근대의 과학 연구를 위한 제도와 기구의 조직은 교육과 연구의 양면을 통해 과학의 발전을 가속시켰으며 이러한 전통은 현대 과학에서도 이어지고 있다.

과학의 방법

베이컨은 과학 연구의 방법을 철학적으로 분석하여 중세 학문은 죽은 학문이라 전제하고 생활 전체를 개혁할 수 있는 지식의 수립이 학문 연구의 목표라고 하였다. 그가 주장한 과학 지식의 형성 방법은 귀납법으로서, 지식은 경험으로부터 출발하고 많은 경험적 사실로부터 공통점을 발견하여 법칙이나 이론을 만들어야 한다는 것이었다. 이렇게 형성된 과학을 실험 과학이라고 하며 근대 과학의 대명사로 볼 수 있다.

그림 1.30 베이컨. 과학에서 경험의 중요성을 주장한 철학자이다.

데카르트는 당시 물리 과학의 연구가 점점 수학적 방법에 의존도를 높여 가고 있음을 주목하고 수학적 연역(mathematical deduction)이 사고의 중심이 되어야 하며 그것이 자연 법칙에 대한 인식을 완성한다고 하였다. 즉 데카르트는 수학의 공리와 같이 의심의 여지가 없는 분명한 원리로부터 수학적 연역의 과정을 거쳐야 자연의 모습을 제대로 알아낼 수 있다고 보았던 것이다.

데카르트가 비록 과학의 연구에서 수학의 중요성을 강조하였지만 수학을 단지 과학 연구의 한 도구로 생각하였을 뿐, 고대 그리스의 피타고라스 학파가 주장한 것과 같이 심미주의로 기울지는 않았다. 데카르트의 견해에 따르면 자연현상은 수리적 고찰이 가능하다는 것이고 이는 자연현상의 해석이 목적론을 배제하고 오히려 기계론 쪽으로 기울게 하는데 기여하게 되었다.

그림 1.31 데카르트. 과학의 연구는 수학적 연역의 방법으로 수행되어야 한다고 보았다.

이와 같이 베이컨과 데카르트는 16·17세기 과학의 방법에 대한 연구에서 가장 큰 역할을 하였지만 베이컨은 과학의 방법에서 수학의 역할을 간과했고, 데카르트는 실험의 중요성을 알지 못했다는 호이겐스의 지적과 같이 두 학자의 생각은 완전하지 못했으며 오히려 상호 보완적이라고 하는 것이 바른 평가일 것이다.

과학의 제도

근대 과학의 비약적인 발전 요인 중의 한 가지는 연구의 조직화이다. 연구자들과 이들의 활동을 지원해 주는 지원자들이 모인 연구소 내지 학교와 같은 곳이 자연히 연구의 중심이 되었고 그곳으로부터 많은 업적이 나오게 되었다.

그림 1.32 보일. 기체의 성질을 기계론적으로 설명하였으며 왕립 학회의 초창기 회원 중의 한 사람이었다.

17세기에 설립된 영국의 왕립 학회의 목적은 베이컨의 실험적 정신에 입각하여 과학 지식의 개선, 과거 지식의 복원 및 재검토 등이었다. 이 학회는 과학 이외의 학문 영역인 신학, 형이상학, 도덕, 정치, 문학 등에는 일체 관여하지 않았으며 자연현상이나 기술의 문제에만 관심을 가졌다.

왕립 학회가 설립된 후 19세기말까지 백여 개의 지방 학회가 조직되었다. 이들 학회의 대부분은 아마추어 과학자, 공장주, 기술자들의 조합과 같은 성격을 가지고 있었다. 또한 과학 교육을 목적으로 기존 대학의 개혁과 새로운 대학의 신설도 있었으며 연구소와 과학 진흥을 위한 과학 진흥 협회도 조직되었다.

르네상스의 중심지인 이탈리아에도 16세기부터 부호들의 지원을 받는 학회가 나타나기 시작하였으며, 그 중 메디치(Medicci)가문의 후원을 받는 연구소가 유럽 최초의 조직적인 연구소로서 유명하였다. 이 연구소는 전기, 자기, 열, 역학, 광학 분야 등에 대한 실험적 연구를 기본 목표로 하였다.

프랑스의 파리 과학 아카데미는 정부의 지원에 의해 설립된 국립 학회였으며, 소속된 회원들은 국가로부터 지원을 받아 기하학, 천문학, 역학, 해부학, 화학, 식물학의 분야에 대한 연구를 수행하였다. 18세기에는 데카르트의 영향으로 회원들은 실제적인 면보다는 철학적인 방면에 더 관심을 가지게 되었지만, 18세기말부터 프랑스 과학은 연구 결과의 실용성을 중요시하게 되어 실험적 방법에 노력을 기울였다. 프랑스 과학의 실용화는 도량형의 통일에서 최초로 나타났다. 1799년에 파리 과학 아카데미 소속의 도량형 위원회에서는 미터법(metric system)이라고 하는 새로운 도량형을 제정하였으며 현재 전 세계 대부분의 나라에서 사용하는 국제 표준 단위[22]의 모체가 되었다.

---

22) 질량의 단위로 kg, 길이의 단위로 m, 시간의 단위로 s를 사용하는 도량형

참고문헌

1. S. Mason(박성래 역), 과학의 역사, 부림출판사
2. 오진곤, 과학사총설, 전파과학사
3. 최병석, 자연과학개론, 학문사
4. 김영식, 과학사개론, 다산출판사
5. 대세계의 역사, 삼성출판사

자연 변화의 서술

운동은 자연 변화의 과정이고 힘은 자연의 변화를 일으키는 요인이다. 이러한 힘과 운동 사이의 관계는 운동의 법칙에 의해 정량적으로 기술된다. 에너지는 여러 가지 형태로 존재하며 이동과 변환이라는 통일적인 방법으로 자연 변화의 과정을 기술하는 데 사용된다.

2.1　시간과 공간

과학에서 자연이란 우주 전체를 의미하며 자연현상은 우주에서 일어나는 모든 변화와 그 과정을 일컫는다. 이러한 자연현상을 기술하기 위해서는 무엇보다 먼저 시간과 공간의 정량화가 필요하다. 그러면 운동은 시간과 공간이 결합해서 형성된다.

시간

그림 2.1　앙부일귀. 조선 시대의 해시계로, 태양의 일주 운동에 의해 그림자가 이동하는 것을 이용해서 시간을 측정하는 도구이다.

시간은 자연 변화의 빠르기를 양적으로 나타낼 때 사용된다. 즉 기준으로 선택한 자연현상에 대해 다른 자연현상의 빠르기를 상대적으로 표시한 수이다. 예를 들면 태양의 남중과 다음 남중 사이를 일(day)이라는 단위 시간으로 정한 다음, 다른 자연의 변화에 걸리는 시간은 이 단위 시간의 배수로 표시하면 된다. 예를 들어 보름으로부터 다음 보름이 되기까지는 단위 시간이 30번 경과하기 때문에 그 시간은 30일이라고 한다. 그러므로 보름에서 다음 보름이 일어나는 자연현상은 태양의 남중에서 다음 남중이 일어나는 자연현상보다 30배만큼 느리게 일어난다.

현재 사용되고 있는 시간의 표준 단위는 세슘(Cs[133]) 원자에서 발생하는 특정한 파장[1]의 전자기파가 9,192,631,770 회 진동[2]하는 데 걸리는 시간이며 이 단위 시간을 초(s)라고 정의한다. 이를 바탕으로 분이나 시간과 같은 보다 더 긴 시간의 단위도 정의할 수 있다.

공간과 좌표

공간을 정량화한 것이 길이 혹은 거리이다. 시간의 측정과 마찬가지로 길이의 측정도 먼저 단위 길이의 정의로부터 출발한다.

현재 사용되는 길이의 표준 단위는 미터(m)이며 빛이 진공 속에서 1/299,792,458 s 동안에 진행한 거리로 정의한다. 이보다 작은 단위로는 센티미터(cm)가 있고 큰 단위로는 킬로미터(km)가 있다.

어느 한 방향으로 정량화된 공간은 그 방향으로 가상적인 자가 놓인 셈이 된다. 따라서 정해진 원점으로부터 자 위에 있는 한 점까지의 거리가 수로서 표시되는 것이다. 점의 위치를 나타내는 이 수를 좌표라고 한다. 물론 좌표는 공간의 정량화 방식에 따라 달라진다.

---

1) 파동의 공간적 주기(3장 참조)
2) 전자기장이 주기적으로 변화하는 현상

거리를 측정하고자 하는 점 모두가 자 위에 있지 않은 공간도 있다. 예를 들어 책상 면의 수직한 두 모서리 중에서 한 모서리 방향으로 가상적인 자가 놓이도록 했지만 점은 책상의 한가운데 있을 수 있다. 그러면 점의 위치를 나타내기 위해서는 나머지 모서리 방향으로 제2의 공간 정량화가 필요하다. 결과적으로 점의 위치는 2개의 좌표로 표시되는 셈이다. 그런데 책상 면이 아니라 그 위 혹은 아래에 있는 점의 위치를 나타내기 위해서는 제3의 공간 정량화가 필요하다. 즉 추가적으로 책상 면으로부터 점까지의 거리가 필요한 것이다. 이와 같이 공간의 종류에 따라 점의 위치를 규정하기 위한 좌표의 수가 다르다. 직선의 경우는 단 한 개의 좌표만이 필요한 반면, 책상 면과 같은 평면에서는 2개, 인간이 거주하고 있는 보통의 공간을 포함하는 우주 공간에서는 3개의 좌표가 필요하다. 점의 위치를 나타내는 데 필요로 하는 최소한의 좌표 수를 차원(dimension)이라고 하며 공간의 고유한 성질 중의 하나이다. 직선, 평면, 우주 공간의 차원은 각각 1, 2, 3이다. 직선과 평면 등은 모두 우주 공간에 포함되어 있으므로 결국 낮은 차원의 공간은 보다 높은 차원의 공간의 일부인 셈이다.

2차원 이상의 공간에서는 점의 위치를 나타내는 데 필요로 하는 좌표의 수가 복수이며 이들 좌표의 집단을 좌표계라고 한다. 3차원 공간에서 가장 흔히 사용되는 좌표계는 서로 수직인 3개의 직선으로 이루어진 직각 좌표계이며 관례상 각 직선 방향으로 측정된 좌표를 x, y, z라고 한다. 물론 2차원 평면상에서는 2개의 좌표 x, y로 충분할 것이다.

이렇게 정의되는 좌표는 모두 길이의 단위를 가지게 되지만 필요에 따라 길이로 환산될 수 있는 각도 등도 좌표로 사용되기도 한다. 예를 들어 구면상에 놓여 있는 점의 위치는 경도와 위도라고 하는 2개의 각도 좌표로 표시하는 것이 더 편리하다. 결국 구면은 비록 책상 면과 같은 평면은 아니지만 2차원 공간인 셈이다. 바다를 항해하는 선박의 위치를 위도와 경도 2개의 숫자로 표시하는 것은 지구 표면을 높낮이가 없는 완벽한 구로 가정하여 2차원 공간으로 취급한다는 의미이다.

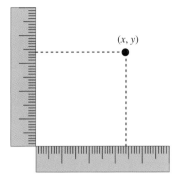
그림 2.2 평면의 정량화. 평면에 있는 점의 위치를 나타내기 위해서는 2개의 좌표가 필요하다.

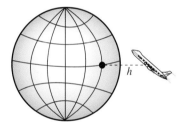
그림 2.3 3차원 공간. 비행 중의 비행기의 위치는 경도와 위도 외에도 고도라는 세 번째 좌표가 필요하다.

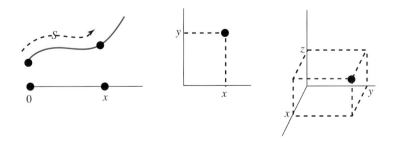
그림 2.4 좌표계와 차원. 사용하는 공간에 따라 차원이 다르다.

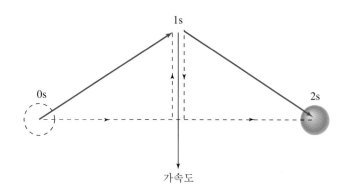

그림 2.5 속도와 가속도. 물체가 2초 동안 1초 간격으로 운동한 경로를 보여준다. 처음 1초와 나중 1초 동안에 운동 방향(속도)이 다르며 각각을 수직과 수평 방향으로 분해해보면 수직 방향으로만 차이가 난다는 것을 알게 된다. 속도의 차이가 가속도이므로 2초 동안에 물체의 가속도는 아래로 향하였다.

직선뿐만 아니라 레일과 같이 정해진 곡선도 1차원 공간이다. 예를 들어 경부선에서 부산역으로부터 레일을 따라 132.5 km 지점이라고 하면 그 지점은 단 한 곳뿐이다. 따라서 이 레일 위를 달리는 기차의 위치를 표시하기 위해서는 시점으로부터의 거리라고 하는 단 한 개의 좌표만 주면 그만이다.

운동

운동이란 좌표로 표시되는 물체의 위치가 시간에 따라 변화하는 현상을 의미한다. 즉 운동은 시간과 공간이 결합한 개념이다. 따라서 운동을 정량화하기 위해서는 시간과 공간의 정량화가 선행되어야 하고 그것을 바탕으로 주어진 시간에 얼마나 빠르게 물체의 위치가 변하는지를 말해주는 속도라는 개념을 도입할 수 있다. 즉 속도는 단위 시간 동안에 일어난 물체 위치의 변화량이다. 위치의 변화가 방향성을 가지므로 속도도 방향성을 가지게 됨이 분명하다. 속도의 표준 단위는 m/s로서 1 s 동안에 1 m의 비율로 위치 변화가 발생하는 것을 말한다.

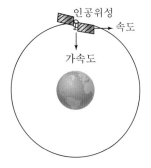

그림 2.6 인공위성의 운동. 인공위성의 회전 방향이 계속 바뀌기 때문에 가속 운동 중이며, 가속도의 방향은 지구의 중심을 향한다.

속도는 물체의 운동 상태를 나타내며 대부분의 경우 일정하지 않다. 그러한 운동 상태의 변화는 가속도로 정량화된다. 즉 가속도는 단위 시간당 속도의 변화량을 말한다. 가속도의 표준 단위는 m/s^2이다. 속도가 방향성을 가지고 있으므로 가속도 역시 방향성을 가지게 된다. 그러나 가속도는 속도의 변화량에 의해 결정되므로 가속도의 방향은 속도의 방향과 반드시 일치할 필요는 없다. 예를 들면 일정하게 원 운동하는 물체의 속도는 원의 접선 방향이지만 가속도는 원의 중심을 향하고 있다.

2.2 자연 변화의 본질

　힘은 단순한 운동학적인 의미뿐만 아니라 실질적인 자연 변화의 원동력으로서 더 중요한 의미를 가지고 있다. 힘은 단순한 운동 상태의 변화뿐만 아니라 물질의 생성과 소멸과 같은 심각한 자연의 변화를 초래할 수 있기 때문이다.

힘과 자연의 변화

　건물 옥상에 있던 물체가 지면으로 떨어지는 현상과 지구가 태양 주위를 도는 현상은 쉽게 운동으로 인식하지만 철이 녹스는 과정도 입자들의 운동에 의한 결과라는 사실을 이해하기는 쉽지 않다. 그것은 거시적 규모의 물체가 이동하는 것과는 달리 철이 녹스는 현상은 원자나 그보다 작은 미시적 규모의 입자가 운동함으로써 발생하는 것으로서 일상적인 방법으로는 관측이 되지 않기 때문이다. 실제로 이 과정을 미시적인 관점에서 보면 철 원자와 산소 원자가 충돌하여 두 원자의 구성단위들의 운동 상태가 변화한다는 것을 알 수 있다. 이렇게 자연의 변화 뒷면에는 거시적 물체나 미시적 입자들의 운동이 관여하고 있다.

▫ 물체와 입자

　이 책에서 물체라고 함은 모래알, 공, 연필, 지구, 은하 등과 같이 거시적 규모, 즉 육안으로 볼 수 있는 규모의 형체가 있는 물질을 말하며 입자는 분자나 원자, 혹은 그보다 작은 규모의 물질의 구성단위와 같이 미시적 규모, 즉 육안으로는 관찰할 수 없을 정도로 작은 규모의 물체를 말한다. 물체는 분자나 원자로 구성되어 있기 때문에 물체는 입자들의 집합체이다. 물체는 물론 입자도 크기가 있기 때문에 엄밀하게 말하자면 수학에서 말하는 점으로 표시할 수는 없으나 물리학에서 입자를 사용하는 것은 그 크기를 무시하여 점으로 취급할 필요가 있을 때이다. 그러나 물체도 주위의 다른 것들에 비해 크기가 훨씬 작을 때에는 점으로 취급될 수 있기 때문에 큰 문제가 없을 경우에 이 책에서는 입자보다는 물체라는 용어를 더 자주 사용하기로 한다.

　운동에 의해 국지적인 물질의 이동 등 자연 변화가 일어나는 것처럼 보인다. 그러나 '그러한 물질의 재배치가 우주적 규모로 보았을 때도 과연 의미가 있는가?'라고 물으면 대답이 달라질 수 있다. 실제로 우주적인 관점에서 보면 모든 자연 변화가 의미 있는 것은 아니다. 예를 들어 다른 물체로부터 아무런 영향을 받거나 미치지 않고, 다만 이전부터 지니고 있던 관성에 의해 우주 공간을 가로지르는 물체는 단순히 물질의 공간적 재배치 이외에는 다른 특별한 변화를 일으키지 못한다. 그것은 우주원리(cosmological principle)가 우주의 어떠한 장소나 방향이 다른 장소나 방향에 비해 특별한 지위를 가지고 있지 않다는 사실을 천명하고 있기 때문이다. 즉 관성적인 운동에 의한 물질의 재배치는 우주 전체로 보아서는 의미가 없는 것이라는 것이다. 우주의 모든 곳과 모든 방향이 동등하다면 물체가 여기 있는 것과 저기 있는 것에 차이가 없고 이쪽 방향으로 운동하는 것과 저쪽 방향으로 운동하는 것은 다르지 않기 때문이다. 이와 같이 다른 물체로부터 아무런 영향을 받지 않고 이전에 주어진 운동 상태를 그대로 유지하는 운동을 관성 운동이라고 한다. 관성 운동은 운동 상태, 즉 속도가 일정하게 유지되는 운동이다. 달리 표현하면 관성 운동은 다른 물체로부터 아무런 영향을 받지 않기 때문에 가능한 운동 상태이다.

관성 운동을 제외한 다른 모든 운동을 비관성 운동이라고 한다. 경험에 의하면 다른 물체로부터 어떤 식으로든지 영향을 받는 물체의 운동은 비관성 운동이다. 달리 말하면 비관성 운동, 즉 속도가 변화하는 운동을 하는 물체에는 외부로부터 운동 상태의 변화를 일으키는 어떤 영향이 작용하고 있다. 이렇게 비관성 운동이 발생하도록 만드는 요인을 힘이라고 한다. 비관성 운동, 즉 힘이 작용하는 운동은 관성 운동과는 달리 의미가 있는 자연 변화를 일으킨다. 먼저, 힘은 주고받는 것이기 때문에 적어도 둘 이상의 물체가 서로 영향을 미치게 됨으로써 무의미한 변화로부터 구별된다. 또한 물체에 힘이 작용하여 일어나는 자연의 변화에는 비교적 단순한 운동 상태의 변화뿐만 아니라 물질의 생성과 소멸과 같은 보다 극적인 것도 있다. 즉 물체에 힘이 작용하면 그 물체의 운동 상태가 변화할 뿐만 아니라 경우에 따라서는 기존의 물질이 소멸하거나 새로운 물질이 생성되기도 한다.

일반적으로 운동 상태의 변화는 모든 규모에서 관찰되는 것이지만 실제로는 그러한 변화를 일으키는 힘의 근원은 미시적 규모의 구성단위들로부터 유래한다. 즉 종류에 관계없이 모든 힘은 가장 잘게 쪼갤 수 있는 물질의 구성단위 사이에 작용하는 것이지 거시적 규모의 물체와 물체가 직접 작용하는 것은 아니다. 만일 힘이 거시적 규모에까지 관측된다면 그것은 그러한 미시적 규모의 입자들이 만들어내는 미세한 힘들이 합쳐져 크게 관측되는 것에 불과하다. 거시적 규모에서 관측되는 물체의 비관성 운동도 궁극적으로는 그 물체를 이루고 있는 구성단위들에 작용하는 미약한 힘들이 모여서 발생하는 효과인 것이다.

위에서 이미 지적한, '힘이 작용하는 경우 물질의 생성과 소멸이 가능하다.'는 것과 '힘의 근원은 미시적 구성단위에 있다.'라는 두 문장을 결합

하면 물질을 구성하고 있는 구성단위들 사이에 힘이 작용하고 그러한 구성
단위들의 결합과 분해에 의해서 물질의 생성과 소멸이 일어나는 것으로 된
다. 이와 같이 구성단위들의 결합과 분해는 구성단위들 사이에 작용하는
힘에 의해서 일어나는 것이므로 힘의 성질과 그에 따른 구성단위들의 운동
을 알 수 있다면 거시적 세계에서 나타나는 자연 변화도 이해할 수 있게 될
것이다.

힘의 종류와 성질

자연의 변화는 다양하게 일어나고 있지만 그 변화의 원동력인 힘에는 4가
지 종류만 존재하며 물질의 구성단위에 따라서 특정한 종류의 힘만이 작용
한다. 또한 힘은 종류에 따라 세기가 매우 다르며 강한 힘일수록 규모가 큰
운동의 변화나 물질의 변화와 같은 대규모의 자연 변화를 일으킬 수 있다.

힘 중에서 가장 흔한 형태가 일상적으로 경험하고 있는 만유인력과 전
자기력이다. 전자기력은 4가지 힘 중에서 두 번째로 강하며 만유인력은 가
장 약한 힘이다. 나머지 두 힘은 원자의 중심부인 원자핵에서 작용하는 강력
(strong force)과 약력(weak force)이다.

만유인력은 질량을 가진 물체에 작용하고 전기력은 전하량이라고 하는
물리적 성질을 가진 물체에만 작용한다. 그러므로 질량은 흔히 중력이라고
부르는 만유인력의 근원이며 전하량은 전기력의 근원이다.

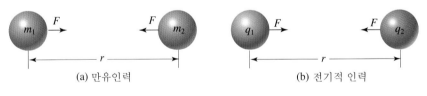

(a) 만유인력   (b) 전기적 인력

그림 2.7 만유인력과 전기력. 두 힘의 형태는 똑 같다. 그러나 (a) 만유인력은 인력뿐이
지만, (b) 전기력은 전기의 부호에 따라 인력과 척력이 있다.

지구에서는 물체에 작용하는 지구의 중력을 무게라고 한다. 그러므로
무게는 힘의 일종이다. 질량은 물체의 고유한 성질이기 때문에 우주의 어
느 곳에 두어도 같다. 그러나 무게는 물체 상호 간의 중력이기 때문에 자신
의 질량뿐만 아니라 중력을 작용하는 다른 물체의 질량은 물론 둘 사이의
거리에 의해서도 달라진다. 따라서 지구에서 측정한 사람의 몸무게와 달에
서 측정한 몸무게는 다르다.

질량을 가지고 있는 두 물체는 서로 만유인력을 작용한다. 뉴턴에 의해

그림 2.8 질량과 무게. 질량은 물질
의 고유한 성질이고 무게는 물체에 작
용하는 지구의 중력이다.

(a) 전기를 띤 입자

(b) 자석

그림 2.9 전기를 띤 입자와 자석.
(a) 양의 전기를 띤 입자와 음의 전기를 띤 입자는 따로 존재할 수 있지만, (b) 자극은 홀로 존재할 수 없다. 즉 한 자석에는 반드시 N과 S가 모두 존재한다.

서 발견된 이 힘은 항상 끌어당기기만 할 뿐 결코 물리치는 법은 없다. 반면에 전기를 띤 물체 사이에는 인력과 척력 2가지 모두 존재한다. 이러한 인력과 척력을 설명하는 것이 바로 2가지 종류의 전기이다. 즉 전기에는 양과 음의 2종류가 있어서 같은 종류의 전기를 띤 물체 사이에는 척력이 작용하고 다른 종류끼리는 인력이 작용한다고 해석하는 것이다.

자기력도 전기력과 마찬가지로 인력과 척력의 2종류가 있으며 N과 S의 2가지 종류의 자기를 도입하여 이것을 설명하고 있다. 그런데 자기는 전기와 달리 1가지 종류의 자기만 따로 존재하는 법이 없다. 자석을 아무리 잘게 잘라도 한 끝이 N이면 나머지 한 끝은 반드시 S가 된다.

자기력은 전기력과 밀접한 관련을 맺고 있다. 실제 이 2가지는 상호 가변이고 그 관계는 맥스웰의 이론으로 설명되기 때문에 두 힘을 뭉쳐서 전자기력으로 부르고 있다.

힘의 장

일상적인 경험에 의하면 힘은 접촉에 의해서만 전달되는 것으로 오해되고 있다. 물체를 손으로 미는 경우가 좋은 예일 것이다. 그러나 이 생각이 틀렸다는 것은 지구와 태양이 1억 5천만 킬로미터나 떨어져 있어도 힘을 작용한다는 사실이 증명한다. 만유인력, 전자기력 등의 힘은 접촉 상태가 아닌 먼 거리에서도 잘 작용한다. 실제로 거시적 규모에서 말하는 접촉이란 개념도 미시적인 관점에서는 성립하지 않는다. 비록 거시적으로 두 물체가 접촉한 상태에 있다고 하더라도 구성단위들 사이의 간격은 상당히 클 수 있기 때문이다.

힘의 개념이 처음으로 성립된 뉴턴의 시대에는 공간적인 간격이 있어도 힘이 순간적으로 작용한다는 원격 작용(action at a distance)을 믿었다. 예를 들어 태양과 지구 사이의 먼 거리에도 불구하고 만유인력은 즉각적으로 작용한다는 것이다. 뉴턴 자신은 원격 작용이 어떻게 가능한지 자세히 생각해보지는 않았으나, 일부 사람들은 우주를 가득 채우고 있는 에테르가 그런 방식으로 힘을 전달한다고 생각하기도 하였다.

현대 물리학에서 원격 작용은 장(field)에 의한 힘의 전파라는 개념으로 대체되었다. 장은 힘을 작용할 수 있는 물체에 의해 그 물체 주위의 성질이 바뀐 공간을 말한다. 만유인력의 경우 질량을 가진 물체가 존재하면 눈에 보이지는 않으나 주변 공간의 성질이 바뀐다. 이러한 공간에 만일 다른 물체를 가져오면 공간의 그러한 성질에 의해서 인력이 작용한다는 개념이다. 같은 원리로 전기나 자기를 띤 물체가 있으면 이들 주위에는 공간의 성질이

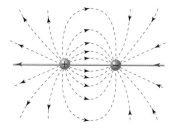

그림 2.10 전기력선. 전기를 띤 물체 주위에는 힘이 작용하는 영역인 전기장이 형성된다. 전기력선은 전기장의 방향을 나타낸다.

바뀌어 전기나 자기를 띤 다른 물체에게 특유의 전기력이나 자기력을 미치게 된다. 만유인력의 근원인 질량에 의해 생성되는 장을 중력장이라고 하고 전기와 자기에 의해 만들어지는 것을 각각 전기장과 자기장이라고 한다.

장에 의해서 힘이 전달된다는 장의 이론에 의하면 힘의 전달 속도는 바로 장의 변화가 전달되는 속도와 같다. 한편 아인슈타인의 특수 상대성 이론(theory of special relativity)에 의하면 어떠한 정보도 광속보다 빠를 수는 없다고 한다. 따라서 장의 변화가 전달되는 속도도 광속보다 빠를 수는 없다. 예를 들어 300,000 km 저편에 있던 어떤 물체가 갑자기 운동을 시작하게 되면 그에 따른 만유인력의 변화를 느끼기까지에는 최소한 1 s가 걸리고 10억 광년(ly)[3] 저편에 있던 어느 별에 무슨 일이 일어나서 빛과 중력의 변화를 느끼기까지에는 적어도 10억 년은 걸리게 된다.

□ 특수 상대성 이론

그림 2.11 **아인슈타인.** 상대성 이론으로 널리 알려진 과학자이지만 광전 효과를 현대적으로 설명한 공로로 노벨상을 수상하였다.

1905년에 아인슈타인이 발표한 특수 상대성 이론 자체는 간단하다. 즉 자연법칙은 관성적으로 운동하는 모든 관측자들에게는 같은 형태로 나타나고 광속은 관측자의 속도와 관계없이 일정하다고 하는 원리와 같은 가정 2개로 구성되어 있을 뿐이다. 그러나 그러한 가정을 바탕으로 빠른 속도로 운동하는 미시적 규모의 입자들이 관련된 여러 가지 자연현상을 설명해주는 등 현대 물리학에서 필수적인 기초가 되었다. 특수 상대성 이론이 설명할 수 있는 자연현상으로 시간, 길이, 질량에 대한 측정 결과가 관측자와 관측 대상의 상대적인 속도에 따라 달라지며 물체의 질량이 감소하여 운동 에너지가 생성될 수 있다는 것 등이 있다.

2.3 고전역학

자연의 변화 과정 중에서 비교적 단순한 과정인 운동 상태의 변화를 정량적으로 기술하는 것이 바로 뉴턴이 찾아낸 운동의 법칙이다. 여기서 운동 상태의 변화를 일으키는 것은 물론 힘이다.

뉴턴은 힘에 대한 명확한 정의를 하지는 않았지만 운동의 법칙을 통하여 '힘이 존재할 때 물체가 어떻게 운동할 것인가?'라는 질문에는 명확한 해답을 제시했다. 운동의 법칙은 몇 가지 개념들, 예를 들면 속도와 가속도 등을 사용하여 운동을 기술한다.

---

3) 빛이 1년 동안 진행한 거리로서 약 9.46×10^{12} km

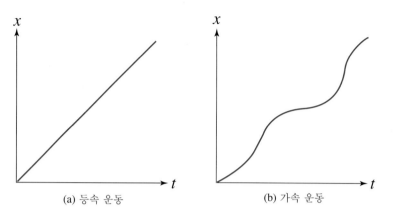

그림 2.12 등속 운동과 가속 운동.
(a) 등속 운동은 공간 좌표(x)와 시간
(t) 사이의 그래프에서 직선으로 나타
나고, (b) 가속 운동은 곡선으로 나타
난다.

(a) 등속 운동   (b) 가속 운동

운동의 법칙

물리학의 한 분야로서 힘과 운동의 관계를 말해주는 역학에서 가장 기본적인 법칙이 뉴턴의 운동의 법칙이다. 운동의 법칙 중에서 한 가지는 물체에 힘이 작용할 때 그 물체의 운동 상태의 변화를 운동 방정식으로 표현한다. 운동 방정식은 간단히 말해 '물체에 가해준 힘과 그에 의한 물체의 가속도는 서로 비례한다.'는 것이다.

운동 방정식에 의하면 힘이 작용하지 않는 경우에 가속도는 0이다. 가속도는 속도의 변화이기 때문에 가속도가 0이라는 것은 속도가 변하지 않는다는 것을 의미한다. 즉 물체에 힘이 작용하지 않으면 그 물체의 속도가 일정하게 유지된다는 것이다. 이를 관성[4]의 법칙이라고 하며 뉴턴의 운동의 법칙 중의 다른 한 가지이지만 사실은 관성의 법칙은 운동 방정식의 특수한 경우에 불과하다. 달리던 버스가 급정거하면 바닥의 물체가 앞으로 굴러가는 현상을 흔히 관성의 법칙으로 설명한다.

힘이 작용하지 않아 물체의 속도가 변하지 않는 상태가 바로 관성 운동이며 속도가 일정하기 때문에 등속 운동이라고도 한다. 반대로 힘이 작용하여 가속도가 있는 경우가 비관성 운동이며 가속도가 있는 운동이기 때문에 가속 운동이라고도 한다. 가속 운동이 의미 있는 자연의 변화가 일어나는 과정임은 이미 지적한 바 있다.

1차원 등속 운동의 경우 시간과 물체의 좌표 사이에는 직선 관계가 성립하나 가속 운동의 경우에는 곡선 관계가 성립한다.

---

4) 관성(inertia)은 현재의 상태를 유지하려는 성질

질량

물체에 힘이 작용하여 가속도가 발생할 때 힘과 가속도는 서로 비례한다는 것을 운동 방정식이라고 하였다. 이 방정식에서 비례상수를 질량이라고 부른다. 그러면 운동 방정식은 '힘 = 질량 × 가속도', 즉 $F = ma$의 형태로 된다. 운동 방정식에 의하면 같은 힘을 가하더라도 질량이 큰 물체는 작은 가속도, 즉 작은 운동 상태의 변화를 나타내게 된다. 따라서 질량은 물체가 현재의 상태를 유지하려는 성질인 관성의 크기를 나타낸다고 할 수 있다.

가속도와 힘은 이미 과거의 과학자들이 사용해 오고 있던 개념이었지만 질량은 뉴턴이 '물질의 양'이라는 의미로 최초 고안한 것이다. 질량은 물질이 가지는 고유한 성질이므로 어디에 가더라도 변하지 않는다고 가정한다.

질량의 표준 단위는 킬로그램(kg)이며 킬로그램 원기라고 불리는 특정한 물체의 질량이다. 그런데 여기서 사용하고 있는 질량은 어디까지나 운동에 관계하는 것으로 만유인력을 일으키는 질량과는 원칙적으로는 무관함을 지적해 둔다.

시간, 길이, 질량의 표준 단위가 정해지면 힘의 표준 단위는 운동 방정식에 의해 자동으로 결정된다. 이렇게 결정된 힘의 표준 단위는 뉴턴(N)이다. 1 N은 1 kg의 물체가 1 m/s²의 가속도를 가지도록 해주는 힘의 크기이다. 몸의 질량이 60 kg인 사람에게 작용하는 지구 중력의 크기는 약 588 N이다.

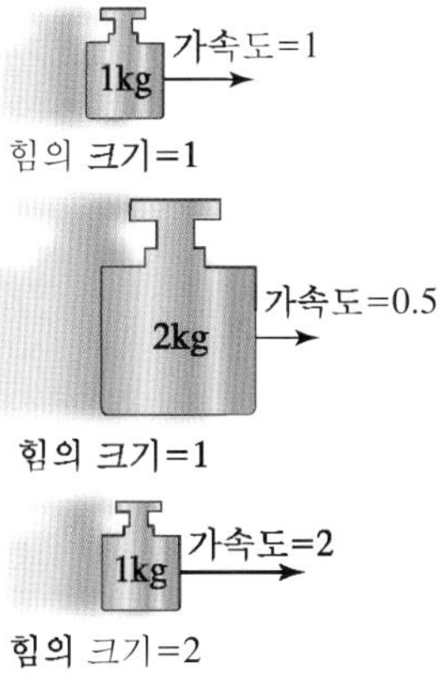

▫ 킬로그램 원기

1899년 제1회 국제 도량형 총회에서 결정된 백금–이리듐 합금의 원통형 원기가 오늘날에도 사용되고 있으며 현재 파리 교외에 있는 국제 도량형국(Bureau International des Poids et Mesures)에 보관되어 있다. 미터 조약 가맹국에는 원기와 똑같이 만들어진 부원기가 분배되어 각각 그 나라의 원기로 사용되고 있다.

고전역학의 적용 범위

뉴턴의 운동의 법칙을 바탕으로 힘과 운동의 관계를 정량적으로 기술하는 역학 체계가 고전역학이다. 한때 고전역학은 일상 세계의 역학 현상을 기술하는 데 효율적인 도구로서 자연 변화의 모든 과정을 설명할 수 있을 것으로 생각되었다. 그러나 결국 그것은 거시적 세계에 한정되며 미시적 세계의 역학 현상을 기술하기 위해서는 새로운 역학 체계를 필요로 한다는 사실이 밝혀지게 된다. 특히 힘의 결과가 물질의 생성과 소멸과 같은 변화

힘의 크기=1 가속도=1 1kg

힘의 크기=1 가속도=0.5 2kg

힘의 크기=2 가속도=2 1kg

그림 2.13 힘과 가속도의 관계. 물체의 가속도는 작용한 힘에 비례하고 질량에 반비례한다.

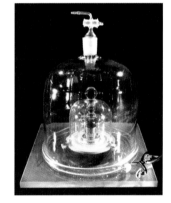

그림 2.14 킬로그램 원기. 1 kg을 정의하는 물체로서 프랑스에 있는 국제 도량형국에 보관되어 있다.

를 일으키는 경우는 고전역학이 적용되기 더 어렵다. 왜냐하면 그것은 모두 미시적 세계에서 물질의 작은 구성단위들 사이에서 일어나는 일이기 때문이다. 이를 제대로 설명하기 위해서는 양자역학(quantum mechanics)이나 장의 이론과 같은 새로운 이론을 사용하게 된다. 제4장에서 설명하겠지만 양자역학은 미시적 세계의 역학 현상을 기술하는 방법이며, 장의 이론은 물질 간의 상호 작용을 장과 장 사이의 상호 작용으로 보고 물질의 소멸과 생성을 장의 소멸과 생성으로 설명하는 이론이다.

2.4 일과 에너지

일(work)은 물체에 작용한 힘과 이동한 거리에 의해 결정되는 물리량이다. 이 정의와 관련해서 운동 에너지(kinetic energy)와 퍼텐셜 에너지(potential energy)를 정의할 수 있으며, 이들은 상호 가변적이나 그 합은 보존된다.

일과 일률

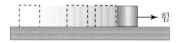

그림 2.15　**일.** 물체에 힘을 가하여 이동시키면 일을 한 것이다. 일의 양은 힘과 거리의 곱이다.

물체에 힘을 가하여 그 물체가 이동하였을 때 힘이 일을 하였다고 하며 그 일의 양은 가한 힘과 이동 거리의 곱으로 정의한다. 즉 '일＝힘×거리'이다. 그런데 일상적인 일과는 달리 물리적인 일이 발생하기 위해서는 힘을 가할 때 반드시 물체가 힘의 방향으로 이동하여야 한다. 아무리 큰 힘을 가하더라도 물체가 이동하지 않거나 힘의 방향에 수직한 방향으로 이동한다면 물리적인 일은 없다고 본다. 일의 표준 단위는 줄(J)이며, 1J은 물체에 1N의 힘을 작용하여 1m만큼 이동시켰을 때 한 일이다.

같은 일을 하더라도 천천히 하는 경우와 느리게 하는 경우를 구별하기 위해 일률이라는 개념을 도입하며 단위 시간당 한 일로 정의한다. 일률의 표준 단위는 와트(W)이다. 1W는 1s 동안에 1J의 율로써 일을 하는 경우의 일률이다. 마력(HP)도 일률의 단위이며 1HP＝746W로서 대략 말 한 마리로부터 기대할 수 있는 일률이다.

운동 에너지

일반적으로 물체에 힘이 작용하면 그 물체의 속도가 변화한다. 즉 일의 결과가 물체의 운동 상태의 변화로 나타나는 것이다. 예를 들어 빌딩 옥상

□ 일과 운동 에너지

정지한 물체에 힘이 작용하여 짧은 시간 Δt 동안 물체는 s 만큼 이동하였고 속도는 0에서 v로 증가하였을 때 속도의 변화량 Δv는 $\Delta v = v$이다. 그러면 물체의 가속도는 $a = \Delta v / \Delta t$이다. 이때 힘 F가 한 일을 계산하면 $W = Fs$이다. 질량 m의 물체에 대한 운동 방정식은 $F = ma$이므로 $W = mas$이다. Δt의 시간 동안 물체의 평균 속도를 $\langle v \rangle$라고 하면 $s = \langle v \rangle \Delta t$므로 $W = ma\langle v \rangle \Delta t = m\langle v \rangle \Delta v$이 된다. Δt의 시간 동안 물체의 속도는 0으로부터 v로 변화하였으므로, 이 시간 동안 물체의 평균 속도 $\langle v \rangle$는 $v/2$이다. 따라서 힘이 한 일은 $W = m(v/2)v = mv^2/2$이다. 즉 물체에 한 일이 물체의 질량과 속도로 표시된 것이다.

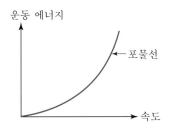

그림 2.16 운동 에너지. 물체의 운동 에너지는 속도의 제곱에 비례한다. 따라서 속도가 조금만 커져도 운동 에너지는 크게 증가한다.

에 있는 물체는 떨어져 지상에 닿기까지 계속 빨라진다. 즉 운동 상태가 계속 변화한다. 이러한 변화의 이유는 지구가 중력을 통해서 물체에 일을 하기 때문이다.

일이 운동 상태의 변화를 초래하였다면 반대로 운동 상태의 변화에 의해서 일이 발생할 수 있다. 예를 들어 운동하는 물체가 정지해 있는 다른 물체와 충돌하는 경우를 살펴보자. 충돌 과정은 비록 짧은 시간이지만 물체 사이에 힘이 작용하기 때문에 일을 하게 된다. 이와 동시에 처음에 운동하던 물체의 속도가 감소한다. 즉 물체에 힘을 가하여 속도를 증가시키는 과정과 정반대 과정인 것이다. 따라서 물체의 처음 속도가 v이면 충돌에 의해 이 물체가 정지해 있던 물체에게 $mv^2/2$ 만큼의 일을 할 수 있다. 즉 운동하는 물체는 일을 할 수 있는 능력 $mv^2/2$을 가지며 그러한 능력을 운동 에너지라고 부른다. 운동 에너지는 질량에는 비례할 뿐이지만 속도에는 제곱에 비례한다.

사용된 힘이나 물체의 종류에 관계없이 일과 운동 에너지는 상호 가변이기 때문에 운동 에너지와 일은 등가라고 보아야 할 것이다. 따라서 운동 에너지의 표준 단위는 일의 표준 단위와 같은 줄(J)이다.

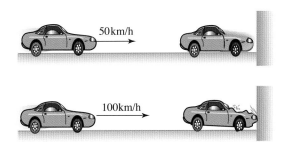

그림 2.17 자동차의 속도와 충돌 피해의 크기. 충돌에 의한 자연 변화의 크기는 질량이나 속도가 아닌 운동 에너지에 의해 결정된다. 그 때문에 자동차 사고에 의한 피해는 자동차 속도에 매우 민감하다. 예를 들면 같은 자동차가 각각 시속 50km와 100km로 벽에 충돌했을 경우 그 피해 정도는 2,500 대 10,000이다. 속도는 2배 증가했음도 불구하고 피해의 크기는 4배로 증가한다.

퍼텐셜 에너지

낙하하고 있는 물체에는 중력이 작용하고 있으므로 중력이 일을 계속하고 있는 셈이다. 그러면 이 일에 의하여 물체의 운동 에너지가 점점 증가한다. 지표면 근처에서 물체에 작용하는 중력 F가 일정하다고 가정하면 물체가 거리 s만큼 낙하할 때까지 중력이 한 일 W는 $W = Fs$이다. 즉 물체가 낙하하면 낙하 거리에 비례적으로 물체의 운동 에너지가 증가하는 것이다. 이러한 운동 에너지의 증가는 물체가 땅에 닿아 더 이상 낙하할 수 없을 때까지 계속되고 그때가 되면 중력은 일을 할 수 있는 능력을 모두 상실하게 된다. 사실 이러한 능력의 상실은 지면에 닿는 순간 갑자기 발생한 것은 아니고 낙하하면서 계속되어 온 것이다. 즉 물체의 운동 에너지를 늘리는 대가로 지불한 것이 바로 물체의 높이인 셈이다.

물체의 운동 에너지를 얻기 위해서는 높이의 감소라고 하는 대가를 지불해야 한다는 사실이 위치 에너지라고 하는 새로운 개념을 도입하게 된 동기이다. 즉 지면으로부터 어떤 높이에 있는 물체는 그 높이에 비례하는 위치 에너지를 가지고 있고 낙하에 의해 그 위치 에너지는 감소하며 그만큼 운동 에너지가 증가한다고 보는 것이다. 비록 일이 운동 에너지와 등가라고는 하지만 일이 발생하여 운동 에너지가 증가한다고 표현하는 것보다는 위치 에너지가 운동 에너지로 변환된다고 하는 표현이 보다 단순하고 체계적으로 들린다. 즉 위치 에너지라는 개념을 도입하면 이미 정의되어 있는 운동 에너지와 함께 운동의 전 과정을 에너지라고 하는 통일적인 개념으로 서술할 수 있게 되는 것이다.

위치 에너지를 도입하면 중력이라는 용어를 사용하지 않게 된다. 즉 '물체는 높이에 의해 결정되는 위치 에너지를 가지고 있으며 낙하는 위치 에너지가 운동 에너지로 변환되는 과정이다.'라고 하는 것은 '물체에 중력이라고 하는 힘이 작용하여 낙하하면서 속도가 증가한다.'는 표현과 같은 의미다. 이와 같이 위치 에너지는 중력의 역할을 대신하고 있다. 한편 중력은 힘이기 때문에 방향성을 가지고 있다. 즉 힘에는 크기와 같은 대수적 성질뿐만 아니라 방향과 같은 기하학적 성질도 있다. 반면 위치 에너지에는 방향성이 겉으로 드러나 보이지는 않기 때문에 대수적 취급만으로 충분하다. 따라서 운동과 같은 자연현상을 정량적으로 서술할 때 과정보다는 결과가 보다 중요한 문제가 된다면 구태여 복잡하게 힘을 사용할 필요가 없이 위치 에너지만으로 충분히 목적을 달성할 수 있는 경우가 많다.

비단 중력의 경우에만 위치 에너지를 도입할 수 있는 것은 아니다. 어떤 종류이건 힘이 존재할 때는 위치 에너지를 도입할 수 있다. 즉 위치 에너지란 모든 종류의 힘에 적용시킬 수 있으며 이런 의미에서 위치 에너지를 더 일반적인 이름인 퍼텐셜 에너지(potential energy)라고 부른다. '퍼텐셜'이란 말은 '잠재적'이라는 뜻을 가지고 있다. 그러므로 퍼텐셜 에너지란 물체의 위치에 관계하며 운동 에너지로 변화할 수 있는 잠재적인 능력이라고 할 수 있다. 자연에는 4가지 기본적인 힘이 존재하기 때문에 퍼텐셜 에너지도 4가지가 존재한다고 보아야 한다. 그 중에서 가장 흔한 것이 중력에 의한 중력적 퍼텐셜 에너지와 전기력에 의한 전기적 퍼텐셜 에너지이다. 나머지 약력과 강력의 경우에는 힘의 형태가 중력이나 전기력에 비하여 단순하지 않기 때문에 퍼텐셜 에너지가 간단하게 정의되지는 않는다.

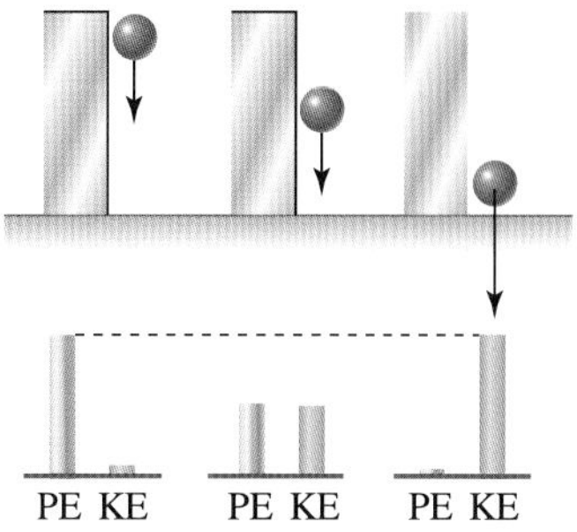

그림 2.18 운동 에너지와 퍼텐셜 에너지. 물체가 낙하함에 따라 운동 에너지(KE)는 증가하고 그 증가량만큼 퍼텐셜 에너지(PE)가 감소한다.

역학적 에너지와 그 보존

물체가 낙하할 때 퍼텐셜 에너지가 감소하는 만큼 운동 에너지가 증가한다는 것을 보았다. 사실은 그렇게 되도록 퍼텐셜 에너지를 정의한 것이다. 그러므로 운동 에너지와 퍼텐셜 에너지의 합은 항상 일정하게 유지될 수밖에 없다. 즉 퍼텐셜 에너지와 운동 에너지의 합을 역학적 에너지라고 정의하면 운동의 전 과정 중에 이 역학적 에너지는 변하지 않고 보존된다. 이 성질을 역학적 에너지 보존 법칙이라고 한다.

역학적 에너지 중의 한 성분인 운동 에너지는 물체의 위치에는 무관하고 속도라고 하는 물체의 동적 상태에 의해 결정되며 나머지 성분인 퍼텐셜 에너지는 물체의 운동과는 관계없이 위치라고 하는 물체의 정적 상태에 의해서 결정된다. 질량은 운동 에너지와 퍼텐셜 에너지 둘 모두에 영향을 미치는 요소이다.

역학적 에너지는 물체의 운동 및 위치와 같은 물체의 역학적인 상태에만 관계하는 에너지이기 때문에 역학적 에너지 보존 법칙은 중력에 의한 운동에만 국한되는 것은 아니고 원리적으로는 전자기력과 같은 다른 종류의 힘이 작용하는 경우에도 적용된다. 그러나 역학적 에너지 보존 법칙의 실제적인 적용은 상당히 제한적이다. 왜냐하면 자연 현상에는 거의 대부분 마찰과 같은 소모적인 힘이 작용하고 있으며 이런 경우에는 이 법칙을 적용할 수 없기 때문이다. 뿐만 아니라 미시적 세계에서는 역학적 에너지라고 하는 용어의 의미조차 모호해진다. 왜냐하면 제4장에서 밝힐 내용이지만 미시적 세계의 입자는 마치 파동과 같이 행동하며 그런 경우 퍼텐셜 에너지와 운동 에너지의 구분이 분명하지 않기 때문이다. 그 외에 약력이나 강력이 관계하는 경우에도 유사한 문제가 발생하며 미시적 세계에서 물질의 생성과 소멸이 동반되는 경우에는 더욱더 문제가 복잡해진다. 이와 같

그림 2.19 롤러코스터. 롤러코스터는 역학적 에너지 보존 법칙에 의해 동작하는 장치이다.

이 역학적 에너지 보존 법칙은 이상적인 조건하에서만 성립하는 것이지만 새로운 형태의 에너지를 정의함으로써 보다 보편적으로 성립하는 보존 법칙으로 진화할 수 있다.

2.5 에너지의 형태와 보존

자연계에는 얼핏 보기에 운동 에너지나 퍼텐셜 에너지가 아닌 것처럼 보이지만 일로 변환될 수 있는 능력이 존재한다. 그래서 일로 변환될 수 있는 능력을 모두 에너지라는 일반적인 용어로 부르고 있다. 이런 의미에서 에너지는 여러 가지 형태로 존재한다고 하며 자연 변화는 에너지의 변환에 의해 일어난다고 할 수 있다.

중력 에너지와 전자기 에너지

중력은 4가지 기본적인 힘 중의 한 가지로서 질량을 가진 모든 물체에 작용한다. 이 힘에 의해서 중력장 속에 있는 물체는 중력적 퍼텐셜 에너지를 가지게 되며 이를 간단히 중력 에너지라고 한다.

조력 에너지(tidal energy)는 주로 달의 중력에 의해서 해수의 수면이 상승하기 때문에 발생하는 중력 에너지이다.

중력은 인력이므로 중력을 작용하는 두 물체 사이의 거리가 증가함에 따라 퍼텐셜 에너지도 증가한다. 왜냐하면 물체 사이의 거리가 멀수록 낙하에 의해 얻을 수 있는 최종 속도가 커지기 때문이다. 따라서 지표로부터 높은 곳에 있는 물체가 낮은 곳의 물체보다 더 큰 퍼텐셜 에너지를 가진다.

중력에 의해 물체가 퍼텐셜 에너지를 가지는 것처럼 전기를 띤 물체가 전기장 속에 있으면 퍼텐셜 에너지를 가지게 된다. 전기 에너지라고 하면 바로 이 전기적 퍼텐셜 에너지를 말한다. 자기를 띤 물체 사이에도 힘이 작용하기 때문에 그러한 물체는 자기 에너지를 가지고 있다고 한다.

전기력이 인력일 때에는 중력과 마찬가지로 전기력을 작용하는 두 물체 사이의 거리에 따라 그 퍼텐셜 에너지는 증가한다. 그러나 척력일 때에는 오히려 거리에 따라 감소하게 된다. 왜냐하면 반발력을 작용하는 경우 두 물체 사이의 거리가 클수록 최종적으로 얻을 수 있는 속도의 크기가 작기 때문이다.

수력 발전은 물의 중력 에너지를 전기 에너지로 바꾸는 과정이다. 그러나 수력 발전소에서 물의 중력 에너지가 바로 전기 에너지로 바뀌는 것은 아니다. 일단 높은 곳의 물을 아래로 떨어뜨려 물의 중력 에너지를 운동 에

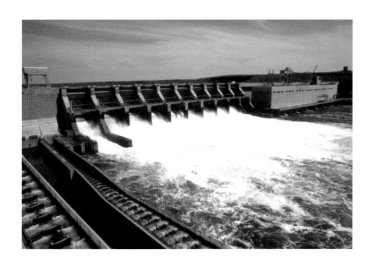

너지로 변환시킨 다음, 그 떨어지는 물이 터빈을 돌려 터빈의 운동 에너지를 거쳐 최종적으로 전기 에너지로 변환되는 것이다.

빛을 포함한 전자기파의 본성은 전기와 자기이므로 빛 에너지나 전자기파[5] 에너지라 함은 전자기적 퍼텐셜 에너지이다. 태양으로부터 오는 빛의 에너지인 태양광 에너지도 여기에 포함된다.

그림 2.21 **광전지.** 광전지는 반도체를 사용하여 빛 에너지를 전기 에너지로 변화시키는 장치이다. 한 단위의 출력은 작으나 많은 수를 사용하면 상당한 전력을 얻을 수 있다.

풍력 에너지와 기계적 에너지

풍력 에너지는 기체 분자의 운동 에너지이다. 기체 분자 1개가 가진 운동 에너지는 보잘 것 없지만 많은 수의 기체 분자가 가지는 운동 에너지는 무시할 수 없다. 풍력 에너지는 돛단배의 운동 에너지로, 풍차 방앗간의 방아 찧는 기계의 운동 에너지로, 풍력 발전기에서 전기 에너지로 변환될 수 있다.

대부분의 기계는 일정한 방법으로 왕복 혹은 회전 운동을 한다. 왕복이나 회전도 운동의 일종이므로 그러한 운동을 하고 있는 기계도 결국 운동 에너지를 가지고 있는 셈이다. 만일 그 기계가 전기로 구동 중이면 전기 에너지가 운동 에너지로 변환된 것이다.

질량 에너지

물체의 질량은 퍼텐셜 에너지나 운동 에너지를 정의하는 식에서 비례 상수의 역할을 하지만 힘이나 운동이 없는 경우에는 그 역할이 분명하지

그림 2.22 **풍력 발전기.** 풍력 에너지는 공기 분자의 운동 에너지이다. 이 에너지를 전기 에너지로 변환시키는 장치가 바로 풍력 발전기이다. 발전기 자체의 동작 원리는 수력, 화력, 원자력 발전소의 그것과 동일한 전자기 유도이다.

---

5) 전기와 자기의 파동(제3장 참조)

않다. 그러나 특수 상대성 이론에 의하면 힘이나 운동에는 무관하게 질량 그 자체가 에너지의 한 형태로 나타나며 이를 질량 에너지라고 한다. 이 질량 에너지는 $E = Mc^2$이라고 하는 유명한 공식으로 주어지므로 질량에 비례한다. 질량을 에너지로 환산하는 이 식에서 광속의 제곱이라고 하는 큰 수가 곱해졌기 때문에 작은 질량도 큰 에너지에 해당한다는 것을 알 수 있다.

질량 에너지는 다른 에너지로 변환될 수 있기 때문에 물질의 생성과 소멸 과정에서 중요한 역할을 하게 된다. 질량이 감소한 만큼 운동 에너지가 증가할 수 있고 반대로 운동 에너지의 일부가 새로운 입자가 생성될 때 질량 에너지로 변화하기도 한다. 예를 들어 우라늄 원자핵($^{235}_{92}U$)[6]이 몇 개의 다른 입자들로 분열할 때 질량이 감소하며 그 감소분에 해당하는 질량 에너지가 생성된 입자들의 운동 에너지로 나타난다. 반대 경우의 예로는 두 개의 양성자가 충돌하여 새로운 양성자 쌍이 생성되는 과정이다. 이때 새로이 생성된 입자들의 질량 에너지는 충돌하는 양성자들의 운동 에너지가 변환된 것이다. 이와 같이 작용하는 힘도 없고 운동을 하지 않아도 질량을 가진 물체에는 신비스럽게도 일을 할 수 있는 능력이 존재한다. 질량이 어떻게 발생하는지 그 근원은 아직 밝혀지지 않은 상태로서 현대 물리학의 가장 중요한 숙제 중의 하나로 남아 있다.

□ **원자와 원자핵**

일반적으로 물질은 작은 구성단위들이 계급적인 구조로 결합한 형태로 존재한다. 즉 큰 구성단위들은 그보다 작은 구성단위들로 이루어져 있고 그들은 그보다 작은 구성단위들로 만들어 진다. 그러한 구성단위 중에서 원자는 일상적인 것으로는 가장 작은 것이며 110여 종이 존재한다. 수소, 헬륨, 탄소, 산소, 금, 우라늄 등이 원자들의 이름이다. 원자는 양의 전기를 띤 원자핵과 음의 전기를 띤 전자로 구성된다. 그리고 원자핵은 양의 전기를 띤 양성자와 전기적으로 중성인 중성자라고 하는 보다 작은 구성단위들로 이루어져 있다. 양성자의 수는 원자의 종류에 의해 결정되지만 같은 종류의 원자라고 하더라도 중성자의 수는 다를 수 있다.

물질과 안정성

물질은 그 구성단위들이 서로 힘을 작용하여 제한된 공간 내에서 비교

---

6) 우라늄의 동위 원소(제6장 참조)

적 안정적으로 존재하는 상태로 결합한 것이다. 결합이 일어나도록 해 주는 힘은 구성단위의 종류에 따라 달라진다. 예를 들어 원자와 원자 사이, 원자핵과 전자 사이에는 이 힘은 전기력이고 원자핵 내부에 존재하는 양성자와 중성자 사이에는 강력과 약력이다. 지구와 달 사이의 결합력은 만유인력이다. 이러한 힘에 의해서 구성단위들 사이에는 퍼텐셜 에너지가 존재할 수 있다. 뿐만 아니라 구성단위들은 운동 에너지도 가질 수 있다. 원자나 그 이하 규모의 구성단위들이 결합하여 물질을 이루는 경우에는 퍼텐셜 에너지와 운동 에너지가 구별되지 않을 수도 있다. 그러한 점을 고려하여 결합 후 구성단위들이 가진 각종 에너지의 합을 간단히 물질의 에너지라고 부르기로 하자.

물질로 결합되기 전, 즉 개별 구성단위들이 서로 아무런 힘이 작용하지 않을 정도로 멀리 떨어진 곳에서 정지해 있었다고 하면 구성단위들의 역학적 에너지는 0이다. 이제 이들 구성단위들이 상호 간에 작용하는 힘에 의해서 서로 다가가서 결합하여 물질을 이루게 되면 구성단위들의 역학적 에너지 즉 물질의 에너지는 변할 수 있다. 만일 물질의 에너지가 양(+)이면 구성단위들이 결합하는 과정 중에 외부로부터 에너지를 흡수한 것을 의미하며 이 과정을 흡열 반응이라고 한다. 반대로 물질의 에너지가 음이라면 구성단위들이 가지고 있던 에너지의 일부가 외부로 방출되면서 결합이 일어난 것이며 이 과정을 발열 반응이라고 한다.

자연현상은 반대 방향으로도 일어난다. 즉 물질이 구성단위들로 분해될 수도 있다는 것이다. 분해란 물질의 에너지가 0 이상으로 되는 과정이다. 방법론적으로 말하자면 분해는 비교적 가까운 거리에서 상호 작용하던 구성단위들을 분리시켜 무한히 멀리 떨어지게 하는 과정을 말한다. 즉 결합의 반대 과정이다. 결합을 해체하여 원래의 자유스러운 구성단위들로 되돌려 놓는 데 필요한 에너지를 결합 에너지(binding energy)라고 한다. 그러면 결합 에너지는 물질의 에너지와 크기는 같지만 부호가 반대이다. 따라서 흡열 반응으로 만들어진 물질의 결합 에너지는 음이고 발열 반응으로 만들어진 물질의 결합 에너지는 양이다. 당연히 분해 과정에서는 물질을 형성하는 결합 과정과는 반대 방향으로 에너지가 출입한다. 즉 결합 에너지가 음인 물질이 분해하여 구성단위들이 무한히 멀어져 서로의 영향 밖으로 가려면 스스로 에너지를 방출해야 한다. 반대로 결합 에너지가 양인 물질이 분해하려면 외부로부터 에너지를 흡수하여야 가능하다. 어느 경우가 더 쉬울까? 대체로 스스로 방출하는 쪽이 쉽다. 왜냐하면 외부로부터 에너지를 입수하는 일은 항상 가능한 것이 아니지만 자신이 가진 에너지를 방출하는 것은 때로는 자발적으로 혹은 적어도 적당한 환경만 조성되면 가능

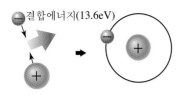

그림 2.23 수소 원자의 생성. 양성자 (+)와 전자(−)가 결합하면 결합 에너지를 방출하고 수소 원자로 된다. 수소 원자는 양성자와 전자로 분리되어 존재할 때보다 에너지가 낮아진 것이다. 따라서 안정한 상태로 남아 있을 수 있다.

한 일이기 때문이다. 따라서 결합 에너지가 양인 물질이 음인 물질보다 쉽게 분해되지 않는다. 이를 결합 에너지가 양인 물질은 음인 물질보다 안정하다고 한다. 결합 에너지가 양인 물질 사이에도 그 값이 큰 물질은 작은 물질보다 더 안정하다고 한다. 그 이유는 결합 에너지가 클수록 구성단위들로 분해되기 위해서는 보다 큰 에너지를 외부로부터 흡수해야 하며 그런 가능성은 적은 에너지를 찾아내어서 흡수할 확률보다 낮기 때문이다. 결국 물질의 결합 에너지는 그 물질의 안정성을 나타내는 척도라고 할 수 있다.

구성단위의 결합과 물질의 분해는 물질의 생성과 소멸 과정의 일부이다. 이 과정은 대부분 미시적 규모의 구성단위들 사이에서 일어나며 에너지의 출입을 동반한다. 출입하는 에너지의 형태는 관련 현상에 따라 다르며 운동 에너지, 질량 에너지, 빛 에너지 등이 있다. 예를 들어 물 1분자의 결합 에너지는 2.9 eV[7]이므로 수소 원자 2개와 산소 원자 1개가 결합하여 물 분자가 만들어지는 과정에서는 2.9 eV의 에너지가 물 분자의 운동 에너지로 방출된다. 반대로 물 분자를 다른 입자로 충돌시켜 2.9 eV의 에너지를 건네주면 수소 원자와 산소 원자로 분해된다. 또한 양성자 1개와 전자 1개가 결합하여 수소 원자가 만들어질 때 13.6 eV의 에너지가 빛 에너지의 형태로 방출된다. 즉 수소 원자의 결합 에너지는 13.6 eV인 것이다. 보다 미시적인 규모에서 일어나는 물질의 생성 과정으로 양성자 2개와 중성자 2개가 결합하여 헬륨의 원자핵으로 되는 과정이 있다. 이 과정에서는 28.3 MeV[8]의 에너지가 방출된다.

물질이 만들어지기 전, 개별 구성단위들이 서로 아무런 힘이 작용하지 않을 정도로 멀리 떨어진 곳에서 정지해 있었다고 하면 구성단위들의 역학적 에너지는 0이다. 물론 이때 구성단위들은 어떤 질량을 가지고 있었을 것이다. 따라서 총에너지는 질량 에너지뿐이었다. 그러면 이 구성단위들이 결합하여 물질을 형성한 후 전체의 질량은 어떻게 달라졌을까? 그것은 결합 에너지에 따라 달라진다. 결합 에너지가 음인 경우 물질의 총질량은 결합 전의 총질량보다 크다. 그 이유는 결합 과정에서 외부로부터 에너지를 흡수하였으며 그것이 질량 에너지로 변환되었기 때문이다. 반면에 결합 에너지가 양인 경우에는 결합 후의 질량이 결합 전보다 작다. 그것은 결합 과정 중에 외부로 방출된 에너지가 물질의 질량 에너지로부터 조달된 것이기 때문이다. 결국 발열 반응에 의해 물질이 형성되면 반응 전에 비해 반응 후 물질의 총질량이 감소한다. 예를 들면 양성자와 전자가 결합하여 만들

---

7) 전자볼트(eV)는 아주 작은 에너지의 단위로서 $1 \text{ eV} = 1.6 \times 10^{-19} \text{ J}$(제3장 참조)
8) $\text{MeV} = 10^6 \text{ eV}$

어진 수소 원자의 질량은 양성자 질량과 전자 질량의 합보다 작다. 이렇게 구성단위들의 결합이나 기존 물질의 분해에 의해 질량의 합이 감소하는 경우 그 감소분을 질량 결손이라고 한다. 수소 원자가 생성되는 과정에서 발생하는 질량 결손은 $13.6\,\mathrm{eV}$의 에너지에 해당한다. 이것을 수소 원자의 질량과 비교한다면 1.4×10^{-8}에 불과하므로 질량의 변화를 알아채기는 매우 힘들다. 그러나 질량 결손이 큰 값으로 일어나는 반응에서는 이야기가 달라진다. 예를 들어 양성자와 중성자가 결합하여 헬륨의 원자핵이 되는 과정에서는 $28.3\,\mathrm{MeV}$의 에너지에 해당하는 질량 결손이 발생하며 이는 수소 원자가 생성되는 과정의 질량 결손의 200만배 이상이다. 따라서 이런 종류의 반응에서는 질량 결손이 실질적인 의미를 가지게 된다. 그러므로 질량 결손이라고 하는 용어는 주로 원자핵의 변화 과정에만 사용된다.

물질의 변화에는 구성단위들이 결합하여 물질을 이루는 현상과 물질이 구성단위들로 분해되는 현상 이외에 물질의 조성이 변화하는 경우도 있다. 예를 들어 탄소 원자 1개와 산소 원자 1개가 결합한 일산화탄소(CO)에 산소 원자 1개가 추가로 결합하여 이산화탄소(CO_2)가 될 수도 있다. 일반적으로 물질의 변화 전후의 결합 에너지는 서로 다르다. 따라서 변화 과정에서 그 차이만큼 빛 에너지나 운동 에너지 등을 흡수하거나 방출한다. 에너지를 방출하는 경우 그 방출된 에너지를 관련 자연 현상에 따라 화학 에너지, 핵에너지 등의 이름으로 부른다.

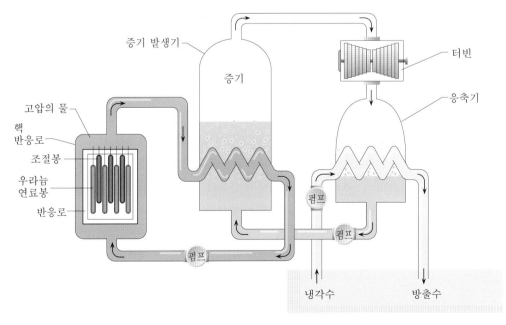

그림 2.24 핵발전소의 구조. 핵분열에서 발생한 에너지로 물을 끓여 고온 고압의 수증기로 터빈을 돌린다. 터빈의 운동 에너지는 전기 에너지로 변환된다.

화학 에너지는 화학 반응에서 방출되는 결합 에너지이다. 생명체에서 일어나는 변화도 화학 반응이므로 에너지가 출입한다면 그것도 화학 에너지에 해당한다. 예를 들어 음식물에 의해서 발생하는 에너지도 화학 에너지이고 석유를 태울 때 얻어지는 에너지도 화학 에너지이다.

핵 에너지의 본질은 원자핵 내에서 강력으로 결합해 있는 양성자와 중성자의 결합 에너지이다. 이러한 구성단위들의 결합과 분리를 핵반응이라고 한다.

내부 에너지와 열

물질의 화학 반응이나 핵반응에서는 구성단위들의 결합, 분해, 교체, 추가 등이 일어난다. 이때 결합 에너지의 차이로 인해 에너지가 흡수 혹은 방출된다. 또한 물질은 그 조성을 일정하게 유지하면서, 즉 결합 에너지의 변화 없이 에너지를 흡수하거나 방출할 수 있다. 이 에너지의 근원을 물질의 내부 에너지(열 에너지)라고 한다. 간단히 말하자면 내부 에너지는 구성단위들의 진동과 회전 등에 의한 운동 에너지다. 이 운동은 구성단위별로 독립적으로 일체성 없이 제멋대로 일어난다. 이러한 무작위적인 운동을 '열적 운동'이라고 하며 이 '열적 운동'에 따른 에너지가 바로 내부 에너지인 것이다.

내부 에너지의 일부는 다른 물질로 이동할 수 있다. 그 형태는 일과 열이다. 여기서 말하는 일과 열은 전달 도중의 내부 에너지이지 내부 에너지와 별도로 존재한 것은 아니다. 이 중에서 일은 압력과 부피 등의 역학적 변수로 표현되지만 열은 그렇지 않다. 말하자면 열은 수학적 함수로 표시할 수는 없는 에너지인 것이다. 일은 물체에 힘을 가하여 변위를 일으키거나 다른 물질의 내부 에너지를 증가시킬 수 있다. 예를 들어 팽창하는 기체가 물체를 들어 올리면 물체의 퍼텐셜 에너지가 증가하고, 팽창하는 기체가 다른 기체를 압축한다면 그 기체의 내부 에너지가 증가한다. 그러나 열은 다른 물질에 직접적으로 일을 할 수는 없고 일차적으로 그 물질의 내부 에너지만을 증가시킬 뿐이다. 또한 일은 접촉이라는 단일 경로를 통해서 전달될 뿐이지만 열은 전도, 대류와 같은 접촉 이외에도 복사와 같은 비접촉의 경로로 이동할 수 있다. 전도는 다른 물질과의 접촉을 통해서, 대류는 같은 물질 내에서 구성단위의 물리적 이동을 통해서, 복사는 전자기파의 방출을 통해서 열이 이동하는 것을 말한다.

지금까지 내부 에너지를 구성단위들의 운동 에너지의 합으로만 설명했지만 엄밀하게 말하자면 그렇지는 않다. 왜냐 하면 물질 내에서 구성단위들은 어떤 식으로든지 다른 구성단위들과 힘을 작용하여 그와 관련된 퍼텐

셜 에너지가 존재하기 때문이다. 즉 내부 에너지는 위에서 말한 열적 운동
에 따른 운동 에너지와 퍼텐셜 에너지의 합이다.

질서와 에너지

물질을 이루는 구성단위들의 상태를 크게는 '질서 있는 상태'와 '무질
서한 상태'로 나눌 수 있다. 이들 상태와 관련된 에너지를 각각 '질서 있
는 에너지'와 '무질서한 에너지'라고 한다.

'질서 있는 상태'는 통계적 변수가 아니라 확정적 변수로 나타낼 수 있
는 상태를 말하고 '무질서한 상태'는 통계적 변수로만 표현이 가능한 상
태를 말한다. 예를 들어 자유 낙하하는 고체 덩어리를 이루는 구성단위들
은 모두 역학 법칙에 따라 운동한다. 이 경우 구성단위의 운동 상태는 공통
의 높이와 속도, 두 개의 확정된 변수로 기술될 수 있다. 이들 변수로 결정
되는 역학적 에너지는 '질서 있는 에너지'다.

이와는 달리 '무질서한 상태'란 통계적 특성이 있는 상태이다. 예로서
상자 속에 들어 있는 많은 수의 분자로 구성된 기체를 고려해 보자. 기체
분자들은 제자리에 가만히 있는 것이 아니라 무수히 반복되는 상자 벽과의
충돌에 의해 제각각의 운동 방향을 가지게 된다. 즉 분자들의 운동 방향이
무작위로 선택된 셈이다. 또한 분자들의 총에너지에 대한 제약은 있지만
개별 분자의 에너지에 대한 제한은 없다. 따라서 전체 에너지가 분자들 사
이에서 무작위로 분배되며 결과적으로 분자들의 에너지는 어떤 분포를 이
루게 된다. 이와 같은 기체 분자의 운동은 물론 '열적 운동'이다. 열적 운
동은 서로 연관이 없이 무작위로 일어나므로 이 운동을 말해주는 변수들은
확정적이지 않은 통계적 변수다. 예를 들어 분자의 운동 에너지를 표현하
는 데 사용되는 속도는 통계적 변수다. 즉 구성단위들이 가진 에너지가 모
두 다르므로 구해낼 수 있는 것은 통계적 평균값뿐이다. 이와 같은 '열적
운동'은 '무질서한 상태'를 나타내고 그 에너지의 본성은 '무질서한 에너
지'이다. 즉 내부 에너지는 '무질서한 에너지'이고 이로부터 유래한 열도
'무질서한 에너지'다.

내부 에너지는 당연히 구성단위의 수에 비례적으로 늘어나며 통계적인
특성을 가지고 있다. 즉 내부 에너지는 물질 전체의 성질이므로 개별 구성
단위의 내부 에너지라고 하는 것에는 의미가 없다. 그러나 물질의 내부 에
너지를 그 물질의 구성단위의 수로 나눈 값은 구성단위 1개당 평균 내부
에너지라는 의미를 가지게 되며 이에 적당한 수를 곱한 것이 온도이다. 예
를 들어 얼고 있는 물에 있는 물 한 분자의 평균 내부 에너지와 끓고 있는

□ 온도계

일반적으로 온도가 증가할수록 물질을 이루는 구성단위 사이의 평균 거리가 늘어난다. 왜냐하면 온도가 증가할수록 구성단위의 '열적 운동'에 의한 평균 운동 에너지가 증가하고 그에 따라 구성단위들의 운동 범위가 늘어나기 때문이다. 이렇게 구성단위 사이의 평균 거리가 늘어나는 현상은 거시적 규모에서는 물체의 부피가 늘어나는 현상으로 나타난다. 즉 물체의 부피는 온도에 따라 변화한다. 대부분 온도가 증가함에 따라 물체의 부피도 증가한다. 이를 이용하면 온도를 측정할 수 있는 온도계를 만들 수 있게 된다. 예를 들어 수은 온도계는 온도에 따라 수은의 부피가 팽창하는 성질을 이용해서 온도를 측정할 수 있게 해 주는 장치이다.

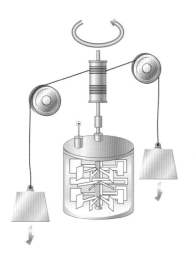

그림 2.25 줄(Joule)의 에너지 변환 장치. 물체가 낙하하면서 회전판이 물과 마찰하여 물의 온도가 올라간다. 중력이 물체에 한 일이 내부 에너지로 변환된 것이다. 이 실험으로부터 일의 단위인 줄(J)과 내부 에너지의 단위인 칼로리(cal) 사이의 관계를 알아낼 수 있다.

물에 있는 물 한 분자의 평균 내부 에너지 사이를 100등분하고 영점을 물의 어는점으로 선택하여 $0°C$라고 하면 바로 섭씨 온도가 된다. 그러면 물의 끓는점은 $100°C$이다.

내부 에너지가 온도에 따라 변화하는 에너지라고 해서 섭씨 온도의 영점인 $0°C$에서 열적 운동이 없다는 것은 아니다. 왜냐하면 섭씨 온도의 영점은 물리적인 이유로 선택된 것은 아니기 때문이다. 섭씨 온도보다 $273.15°C$만큼 낮은 온도를 영점으로 선택하여 나타내는 온도를 절대 온도라고 하며 단위로는 K를 사용한다. $-273.15°C$, 즉 $0K$가 바로 '열적 운동'이 사라지는 온도이다.

같은 물질의 경우에는 온도가 높으면 당연히 내부 에너지도 크다. 따라서 내부 에너지는 온도에 의존하는 에너지라고도 표현된다. 이동하는 내부 에너지인 열의 상용 단위는 칼로리(calory)이며 에너지의 표준 단위인 줄과는 $1\,cal = 4.2\,J$의 관계가 있다. $1\,cal$는 물 $1\,g$의 온도를 $1°C$ 높이는데 필요한 에너지와 같다.

열역학의 법칙

물질의 내부 에너지는 열과 일을 통해서 전달된다. 따라서 내부 에너지의 변화량은 열과 일의 합과 같다. 이를 열역학 제1법칙이라고 한다. 그러므로 열역학 제1법칙은 열의 출입이 있는 경우의 에너지 보존 법칙에 지나지 않는다.

일상적인 경험에 의하면 열은 고온의 물질로부터 저온의 물질로만 이동하지 저절로 반대 방향으로는 이동하지 않는다. 열역학 제1법칙은 에너지의 크기를 규제하지만 그 이동 방향을 규제하지 않기 때문에 열역학 제1법칙으로는 이러한 열 이동의 방향성에 대한 경험적 사실을 설명할 수 없다. 다른 법칙이 필요한 것이다. 열역학 제2법칙이 바로 그것으로, 열의 자발적 이동 방향은 반드시 고온의 물질로부터 저온의 물질 쪽이라는 것이다. 이와 같이 열역학 제2법칙은 열의 이동 방향을 설정하는 법칙이라고 할 수 있다. 그러나 열역학 제2법칙이 어떠한 경우에도 저온의 물질로부터 고온의 물질로 열이 이동할 수 없다는 것을 의미하는 것은 아니다. 외부의 힘이 저온의 물질에 일을 하는 경우에는 저온의 물질로부터 고온의 물질로 열의 이동이 가능하다. 냉동기가 바로 그러한 과정으로 작동한다.

열역학 제2법칙은 논리적으로 등가인 몇 가지 다른 형태로 고쳐 쓸 수 있다. 예를 들어 물질의 내부 에너지를 일로 변환시키는 데는 한도가 있다는 것이 있다. 내부 에너지를 일로 변환시키는 장치가 바로 열기관인데 고온의 물질로부터 뽑은 열을 모두 일로 변환시킬 수 없고 뽑은 열의 일부는 반드시 저온의 물질로 전달되어 그 물질의 온도를 올리게 된다는 것을 의미한다. 열역학 제2법칙은 열기관의 효율이 100%가 될 수는 없다는 것을 말해 준다.

열역학의 법칙들은 어느 것이나 엄격하게 증명되는 것은 아니고 일부의 경험적인 사실을 객관화한 것으로 다분히 원리와 같은 성격을 띠고 있다. 결국 개별 자연 현상에 적용하여 그 진위를 판단해 보는 길 뿐이다. 아직까지는 그들을 위배하는 어떠한 증거도 나타난 적이 없다.

에너지의 보존과 유용성

자연 변화는 한마디로 해서 물질에서 일어나는 에너지의 이동과 변환 과정이다. 그리고 이 과정에서 에너지는 보존된다는 것이 우리의 일상적인 경험이다. 즉 에너지는 여러 가지 형태로 존재하지만 자연 변화의 과정에서 각종 에너지는 상호 가변일 뿐만 아니라 그 총량은 일정하게 유지된다. 열이 출입해도 마찬가지이며 그 결과가 바로 열역학 제1법칙이다. 따라서 에너지를 변환하는 것이 아니라 무로부터 창조하면서 영구히 작동하는 열기관은 존재하지 않는다. 여기서 열기관이란 화석연료의 연소 등과 같이 쉽고 대량으로 생성될 수 있는 물질의 에너지를 동력, 즉 기계의 운동 에너지로 변환시키는 장치로서 증기 기관, 증기 터빈, 가솔린 엔진, 디젤 엔진 등이 있다.

열역학 제2법칙, 즉 열은 고온에서 저온으로만 이동한다고 하는 표현은 열기관이 흡수한 열을 100% 일로 변환시킬 수 없다는 표현과 논리적으로 등가임을 증명할 수 있다. 결과적으로 열역학 제2법칙에 의하여 열기관은 고온의 물질로부터 흡수한 열의 일부만 일로 변환시키고 나머지는 마치 산업 폐기물과 같이 보다 저온의 물질로 전달하면서 작동하는 장치인 것이다. 따라서 고온의 물질이 가진 내부 에너지가 비록 크다고 하더라도 그보다 낮은 온도의 물질이 없으면 열기관이 작동할 수 없다. 바닷물이 가진 막대한 내부 에너지로 영구히 작동하는 영구기관을 만들고자 하는 꿈은 바로 여기서 깨어진다. 아무리 열을 흡수하더라도 지속적으로 바닷물보다 온도가 낮게 유지되는 대량의 물질이 필요하기 때문이다. 실제로 기본적인 형태의 증기 기관의 효율은 10% 이내이고 자동차 엔진의 효율은 30% 수준이다. 나머지 에너지는 열기관 밖으로 방출되고 그 대부분은 대기의 내부 에너지로 변환된다.

열역학 제1법칙에 의하면 우주 한 곳의 에너지가 감소하면 반드시 어디에선가 같은 양만큼의 에너지가 증가한다. 이렇게 에너지는 보존되는데 왜 우리는 에너지를 보존하려고 노력하는가? 에너지 변환 과정을 유심히 지켜보면, 사용 전의 '질서 있는 에너지'는 사용 후 일부 혹은 전부가 '무질서한 에너지'인 물질의 내부 에너지로 변환된다는 것을 알 수 있다. 예를 들어 전기로 엘리베이터를 끌어올리는 과정을 생각해보자. 원래 전기 에너지는 전원에만 저장된 '질서 있는 에너지'였다. 그런데 전기 에너지를 사용하여 엘리베이터를 끌어올리면 전기 에너지는 중력 에너지로 변하게 된다. 그러나 이 과정에서 전동기의 발열, 케이블의 마찰 등으로 전기 에너지의 상당 부분이 낭비된다. 중력 에너지로 변한 것을 제외한 나머지는 내부 에너지로서 건물과 공기 등으로 흩어져 버린다. 이와 같이 에너지를 사용하는 것은 에너지의 형태를 변화시키는 행위이며 대부분의 경우에 상당량의 에너지가 내부 에너지로 변할 뿐만 아니라 그나마도 변환된 내부 에너지는 각종 전달 경로를 통해 우주 곳곳으로 퍼져 간다. 즉 '질서 있는 에너지'를 사용할 때마다 우주에 '무질서한 에너지'인 내부 에너지의 비중이 늘어나며 열역학 제2법칙에 의해 열은 온도가 낮은 곳으로 저절로 이동하여 결국 우주 전체를 골고루 따뜻하게 한다. 그런데 열역학 제2법칙에 의하면 내부 에너지를 가진 물질이 아무리 널려 있다고 하더라도 주위 물질과의 온도차가 없으면 무용지물이다. 따라서 에너지를 사용하면 할수록 사용할 수 없는 에너지의 비중이 늘어나서 유용성이 감소하게 되는 것이다. 에너지를 아끼자고 하는 이유가 바로 여기에 있다.

열의 이동이 고온 쪽에서 저온 쪽으로만 향하는 현상은 잉크가 짙은 농도 쪽에서 옅은 농도 쪽으로만 퍼져 나가고 향수병을 열어 두면 방 전체로 냄새가 확산하는 현상과 매우 흡사하다. 이러한 자연현상의 초기 상태는 공통적으로 온도나 농도가 '높은 곳'과 '낮은 곳'의 구별이 분명했다는 것이다. 그러다가 시간이 지나면 물질의 온도는 같아지고 잉크와 향수의 농도는 균일해질 것이다. 즉 최종 상태는 온도나 농도가 '균일한 상태'인 것이다. 초기 상태와 같이 '높은 곳'과 '낮은 곳'의 구별이 분명한 상태를 '질서 있는 상태'라고 하고 최종 상태와 같이 구별이 없어진 상태를 '무질서한 상태'라고 한다. 결국 자연적으로 일어나는 자연 변화의 방향은 '무질서한 상태'를 지향한다고 할 수 있다.

이러한 자연현상의 방향을 보편적인 법칙으로 설명할 수 있을까? 그것은 열역학 제2법칙의 또 다른 표현으로 가능해진다. 열역학 제2법칙의 세 번째 표현은 엔트로피라고 하는 개념을 사용한 것이다. 엔트로피를 이해하기 위하여 동일한 분자 3개로 구성된 기체를 고려해 보자. 이 기체가 담긴 용기를 가상적으로 양분했을 때 왼쪽 공간에 분자 1개가 있고 오른쪽에 2개가 있을 확률은 왼쪽에 3개 모두가 있을 확률의 3배가 된다. 분자의 수가 많아지면 이 경향은 더 심화되고 양쪽에 비슷한 수의 분자가 존재할 확률이 압도적으로 커진다는 것을 증명할 수 있다. 예를 들어 백만 개의 분자로 구성된 기체의 경우 어느 한 쪽에 존재하는 분자의 개수가 $500,000 \pm 0.1\%$일 확률이 93%이고 나머지 불균일하게 존재하는 경우의 확률은 매우 작다. 일상적으로 취급하는 분자의 개수는 이보다 훨씬 많은 10^{23}개 정도나 된다. 이렇게 많은 분자가 용기에 고르지 않게 분포할 확률은 극히 작다. 즉 고르게 분포하는 경우의 수가 그렇지 않은 경우의 수보다 월등히 크다. 따라서 용기에 기체 분자를 넣어주면 용기 전체에 고르게 퍼져서 마치 분자들이 용기에 균일하게 분포하는 것을 선호하는 것처럼 나타나는 것이다. 엔트로피는 물질을 구성하는 구성단위들의 미시적 상태 수의 대수에 비례하는 값으로 정의된다. 3분자로 구성된 기체에서 분자 모두가 왼쪽에 있을 경우와 왼쪽에 1개만 있을 경우의 엔트로피는 각각 log 1과 log 3에 비례한다. 즉 분자가 보다 균일하게 분포된 미시적 상태의 수가 많고 따라서 엔트로피가 큰 것이다. 처음에 왼쪽에만 입자들을 넣어두어도 나중에 방 전체에 골고루 퍼지게 되는데 그것은 바로 엔트로피가 증가하는 방향과 일치한다. 이와 같이 자연적으로 일어나는 변화는 항상 엔트로피가 증가하는 방향으로 일어나며 그 방향이 바로 자연이 가장 '무질서한 상태'로 변화하는 방향이다. 결국 열역학 제2법칙은 '자연적으로 일어나는 자연의 변화는 엔트로피가 증가하는 방향으로 진행한다.'라고 표현될 수 있다.

잉크 방울을 물속에 떨어뜨렸을 때 물 전체에 고루 퍼지는 이유도 이와 같다. 잉크 분자가 고르게 분포하는 확률이 한곳에 집중되어 있을 확률보다 훨씬 크기 때문이다. 반대 방향, 즉 물속에 고루 퍼진 잉크 분자가 한구석으로 집결하는 경우는 일어나지 않는다. 왜냐하면 우주의 나이만큼 긴

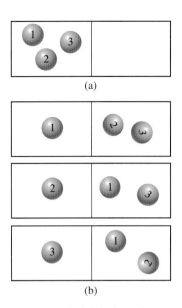

(a)

(b)

그림 2.26 세 입자의 엔트로피.
(a) 왼쪽 방에 3개의 입자 모두가 들어가는 방법의 수는 1가지뿐이지만 (b) 1개만 들어가는 방법의 수는 3가지이다. 입자의 수가 많아지면 양쪽 방에 입자들이 골고루 분포될 확률이 다른 경우보다 압도적으로 커진다.

시간을 기다려도 그런 일이 일어날 확률은 0에 가깝기 때문이다. 이와 같이 자연적 과정은 모두 에너지 보존 법칙과 같은 거시적 조건을 만족하는 한도 내에서 미시적으로 가장 많은 상태가 존재하는 방향으로만 진행한다. 그 결과 거시적으로는 자연이 하향 평준화 경향을 가지는 것으로 나타난다. 이와 같이 열역학 제2법칙은 우주가 고른 온도 분포는 물론 고른 물질 분포의 상태로 변화하고 있다는 자연 변화의 방향성을 설정해 주는 역할을 하고 있다. 이에 따라 언젠가는 우주에는 가용한 에너지가 모두 없어지게 된다. 이러한 상태를 '열적 죽음'이라고 한다. 따라서 우주의 미래는 암울하다고 할 수 있다. 그러나 그때까지는 매우 오랜 시간이 걸릴 것이므로 지금 당장 걱정할 필요는 없다. 그 이전에 인류가 다른 이유에 의해 사라질 가능성이 더 커 보이기 때문이다.

참고문헌

1. H. Benson(물리교재편찬위원회 역), 대학물리학, 청문각
2. A. Beiser(황정남 외 역), 현대물리학, 청문각
3. M. Zemansky, Heat and Thermodynamics, McGraw-Hill
4. 장준성 외, 물리Ⅰ, 지학사
5. 장준성 외, 물리Ⅱ, 지학사

전자기적 현상

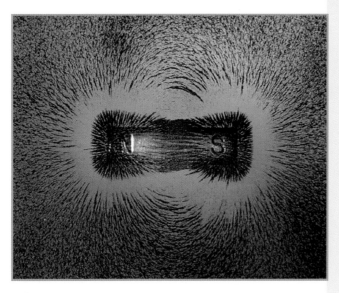

전기와 자기는 우주에 존재하는 힘의 근원 중의 하나이다. 미시적인 규모에서 일어나는 화학 반응은 물론이고 일상생활에서 일어나는 대부분의 자연현상은 이 전기력과 자기력 때문에 발생하며 인간은 이를 적극적으로 활용하고 있다.

3.1 전기와 자기

질량이 물질의 성질이고 중력의 근원인 것처럼 전기와 자기도 물질의 성질이며 각각 전기력과 자기력의 근원이다. 또한 전기력과 자기력은 상호 가변이다. 일상생활에서 볼 수 있는 대부분의 자연현상은 전자기적 상호작용으로 부터 발생한다.

전기와 자기의 본질

질량처럼 전기는 물질이 가진 고유한 성질 중의 하나이다. 일반적으로 전기를 띠고 있는 물체나 입자를 전하(charge)라고 하며, 전기의 크기를 정량화한 것이 전하량이다. 전하량의 단위로는 쿨롱(C)을 사용한다. 예를 들면 전자는 전하이며 그 전하량은 1.6×10^{-19}C이다.

질량이 있는 물체에 의해 중력장이 형성되듯이 전하량을 가진 전하에 의해 전기장이 형성된다. 그리고 중력장 내에 질량을 가진 물체가 있으면 그 물체에 힘이 작용하듯이 전기장 속에 전하가 있으면 힘이 작용한다. 전기에 의해 발생하는 이 힘을 전기력이라고 한다.

전기력은 몇 가지 측면에서 중력과 비슷하다. 즉 질량을 가진 두 물체 사이에 작용하는 중력의 크기는 질량의 곱에 비례하고 거리의 제곱에 반비례하는데, 두 전하 사이에 작용하는 전기력은 전하량의 곱에 비례하고 거리의 제곱에 반비례한다. 이러한 힘의 유사성 때문에 퍼텐셜 에너지도 비슷한 형태로 나타나는 등 여러 가지 면에서 동일한 형태의 이론으로 취급을 받지만 본질적으로 다른 점이 있다. 즉 중력에는 인력만 존재하나 전기력에는 인력과 척력 두 가지가 존재한다.

경험에 의하면 물질을 이루는 구성단위의 전하량의 크기는 모두 전자의 전하량과 같다. 그런데 비록 전하량의 크기는 같아도 구성단위들 사이에는 인력과 척력의 2가지가 존재하므로 양과 음의 두 전하량이 존재하는 것으로 가정하여 이를 설명한다. 즉 서로 다른 부호의 전하량일 경우에는 인력이 작용하고 같은 부호일 경우에는 척력이 작용하는 것으로 설명하는 것이다. 전자는 음의 전하량을 갖는 것으로 가정한다. 따라서 전자와 인력을 작용하는 양성자의 전하량은 양이다.

우주는 엄밀하게 전기적으로 중성인 것 같다. 국소적으로 잉여 전하가 존재할 수 있으나 우주 전체로 보면 양과 음의 전하량이 서로 상쇄하여 전기적으로 정확하게 중성인 것처럼 보인다. 일상적인 물질인 원자나 분자도 중성이다. 이것은 원자나 분자에는 음의 전하량을 가진 전자가 들어 있지만, 이 음의 전하량을 정확하게 상쇄할 양의 전하량을 가진 구성단위, 즉 양성자가 있기 때문이다.

자기도 물질의 성질 중 하나지만 전기와는 다른 면이 있다. 전기의 경우 양전하나 음전하 단독으로 존재할 수 있다. 자기의 경우에도 2 가지의 자기, 즉 N와 S가 있지만 자기를 띤 물질에는 반드시 N과 S가 모두 존재한다. 이 때문에 전하량과 같은 방식으로 자기적 성질을 정량화할 수는 없고 다른 방법으로 해야 한다.

전하가 전하에만 힘을 작용할 수 있듯이 자기를 띤 물체는 반드시 자기를 띤 물체에만 힘을 작용한다. 그러나 전자기학의 이론에 의하면 전기와 자기는 상호 가변이기 때문에 전기와 자기를 띤 물체는 경우에 따라서는 서로 힘을 작용할 수 있다. 예를 들면 자기장 속에 정지한 전하에는 아무런 힘이 작용하지 않지만 전하가 운동하면 자기력이 작용한다. 즉 전하가 자기장에 대해 상대적으로 운동을 하면 자기력을 받게 되는 것이다.

전자기학의 이론에서 전기와 자기의 상호 가변성은 단순히 경험적인 방식에 의해서 주어진 것이지만 특수 상대성 이론은 그것이 관측자와 힘의 근원 사이의 상대적인 운동에 의해 발생한다는 보다 자연스러운 방식으로 설명한다. 즉 관측자가 전기장에 대해 상대적인 운동을 하면 자기장이 발생하고 자기장에 대해서 상대적인 운동을 하면 전기장이 발생한다는 것이다.

그림 3.1 정전기. 전기를 띤 빗과 종이 조각 사이에 작용하는 전기력에 의해 서로 끌어당긴다.

전기적 퍼텐셜 에너지

전하는 서로 힘을 작용한다. 따라서 지구의 중력장에 있는 물체가 퍼텐셜 에너지를 가지는 것처럼, 전기장 속의 전하도 퍼텐셜 에너지를 가지게 된다. 전기 에너지라고 하면 바로 전기적 퍼텐셜 에너지를 말한다.

전기력이 인력일 때에는 중력과 마찬가지로 두 전하 사이의 거리에 따라 전기적 퍼텐셜 에너지는 증가한다. 그러나 척력일 때에는 오히려 거리에 따라 감소하게 된다. 즉 서로 반발하는 두 전하의 퍼텐셜 에너지는 거리가 가까울수록 더 크다. 왜냐하면 가까울수록 전하에 작용하는 힘이 커서 더 큰 운동 에너지로 변환될 수 있기 때문이다.

지구로부터 멀리 떨어질수록 중력적 퍼텐셜 에너지가 증가하는 것처럼 양전기와 음전기를 띤 두 물체 사이의 거리가 멀수록 전기적 퍼텐셜 에너지가 증가한다. 물체가 바닥에 떨어져 지구와 물체 사이의 거리가 0이 되면 중력적 퍼텐셜 에너지가 없어지는 것처럼 전기를 띤 물체 사이의 거리가 0이 되면 전기적 퍼텐셜 에너지도 없어진다. 따라서 전기 에너지를 만든다는 것은 양 전하와 음 전하 사이의 거리를 떼어 놓는 것이다.

물질은 원래 전기적으로 중성이다. 음의 전기를 띤 전자의 수와 양의 전기를 띤 양성자의 수가 정확히 같기 때문에 원자는 전기적으로 완전한 중성이며 따라서 원자로 만들어진 분자도 중성이다. 그러나 물질을 구성하고 있는 전자나 원자핵은 이동할 수 있으므로 상황에 따라서는 물질이 전기적으로 음이나 양이 될 수 있다. 실제로는 전자가 원자핵 보다 훨씬 가볍기 때문에 원자핵은 잘 이동하지는 않고 음인 전자의 이동이 쉽다. 전자가 한 물체에서 다른 물체로 이동하면 전자를 잃은 쪽은 전기적으로 양이 되고 받은 쪽은 음이 된다. 따라서 두 물체 사이에는 전기적 퍼텐셜 에너지가 발생하게 된다.

전자를 한 곳으로 이동시켜 전기 에너지를 생산하는 방법에는 여러 가지가 있다. 예를 들어 두 물체를 마찰시키면 한 물체로부터 전자가 떨어져 나가 다른 물체로 이동한다. 따라서 두 물체는 각각 양과 음의 전기를 띠게 된다. 이러한 과정으로 발생한 전기를 마찰전기라고 한다.

전류와 저항

지형에서 고도의 높낮이는 서로 상대적이다. 즉 고도가 높다는 것은 그보다 낮은 곳과 비교해서 그렇다는 것을 의미한다. 이와 마찬가지로 전기에서도 양의 전하가 많이 모여 있는 곳은 그렇지 않은 곳보다 전압이 높다고 한다. 이때 양의 전하가 많이 모인 곳을 양극, 이에 비해 양의 전하가 적거나 음의 전하가 있는 곳을 음극이라고 한다.

고도가 높은 곳으로부터 낮은 곳으로 물이 흘러가는 것과 마찬가지로 전압이 높은 곳으로부터 낮은 곳으로 전하가 이동할 수 있다. 즉 양극과 음극 사이에는 전기장이 형성되어 있으므로 이 전기장 속에 (양)전하가 존재한다면 힘을 받으며 이 힘에 의해 (양)전하는 음극으로 운동하는 것이다. 이 전기장에서 1C의 전하량을 가진 전하가 1N의 힘을 받게 될 때 양극과 음극 사이의 전압을 1볼트(V)라고 한다. 전자 1개가 1V의 전압에 의해 가속되어 최종적으로 얻게 되는 운동 에너지를 1 전자볼트(eV)라고 하며 매우 작은 에너지의 단위이다.

양극과 음극 사이를 금속 도선으로 연결해주면 금속 내 전자가 쉽게 이동한다. 이와 같이 전기를 띤 입자들이 이동하는 현상을 전류라고 하며, 전기적 퍼텐셜 에너지가 전자의 운동 에너지로 변환되는 과정을 나타낸다. 이 과정은 두 극의 전하량이 같아질 때까지 계속된다. 즉 두 극 사이에 전하량의 차이가 없어져서 전압이 0으로 될 때까지 전류가 흐른다. 전류의 단위로는 암페어(A)를 사용하며, 1A는 1s 동안에 1C 의 전하량이 통과하는 전류의 세기로 정의된다.

도선 속에서 운동하는 전자는 원자와 충돌하여 열을 발생한다. 즉 도선 내에서 전자의 운동 에너지의 일부는 도선의 내부 에너지로 변환된다. 도선 속 장애물이 전자의 운동을 방해하는 성질을 저항이라고 한다. 따라서 저항이 클수록 전류가 작아진다. 저항의 표준 단위로는 옴(Ω)을 사용한다. 1Ω은 1V의 전압에 의해 1A의 전류가 흐르는 물질의 저항으로 정의된다.

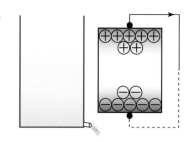

그림 3.2 **수압과 전압**. 물의 압력에 의하여 용기로부터 물이 나오듯이 전하가 분리되어 한 곳으로 모이면 전압이 형성되고 도선을 연결해주면 전류가 흐르게 된다. 따라서 전압을 형성하기 위해서는 양전기와 음전기를 분리하여 따로 모아야 한다.

저항은 물질의 고유한 성질이다. 즉 같은 규격이라고 하더라도 물질에 따라서 저항이 서로 다르다. 그러나 저항은 온도에 따라 변한다. 특수한 경우를 제외하고는 모든 도선에는 저항이 있기 때문에 전기 에너지를 어떤 방법으로 사용한다고 하더라도 열의 발생은 피할 수가 없다. 저항과 관련한 물질의 성질은 모두 물질을 이루는 구성단위들의 행동과 관련하여 이해할 수 있다.

마찰과 같은 방법에 의해 일시적으로 분리된 전하에 의해 만들어진 양극과 음극을 도선으로 연결하면 전류, 즉 전하가 이동하며 결국에는 양극과 음극의 전하량이 같아져서 전기적 퍼텐셜 에너지가 없어진다. 이와는 달리 전지는 물질 내의 양 전하와 음 전하를 지속적으로 분리하여 전압을 일정하게 유지하는 장치이다. 따라서 전지의 양극과 음극을 전지로 연결하면 일정한 전류가 흐른다. 예를 들어 화학 전지에서는 화학 반응에 의해, 광전지에서는 빛에 의해 원자의 전자가 떨어져 나가서 한 곳에 모인다. 즉 화학 전지는 물질의 결합 에너지를 전기 에너지로, 광전지는 빛 에너지를 전기 에너지로 변화시키는 장치이다.

직류와 교류

방향이 변하지 않는 전류를 직류라고 하고, 방향이 교대로 변하는 전류를 교류라고 한다.

교류에는 직류에서는 볼 수 없는 여러 가지 전기 자기적 현상이 나타난다. 예를 들어 교류가 흐르는 도선 주위에는 자기장도 계속적으로 변화한다. 이것은 관측자와 자기장 사이에 상대적 운동이 있는 것과 동일한 효과를 주게 되며, 이러한 변화하는 자기장 속에 있는 전하가 운동을 하게 만드는 이른바 전자기 유도를 일으킨다. 이를 이용한 것이 변압기와 같은 장치이다.

전기와 자기의 상호 변환

맥스웰의 전자기학 이론에 따르면 자기와 전기는 서로 변환 가능하다. 즉 전기장과 자기장이 시간에 따라 변화하면 각각 자기장과 전기장이 형성된다. 예를 들면 운동하는 전하는 자기장을 만들기 때문에 도선 속을 흐르는 전류에 의하여 자기장이 발생한다. 그러면 도선은 근처에 있는 자석에게 힘을 작용한다. 이 힘을 이용하는 간단한 도구가 전자석이다. 또한 이 힘을 이용해서 전기 모터를 구동시킬 수 있다.

변화하는 자기장은 전기장을 만들기 때문에 자석이 도선 근처에서 운동하거나 반대로 고정된 자석 근처에서 도선이 운동하면 도선에 전류가 흐르게 된다. 이러한 현상도 전자기 유도의 일종이며 이를 이용하는 많은 장치들이 있다. 예를 들어 다이내믹 마이크에는 진동판에 고정된 코일이 영구 자석 근처에 있는데, 음파에 의해 진동판에 고정된 코일이 자석에 대해 상대적으로 운동하기 때문에 코일에 전류가 발생한다. 앰프는 이 전류를 크게 증폭한다. 전기 기타와 발전기의 작동 원리도 이와 다르지 않다. 발전소에서는 물이나 증기의 힘으로 코일 주위의 전자석을 회전시켜서 코일에 전류가 발생하게 한다.

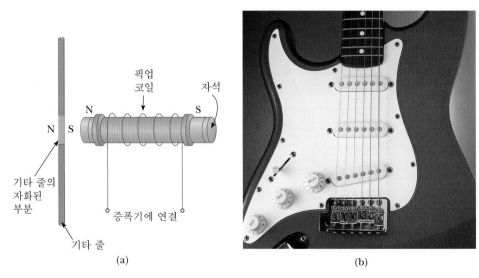

(a)   (b)

그림 3.3 전기 기타의 전자기 유도. (a) 기타 줄 바로 아래에 있는 자석에 의해 기타 줄이 자화, 즉 자석이 된다. 줄이 진동하면 전자기 유도에 의해 코일에 전류가 흐르게 된다. (b) 전기 기타에는 길이가 다른 6개의 금속 줄이 있으며 각각 전자기 유도에 의한 전류가 발생할 수 있도록 만들어져 있다.

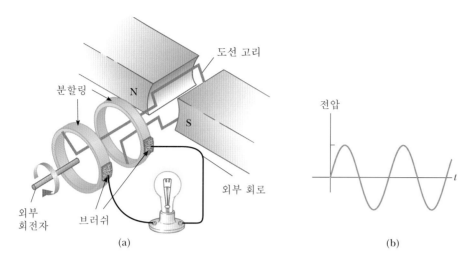

그림 3.4 교류 발전기. (a) 자기장 속에서 도선 고리가 회전하면 전자기 유도에 의해 고리에는 전류가 흐르게 된다. (b) 도선에 유도되는 전압은 방향이 변하는 교류이다.

3.2 전자기파의 성질

맥스웰의 전기와 자기에 대한 이론으로부터 전자기파가 예언되었고 실험에 의해 그 존재가 확인되었다. 이론적으로 예측한 전자기파의 전파 속도는 알려진 빛의 속도와 같을 뿐만 아니라 여러 가지 성질을 공유하고 있다는 사실도 확인되었다. 결국 빛은 전자기파의 한 가지일 뿐 과거의 과학자들이 생각한 것만큼 특별한 존재는 아니었던 것이다. 이에 따라 빛을 포함하는 전자기파의 성질 중에서 많은 부분은 파동의 일반적인 성질로부터 유추될 수 있었다. 그러한 성질로는 반사, 굴절, 회절, 간섭, 도플러 효과 등이 있다.

전자기파의 본질

맥스웰의 방정식은 전하와 자석에 의해 형성되는 전기장과 자기장에 대한 방정식이다. 이들 방정식을 결합한다는 것은 결국 전기장과 자기장을 결합하여 1개의 방정식을 만드는 것이다. 그런데 결합된 전기장과 자기장은 시간과 공간적으로 진동하는 형태, 즉 파동으로 나타난다. 그리고 이 파동의 전파 속도는 자연의 성질에 관계하는 기본 상수들의 조합으로 만들어지며 우리가 잘 알고 있는 빛의 속도와 일치한다. 이렇게 빛의 속도와 동일하게 전파하는 전기장과 자기장의 파동을 전자기 파동, 줄여서 전자기파 혹은 전자파라고 한다. 즉 전자기파는 전기와 자기의 파동이고, 마치 수면

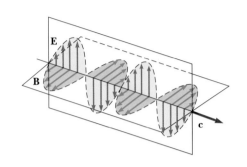

그림 3.5 전자기파. 전자기파의 전기장(E), 자기장(B), 진행 방향(c)은 서로 수직이다. 이 때문에 전자기파를 횡파라고 한다. 즉 전기장과 자기장이 진행 방향에 대해 수직으로 진동한다.

의 물결 파동처럼 전기장과 자기장이 공간을 전파해 나가는 것이다. 따라서 전자기파가 진행하고 있는 공간상의 각 점에서 전기장과 자기장은 진동을 한다.

전자기파는 이름 그대로 항상 전기장과 자기장이 결합된 형태로 존재하는 것이지 전기파와 자기파가 독립적으로 존재하는 것은 아니다. 변화하는 전기장이 자기장을 만들고 전기장은 이 자기장이 변화하기 때문에 형성된 것이기 때문이다. 이렇게 전자기파에서는 전기장과 자기장이 서로의 존재의 이유로 작용하고 있다.

전자기파에서 전기장과 자기장은 서로 수직한 방향으로 향하고 있다. 더 정확히 말하자면 전기장과 자기장은 서로 수직할 뿐만 아니라 진행 방향에 대해서도 수직하다. 이 때문에 전자기파를 횡파라고 한다.

전자기파는 파동의 일종이므로 한 점에서 전기장이나 자기장을 측정하면 세기가 주기적으로 변화한다. 주기는 한 점에서 측정한 전기장이나 자기장의 값이 되풀이하는 데 걸리는 시간을 말한다.

단위 시간당의 진동의 횟수를 진동수라고 하는데, 주기 T와 진동수 ν는 역수 관계에 있다. 즉 $\nu = 1/T$이다. 진동수는 시간의 역수의 단위를 가지므로 표준단위로는 s^{-1}을 쓴다. 이것을 관례적으로 헤르츠[1] (Hz)라고 한다. 예를 들면 4Hz는 1s 동안에 4회의 진동이 일어나는 것을 말하며 주기는 진동수의 역수인 0.25s이다.

전자기파가 전파하는 공간상의 각 점에서 전기장이나 자기장은 같은 주기로 진동을 하지만 순간순간마다 같은 크기는 아니다. 예를 들어 어느 순간에 한 점에서 전기장의 크기가 최대(마루)였다고 하더라도 잠시 후에는 그곳의 전기장은 작아지고 반대로 약간 먼 곳의 전기장이 최대(마루)가 된다. 즉 마루의 위치가 파동의 진행 방향을 따라 이동한 것이다. 이 현상은

---

1) 헤르츠(Hertz)는 전자기파의 존재를 실험적으로 확인하여 맥스웰의 전자기 이론의 정당성을 입증한 사람의 이름

모든 점에 동시에 일어나므로 전기장 전체가 이동하는 것처럼 보이게 된다. 한 점에서 전기장이 진동을 한 번 완수하는 시간, 즉 1주기 동안에 마루가 이동한 거리를 파장이라고 한다.

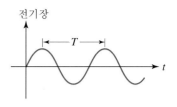

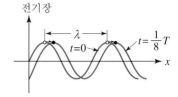

그림 3.6 **파동의 주기와 파장.** 주기는 한 점에서 파동이 한 번 진동하는 데 걸리는 시간이고, 이 시간 동안 마루가 이동한 거리가 주기이다.

▫ 주기, 파장, 전파 속도

진동의 주기 T, 전파 속도 c, 파장 λ 사이에는 $c = \lambda/T$ 의 관계가 성립한다. 주기는 진동수와 서로 역수 관계에 있기 때문에 $c = \nu\lambda$ 도 성립한다. 즉 파동의 전파 속도는 진동수와 파장의 곱과 같고, 진동수와 파장은 서로 반비례한다.

전자기파의 분류

전자기파는 파장이 가장 긴 것으로부터 장파, 중파, 단파, 초단파, 적외선, 가시광선, 자외선, X선, 감마선의 이름으로 불린다. 파장이 짧을수록 에너지는 커지므로 감마선의 에너지가 가장 크며 투과성도 강하다.

중파의 대표적인 예는 AM 방송국의 전자기파이며 FM 방송은 초단파 영역에 있는 전자기파를 사용한다. 파장이 100 km ~ 1 m인 장파부터 초단파까지의 전자기파는 흔히 무선통신에 사용되기 되기 때문에 이 영역의 전자기파를 라디오파(radiofrequency wave)라고 한다. 휴대 전화기가 사용하는 전자기파의 파장은 수십 cm 정도[2]이다.

파장이 1 m ~ 0.1 mm인 전자기파를 마이크로파(microwave)라고 하는데, 그 중에서 약 12 cm (2,450 MHz) 파장의 전자기파는 전자레인지에서 음식을 익히는 데 사용된다.

파장이 1 mm ~ 750 nm인 전자기파를 적외선이라고 하며, 세부적으로 근적외선과 원적외선으로 나누기도 한다.

▫ 근적외선과 원적외선

적외선 중에서 파장이 $0.75 \sim 1.5 \mu m$[3]로 비교적 짧은 것을 근적외선, $25 \sim 1,000 \mu m$의 것을 원적외선이라고 한다. 적외선은 가시광선이나 자외선보다 피부 속으로 잘 투과한다. 특히 근적외선이 가장 침투력이 강하여 신체를 빨리 데울 수 있다.

파장이 750 nm ~ 350 nm[4]인 전자기파는 가시광선 혹은 빛이라고 불리며

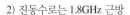

2) 진동수로는 1.8GHz 근방
3) $\mu m = 10^{-6} m$
4) $nm = 10^{-9} m$

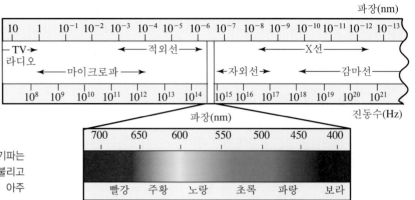

그림 3.7 전자기파의 분류. 전자기파는 파장에 따라 여러 가지 이름으로 불리고 있다. 가시광선은 전자기파 중에서 아주 좁은 파장 영역에 해당한다.

인간의 눈에 반응을 일으켜 감지되는 전자기파이다.

자외선은 파장이 350 nm ~ 1nm인 전자기파로서 태양광에서는 실질적으로 가장 파장이 짧은 성분이다.

자외선보다 파장이 더 짧아지면 차례로 X선(10 nm ~ 1pm)[5], 감마선 (0.1nm 이하)으로 불린다.

인간의 눈은 너무 긴 파장의 전자기파도, 또 너무 짧은 파장의 전자기파도 느끼지 못한다. 예를 들면 적외선은 파장이 너무 길기 때문에 눈에 감지되지 않고 자외선은 파장이 너무 짧기 때문에 볼 수 없다. 전자기파의 파장 영역은 0에서 무한대까지로 무한히 넓으나 인간의 눈에 반응하여 시각적으로 인식되는 것은 아주 좁은 영역의 파장에 국한된 가시광선뿐인 것이다.

일상생활에서 빛이라고 하면 가시광선만을 의미하나, 과학 용어로서 빛이라고 하면 대체로 가시광선이나 그 이하의 파장을 가진 전자기파를 의미하지만 때로는 일반적인 전자기파와 혼용되기도 한다.

반사와 굴절

빛은 매질의 물리적 성질이 달라지는 경계면에서 반사와 투과를 한다. 반사와 투과는 에너지 전달 방향의 변화 유무에 따른 구분이며, 어떤 경우에도 100% 반사나 100% 투과는 없고 두 가지 현상이 동시에 일어난다.

반사는 입사하는 빛이 매질 내 원자의 전자를 강제로 진동시키고 아래에서 설명하는 바와 같이, 이러한 전자의 가속 운동에 의해 새로운 빛이 발생하여 입사각과 반사각이 같은 조건으로 진행하는 현상이다.

---

5) pm $= 10^{-12}$ m

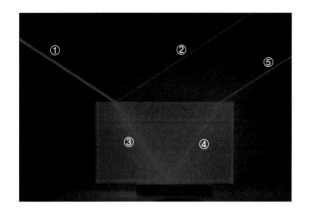

그림 3.8 반사와 굴절. 공기로부터 플라스틱 블록에 입사한 빛은 경계면에서 반사와 굴절을 한다. 플라스틱 내부에서 공기와의 경계면으로 진행하던 빛은 전반사를 일으켜 되돌아 간다. ①은 입사 광선, ②는 반사 광선, ③은 굴절 광선, ④는 전반사 광선, ⑤는 굴절 광선이다.

빛이 투과한 경우에도 일반적으로 파동의 진행 방향이 달라지는 굴절이 일어난다. 굴절은 새로운 매질 쪽으로 투과는 하되 진행 방향이 바뀌는 현상으로, 매질에 따라 빛의 속도가 다르기 때문에 발생한다. 굴절의 정도는 굴절률로 나타내는데 진공에서 매질로 빛이 입사할 때 굴절의 정도를 말해주는 매질의 성질이다. 따라서 매질 속에서의 빛의 속도가 느릴수록 굴절률은 커진다. 또한 굴절률은 빛의 파장에 따라 달라진다. 굴절률이 큰 물질은 대체로 단단한 경향을 보인다. 예를 들어 물질 중에서는 가장 단단한 다이아몬드의 굴절률이 가장 크고 빛의 속도는 가장 느려 진공 중의 0.41배 정도이다.

표 3.1 매질에 따른 굴절률과 속도

매질	진공	유리	물	다이아몬드
굴절률	1	1.52	1.32	2.42
속도(c)	1	0.66	0.75	0.41

굴절률이 큰 매질로부터 작은 매질로 빛이 진행할 때에는 어떤 입사각 이상에서는 굴절된 빛이 새 매질로 나아가지 않고 반사되는 현상이 발생하는데 이를 전반사(total reflection)라고 한다. 전반사는 일반적인 반사와는 달리 투과가 거의 일어나지 않기 때문에 에너지의 손실이 없는 특별한 반사이다. 전반사가 일어나는 최소 입사각을 임계각이라고 한다. 임계각은 매질의 굴절률에 의해 결정되며 굴절률이 클수록 임계각이 작다. 예를 들어 물의 임계각은 48.6°인 반면, 다이아몬드의 임계각은 24.4°이다.

빛의 굴절률은 파장에 따라 감소한다. 즉 청색광이 적색광보다 더 큰 각도로 굴절한다. 따라서 여러 가지 파장이 섞여 있는 혼합광이 매질 속에 입사하면 파장별로 분리된다. 이를 이용한 것이 프리즘이다.

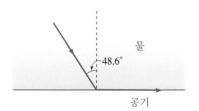

그림 3.9 임계각. 물에서 공기로 빛이 입사할 때 입사각이 48.6° 이상으로 커지면 빛은 공기 중으로 나아가지 못하고 경계면에서 반사한다. 48.6°는 물과 공기 사이의 임계각이다.

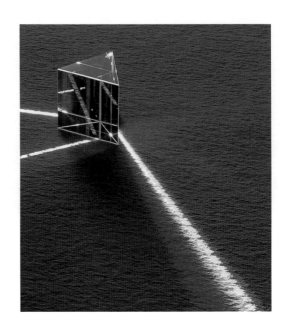

그림 3.10 프리즘에 의한 분산. 백색광(혼합광)이 프리즘으로 입사하면 파장에 따라 굴절률이 다르기 때문에 빛이 파장별로 분리되어 나온다.

그림 3.11 광섬유. 광섬유의 내부에서는 빛이 전반사를 일으켜 에너지 손실이 거의 없이 진행할 수 있다. 이 때문에 광섬유는 장거리 통신에 사용된다.

□ 광섬유

광섬유는 아크릴 섬유의 외부를 몇 가지 물질로 코팅한 것으로 이 섬유를 따라 진행하는 빛은 섬유의 표면에서 전반사를 일으킨다. 따라서 빛은 외부로 나가지 않고 섬유의 내부에서 반사에 반사를 거듭하여 계속 진행한다. 즉 빛을 손실 없이 장거리로 전달할 수 있게 된다.

□ 무지개

태양광은 혼합광이다. 즉 여러 가지 파장의 전자기파가 섞여 있다. 태양광이 대기 중의 물방울로 입사하면 파장에 따라 굴절률이 달라지므로 혼합광의 모든 색상이 분리되어 나타난다. 이것이 바로 무지개이다.

간섭과 회절

일반적으로 두 파동이 한 곳에서 만나면 합쳐져 하나의 파동으로 된다. 이렇게 두 파동이 한 곳에서 만나 새로운 파동으로 합성되면 예상하지 못한 결과가 발생한다. 예를 들어 합쳐진 파동의 세기가 원 파동의 4배로 커지는 곳도 있지만 아예 파동이 사라지는 곳도 있다. 이렇게 두 파동이 합성될 때 서로 영향을 미치는 듯한 현상을 간섭이라고 한다. 동일한 두 파동의 경우라도 만나는 위치에 따라 간섭의 정도는 달라진다.

총알과 같은 입자는 직진하기 때문에 장애물을 통과해 지나갈 수는 없다. 그러나 파동의 경우에는 장애물이 있다 하더라도 완전한 소멸은 일어나지 않고 일부는 마치 장애물을 돌아서 가는 것처럼 장애물의 뒤쪽까지도

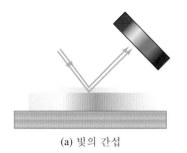

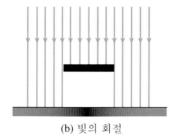

(a) 빛의 간섭   (b) 빛의 회절

그림 3.12 **빛의 간섭과 회절.** (a) 물 위의 기름 막에 의해서 여러 가지 색상의 빛이 나오는 현상은 간섭이고, (b) 물체의 그림자가 또렷하지 못한 현상은 회절이다.

도달하게 된다. 이런 현상을 회절이라고 한다.

일상생활에서 간섭과 회절은 얼마든지 관찰할 수 있다. 물 위에 뜬 기름 막이 오색찬란한 빛을 내는 현상은 기름 막의 표면에서 직접 반사한 빛과 기름 막을 통과한 다음 그 아래의 물 표면에서 반사한 빛이 서로 간섭하여 일어나는 것이다. 유명한 간섭 실험으로 영(Young)의 관찰 결과가 있다.

햇빛으로 비춘 물체의 그림자의 윤곽이 뚜렷하지 못한 것은 햇빛이 회절하기 때문이다. 방송국의 안테나가 보이지 않는 곳에서 방송을 청취할

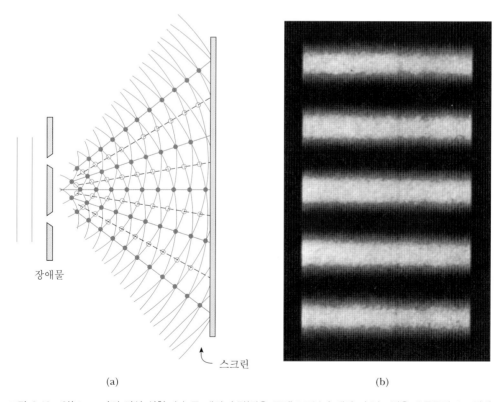

장애물

스크린

(a)   (b)

그림 3.13 **영(Young)의 간섭 실험.** (a) 두 개의 슬릿(작은 구멍)으로부터 새어 나오는 빛은 오른쪽의 스크린에서 만나 간섭을 한다. (b) 간섭의 결과, 빛의 강약이 주기적으로 나타난다.

수 있는 것도 전자기파가 회절하기 때문이다. 모든 파장의 전자기파가 회절을 하지만 파장이 짧을수록 그 효과가 잘 나타나지 않는다. 그 때문에 파장이 비교적 짧은 전자기파인 빛은 직진한다고 한다.

간섭과 회절은 전자기파를 포함한 모든 파동에서 공통적으로 일어나는 현상으로서 파동의 고유한 성질로 지적된다.

도플러 효과

도플러 효과(Doppler effect)는 광원과 관측자의 상대적 운동에 따라 광원에서 보낸 전자기파의 파장과 관측자가 관측한 전자기파의 파장이 서로 다른 현상을 말한다. 광원과 관측자가 서로 가까워지면 관측자가 측정한 전자기파의 파장은 짧아지고 멀어지는 경우에는 파장이 길어진다.

광원과 관측자가 상대적으로 후퇴할 때 관측자가 관측한 전자기파의 파장이 길어지는 현상을 도플러 효과에 의한 적색 편이(red shift)라고 한다. 파장의 변화 정도는 광원과 관측자 사이의 상대 속도[3]에만 관계하므로 도플러 효과를 이용하면 광원과 관측자 사이의 상대 속도를 알 수 있다.

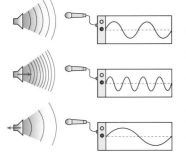

그림 3.14 **음파의 도플러 효과.** 음원이 관측자에게 다가가면 진동수가 증가하고 반대로 멀어지면 진동수가 감소한다.

□ **음파의 도플러 효과**

도플러 효과는 모든 진행하는 파동에 적용된다. 음파에게도 이 원리가 적용되어 기차가 관측자에게 다가올 때 들리는 기적 소리는 높게(고음으로) 들리고 멀어지는 순간부터 낮게(저음으로) 들린다. 이 현상은 기차의 운동 때문에 음파가 압축 혹은 팽창되어 수신되기 때문에 나타나는 것이다.

색상

눈과 뇌는 빛의 파장에 따라 색깔이라는 특수한 감각을 일으키게 한다. 즉 색이란 짠맛, 신맛과 같이 빛에 대한 인간의 감각이다. 예를 들어 빛의 파장이 650nm～700nm 의 범위에 있으면 붉은색으로, 400 nm～450nm는 푸른색으로 느껴진다.

일상생활에서 보는 빛은 서로 다른 파장의 전자기파가 혼합되어 있다. 태양광을 백색광이라고 하는 것은 거의 연속적으로 다양한 파장의 전자기파가 섞여 있기 때문이다. 실제 태양광을 분광해보면 보라색으로부터 빨간색까지 거의 연속적인 색깔 분포를 보여준다. 이러한 스펙트럼을 연속 스

---

3) 광원이나 관측자 어느 한 쪽을 기준으로 한 나머지 쪽의 속도

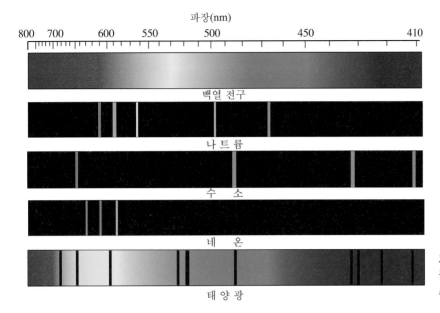

파장(nm)

백열 전구

나 트 륨

수 소

네 온

태 양 광

그림 3.15 **스펙트럼의 종류.** 광원의 종류에 따라 연속 혹은 선 스펙트럼이 방출된다.

펙트럼(continuous spectrum)[4]이라고 한다.

반면에 기체의 전기 방전에 의한 빛의 스펙트럼은 원자의 고유한 선 스펙트럼(line spectrum)을 나타낸다. 즉 원자 내의 전자가 방출하는 전자기파는 원자의 종류에 따라 스펙트럼이 다르다. 이 때문에 터널 속의 나트륨 램프는 노란색, 수은 가로등은 청백색, 네온사인은 붉은색을 띠게 된다. 이 성질을 이용해 광원의 조성을 알아내기도 한다.

색 지각은 파장과 세기와 같은 빛 자체의 성질은 물론 시야의 크기 등과 같은 인체 조건에 따라서도 달라지는 종합적인 감각이다. 색 지각에서 가장 중요한 요소는 망막에 있는 색을 느끼는 3가지의 추상 세포로서 이들이 파장에 따라 서로 다른 크기로 반응하기 때문에 색 지각이 가능해 진다. 대략적으로 말하자면 이들 3세포가 느끼는 지각의 크기는 각각 565 nm, 530 nm, 435 nm에서 최대로 된다.

인간이 지각하는 색은 매우 다양하다. 그 중에서 단색광, 즉 단일 파장의 빛에 대해 지각된 색을 스펙트럼 색이라고 하는데 실험에 의하면 파장과 스펙트럼 색은 일대일로 대응한다. 즉 단색광의 파장이 다르면 느껴지는 색도 달라진다. 이와는 달리 혼합색광, 즉 여러 가지 파장 성분이 혼합되어 있는 빛에 대한 색 지각은 일대일이 아니며 같은 색으로 느껴지게 하는 다양한 혼합색광이 존재한다. 즉 서로 다른 스펙트럼의 혼합색광이 같

---

4) 스펙트럼은 빛의 세기를 파장별로 분리하여 나타낸 것

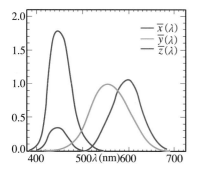

그림 3.16 CIE 표준 색 대응 함수. CIE는 삼원색으로 스펙트럼 색을 표시하는 데 필요한 양을 규정하는 함수를 정하였다. 횡축은 파장이다.

은 색으로 느껴지기도 한다는 것이다. 이를 이용하면 3가지 정도의 기본적인 색을 선택하여 그 혼합비를 조절함으로써 거의 모든 색으로 지각하게 할 수 있다. 그러면 임의의 색은 그 3가지 기본 색의 혼합비로서 표시될 수 있기 때문에 색의 정량화가 가능해 진다. 이렇게 선택한 3가지의 색을 삼원색이라고 한다.

지각의 일종인 색을 정량적으로 표시하기 위해서 1931년에 국제 조명위원회(Commision Internationale de l' Eclairage)에서는 표준인을 대상으로한 실험을 통하여 어떤 가상적인 삼원색으로 각 스펙트럼 색이 지각되도록 하는데 필요한 양 $\bar{x}(\lambda)$, $\bar{y}(\lambda)$, $\bar{z}(\lambda)$를 결정하였다. 이를 색대응 함수(color matching function)라고 한다.

스펙트럼 색이 아닌 임의의 빛에 대해서는 그 빛의 스펙트럼과 색대응 함수를 사용하여 그 빛의 색상을 나타내는 데 필요한 삼원색의 양을 계산할 수 있다. 이를 삼자극치(tristimulus values)라고 하며, 이들의 상대적인 크기를 색좌표(chromaticity coordinate) (x, y, z)라고 한다.

스펙트럼 색의 색좌표들을 2차원$(x–y)$ 평면상에 사영하면 말발굽 모양의 곡선으로 나타난다. 즉 이 도형의 가장자리는 스펙트럼 색을 나타내며 이를 스펙트럼 자취(spectral locus)라고 한다. 곡선 내에 있는 점들은 혼합색을 나타낸다. 이론적 백색은 $x = y = z = 1/3$인 점이다. 이 도형을 색도(chromaticity diagram)라고 한다.

두 조명의 빛을 혼합하면 혼합 비율에 따라 색도 상에서 이들의 색상을 나타내는 두 점을 잇는 직선상의 어느 한 점에 있게 된다. 두 점을 잇는 직선이 백색 점을 통과하는 경우 그 2색은 서로 보색이라고 한다. 즉 보색은

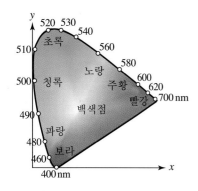

그림 3.17 색도. 스펙트럼 색과 그 혼합색을 나타낸 2차원 도형이다. 숫자는 파장을 나타내며 단위는 nm이다.

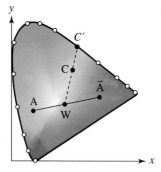

그림 3.18 보색과 지배 파장. 점 A와 $\bar{A}$를 잇는 직선 상에 백색점 W가 있으므로 A와 $\bar{A}$는 서로 보색이다. W를 C와 연결한 직선을 연장하여 스펙트럼 자취상의 점 C′와 만나는 경우 C′가 C의 지배 파장에 해당한다.

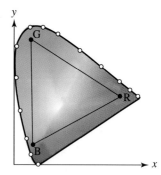

그림 3.19 RGB 삼원색과 색상 전반. 그림과 같이 RGB를 삼원색으로 선택하면 이들의 조합으로 만들 수 있는 색상은 RGB를 꼭짓점으로 하는 삼각형의 내부에 있다. 따라서 삼각형 외부의 색상은 만들 수 없다.

혼합하여 백색을 만들 수 있는 색의 쌍이다.

광원의 색상은 대체로 백색 점과 그 광원의 색 점을 잇는 직선이 스펙트럼 자취와 만나는 곳의 파장에 의해 결정된다. 이 파장을 지배 파장이라고 한다.

어느 3조명의 조합으로 낼 수 있는 색은 이들 조명을 나타내는 색도 상의 3점이 이루는 삼각형 내의 점들로서 이를 색상 전반(color gamut)이라고 한다. 그러나 실제의 색도는 모서리가 둥근 도형이므로 어떠한 삼원색으로도 모든 색상을 낼 수는 없다. 컬러 시스템(color system)은 보통 3~4가지의 원색으로 어떤 범위 내의 색상을 표현할 수 있게 하는 방법을 말하며 RGB 컬러 시스템, CMYK 컬러 시스템 등이 있다.

전자기파와 물질의 상호 작용

전자기파의 본질은 전기와 자기이므로 전자기파는 전기나 자기를 띤 물질과 상호 작용할 수 있다. 물질 내부에서 전자기파는 물질을 이루고 있는 구성단위들 중에서 전기를 띤 입자에 힘을 작용하여 물질의 상태에 변화를 일으킬 수 있다. 물질의 구성단위 중에서는 전자가 가볍기 때문에 물질의 상태 변화는 전자의 운동에 의해서 일어나는 것이 대부분이다.

전자기파와 전자의 상호 작용은 여러 가지 종류가 있는데 전자기파의 파장에 따라 상호 작용의 방식이 달라진다. 아주 긴 파장에서는 입사하는 전자기파의 방향이 바뀌는 단순한 산란(scattering) 정도로 그치겠지만 보다 짧은 파장에서는 원자로부터 전자가 떨어져 나가는 현상인 이온화(ionization) 등 여러 가지가 있다.

전자기파는 전기적으로 중성인 분자와도 상호 작용할 수 있다. 분자 중에서는 전하량의 중심과 기하학적 중심이 일치하지 않는 극성 분자(polar molecule)라는 것이 있는데, 분자 전체로는 전기적으로 중성이지만 분자 양끝이 각각 양과 음의 전기를 띠고 있으므로 전자기파와 상호 작용하게 된다. 예를 들어 전자 레인지에서는 2,450 MHz의 전자기파가 음식물 속에 있는 극성 분자인 물 분자를 회전시킨다. 즉 전기 에너지가 물의 내부 에너지로 변환되는 것이다. 이와 같이 전자기파에 의한 분자의 운동 방식으로는 진동과 회전이 있다.

원자나 분자가 모든 파장의 전자기파와 상호작용을 하는 것은 아니다. 즉, 특정한 파장의 전자기파만 흡수할 수 있다. 원자나 분자가 흡수할 수 있는 전자기파의 파장이 불연속적이라는 것을 이해하기 위해서는 제4장에서 설명하는 미시적 세계에 대한 고찰 방법이 필요하지만, 대략적으로 그

□ 전자기파와 인체의 상호작용

인체는 전파 영역의 전자기파에 대해서는 거의 투명하고 마이크로파와 밀리미터파에 의해서는 약간 가열되지만 역시 거의 투명하다. 적외선은 인체 분자의 회전과 진동에 의해 가열 효과를 일으키고 가시광선은 원자 수준에서 흡수된다. 자외선은 피부를 잘 통과하지는 못하고 대부분 표피의 원자에 의해 흡수된다. X선이나 감마선은 에너지가 너무 높아서 거의 투과하나 일부가 이온화를 일으킬 수 있다.

□ 유기물 내 탄소의 결합 방식

유기물에서 탄소와 탄소 사이에는 공유 전자쌍의 수에 따라 단일 결합, 이중 결합, 삼중 결합 등이 있다. 이들을 각각 C-C, C=C, C≡C로 나타내며 각각 3.3×10^{13}Hz, 5.0×10^{13}Hz, 6.7×10^{13}Hz의 전자기파를 흡수한다. 이를 이용하면 유기물 내 탄소의 결합 방식을 알아낼 수 있다.

결과를 말하자면 구성단위들이 결합하여 원자나 분자를 이루면 그들은 결합 구조에 의해 결정되는 특정한 에너지만 가진다는 것이다. 따라서 원자나 분자는 특정한 에너지의 전자기파만을 흡수하게 된다. 제4장에서 설명한 것이지만, 전자기파의 에너지는 파장 혹은 진동수에 의해서 결정되므로 원자나 분자가 흡수할 수 있는 전자기파는 특정한 파장의 것이다. 그리고 원자나 분자의 종류에 따라 허용된 에너지가 다르기 때문에 흡수할 수 있는 전자기파의 파장도 달라진다. 예를 들어, 분자 내의 OH와 NH$_2$기[5]는 각각 진동수가 1.1×10^{14} Hz와 1.0×10^{14} Hz인 전자기파를 흡수한다.

이와 같이 물질의 구성단위들이 흡수하는 에너지는 불연속적인 값으로 정해져 있기 때문에 연속 스펙트럼의 전자기파를 물질에 쏘아주면 구성단위들이 흡수하는 파장의 전자기파만 없어지고 나머지 파장 성분은 그대로 투과하게 된다. 이를 이용하여 복잡한 물질 속에 있는 특정한 구성단위나 원자단을 찾아낼 수 있다.

물질은 구성단위들의 결합에 의해 유지되는 것이기 때문에 충분한 에너지가 공급되면 물질이 구성단위들로 분해되는 현상이 발생할 수 있다. 예를 들어 오존 분자(O_3)는 태양광의 자외선을 흡수하여 산소 분자(O_2)와 산소 원자(O)로 분해된다. 이 때문에 태양광으로부터 자외선의 일부가 제거되는 것이다. 대체로 분자가 원자로 분해되는 것이 원자가 그들의 구성단위들인 전자와 원자핵으로 분해되는 것보다 쉽다. 예를 들어 물 분자가 수

5) 기는 원자단, 즉 원자의 집단으로 화학 반응에서 집단 전체로 이동함

소와 산소 원자로 분해되는 데에는 2.9 eV의 에너지가 필요하지만 수소 원자가 원자핵과 전자로 분해되기 위해서는 13.6 eV의 에너지가 필요하다. 즉 수소 원자에 13.6 eV의 에너지를 가진 전자기파를 쏘아 주면 수소 원자는 이온화된다.

3.3 전자기파의 발생

일반적으로 복사(radiation)라고 하면 물질로부터 나오는 전자기파를 말한다. 보통은 물질로부터 방출된 전자기파가 방사선적으로 퍼져 나가기 때문에 '복사한다(radiate)'라는 표현을 사용하게 되었다.

전자기파의 근원은 여러 가지가 있으나 대체로 발생원의 규모가 작을수록 짧은 파장의 전자기파가 발생한다.

전하의 가속에 의한 복사

전자기파의 발생은 기본적으로 전하의 가속 운동에 의한다. 즉 전하가 가속 운동을 하면 전자기파가 발생하며 가속도가 클수록 발생하는 전자기파의 파장이 짧아진다.

전자 회로에서는 전자를 회로 속에서 반복 운동, 즉 전기적 진동을 하게 만들어 전자기파를 발생시킨다. 이 경우 발생하는 전자기파의 진동수는 회로 내 전기적 진동의 진동수와 같으므로 회로의 전기적 진동수를 조절하여 특정한 진동수의 전자기파를 방출하게 할 수 있다. 방송국이나 휴대 전화기의 안테나에서 복사되는 전자기파는 모두 이런 방식에 의해 발생하는 것이다. 이 방식에 의한 전자기파의 진동수는 그렇게 높지는 않고 전자기파의 분류에서 말하는 장파에서 마이크로파 영역에 한정된다.

고속의 전하를 물질 속으로 쏘아주면 물질 내 구성단위들과 상호 작용하여 급격한 감속이 일어난다. 감속도 가속 운동의 일종이므로 이 과정에서 전자기파가 발생하는데 이렇게 전자기파가 방출되는 현상을 제동 복사(Bremsstrahlung)이라고 한다. 이 경우 스펙트럼은 연속이며 대체로 X선 영역에 있는 아주 짧은 파장의 전자기파가 가장 강하게 방출된다.

분자의 복사

분자의 복사는 분자가 외부로부터 에너지를 흡수하여 높은 에너지의 상태에 있다가 자발적으로 낮은 에너지의 상태로 변하면서 일어난다. 그런데 위에서 설명한 바와 같이 분자의 결합 에너지는 불연속적인 값이기 때문에 분자로부터 발생하는 전자기파는 연속이 아니라 불연속적인 스펙트럼을 나타낸다. 또한 분자가 가질 수 있는 에너지는 분자의 회전이나 진동과 같은 원인에 의해 결정되므로 원자의 에너지보다는 훨씬 낮다. 따라서 복사의 파장도 길어서 마이크로파나 적외선 영역에 속한다.

원자와 원자핵의 복사

일상생활에서 접하는 전자기파는 대부분 원자 내 전자에 의해 발생한 것이다. 원자 내의 전자가 높은 에너지의 상태에 있다가 낮은 에너지의 상태로 변화하면서 감소한 에너지를 빛 에너지로 방출하는 것이다. 물론 낮은 에너지의 전자를 높은 에너지로 올려주는 과정이 선행되어야 하는데 이에는 여러 가지 방법이 있다. 가장 흔한 것이 다른 전자를 가속하여 원자와 충돌시키는 것이다. 이 충돌에 의하여 원자 내 전자는 보다 높은 에너지를 가질 수 있다.

물체를 가열했을 때 빛을 방출하는 것도 같은 과정이다. 즉 가열에 의해 원자 내 전자의 에너지가 높아졌다가 낮은 에너지의 상태로 내려오면서 감소한 에너지를 빛 에너지로 방출하는 것이다.

원자 규모에서 일어나는 복사는 가시광선뿐만 아니라 X선도 포함한다. 원자가 외부로부터 큰 에너지를 흡수하면 보통은 원자의 가장 바깥쪽에 있는 전자가 떨어져 나가는 이온화가 일어난다. 그러나 흡수한 에너지가 매우 클 때에는 안쪽에 있는 아주 낮은 에너지의 전자가 떨어져 나가는 경우가 발생할 수도 있다. 그러면 높은 에너지의 전자가 그 자리로 이동하여 메우게 되는데 두 에너지의 차이가 크므로 큰 에너지를 가진 빛, 즉 X선이 발생한다. 이 경우 발생하는 X선의 스펙트럼은 특정 파장에서 피크를 나타낸다.

감마선은 너무 파장이 짧아서 원자 내 전자에 의해서는 발생할 수 없고 원자핵의 변화 혹은 강한 자기장을 가진 별 주위에서 전하가 급격한 가속 운동을 할 때 발생할 수 있다.

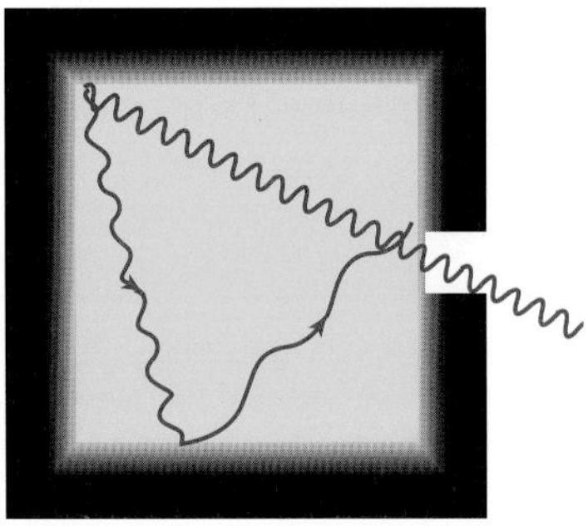

그림 3.20 흑체 복사. 좁은 구멍으로 들어간 빛은 내부에서 반사를 거듭하면서 결국에는 모두 흡수되고 만다. 즉, 100% 흡수된 것이다. 이와 같이 외부로부터 오는 빛을 모두 흡수하는 이상적인 물체를 흑체라고 한다. 이 경우 내부에는 흑체 자신이 내는 복사가 가득 차 있다.

흑체 복사

일상생활에서 가열된 물체가 빛을 내는 현상을 흔히 볼 수 있다. 또한 그 빛의 색상 즉 스펙트럼은 물체의 온도와 깊은 관계를 맺고 있다는 것도 잘 알려진 사실이다. 예를 들어 뜨겁게 달구어진 쇠붙이는 검붉은 색을 띠고 백열전구의 필라멘트는 백색에 가까운 빛을 낸다. 그러나 일반적으로 물체가 내는 빛의 스펙트럼은 그 물체의 온도뿐만 아니라 물체의 조성과 구조에도 관계하므로 스펙트럼을 이론적으로 구하기는 쉽지는 않다.

과학자들은 가열된 물체로부터 나오는 빛의 스펙트럼을 구하기 위하여 물체의 단순화된 모형인 흑체(black body)를 고려한다. 흑체란 입사하는 모든 빛을 흡수해서 자신의 온도에 의해 결정되는 특정한 스펙트럼의 빛을 방출하는 가상적인 존재이다. 실제 이런 이상적인 조건을 만족하는 물체는 존재하지 않지만 흑체로부터 방출되는 빛의 스펙트럼은 그 흑체의 온도에 의해서 완전히 결정되기 때문에 이론적으로 취급이 간단할 뿐만 아니라 자연계에서 빛을 방출하는 물체 중에서 많은 수가 흑체에 가깝게 행동하므로 흑체를 물리적인 한 모형으로 선택하여 자연물이 복사하는 빛의 스펙트럼을 이해하려고 시도하는 것이다.[6]

고체 속의 원자들은 서로 결합되어 있어서 에너지를 주고받는다. 그들은 모두 진동에 관련된 에너지를 가지며, 그 중에는 큰 에너지를 가진 것도 있고, 또 작은 에너지로 진동하는 것도 있다. 결국에는 이 에너지의 차이가 빛 에너지의 형태로 방출될 것이므로 원자들의 에너지가 온도에 따라 어떻게 분포되어 있는가만 알면 방출되는 빛의 에너지 분포, 즉 스펙트럼도 알 수 있을 것으로 추측되었다. 그러나 이 방법으로 예측된 흑체 복사의 스펙트럼과 실제의 스펙트럼은 일치하지 않았다. 이 사실이 제4장에서 소개하는 새로운 역학을 고안하게 된 동기 중의 하나다.

참고문헌

1. A. Beiser(황정남 외 역), 현대물리학, 청문각
2. P Lorrain, Electromagnetic Fields and Waves 2nd ed., Toppan
3. C. Banwell, Fundamentals of Molecular Spectroscopy, McGraw-Hill
4. R. Berns, Principles of Color Technology, Wiley-Interscience

---

6) 뜨겁게 달구어진 물체, 인체, 태양도 흑체와 비슷하게 행동함

새로운 역학

물리학의 역사에 가장 중요한 사건으로 고전역학, 상대성 이론, 양자역학의 성립이 손꼽히고 있다. 이 중에서 고전역학은 거시적 세계의 역학 현상만을 설명하는 반면, 양자역학은 미시적 세계의 자연현상도 기술할 수 있다.

4.1 고전 이론의 한계

근대의 뉴턴에 의해 완성된 고전역학을 기초로 한 고전적인 물질관은 한동안 일상적인 자연현상과 잘 부합하는 것처럼 보였으나 20세기 초반에 원자나 그보다 작은 규모의 미시적 세계에서 일어나는 자연현상의 해석에 대해서는 문제가 있음이 드러났다. 이에 따라 과학자들은 미시적 세계에서 고전역학을 대체할 새로운 역학 체계를 추구하게 되었다.

고전역학적 우주관

고전역학으로 본 우주는 마치 수많은 톱니가 서로 물려 복잡하게 동작하고 있는 거대한 기계이다. 즉 고전역학에 의해 지배되는 우주의 변화 과정은 확정적이고, 일상적인 역학 현상에 대해서는 고전역학이 적어도 원리적으로는 전혀 오차가 없이 필요한 모든 운동 정보를 제공해 줄 수 있다고 본다. 혹시 그 변화를 정확하게 예측할 수 없는 경우는 관련된 인자들이 너무 많거나 계산 과정이 너무 복잡하기 때문이지 결코 그 변화 과정을 모르기 때문은 아니라는 것이다.

고전역학이 이렇게 완벽한 이론이라면 이제 더 이상의 새로운 역학 이론은 필요하지 않으며 과학자들에게는 복잡하게 보이는 역학적 현상에 어떠한 힘들이 작용하는지 알아낸 다음 운동 방정식을 수학적으로 푸는 일만 남겨진 것이다. 이와 같이 한동안 계산 능력의 향상만이 모든 역학적 문제를 해결하는 길이라고 생각되었던 적이 있었다.

이런 이유로 사람들은 고전역학의 체계 내에서 여러 가지 역학적 현상을 이해하려고 노력해왔지만 결국에는 자연현상은 그렇게 단순한 방식으로만 일어나고 있지 않는다는 사실을 깨닫게 되었다.

새로운 역학의 필요성

고전역학을 대체할 새로운 역학이 성립하게 된 동기는 외형적으로는 역학 문제가 아닌 흑체 복사, 원자의 구조, 선 스펙트럼 문제 등에서 제기된 이해할 수 없는 현상들이었다.

앞에서 설명한 것처럼 흑체는 입사하는 전자기파를 모두 흡수하는 이상적인 물체다. 근대의 과학자들은 흑체가 방출하는 복사가 흑체내 원자의 진동과 그에 따른 에너지의 흡수 및 방출에 의한 것으로 생각하고 고전역학과 전자기학을 적용하여 그 스펙트럼을 계산할 수 있었다. 그러나 얻은 결과는 실험 결과와 불일치하였다. 즉 실험 결과는 특정한 파장에서 가장 강한 전자기파가 방출되고 파장이 길거나 짧으면 전자기파의 세기가 약해 지는 경향을 보였으나 이론적으로 계산된 스펙트럼은 그러한 점과는 거리 가 너무 멀었다.

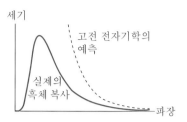

그림 4.1 흑체 복사의 스펙트럼. 고전 전자기학이 예측한 스펙트럼과 실제의 스펙트럼이 다르다.

19세기에 라드포드 등에 의해서 원자의 내부 구조가 어느 정도 밝혀졌다. 그 결과 과학자들은 원자의 구조가 태양계와 비슷하다고 생각한 적이 있었다. 즉 태양 주위로 만유인력으로 결합한 행성들이 정해진 궤도를 따라 돌고 있듯이 원자의 내부에서도 무겁고 양의 전기를 띤 원자핵 주위로 전기력으로 결합한 전자들이 고정된 궤도상에서 돌고 있다고 생각하였다. 그러나 곧 이 모형에는 문제가 있음이 밝혀졌다. 즉 고전역학과 전자기학을 이용하면 궤도 운동을 하는 전자는 가속 운동을 하는 것이며 가속 운동을 하는 전자는 전자기파를 방출하면서 순식간에 에너지를 잃고 궤도를 벗어나 원자핵과 충돌해 버리고 만다는 것을 알아낸 것이다. 물론 원자는 모두 안정하게 존재하고 있기 때문에 이러한 원자 모형은 분명히 옳지 않지만 당시의 과학자들은 적절한 모형을 고안해 낼 수가 없었다.

19세기에 분광학의 발전으로 과학자들은 빛을 분해하여 빛이 단색으로만 이루어진 것이 아니라 여러 가지 색상 즉 여러 가지 파장의 전자기파가 혼합된 것임을 알았다. 대부분의 경우, 물체가 내는 복사의 스펙트럼은 연속적이었다. 즉 거의 모든 파장의 전자기파가 혼합된 것이다. 분광기를 통해 보면 마치 무지개를 보듯이 빨주노초파남보의 모든 색상이 있었다. 그러나 특이하게도 수은등과 같이 희박한 기체로부터 나오는 빛의 스펙트럼은 연속적이 아니라 특정한 색상만 띄엄띄엄 있는, 이른바 선 스펙트럼이었다. 그런데 당시에는 물질을 이루는 구성단위의 에너지에 특정한 제한이 없다고 생각되었다. 따라서 과학자들은 그러한 연속적인 에너지로부터 방출되는 전자기파의 스펙트럼도 당연히 연속적일 것이라고 추정하였다.

4.2 빛의 본성

전자기학 이론의 설명에 의해서 대체로 빛은 어떤 파장을 가지는 전자 기파라는 사실이 밝혀졌고 따라서 빛의 본성은 파동이라고 널리 인식되었다. 그러나 흑체 복사 등과 같은 자연현상을 설명하기 위해서는 파동성만으로는 불충분하다는 사실이 밝혀졌다.

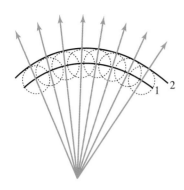

그림 4.2 호이겐스의 원리. 호이겐스는 빛의 본성을 파동으로 보고 어떤 순간에 형성된 파동의 전면(1)은 2차 파동의 파원으로 행동하여 새로운 파동의 전면(2)를 형성하는 방식으로 파동이 전파한다고 설명하였다.

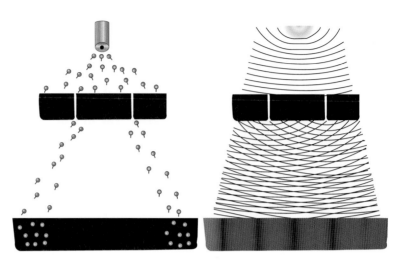

그림 4.3 입자성과 파동성. 입자는 두 슬릿을 통과한 후 각자의 진행하는 방향으로만 간다. 그러나 파동은 서로 간섭하여 반복되는 명암의 무늬를 만든다.

입자성과 파동성

과학적인 근거를 가지지는 못했지만 데카르트는 빛의 본질이 입자라고 주장한 적이 있었다. 뉴턴도 빛을 기관총에서 발사되는 탄환과 같은 작은 입자들의 흐름으로 이해하였다. 빛의 본질이 입자라고 주장한 사람들의 대부분은 빛이 직진한다는 성질로부터 입자적인 성질, 즉 입자성을 추측한 것이다.

반면에 호이겐스는 빛의 본질을 파동으로 전제하고, 빛의 전파에 대한 기하학적인 모형까지 제시하였다. 이에 따르면 빛은 물결 파동과 같이 한 점을 중심으로 사방으로 전파해 나가며 물결파가 가지는 모든 파동적인 성질을 공유한다. 여기서 파동적인 성질, 즉 파동성이란 파동의 전형적인 특성인 간섭과 회절 등을 말한다.

양자 이론

앞 장에서 흑체 복사의 스펙트럼은 고전적인 전자기학으로는 설명할 수 없다고 하였다. 이 문제에 대해 1900년에 독일의 플랑크(Max Planck, 1858~1947)는 흑체에서 생성되는 빛의 에너지가 어떤 최소 에너지 단위의 정수 배로만 주어진다고 가정하였다[1]. 즉 빛의 최소 에너지 단위를 E_0라고

그림 4.4 플랑크. 광양자의 개념을 도입한 양자역학의 시조이다. 그러한 공로로 노벨상을 수상하였다.

---

[1] 플랑크가 가정한 것은 진동을 하는 원자들의 에너지가 불연속적이라는 것임. 여기서는 후에 나온 아인슈타인의 빛의 입자적 해석과 결합시켜 설명

하면 흑체 복사의 빛 에너지는 E_0, $2E_0$, $3E_0$⋯ 등이라는 것이다. 이것은 빛이 E_0라는 에너지의 덩어리로 구성되어 있으며, 그러한 덩어리가 2개 있으면 $2E_0$, 3개 있으면 $3E_0$ 등의 에너지를 갖는 것으로 생각할 수 있게 한다. 또한 플랑크는 최소의 에너지 단위 E_0는 빛의 진동수 ν에 비례하는 것으로 보았는데 이때의 비례상수를 플랑크 상수(Planck constant)라고 부르게 되었다. 플랑크 상수는 실험적으로 결정되며 $h = 6.63 \times 10^{-34} \text{J} \cdot \text{s}$로 매우 작다.

플랑크의 가정에 따라 계산한 흑체의 스펙트럼은 관측 결과와 매우 잘 일치하여 그의 가정이 옳다는 것이 입증되었다. 즉 빛은 진동수에 의해 결정되는 기본 에너지의 단위를 가진 입자의 흐름처럼 방출되고 전체 에너지는 그러한 입자의 개수에 의해 결정된다. 이와 같이 빛의 에너지가 어떤 기본 단위의 정수 배로서 불연속적으로 주어진다는 이론을 플랑크의 양자 이론(quantum theory)이라고 한다.

일반적으로 양자(quantum)란 에너지와 같이 정량화된 물리적 개념의 작은 덩어리 혹은 단위를 말한다. 이 경우에는 빛이 가진 에너지의 덩어리로서 광양자(quantum of light)라고 한다. 광양자보다는 광자(photon)라는 이름이 더 흔히 쓰이고 있다. 광자라는 이름은 빛 에너지의 작은 덩어리라는 의미이지만 실제로는 빛을 입자로 보았을 때 그 입자 자체를 의미하기도 한다.

빛은 간섭과 회절 등을 통해 전형적인 파동의 성격을 나타낸다. 또한 고전 전자기학으로는 빛의 에너지에 특별한 제한이 없다. 따라서 빛의 에너지는 0에서 무한대 사이의 모든 값이 가능한 것으로 생각되었다. 그러나 플랑크의 양자 이론에 의하면 빛의 에너지는 불연속적이고 빛은 입자적인 성질을 나타낸다.

광전 효과

빛이 마치 입자와 같다고 하는 빛의 입자성은 몇 가지 다른 실험에 의해서도 입증되었다. 그 중에서 광전 효과(photoelectric effect)는 빛이 금속 표면에 입사할 때 마치 당구공과 같이 금속에 있는 전자를 두들겨 떼어 내는 현상이라고 아인슈타인(Albert Einstein, 1879~1955)이 설명하였다.

▣ 아인슈타인의 노벨상

알려진 바와는 달리 아인슈타인은 상대성 이론이 아니라 광전 효과를 제대로 해석한 업적으로 노벨상을 수상하였다. 상대성 이론만으로도 아인슈타인은 상을 받고도 남음이 있겠지만 어쨌든 노벨상을 두 번 받지는 못했다.

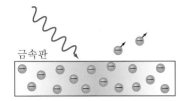

그림 4.5 광전 효과. 짧은 파장의 빛을 금속에 쏘면 전자가 튀어나온다. 전자 방출과 쪼여준 빛의 파장 사이의 관계를 고전적 이론으로는 설명할 수 없다.

만일 빛이 순수한 파동이라면 전자기학에 따라 그 에너지는 오로지 진폭에만 의존하기 때문에 진동수에 관계없이 광전 효과가 일어나야 할 것이다. 그러나 실험 결과는 어떤 진동수 이하의 빛은 아무리 강하게 쪼여주어도 광전 효과가 일어나지 않았다. 이것은 빛의 에너지가 진폭에 아닌 진동수에 관계하며 진동수가 높을수록 큰 에너지를 가지고 있음을 의미한다. 이 현상을 플랑크의 양자 이론과 관련지어서 설명하면 빛은 진동수에 의해 에너지가 결정되는 입자, 즉 광자이며, 센 빛이란 그러한 입자가 많다는 의미이다. 낮은 진동수의 빛의 경우에는 광자 한 개가 가지고 있는 에너지가 너무 작아서 아무리 많은 수를 입사시켜도 금속으로부터 전자를 떼어내지 못한다. 반면에 높은 진동수의 빛 입자는 단 1개만으로도 전자를 떼어낼 수 있는 충분한 에너지를 가지고 있다. 높은 진동수의 빛을 강하게 비춘다는 것은 그러한 빛의 입자를 많이 입사시킨다는 의미이며, 따라서 광전 효과에 의해 튀어나오는 전자의 개수가 늘게 될 것이다. 이러한 설명은 모두 실험 결과와 일치하며 따라서 빛을 입자로 생각할 수 있게 하는 경험적 근거가 되었다.

빛의 이중성

빛의 입자성을 확인해 주는 여러 사실에도 불구하고 일상생활에서 빛은 입자성으로는 설명할 수 없는 간섭 및 회절과 같은 전형적인 파동의 성질을 보여준다. 따라서 이러한 경우는 빛이 파동성을 가진다고 해야 할 것이다. 그러므로 빛은 경우에 따라 입자 혹은 파동으로 행동한다고 결론을 내릴 수밖에 없게 된다. 즉 빛은 입자성과 파동성 두 성질 모두를 소유하나 상황에 따라 두 성질 중 한 가지가 보다 더 뚜렷하게 나타나게 되는 것이다. 빛의 이러한 성질을 빛의 이중성이라고 한다.

4.3 물질파

물체는 크던지 작던지 물질의 덩어리로서 입자와 같이 행동하는 것이지 이해하기 힘든 파동성을 가지고 있다고는 아무도 상상하지 못했다. 그런데 빛이 파동이면서도 입자성을 갖는다면 물체도 원래는 입자성을 가지고 있지만 파동성도 가질 수 있지 않을까? 이 생각은 물질에도 파동성이 존재한다는 매우 혁신적인 가설로 구체화되었다. 이것이 사실이면 운동하는 물체는 전통적인 입자적인 성질뿐만 아니라 파동으로서의 제반 성질도 갖게 된다.

물질의 파동성

빛의 이중성은 드브로이(Louis de Broglie, 1892~1987)에 의해 물질에
까지 확장 적용되었다. 그는 운동하는 물체, 즉 입자도 파동성을 가진다고
제안하였으며 그 파동을 물질 파동(matter wave) 혹은 물질파고 불렀다. 또
한 물체의 입자적인 성질을 대표하는 물리량인 운동량과 파동성의 대표적
인 물리량인 파장은 서로 반비례한다는 관계식을 제안했다. 이 관계식의
비례상수는 플랑크 상수와 같음이 판명되었다.

전자기파를 파동이라고 부르는 이유는 전기장과 자기장이 파동으로서
전파해 나가기 때문이다. 그러면 물질이 파동적인 성격을 가진다는 것은
무엇을 말하는가? 간단히 말해 운동하는 물체의 역학적 정보가 파동성을
띤다는 것을 의미한다. 즉 물체의 위치와 운동량과 같은 물체의 역학적 정
보를 포함한 함수가 파동을 나타내는 함수의 형태로 나타나며 이를 파동
함수(wave function)라고 한다.

물체가 운동한다는 것은 그 물체의 역학적 정보가 파동의 형태로 전파
한다는 것과 같다. 그때 파동 함수는 물체가 있는 것으로 여겨지는 장소
근방에서는 큰 진폭으로 진동하지만 나머지 공간에서는 진폭이 눈에 띄지
않을 정도로 작다. 다시 말해 파동의 진폭이 큰 장소에 물체가 존재할 확
률이 높다는 것이다.

빛이 파동성과 입자성 양면을 갖고 있듯이 물체도 입자성과 파동성을
가지고 있다는 물질파의 개념은 기존의 물질관을 완전히 바꾸는 혁명적인
사고였으며, 이를 바탕으로 새로운 역학이 전개될 수 있었다.

그림 4.6 드브로이. 물질의 파동성
을 의미하는 물질파의 개념을 제안
하였다.

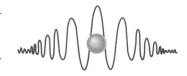

그림 4.7 물질의 파동성. 운동 중의
물체는 파동적인 성격을 띤다. 고전역
학에서 물체는 운동 상태가 분명한 점
으로 표시되지만 양자역학으로는 그것
이 불가능하다. 물체의 역학적 정보가
파동적으로 나타나기 때문이다.

> **□ 드브로이 물질파의 파장**
>
> 운동량은 운동하는 물체의 운동의 크기를 정량적으로 표시하는 물리량으로
> 서 질량 m과 속도 v의 곱으로 정의된다. 즉 운동량 p는 $p = mv$이다. 그러면
> 드브로이의 가설은 $\lambda = h/p$로 주어지며 파장과 운동량이 플랑크 상수 h에 의
> 해 연결되고 있음을 본다. 만일 플랑크 상수가 0이라면 운동량에 상관없이 파
> 장이 0이 되고 물질파가 존재하지 않게 된다. 이러한 가상적인 세상에서 물체
> 는 순수한 입자성만을 가진다.

물질파의 파장과 파동성

잔잔한 물 위를 이동하는 물결파의 파장은 수면의 고저 변화가 1번 일
어나는 데 필요한 거리다. 예를 들어 수면이 가장 높은 곳인 마루에서 다음

마루까지의 거리가 바로 파장이다. 이와 비슷하게 파동 함수로 표현되는 물질파의 파장은 파동 함수의 변화가 일어나는 공간적인 범위와 크게 다르지 않다. 파동 함수는 위치와 같은 역학적 정보의 변화를 포함하고 있기 때문에 만일 그러한 변화가 넓은 범위에 걸쳐 일어나면 물체의 위치가 그만큼 정확하게 규정되지 않는다는 것을 의미한다. 따라서 물질파의 파장은 물체가 드러내는 파동성의 척도라고 할 수 있다. 그러나 그 효과는 물체의 크기에 상대적이다. 물체의 크기에 비해서 물질파의 파장이 훨씬 짧을 때에는 그 물체의 파동성은 관측되기 어렵고 입자성만이 부각되어 나타난다. 반면에 물체의 크기와 물질파의 파장이 비슷한 규모로 되면 물체는 파동성을 나타내기 시작한다.

드브로이의 관계식에 따르면 물질파의 파장은 물체의 운동량에 반비례하므로 운동량이 클 경우, 즉 물체의 질량이 크거나 속도가 클 경우에는 파장이 짧아진다. 예를 들면 150 km/s로 운동하는 야구공의 경우, 물질파의 파장은 약 1.1×10^{-34}m로서 야구공에 붙어 있는 먼지의 크기보다 훨씬 작다. 그러므로 야구공의 역학적 정보가 이러한 규모 내에서 변화한다고 하더라도 그것을 알아차릴 수 있는 방법은 없다. 즉 일상생활에도 야구공의 파동성은 존재하지만 그것을 감지할 수는 없는 것이다. 이것이 고전역학으로 야구공의 운동학적 정보를 기술할 때 전혀 문제가 없는 것처럼 보이는 이유이다.

그러나 원자 내의 전자의 경우에는 이야기가 달라진다. 전자가 원자 내에서 광속의 1/10 정도로 운동하고 있다고 가정하자. 이 경우 전자의 물질파의 파장은 2.4×10^{-11}m로 역시 작은 값이지만 전자의 운동 영역인 원자의 크기가 10^{-10}m 정도로 이 파장의 수배 밖에 되지 않는다. 따라서 원자적인 규모에서 보면 전자는 물질파로서 파동성을 강하게 나타내며 이런 대상에게는 고전역학을 적용할 수가 없게 된다. 이와 같이 거시적 세계와는 달리 원자나 분자의 세계에서는 전자의 파동성이 뚜렷하게 나타나므로 파동성과 관련된 여러 가지 현상이 일어난다. 그러한 파동성 때문에 원자가 안정하게 존재할 수 있고 원자로부터 나오는 빛의 선 스펙트럼이 설명되기도 한다.

물질파의 간섭과 회절

두 곳으로부터 오는 파동이 한 점에서 만나면 뜻밖의 결과가 발생할 수 있다. 즉 세기가 1인 두 개의 파동이 동시에 한 곳에 도달하면 파동의 세기는 2가 아니라 만나는 위치에 따라 0~4의 범위에 있게 된다. 이와 같이 두 파동이 한 점에서 만나면 마치 한 파동이 다른 파동의 세기를 변화시키는 듯이 행동하며 이를 간섭이라고 한다. 예를 들어 한 광원으로부터 나온 빛을 분리하여 서로 다른 경로를 통해 한 점에 도착하게 하면 그 지점의 위치에 따라 빛의 세기가 다르다는 것을 관찰할 수 있다. 해수의 물결파도 간섭을 하여 지형적으로 강한 파도가 생성되기도 한다. 이러한 간섭 현상은 파동을 나타내는 함수의 대수적 합을 구하여 그 발생 원인을 설명할 수 있다.

입자가 파동성을 가져서 물질파로 행동한다면 일반적인 파동과 같이 간섭을 일으키게 될 것이다. 즉 2개의 입자가 동시에 한 지점에 도착한다면 그 위치에 따라 입자가 존재할 수도 있고 없을 수도 있게 된다는 것이다. 그 이유는 다음과 같이 설명할 수 있다. 입자를 파동으로 보면 2개의 입자가 동시에 한 지점에 도착한다는 것은 입자들의 파동 함수가 대수적으로 더해지는 것이며 물결파나 전자기파와 같은 일반적인 파동의 경우와 마찬가지로 합성 위치에 따라 그 합이 달라진다. 파동 함수는 입자의 존재 확률을 나타내기 때문에 그러한 파동 함수가 위치에 따라 달라진다는 것은 바로 위치에 따라 입자의 존재 확률이 다르다는 것을 의미한다. 즉 입자들이 개별적으로는 간섭 지점에 도착하는 것은 분명하지만 동시에 도착하면 간섭에 의해 서로의 존재를 보강할 수도 있고 소멸시킬 수도 있게 되는 것이다.

회절도 파동의 고유한 성질 중의 한 가지이다. 따라서 물질파의 경우에도 그러한 성질이 나타난다. 즉 운동 중인 입자의 경로는 직선이나 곡선과 같은 단순한 수학적 개념으로 나타낼 수 없고 마치 한 점을 중심으로 물결파가 퍼져 나가듯이 여러 가지 방향으로 진행할 수 있다는 것이다. 이와 같이 물질파는 정도 문제이지 어느 곳으로도 진행할 수 있는 가능성을 가지고 있기 때문에 물질파의 진행을 완벽하게 차폐할 장벽은 존재할 수 없게 된다. 따라서 입자의 진행 방향에 차폐물이 있다고 하더라도 그 뒤에 입자가 도달할 수 있는 가능성이 있다.

전자기파의 경우와 같이 간섭과 회절의 정도는 물질파의 파장에 의해 결정된다. 즉 파장이 길수록 그러한 효과가 쉽게 관측될 수 있고 파장이 짧으면 관측되기 어렵다. 따라서 물질파의 간섭과 회절 현상은 야구공과 같은 물질파의 파장이 매우 짧은 일상적인 물체에서는 쉽게 관측되지 않고 파장이 비교적 긴 미시적 세계의 입자에 효과적으로 나타난다. 미시적 세계의 입자가 간섭과 회절 현상을 일으켜 실제로 파동성을 나타내는 사실은 실험으로 입증되었다. 즉 한 물체로부터 연속적으로 방출되는 전자의 경로를 분리한 후 다시 한 지점에서 만나게 하면 위치에 따라 도착하는 전자의 수가 다르다는 것이 실험 결과로 나타난 것이다. 이와 같이 평소에 입자로만 알고 있던 전자들이 마치 전자기파와 같이 간섭을 할 수 있다는 사실은 전자와 같은 입자도 물질파로 해석할 수 있다는 드브로이의 가설을 입증한다고 할 수 있다.[2]

결론적으로 운동 중인 모든 물체는 드브로이의 가설에서 제안된 파동성을 가지고 있으므로 간섭과 회절과 같은 파동의 고유한 성질을 나타내지만 물질파의 파장이 짧으면 그러한 현상이 잘 관측되지 않고 입자성이 나타나게 된다. 실제로 간섭과 회절이 현저하게 드러나는 경우는 물질파의 파장이 비교적 긴 경우인 미시적 세계의 작은 입자의 운동에서이다.

불확정성 원리

입자의 역학적 상태를 나타내는 가장 중요한 개념은 위치와 운동량이다. 작은 공간에 있는 전자의 위치와 운동량을 측정하려면 무언가 전자의 상태를 알려줄 탐침과 같은 것이 필요하다. 이것은 마치 밀폐된 상자 속에 들어있는 물체의 정체를 알아내기 위해 손을 넣어서 만져보는 것과 같은 이치이다. 전자의 경우에는 탐침으로 전자기파를 사용할 수 있다. 전자기파는 전자로부터 반사되어 전자의 상태를 알려준다. 그러나 전자기파가 충돌하는 순간 전자는 충격에 의해 지금까지의 운동 상태에 변화를 일으킨다. 그런데 그들이 어떻게 충돌하였는지 알 수가 없기 때문에 전자가 가지고 있던 원래의 운동량을 정확하게 알아낼 수 없다. 위치를 알아내기 위해서 사용한 실험 방법 자체가 운동량의 변화를 초래한 것이다. 뿐만 아니라 위치를 측정하기 위해 사용한 전자기파는 그 파장이 길수록 회절 현상이 심해진다. 회절 현상은 입자성인 직진성과 반대되는 성질로서 입자의 위치를 정확하게 결정하는 것을 방해한다. 따라서 위치를 정확히 알아내기 위해서는 짧은 파장의 전자기파를 사용해야 하는데 파장이 짧을수록 전자기파는 더 큰 에너지를 가지고 있기 때문에 전자의 운동 상태를 더 크게 교란시켜 운동량의 오차를 더욱 더 증가시키게 된다.

입자의 역학적 정보를 캐어내기 위한 과정에서 발생하는 이러한 현상 때문에 위치와 운동량을 동시에 정확하게 측정하는 것이 불가능해진다. 그러나 이러한 측정의 한계가 결코 인간의 지혜나 도구의 부족에 의한 것은 아니고 자연이 위치와 운동량이라는 두 가지 역학적 정보를 동시에 정밀하게 알아낼 수 없도록 설계되어 있기 때문이다. 이렇게 위치와 운동량이라고 하는 두 역학적 정보를 동시에 정밀하게 측정할 수 없다는 것을 불확정

그림 4.8 전자의 관측. 전자를 관측하기 위해서는 빛을 전자에게 쏘아야 하지만 그 빛이 전자의 운동을 예측할 수 없는 방법으로 변경시키므로 정확한 운동 상태를 알아낼 수가 없다.

2) 1927년 수행된 Davisson 과 Germer의 실험이다.

성 원리(uncertainty principle)라고 하며 자연현상의 탐구에서 인간이 도달할 수 있는 한계를 설정한다.

불확정성 원리는 모든 역학적 상황에 적용되지만 그 결과가 뚜렷이 나타나는 영역은 입자의 크기와 그 입자의 물질파 파장이 비슷한 규모인 미시적 세계이다. 예를 들면 원자나 그 이하 규모의 입자들이다.

불확정성 원리는 인간의 자연관에 영향을 미치게 되었다. 고전역학에서는 역학의 법칙에 따라 시간에 따른 물체의 위치와 운동량을 동시에 정확하게 구할 수 있다. 즉 어떤 시간에 입자가 존재할 위치와 운동량을 100%의 정확도로 구해낼 수 있다. 이것은 고전역학의 체계로는 마치 전 우주가 기계와 같이 운동의 법칙에 의해 한 치의 오차도 없이 완전히 지배되는 것으로 해석된다는 것을 의미한다. 그러나 불확정성 원리는 그 견해가 완벽하지 못하다는 것을 지적한다. 인간이 아무리 우수해도 자연의 변화 과정을 이해하는 데에는 본질적인 장벽이 있는 것이다. 거시적 세계의 자연현상은 확정적으로 예측될 수 있다고 하더라도 미시적인 현상에 대한 예측은 그렇지 않고 항상 불확정성이 수반되기 때문이다.

4.4 양자역학의 수립과 의미

물질파 이론은 물체, 특히 미시적 세계의 입자들은 파동성을 강하게 나타내기 때문에 단순한 물리 변수가 아니고 파동 함수에 의해 그 상태가 표현된다는 것을 의미한다. 그러므로 미시적 세계의 입자에 대해서는 파동 함수가 만족하는 방정식을 풀어서 구해진 파동 함수로 부터 각종 역학적 정보를 찾아내어야 한다.

슈뢰딩거 방정식

슈뢰딩거(Erwin Schrödinger, 1887~1961)와 하이젠베르그(Werner Heisenberg, 1901~1976)는 고전역학에서의 경험과 물리적인 직관을 사용하여 파동 함수가 만족하는, 이른바 슈뢰딩거 방정식(Shrödinger equation)을 제안하였다. 이 방정식은 물질의 파동성을 바탕으로 만들어졌기 때문에 미시적 세계에 적용되어 원자내 전자와 같이 매우 작은 입자의 각종 역학적 정보를 알아낼 수 있게 해 준다.

슈뢰딩거 방정식을 출발점으로 삼는 이 새로운 역학 체계는 고전역학의 전개 방식과는 매우 다르다. 그것은 고전역학이 운동 방정식을 통해서 역

그림 4.9 슈뢰딩거. 슈뢰딩거 방정식을 제안하여 양자역학의 기초를 마련하였다.

학의 물리량을 직접적으로 찾아내는 방식을 취하고 있는 반면에 새로운 역학은 파동 함수를 통해서 그러한 것들을 간접적으로 알아내고 있기 때문이다.

슈뢰딩거 방정식은 입자의 파동 함수에 대한 복잡한 미분 방정식이다. 이 방정식을 풀고 물리적 의미를 부여하는 것이 과학자들이 할 일이다. 이렇게 슈뢰딩거 방정식으로부터 입자의 상태를 추론해내는 새로운 방식의 역학을 양자역학이라고 한다. 미시적 세계의 입자들은 파동성이 강해서 고전역학으로서는 해석할 수 없기 때문에 이 새로운 역학은 미시적 세계에서 기존의 고전역학을 대치하는 새로운 역학 체계로서 자리를 잡게 되었다.

양자역학은 원리적으로는 천체와 같은 거시적 세계에도 적용될 수 있다. 그러나 본질적으로 복잡한 이론이므로 일상적인 규모 이상에서는 고전역학으로 취급하여도 필요한 결과를 충분히 얻어낼 수 있다. 즉 고전역학은 양자역학의 한 부분 집합이며 미시적 세계가 아닌 일상적인 경우에 효율적인 근사적인 역학 체계인 것이다.

물리량의 양자화

고전역학에서 물리량[3]에 대한 제약은 몇 개의 보존 법칙 외에는 존재하지 않는다. 따라서 거시적 세계의 물체들이 가지는 물리량들은 그러한 법칙이 만족하는 한 어떠한 값으로도 될 수 있다. 그러나 새로운 역학을 미시적 세계의 입자에게 적용하면 물리량이 연속적이 아니고 불연속적인 경우가 종종 나타나게 된다. 흑체 복사 문제에서 이미 빛의 에너지가 그러하다는 것을 보았다. 그렇게 불연속적으로 변화하는 물리량을 양자화 (quantized)되어 있다고 한다. 물론 에너지 외에 다른 물리량도 양자화되어 있는 경우가 있다. 양자화는 슈뢰딩거 방정식의 파동 함수가 만족해야 할 조건 때문에 발생한다. 슈뢰딩거 등에 의해 수립된 미시적 세계의 역학을 양자역학이라고 하는 이유가 바로 양자화되는 물리량들이 도출되기 때문이다.

물리량이 모든 경우에 양자화되는 것은 아니지만 항상 양자화되어 있는 것도 있다. 예를 들어 전자 한 개가 가지고 있는 전하량은 -1.6×10^{-19}C이고 양성자는 $+1.6 \times 10^{-19}$C이다. 이렇게 전하량이 이미 양자화되어 있기 때문에 동일한 원자가 존재하고, 따라서 우주라는 건축물이 효율적으로 만들어질 수 있다. 만일 전자의 전하량이 제 각각으로 다르다면 물리·화학

3) 물리학에서 정량적으로 표현되는 개념으로 운동량, 에너지 등을 말함

적 성질이 다른 원자가 110여 종이 아니라 수천, 수만이 될 것이다. 그러한 원자들로 만들어지는 우주의 모습은 정말 복잡할 것이다.

양자역학적 우주관

슈뢰딩거 방정식의 풀이로서 구해진 입자의 파동 함수는 이제 다른 목적, 예를 들면 입자의 위치 등을 구하는 데 사용된다. 그러나 입자 자체가 파동적인 성격을 가지고 있으므로 그 위치에 대한 정보도 확정적인 값으로 나타나지는 않는다. 다만 어느 정도의 확률로서 어떤 범위의 공간에 있을 것이라는 정도의 예측밖에는 되지 않는다. 이것은 물질파로 행동하는 입자에 대한 불확정성 원리의 다른 표현에 지나지 않는다.

불확정성 원리 때문에 양자역학적 우주는 모두 확률적이다. 즉 어떠한 자연현상도 100% 확신을 가지고 일어난다고는 단언하지 못한다. 고전역학은 거시적인 현상을 확정적으로 설명하나 미시적인 세계의 물체의 운동에는 적용될 수가 없다. 미시적 세계의 자연현상은 오로지 양자역학이 확률적으로만 설명할 수 있다.

고전역학을 근간으로 우주를 1개의 거대한 기계로 보는 기계론적 우주관이 성립한 이래로 한동안 우주에서 일어나는 모든 일은 이 역학으로 예측될 것으로 생각되기도 하였다. 그러나 양자역학에서는 인간의 지혜가 미칠 수 없는 영역이 있음을 보여준다. 거대 규모에서 인간은 모든 일들을 예측할 수 있고 따라서 일상생활을 안심하고 살아갈 수 있지만 실제로 거시적 세계를 이루는 미시적 세계의 일은 모두 확률적으로 일어난다. 인간이 미시적 규모의 존재가 아니기 다행이다. 만일 인간이 미시적인 존재라면 매일 매일을 불확실하게 살아야 할 것이다.

20세기는 갈릴레이가 태양 중심설을 주장했던 시대와는 매우 다른 사회적 분위기임에도 불구하고 미시적 세계에서 일어나는 이러한 확률적 세계관이 모든 사람들에게 쉽게 받아들여진 것은 아니었다. 아인슈타인도 광전효과로부터 광양자의 개념을 만들어 양자역학의 수립에 기여했음에도 불구하고 '신은 주사위 놀이를 하지 않는다.'라고 하는 표현을 써가면서 한동안 이 역학 체계를 믿지 않았다. 근대의 기계론적 우주관에 의해 이미 거시적 규모에서 우주를 다스리는 역할을 상실한 신이 미시적 세계에서까지 일정한 법칙이 아닌 시시각각 다른 잣대로 변덕스럽게 자연을 통제한다고 한다는 사실을 신앙심이 깊은 사람들로서는 별로 받아들이고 싶지 않았는지도 모른다.

물리학과 사회 사상

과학의 역사에서 흔히 철학이나 사회적 분위기가 당시의 과학적 사고에 영향을 미치는 경우가 있었음을 볼 수 있다. 지구 중심설이 당시의 신학적 분위기에서 성장해왔다는 사실이 좋은 예가 된다. 그러나 반대 과정, 즉 과학이 철학이나 시대 정신을 인도하는 경우도 있음을 보게 되는데 원자론과 고전역학의 경우가 그러한 예라고 할 수 있다.

고전적 물리학의 몇 가지 간단한 원리와 법칙으로 자연현상의 거대한 사건은 물론 시시콜콜한 것까지 모두 설명할 수 있다는 것은 철학과 사회학에까지 영향을 미쳐서 고전 물리학이 바로 인간의 지식이 지녀야 할 모델이라고까지 보는 사고도 생겨났다. 예를 들어 19세기 환원주의자들이 역사와 인간까지도 보편적으로 설명할 수 있는 일반적인 법칙을 찾고자 노력하였던 것이 고전 물리학의 영향이라고 보는 이도 있다.

고전역학은 물체 사이의 운동을 결정론적인 관점에서 설명하고, 원자론은 우주가 원자들로 구성되어 있다고 하기 때문에 라플라스와 같은 수리물리학자는 어떤 순간 우주에 있는 모든 원자들의 상태를 알면 과거와 미래의 우주 역사를 완벽하게 알아낼 수 있다고 주장하기까지 하였다. 만일 고전역학과 원자론이 옳은 이론이라면 비록 라플라스가 말하는 전지(全知)의 경지에 도달하지는 못하더라도 적어도 원리적으로는 모든 것을 예측할 수 있을 것으로 보인다. 이러한 결정론적 관점에 의하면 초신성의 폭발, 로마 제국의 흥망, 망부석에 얽힌 이야기는 물론 지난 학기 '현대과학의 이해' 강의에서 김미경이 A를 받았다는 이야기도 이미 140억 년 전 우주가 태어난 순간에 물리학의 법칙에 의해 결정되어 있었던 일이다. 이와 유사한 사회적 결정론에 의하면, 살인범은 자신의 선택이 아닌 주어진 환경을 벗어날 수 없는 유전적인 죄인일 뿐이다. 범인과 희생자가 자신들의 의사와는 상관없이 아주 먼 옛날에 결정된 우주의 환경 속에서 살아가다가 마치 시간을 거꾸로 돌릴 수 없듯이 자신의 운명을 수정할 수 없는 상황에 있었다고 한다면 그래도 그 범인을 처벌해야만 하는가?

반면에 양자역학의 불확정성 원리는 결정론적인 우주관이 완전하지 못하고 오히려 미시적 세계의 자연현상은 확률적으로만 예측된다고 말한다. 극단적으로, 미시적 세계의 입자들에 대한 슈뢰딩거 방정식을 풀어보면 고전적으로는 불가능한 일도 양자역학에서는 가능하다는 것을 알게 된다. 양자역학적 관점에서는 완전한 불가능이란 특수한 경우를 제외하고는 존재하지 않는다. 즉 다만 확률이 작다 뿐이지 어떠한 일도 일어날 수 있다고 본다는 것이다. 이러한 과학적 이론은 물질로 이루어진 인간의 판단에까지 영향을 미칠 수 있다고 보는 철학자들에 의해 지금도 사색의 주제가 되고 있다.

4.5 양자역학의 적용

거시적 규모에서 일상적으로 일어나는 현상도 따지고 보면 미시적 규모에서 일어나는 자연현상의 결과이다. 따라서 거시적 세계에 나타나는 자연현상의 완전한 이해를 위해서는 미시적 세계에 양자역학을 적용해야 한다.

터널 현상

에너지 보존 법칙이 절대적으로 옳은 것이라면 미시적 세계의 입자가 에너지 장벽[4]을 만날 때 일어나게 되는 일도 에너지의 변환으로 설명할 수 있을 것으로 생각된다. 그러나 미시적 세계의 입자는 에너지 장벽을 통과함으로써 마치 에너지 보존 법칙을 위배하는 듯한 행동을 한다. 터널 현상(tunneling phenomenon)이라고 불리는 이 현상에서 미시적 세계의 입자는 자신이 가진 에너지보다 더 큰 에너지 영역을 통과해서 지나간 것으로 나타난다. 고전역학의 관점에서는 그러한 에너지 장벽을 조금이라도 뚫고 들어갈 수는 없다. 그러나 양자역학의 세계에서는 불가능이란 없다. 다만 확률이 작을 뿐이지 그런 영역 속으로 들어갈 수가 있고 만일 그러한 장벽이 그리 넓지 않다면 그 장벽을 통과해 반대쪽으로 나갈 수도 있다.

터널 현상은 불확정성 원리로 이해할 수 있다. 불확정성 원리는 에너지

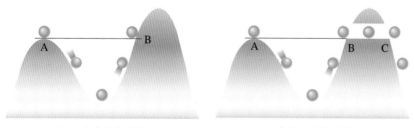

(a) 고전역학적 관점   (b) 양자역학적 관점

그림 4.10 에너지 장벽과 터널 현상. 위치에 따른 입자의 퍼텐셜 에너지를 나타낸다. (a) 고전역학의 관점에서는 A에서 출발한 입자는 B를 넘어갈 수 없다. (b) 그러나 양자역학적으로는 입자가 반대쪽의 C에서도 발견된다. 마치 에너지 장벽에 터널을 뚫고 장벽을 통과하는 것처럼 보이는 현상이다.

---

4) 퍼텐셜 에너지가 역학적 에너지보다 높은 영역을 말하며 에너지 보존 법칙에 따라 고전역학의 관점으로는 이 영역으로 입자가 진입할 수 없다.

의 측정 과정에도 적용되어 측정된 에너지의 정밀도에 한계가 있음을 말해 준다. 따라서 측정한 에너지가 정확하지 않기 때문에 입자의 실제 에너지는 에너지 장벽보다 높을 수 있다. 그러므로 터널 현상에서 에너지 보존 법칙이 위배되는 것처럼 보이지만 불확정성 원리는 그것이 사실이 아니라고 설명해 주게 된다. 이렇게 양자역학은 엄밀하게 적용되어야 할 법칙들에 어느 정도 융통성을 주는 역할을 한다. 이 융통성이 결국에는 고전역학이 설명하지 못하는 미시적 세계에서의 자연현상을 일으키고 있는 셈이다.

터널 현상은 알파 붕괴(alpha decay)[5]라고 불리는 방사성 물질의 붕괴를 일으키고 일부 반도체 소자를 작동하게 해준다.

원자의 구조와 물질의 화학적 성질

양자역학은 미시적 세계인 원자 내부의 구조를 파악할 수 있게 해 주는 도구이다. 즉 고전역학에서 운동 방정식을 풀어서 물체의 운동에 관한 정보를 찾아내듯이 양자역학에서는 슈뢰딩거 방정식을 풀어서 원자 내 전자의 위치와 전자가 가질 수 있는 에너지 등과 같은 역학적 정보를 구할 수 있다. 그 결과, 전자의 궤도란 존재하지 않고 다만 전자의 위치를 확률로서 말할 수 있을 뿐이라는 사실이 밝혀졌다. 뿐만 아니라 전자의 에너지도 양자화되어 전자는 불연속적으로 존재하는 에너지의 값 중에서 어느 한 가지를 가질 수 있다는 사실도 밝혀졌다. 또한 전자가 그러한 에너지 중에서 어느 값을 가지는가에 따라 전자의 위치를 확률로 말해주는 파동 함수도 달라진다.

원자 내 전자가 가질 수 있는 이러한 불연속적인 에너지의 값들을 에너지 준위(energy level)라고 한다. 만일 에너지를 수 직선상에 표시한다면 원자 내 전자가 취할 수 있는 에너지는 이 직선상에 띄엄띄엄 배치된 값들 중에서 어느 1가지가 될 것이다. 이렇게 원자 내 전자의 에너지가 불연속적이므로 전자가 외부로부터 흡수할 수 있는 에너지와 스스로 방출할 수 있는 에너지도 불연속적이다. 즉 어떤 에너지 준위의 전자가 외부로부터 전달되는 에너지를 흡수하려면 전자가 이미 가지고 있던 에너지에 흡수하려는 에너지를 더한 값이 에너지 준위중의 하나로 존재하여야만 하고 반대로 높은 에너지 준위의 전자가 그보다 낮은 에너지 준위로 그 상태가 변화하면 정확하게 두 에너지의 차를 외부로 방출하게 된다.

원자가 외부로부터 흡수할 수 있는 에너지의 형태는 전자기파의 에너

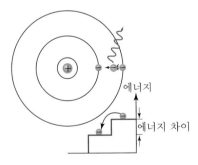

그림 4.11 에너지 준위. 원자 내의 전자는 불연속적인 에너지 값, 즉 에너지 준위 중에서 어느 한 값을 가지게 된다. 전자가 높은 에너지 준위에서 낮은 준위로 이동하면 그 에너지 차를 빛 에너지로 방출하게 된다.

---

5) 방사성 물질의 붕괴 양상 중 하나이며 제6장에서 자세히 설명함.

지, 운동 에너지 등이다. 따라서 원자에 전자기파를 비추어 주거나 다른 입자로 충돌시켜서 원자에 에너지를 전해 줄 수 있다. 만일 외부로부터 전달되는 에너지가 전자기파의 형태라면 원자 내 전자는 특정한 파장의 전자기파만을 흡수할 수 있다. 원자의 에너지 방출 방식은 주로 전자기파이고 전자기파의 에너지는 그 파장에 의해 결정되므로 방출된 전자기파의 파장은 두 에너지 준위에 의해 결정된다. 즉 원자 내 전자가 높은 에너지 준위에서 낮은 준위로 상태가 변화하면 두 에너지 준위의 차에 반비례하는 파장의 전자기파가 방출되는 것이다.

만일 원자에 에너지 준위가 존재하지 않아서 원자 내 전자가 임의의 에너지를 가질 수 있다면 전자는 어떠한 크기의 에너지도 흡수할 수 있으며 모든 파장의 빛을 방출할 수 있게 된다. 그러나 현실은 그와는 반대이다. 즉 원자는 특정한 파장의 전자기파만을 흡수할 수 있고 특정한 파장의 전자기파만을 방출할 수 있는 것이다. 이렇게 특정한 파장의 전자기파만을 방출하여 발생한 결과가 바로 선 스펙트럼이다. 즉 원자로부터 나오는 전자기파를 분광기로 분석해 보면 특정한 파장을 갖는 전자기파가 만드는 밝은 선들로 이루어져 있다. 원자는 소속된 전자의 수에 따라 그 구조가 다르고 에너지 준위도 다르다. 따라서 원자에 따라 흡수나 방출하는 전자기파의 파장이 다르고 그 때문에 선 스펙트럼에 나타나는 선들의 파장도 다르다. 이와 같이 근대 말기의 과학자들이 이해할 수 없었던 선 스펙트럼의 발생 원인이 양자역학으로 찾아낸 원자의 구조로부터 규명되는 것이다.

선 스펙트럼은 일상생활에서 흔히 관찰된다. 예를 들어 네온 원자에 의한 붉은 색의 네온사인, 수은 원자에 의한 청백색의 가로등, 나트륨 원자에 의한 노란색의 터널 조명등으로부터 나오는 빛을 분광기로 분석해 보면 모두 선 스펙트럼이라는 사실을 확인할 수 있다.

원리적으로는 양자역학은 전자가 많이 있는 원자의 구조도 알려 줄 수 있다. 그러나 전자의 수가 늘어남에 따라 슈뢰딩거 방정식을 풀기가 어려워지므로 컴퓨터를 사용한 계산이 필요해 진다. 그러한 계산 결과 복잡한 원자의 내부 구조도 파악되었으며 이를 바탕으로 물질의 화학적 성질도 설명할 수 있게 되었다. 예를 들어 원소, 즉 한 종류의 원자로만 구성된 물질을 원자 내 전자의 수로 적당히 배열하였을 때 화학적 성질이 주기적으로 되풀이되는 현상은 양자역학으로 찾아낸 원자의 구조와 관계된다는 사실이 밝혀졌다. 즉 양자역학이 근대의 과학자들이 발견한 주기율표의 이론적 배경을 제공하게 된 것이다. 이와 같이 양자역학이 화학에 최초로 적용되어 원소의 화학적 성질의 일부를 설명하였을 때 '화학에는 더 이상 할 것이 없다.'고 생각한 사람들이 있을 정도였다. 근시안적인 생각이었던 것은 사실이지만 양자역학의 힘이 보다 현실적인 영역인 화학에까지 적용되어 여러 가지 본질적인 의문에 명쾌한 대답을 한 성과는 매우 큰 것이었음이 분명하다.

분자도 원자의 집단이기 때문에 원리적으로는 양자역학으로 그 구조와 성질을 규명할 수 있다. 그러나 취급해야 할 입자의 수가 너무 많기 때문에 단순한 계산으로써는 결과를 얻어내기 어렵고 정성적으로 혹은 컴퓨터를 이용한 계산으로 구해낼 수 있다.

레이저

그림 4.12 CD와 레이저 포인터. CD에는 디지털 데이터가 수록되어 있으며 반도체 레이저를 이용해 이를 읽어낸다. 레이저 포인터는 반도체 레이저의 일종으로 저렴하고 내구성이 뛰어나 강의 등에서 널리 사용된다.

'유도에 의한 빛의 증폭'이라는 뜻의 레이저(Light Amplification by Stimulated Emission of Radiation)는 양자역학이 예견한 가능성이 실현된 문명의 이기이다.

근본적으로 원자나 분자에서는 전자의 에너지가 불연속적이다. 그리고 높은 에너지 준위의 전자는 불안정하기 때문에 빠른 시간 내에 낮은 에너지 준위로 이동하게 되고 두 에너지의 차가 빛 에너지의 형태로 방출된다. 레이저는 어떤 원자에는 전자가 이런 높은 에너지 준위의 상태에 비교적 오래 머물러 있을 수 있으며 이런 준안정적인 상태의 전자들이 외부로부터 오는 미약한 빛에 유도되어 한꺼번에 낮은 에너지 준위의 상태로 떨어지면서 강한 빛, 즉 많은 수의 광자를 방출한다는 원리를 이용하는 광원이다. 레이저 광선은 여러 가지 파장의 성분이 섞인 것이 아닌 단색광, 즉 단일 파장의 빛이며, 멀리 가더라도 퍼짐성이 거의 없다.

□ 레이저의 이용

출력이 낮은 레이저의 대명사인 헬륨-네온 레이저는 가장 흔히 볼 수 있는 것으로 슈퍼마켓에서 상품의 바코드(bar code)를 읽는 데 사용되고, 반도체 레이저는 콤팩트 디스크에 저장된 정보를 읽는 데 사용된다. 콤팩트 디스크에는 디지털 정보가 요철의 형태로 저장되어 있다. 레이저 광선은 디스크의 표면을 비추고 요철에 따라 반사된 빛이 검출기에 전달되어 원래의 정보가 재구성될 수 있게 한다. 또한 반도체 레이저는 소형, 고효율, 긴 수명, 빠른 반응, 단순성 등의 이유로 광통신에 가장 적합한 광원이다.

의학적으로는 강력한 이산화탄소 레이저가 외과 수술에서 메스를 대신하고 있다. 최근에 유행 중인 레이저 각막 성형술(Laser Associated Stromal Insitu Keratomileusis)이라는 근시 교정 기술은 레이저로 각막의 일부를 태워 없애 눈의 초점거리를 조절하는 것이다.

레이저 광선은 빛의 퍼짐성이 작기 때문에 달까지 왕복하여도 충분히 감지될

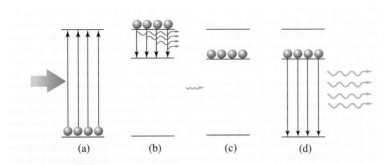

그림 4.13 레이저의 원리. 원자에 3개의 에너지 준위가 있으며 중간의 것은 준안정적이라고 가정하자. (a) 가장 낮은 에너지 준위의 전자들에게 에너지를 주어서 가장 높은 에너지 준위로 이동하게 한다. (b) 그러면 전자들은 곧 자발적으로 중간의 에너지 준위로 내려오게 된다. (c) 이 준위는 준안정적이므로 전자들은 어느 정도의 시간 동안 머물 수 있다. (d) 외부로부터 빛을 입사하면 이 빛에 유도되어 모든 전자들이 동시에 가장 낮은 에너지 준위로 떨어진다. 이때 광자가 방출되는데 입사한 광자의 수보다 훨씬 많기 때문에 약한 빛이 강한 빛으로 증폭된 셈이다.

수 있을 정도이다. 아폴로 우주인이 달 표면에 남긴 반사 프리즘을 이용하여 달까지의 거리를 10cm 오차 범위 내에서 측정할 수 있다고 한다.

4.6 양자역학의 발전

양자역학이 비록 미시적 세계의 입자의 운동을 묘사할 수 있도록 고안되었지만 입자의 속도가 큰 경우를 고려하지 않았고 힘의 매개에 관한 현대적인 개념인 장을 도입하여 만든 것도 아니었다. 현대 물리학은 일상적인 속도의 범위를 넘어서는 경우 상대성 이론을 고려하고 물질의 생성과 소멸은 장의 생성과 소멸로 취급한다. 이에 따라 양자역학은 상대성 이론과 장의 이론에 결합하여 보다 더 본질적인 방법으로 자연현상을 설명할 수 있는 도구로 진화하게 되었다.

상대론적 양자역학

상대성 이론은 특수 상대성 이론과 일반 상대성 이론의 두 가지이다. 특수 상대성 이론의 기초는 관성 운동을 하고 있는 관측자들은 서로 동등하다는 데 있고 일반 상대성 이론의 기초는 관성 운동이 아닌 즉 가속 운동 중인 관측자는 그렇지 않은 관측자에 비해 가상적인 힘을 느끼며 그러한 힘은 중력에 의한 효과와 구별할 수 없다는 데 있다. 이들 이론 중에서 양자역학이 고려해야 할 것은 특수 상대성 이론이다. 특수 상대성 이론에 의하면 관측자 사이의 상대 속도에 따라 시간, 길이, 질량 등과 같은 물리량

그림 4.14 디랙. 상대론적 양자역학을 수립한 공로로 노벨상을 수상하였다.

의 측정 결과에 차이가 발생할 수 있다. 그러나 그러한 효과는 속도가 광속에 비교할 만한 크기가 되었을 때 현저하게 나타나는 것이지 일상적인 속도에서는 거의 나타나지 않는다. 그런데 양자역학이 적용되는 미시적 세계의 입자는 빠른 속도로 운동할 수 있기 때문에 이러한 입자에게는 상대성이론도 같이 적용되어야 하는 것이다. 양자역학과 특수 상대성 이론의 합성은 디랙(Paul Dirac, 1902~1984)이 완성하였으며 합성된 이론을 상대론적 양자역학이라고 한다. 이렇게 하여 인간은 미시적 세계를 보다 완벽하게 기술할 수 있는 이론을 찾아낸 것이다. 본래 상대성 이론과 양자역학은 완전히 별개의 이론이었으나 이들 두 이론이 결합된 상대론적 양자역학은 여러 가지 자연현상을 정량적으로 예측하며, 실제로 이러한 예측은 실험 결과와 잘 일치하고 있다. 예를 들어 상대론적 양자역학은 전자의 반입자(anti-particle)[6]인 양전자(positron)의 존재를 예견하였으며 실제로 양전자는 1932년에 발견되었다.

양자 장이론

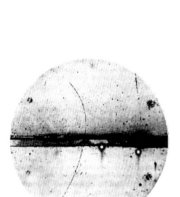

그림 4.15 양전자의 발견. 전자는 자기장에 의해서 반대 방향으로 휘어져야 한다. 따라서 전자의 반대 부호의 전기를 가진 양전자가 통과한 것이다.

소수의 입자를 취급하는 양자역학으로는 입자의 소멸과 생성이 일어나는 과정을 제대로 기술하기가 어렵다. 이 때문에 입자 자체를 힘을 생성하는 장으로 보고 이 장을 형성하는 보다 더 기본적인 장들을 양자라고 보는 관점인, 이른바 양자 장이론(quantum theory of field)까지 나오게 되었다. 양자 장이론은 물질의 변화 과정을 양자의 생성과 소멸로 설명한다. 예를 들면 전기를 띤 물체가 서로 전기력을 작용하는 이유는 한 물체가 전기장의 양자인 광자를 생성하고 다른 물체가 그 광자를 흡수하기 때문이라고 한다. 따라서 모든 힘은 각자의 힘에 고유한 양자들에 의해 매개된다. 양자 장이론은 가장 현대적인 방법으로 자연현상을 설명하는 이론이라고 할 수 있다.

참고문헌

1. A. Beiser(황정남 외 역), 현대물리학 교보문고
2. Serway 외(김충선 외 역), 현대물리학, 희중당
3. 김희준, 자연과학개론, 자유아카데미
4. T. Hey et. al.(강석태 역), 양자의 세계, 대영사
5. R. March(신승애 역), 시인을 위한 물리학, 이화여자대학교 출판부

---

6) 반입자는 원 입자에 비해 전하량이 반대인 입자를 말한다.

물질의 구성단위

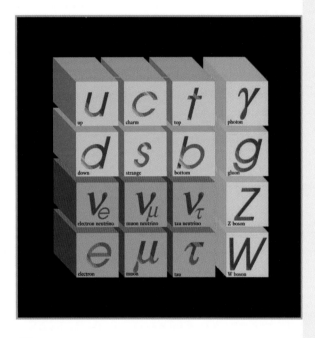

물질은 작은 규모의 구성단위들로 이루어지고 물질의 성질은 이 구성단위들의 종류와 결합 방식에 의해 결정된다. 물질의 변화는 이러한 구성단위들 사이의 결합에 변화가 발생하는 현상이다. 따라서 자연현상에 대한 본질적인 이해는 바로 기본적인 구성단위들 사이에 일어나는 상호 작용을 이해하는 것이다.

5.1 원자와 궁극적 구성단위

거시적으로 일어나는 자연 변화는 물질을 이루는 미시적 구성단위들 사이에 일어나는 상호 작용의 결과이다. 그러한 구성단위들은 계급적 구조로 존재하고 그 중에서 원자가 일상적인 것이며 원자는 그보다 작은 구성단위들로 이루어져 있다.

구성단위의 의의

물질은 우주를 구성하는 재료를 말하며, 물질로서 이루어진 것으로 어느 정도 형태를 유지하고 있는 것을 물체라고 한다. 그러나 이 책에서는 정확한 구별 없이 사용하고 있다.

장난감 블록을 사용하면 모형 비행기를 만들 수 있고, 이를 분해하여 자동차나 집도 만들 수도 있다. 그러나 비행기가 블록으로 만들어진 것이 아니라 처음부터 공장에서 완전한 형태로 주조된 것이라면 그것을 다른 용도로 사용하기가 어렵다.

모형 비행기가 장난감 블록으로 짜 맞추어진 것처럼 우주에 있는 물질도 보다 작은 구성단위들로 조립되어 있다. 이것은 매우 중요한 사실이다. 만일 우주의 탄생과 함께 물질이 완전한 형태나 기능을 갖춘 것으로만 창조되었다면 우주는 변화에 대해서 매우 경직된 성격을 가지고 있을 것이다. 왜냐하면 그러한 물질은 다른 용도로 사용되거나 변화하기 어렵기 때문이다. 그러나 물질이 보다 작은 구성단위로 구성되어 있기 때문에 한번 사용된 물질은 구성단위로 해체되어 다른 물질을 만드는 데 사용할 수 있다. 구성단위가 존재하기 때문에 자원의 우주적 재활용이 가능한 것이다.

장난감의 규모에서 보면 장난감 블록은 더 이상 나누어지지 않는 궁극적인 구성단위이다. 그러나 물질은 그 보다 더 작은 구성단위로 여러 단계에 걸쳐 쪼개진다. 그리고 작은 구성단위일수록 그 종류가 적어진다. 결국 궁극적인 구성단위의 수는 그리 많지 않으며 육안으로는 관측되지 않는 미시적인 존재로 나타난다.

원소와 원자

펜, 축구공, 컴퓨터, 나팔꽃, 인체, 건물, 지구, 별과 같이 이 세상에는 무수히 많은 물체가 존재하기 때문에 이들을 이루는 물질의 종류도 무수히 많을 것으로 생각하기 쉬우나 사실은 그렇지 않다. 실제로 우주를 구성하

그림 5.1 장난감 블록. 장난감 블록으로 여러 가지 모양의 물체를 만들 수 있다. 한 물체를 만들었을 때 사용된 블록은 분해되어 다른 물체를 만드는 데 사용될 수 있다. 블록은 물체를 만드는 기본적인 구성단위이다.

는 기본적인 물질의 종류는 불과 110여 종에 불과하며 모든 물체는 어떤 형식으로든지 이러한 기본 물질로부터 만들어진 것이다. 이러한 110여 종의 기본 물질을 원소라고 한다. 이와 같이 원소는 물질의 개념이고 그러한 물질을 이루는 동일한 구성단위들을 원자라고 한다. 따라서 이 세상의 모든 물질은 110여 개의 기본적인 구성단위로 이루어진 셈이다.

원소는 수소, 산소, 탄소, 네온, 철, 금, 우라늄과 같은 것들이 있으며 기호로는 각각 H, O, C, Ne, Fe, Au, U로 표시한다.

▫ 원소 기호와 실제의 이름

원소 기호는 대체로 원소 이름으로부터 유래한 것이지만 반드시 영어식 원소의 이름과 일치하는 것은 아니다. 예를 들어 H는 hydrogen의 첫 글자이나 Fe는 iron이 아닌 ferrum의 두 글자이다. ferrum은 철의 라틴식 표기이다. 원소 이름 중에는 독일어에 기원을 둔 것도 있다.

원자의 구성단위는 양의 전기를 띤 원자핵과 음의 전기를 띤 전자이다. 원자핵은 원자 전체 질량의 대부분을 차지하고 있으며 보다 작은 구성단위인 양성자와 중성자로 이루어져 있다. 원자핵이 양의 전기를 띠고 있는 것은 바로 양성자 때문이다. 양성자와 전자는 본질적으로 서로 다른 구성단위들이지만 신비하게도 전하량은 부호만 반대이지 똑같다. 따라서 원자 전체가 전기적으로 중성이라는 것은 양성자의 수와 전자의 수가 정확하게 같다는 의미이다. 양성자의 수를 원자 번호, 양성자와 중성자 수의 합을 질량수(mass number)라고 한다. 원자 번호와 질량수는 원소 기호에 각각 아래 첨자와 위첨자로 나타낸다. 예를 들어 $^{12}_{6}C$는 원자 번호가 6, 질량수가 12인 탄소를 의미한다.

원자의 1차적인 분류는 바로 이 양성자의 수인 원자 번호에 따른 것이다. 즉 위에서 원소의 종류가 110여 종이라고 했는데 양성자의 수가 1개뿐인 원자로부터 110여 개인 원자까지 존재한다는 것과 같은 의미이다. 원자는 원자 번호로 충분히 분간될 수 있지만 관례적으로 이름도 가지고 있다. 즉 원자 번호와 원자의 이름은 중복된 정보인 셈이다. 예를 들어 양성자의 수가 1, 6, 92인 원자를 각각 수소, 탄소, 우라늄 원자라고 한다. 자연적인 상태에서 원자는 전기적으로 중성이므로 그러한 원자에 있는 양성자의 수와 전자의 수는 같다. 그러나 전자는 원자로부터 비교적 쉽게 방출되거나 외부로부터 흡수될 수 있으므로 양성자의 수와 전자의 수가 반드시 일치하는 것은 아니다. 따라서 전자의 수로 원자의 종류를 나누는 것은 현명하지 못한 일이다. 중성 상태의 원자가 전자를 잃거나 얻어서 전기를 띤 경우 그 원자를 이온(ion)이라고 한다.

원자의 2차적인 분류의 기준은 중성자의 수이다. 즉 같은 수의 양성자를 갖지만 중성자의 수가 다른 원자들이 있으며 그에 따라 원자를 세분하는 것이다. 양성자의 수가 같기 때문에 동일한 이름으로 불리지만 중성자의 수가 다른 원소를 동위 원소(isotope)라고 한다. 예를 들어 자연적으로 존재하는 탄소의 동위 원소에는 중성자가 6개인 것이 98.89%이 있고 나머지 1.11%가 중성자의 수가 7개인 것이다. 동위 원소들을 구별하여 표현하고 싶을 경우에는 질량수를 원소 기호의 위첨자로 표시한다. 예를 들어 탄소의 두 동위 원소는 $^{12}_{6}C$와 $^{13}_{6}C$으로 표현한다.

원자의 질량은 매우 작기 때문에 이를 나타내는 데에는 그램(g)과 같은 일상적인 단위로는 불편하다. 그래서 원자 질량 단위(amu)를 도입한다. 즉 탄소의 동위 원소 $^{12}_{6}C$ 1개의 질량을 12 amu로 정의하고 다른 원자들의 질량은 이에 대해 상대적으로 표시한다. 예를 들면 수소(H), 질소(N), 산소(O), 금(Au)의 질량은 각각 1.008, 14.007, 16.000, 197.0 amu이다. 화학에서는 원자 질량 단위로 표시한 원자의 질량을 원자량이라고 한다. 원자량은 단위 없이 사용한다.

□ 원자량과 동위 원소

탄소의 원자량을 12로 정의하였음에도 불구하고 주기율표에는 탄소의 원자량이 12.011로 표시되어 있는데, 그것은 자연에는 몇 종류의 탄소 동위 원소들이 있어서 존재비에 따라 질량의 평균치를 나타내었기 때문이다. 즉 원자량 12인 $^{12}_{6}C$가 98.89%, 13.0034인 $^{13}_{6}C$이 1.11% 존재하기 때문에 두 원소의 가중 평균은 12.011이 된다.

입자 가속기

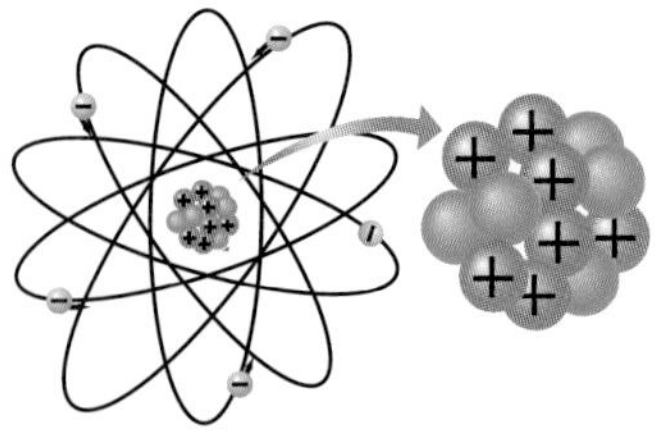

원자를 구성하는 1차적 구성단위는 원자핵과 전자이다. 그런데 원자핵은 또 양성자와 중성자로 나누어진다. 그러면 당연히 양성자와 중성자도 쪼개질 수 있는 입자인지 궁금해진다. 이를 알아보기 위해서는 원자 내부를 조사하기 위하여 알파 입자를 쏘아 넣었던 것과 비슷한 방법을 사용한다. 그러나 이제는 조사 대상의 크기가 더욱 더 작아졌으므로 파동성이 더 작은, 즉 직진하는 성질이 매우 강한 입자를 사용하여야 한다. 직진성이 강한 입자는 물질파의 개념으로부터 속도가 큰 입자를 말한다.

자연적으로 얻을 수 있는 고속의 입자로는 방사성 붕괴[1] 과정에서 방출

그림 5.2 **원자와 원자핵.** 원자의 중심에는 원자핵이 있고 원자핵은 양성자와 중성자로 구성되어 있다. 원자 내에서 음전기를 띤 것은 전자이고 양전기를 띤 것은 양성자이다.

---

1) 불안정한 원자핵이 안정한 원자핵으로 변화하는 현상(제6장 참조)

되는 알파 입자[2] 혹은 전자가 있으나 간단한 계산에 의하면 그 속도가 양성자와 중성자의 내부를 조사하기에는 턱없이 낮다. 그보다 1,000배 이상의 고속으로 운동하는 입자가 필요하다. 이를 위해서는 입자를 인공적으로 가속시켜주는 입자 가속기라고 불리는 시설을 사용해야 한다. 가장 간단하게는 고전압으로 전기를 띤 입자를 가속시키는 방법이 있으나 높은 속도를 얻기 위해서는 수십억 볼트의 고전압이 요구된다. 현실적으로 이런 전압은 얻을 수 없기 때문에 입자를 큰 원형의 터널 속에 넣고 회전시키면서 계속적으로 속도를 증가시키는 방법을 쓴다. 그러나 여기에는 수십억 달러 이상이 소요되는 대규모의 시설과 고도의 기술이 필요하므로 주로 선진국들만이 그러한 시설을 보유하고 있을 뿐이다. 가장 대표적인 것으로 미국의 페르미 가속기 연구소(Fermi national accelerator laboratory)와 스위스에 위치한 유럽 입자 물리학 연구소(European particle accelerator laboratory)[3]를 들 수 있다.

그림 5.3 입자 가속기. 전자나 양성자와 같은 입자를 광속에 비슷할 정도로 빠른 속도로 가속시켜 주는 시설로서 거대 과학의 한 표본이다. 그림은 세계 최대의 유럽 입자 물리학 연구소의 가속기로서 지하에 설치된 수십 킬로미터 터널의 일부이다.

입자의 속도는 그 입자의 운동 에너지로 환산될 수 있으며 단위로는 전자볼트를 쓴다. 일상적인 화학 반응에서 출입하는 에너지의 크기는 수에서 수백 전자볼트이고 방사성 붕괴에서 방출되는 에너지는 수백만에서 수억 전자볼트이다. 그러나 세계 최대의 입자 에너지를 얻는 페르미 가속기 연구소에서는 양성자를 수십억 전자볼트까지 가속시킨다. 유럽 입자 물리학 연구소는 단일 연구소로는 유일하게 유럽의 수십 개 국가들이 공동 출자해서 운영하는 일종의 국제 공동 연구 기관이다. 국제 공동 연구로 될 수밖에 없는 이유는 한 나라의 능력으로는 감당하기 어려울 정도로 시설과 운영에 비용과 인력이 많이 필요하기 때문이다.

궁극적 구성단위

입자 가속기에서 가속된 고속의 입자는 원자 내부의 원자핵 속으로 진입하여 양성자나 중성자와 충돌한다. 입사하는 입자는 양성자나 중성자와 충돌하여 어떤 반응을 일으키게 되며 그 결과로부터 표적물의 구조와 상태에 대해 추론할 수 있다.

연구 결과에 의하면 양성자와 중성자 모두 3개의 더 기본적인 구성단위로 구성되어 있다는 것이 알려졌으며 그들을 쿼크(quark)라고 부른다. 그러나 양성자나 중성자의 구성단위가 쿼크라는 사실은 밝혀졌지만 실제로

2) 헬륨의 원자핵
3) www가 최초로 창안된 곳

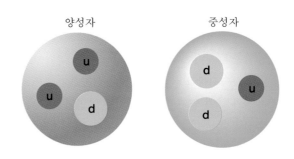

그림 5.4 **핵자의 구성.** 원자핵을 구성하는 입자를 핵자라고 하며 양성자와 중성자가 있다. 이들은 종류가 다른 3개의 쿼크로 이루어져 있다.

그들을 밖으로 분리해 낼 수는 없다. 왜냐하면 이론에 의하면 그들을 분리시키는 데에는 무한히 큰 힘을 작용해주어야만 하기 때문이다. 그러나 그들은 양성자나 중성자 속에서, 입사하는 입자와 반응하여 새로운 입자들을 생성할 수 있으며 이렇게 생성된 입자는 실험 장비에 의해 탐지될 수 있다.

쿼크 자체가 더 기본적인 입자로 구성되어 있을 가능성을 완전히 배제할 수는 없지만 현재의 실험 수준과 지식의 한계에서는 더 이상 쪼개지지 않는 입자로 생각된다. 과학자들은 쿼크와 같이 더 이상 쪼개지지 않는 궁극적인 구성단위를 기본 입자라고 부른다. 전자와 쿼크는 기본 입자이다.

쿼크와 다른 기본 입자의 상호 작용은 현재의 우주에는 잘 일어나지 않는 현상이다. 그러나 우주가 맨 처음 만들어졌던 순간에는 흔했던 일이며 그런 상황에서 물리 법칙은 매우 단순한 형태를 취하게 된다. 왜냐하면 당시에는 지금과 같이 원자나 분자와 같이 기본 입자들이 결합된 상태로 물질이 존재했던 것이 아니고 기본 입자들로 서로 분리되어 있었을 뿐만 아니라 매우 큰 속도로 충돌하고 있었기 때문이다. 입자 가속기는 이런 우주 탄생 초기의 상황을 재현해 주는 시설이라고 할 수 있다.

기본 입자

기본 입자는 서로 결합하여 일상적인 물질을 만든다. 결합한다는 것은 서로 간에 어떤 힘이 작용한다는 의미이다. 지금까지 알려진 힘에는 4가지가 있으며 중력, 전자기력, 약력, 강력이 바로 그들이다. 중력은 질량을 가진 모든 물체끼리 서로 작용하는 힘이며 전자기력은 전기나 자기를 띤 물체끼리 작용하는 힘이다. 약력과 강력은 원자핵 내부의 변화에 필요한 힘으로서 일상생활에서는 잘 경험할 수 없는 자연현상에만 관계한다.

우주에서 일어나는 모든 변화는 이 4가지 힘의 지배를 받는다. 그런데 이들 힘은 이들을 매개해주는 입자에 의해 일어나는데, 중력의 경우에는 중력자(graviton)라는 아직 확인되지 않은 입자가, 전자기력은 광자가, 약

표 5.1 힘의 종류와 성질

	중력	약력	전자기력	강력
크기	10^{-39}	10^{-5}	10^{-2}	1
작용 범위	무한	원자핵 내	무한	원자핵 내
매개 입자	중력자	$W^{\pm}$, Z	광자	글루온

력은 $W^{\pm}$와 Z라는 입자가, 강력은 글루온(gluon)이라는 입자가 힘을 중개해준다. 이들 힘의 중개자에 의해 기본 입자들이 서로 반응하여 자연 변화가 일어나고 일상적인 물질이 만들어진다.

기본 입자는 크게 2종류, 즉 힘을 주고받는 물질 입자와 힘의 매개 입자로 나누어진다. 여기서 물질 입자는 물질의 근간을 이루는 입자군이고 매개 입자는 물질 입자들을 결합시켜 물질을 만들게 한다. 이것은 마치 건물을 지을 때 물질 입자는 벽돌의 역할을 하고, 매개 입자는 벽돌을 서로 부착시키는 시멘트와 같은 역할을 하는 것에 비유할 수 있다.

물질 입자는 성질의 차이로 경입자(lepton)와 쿼크의 2부류로 세분되는데 부류에 따라 작용하는 힘의 종류가 다르다. 경입자에는 전자, 뮤온(muon), 타우(tau)와 전자-중성미자(neutrino), 뮤온-중성미자, 타우-중성미자의 6개가 있다. 쿼크에는 위(up), 아래(down), 기묘(strange), 매혹(charm), 바닥(bottom), 꼭대기(top)의 6개가 있다. 이들의 이름은 그 성질과는 별로 상관이 없다.

이로써 자연은 12종류의 기본 입자로 된 물질 입자 군과 4종류의 기본 입자로 된 매개 입자 군으로 이루어져 있다. 우주의 구성단위는 이렇게 단순하다. 12종류의 물질 입자들이 4종류의 매개 입자의 도움으로 전 우주를 구성하고, 또 변화를 일으키고 있는 것이다.

모든 종류의 기본 입자에 대응하여 반입자가 존재한다. 반입자는 입자의 반대 부호의 전기를 띠고 있다는 점 외에는 입자의 성질과 똑같다. 반입자는 생성되는 즉시 주위에 있는 입자와 충돌하여 빛으로 변해 버린다. 이 과정을 쌍소멸(pair annihilation)이라고 한다. 반대로 빛으로부터 입자-반입자의 쌍이 생성되는 것도 가능하다. 이것을 쌍생성(pair creation)이라고 한다.

반입자에 대해서 신비스럽게 생각하는 사람들이 많다. 그러나 우주는 반입자가 아닌 입자들로만 구성되어 있다. 우주가 지금과는 달리 입자가 아닌 반입자로 구성되었다고 하더라도 물리적으로 지금의 우주의 모습과 전혀 달라질 것이 없다. 혹시 저 멀리 우주의 한 구석에 반입자로 구성된 별과 생물이 있었다고 하더라도 오래 동안 지탱하지는 못했을 것이다. 왜냐하면 주위의 입자들과 충돌하여 순식간에 모두 빛으로 변해버렸을 것이

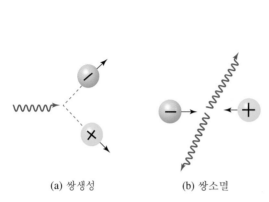

(a) 쌍생성   (b) 쌍소멸

그림 5.5   **쌍생성과 쌍소멸.** 빛으로부터 전자–양전자 쌍이 생성되는 과정이 쌍생성이고 반대의 경우가 쌍소멸이다.

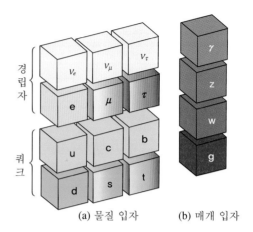

(a) 물질 입자   (b) 매개 입자

그림 5.6   **기본 입자.** 물질 입자가 물질을 구성하고 매개 입자는 물질 입자를 결합시켜 준다.

기 때문이다.

우리의 우주를 둘러보면, 우주가 처음 만들어 질 때 반입자보다는 입자의 수가 더 많았었던 것 같다. 그 후 우주에 있던 대부분의 반입자는 입자와 만나 소멸해 버렸고 반입자의 짝이 없는 잉여 입자들로 현재의 우주가 만들어지게 되었다. 이런 이유로 우리가 관측하고 있는 우주는 입자로만 구성되어 있는 것으로 보인다. 그러나 우주의 탄생 과정에서 왜 입자의 수가 반입자의 수보다 많았는지에 대해서는 잘 알려져 있지 않다.

5.2   원자의 구조와 원소의 화학적 성질

원자는 일상적인 물질의 구성단위로서는 가장 작은 단위이다. 실제로 원자의 크기는 백억 분의 1m 정도로 매우 작아서 보통의 현미경으로는 보이지도 않지만 원자는 일상적인 물질로서 고유의 화학적 성질을 모두 가지고 있다.

현재까지 알려진 110여 종의 원자에 대한 이해는 원자를 구성하고 있는 보다 작은 구성단위들의 성질과 결합 방식의 이해로부터 시작한다고 할 수 있다. 그런데 원자 자체가 이미 미시적 세계의 입자이므로 원자의 구조를 제대로 알아내기 위해서는 양자역학을 적용해야 한다.

수소 원자

수소 원자에 대해 양자역학을 적용한 결과는 전자의 에너지가 E_1, E_2,

$E_3 \cdots$ 등과 같이 불연속적인 에너지 준위로 나타난다는 것이다. 따라서 수소 원자 내 전자의 상태와 에너지는 한 개의 정수 n으로 표지할 수 있다. 예를 들어 전자의 에너지가 E_1이라면 그 전자의 상태와 에너지가 정수 $n=$ 1로 표지되고, 에너지가 E_2이면 상태와 에너지가 $n=2$로 표지되는 것이다. 여기서 사용된 n은 전자의 에너지를 표현하는 식에 사용되어 전자의 에너지가 양자화되게 해주므로 양자수(quantum number)라고 한다. 특히 양자화된 물리량이 에너지이므로 n을 주양자수라고 한다.

$n=1$인 상태에 있는 전자의 에너지 E_1이 가장 낮기 때문에 이 상태를 바닥상태라고 한다. $E_1 = -13.6\text{eV}$이다.

그런데 n이 클수록 전자를 발견할 수 있는 확률이 높은 영역이 점점 원자핵으로부터 멀어지므로 전체적으로 보면 그러한 영역들이 마치 양파의 껍질과 같은 구조를 하게 된다. 이런 의미에서 정수 n에 의해 결정되는 원자의 상태를 껍질(shell)이라고도 한다. 화학자들은 $n=1, 2, 3\cdots$의 상태를 각각 K, L, M, $\cdots$ 껍질이라는 별명을 붙였다.

수소 원자 내 전자의 상태를 보다 자세히 살펴보면 에너지는 같지만 물리적으로 다른 상태가 존재한다는 사실이 밝혀졌다. 즉 같은 주양자수 n을 가진다고 하더라도 세부적으로는 다른 상태들이 있다는 것이다.

다전자 원자

전자가 2개 이상인 복잡한 원자에도 양자역학을 적용하여 전자들의 상태를 알아낼 수 있다. 계산 과정은 복잡하지만 대체로 수소 원자와 비슷한 결과가 얻어졌다. 그러나 그러한 다전자 원자에서 전자의 상태를 찾아내는 데에는 몇 가지 규칙이 필요하다. 첫째 규칙은 전자는 가장 낮은 에너지의 상태부터 먼저 점유한다는 것이고, 둘째는 한 상태를 점유할 수 있는 전자의 수에 한도가 있다는 파울리(Wolfgang Pauli, 1900~1958)의 배타 원리(exclusion principle)이다.

첫째 규칙에 의하면 전자가 2개 있는 헬륨 원자에서 두 전자 모두 가장 낮은 에너지의 K 껍질에 있다. 그러나 전자의 수가 3인 리튬에는 2개의 전자는 K 껍질에 있지만 1개는 L 껍질에 있다. 이렇게 K 껍질을 3개의 전자가 점유할 수 없는 이유는 바로 배타 원리가 각 껍질에 존재할 수 있는 전자의 수를 제한하기 때문이다. 이들 두 규칙을 적용한 결과 K, L, M, $\cdots$의 껍질에 존재할 수 있는 전자의 수는 각각 2, 8, 18$\cdots$이 되고 원자 내 전자의 수가 많아질수록 더 높은 에너지를 가진 전자들의 수가 늘어난다.

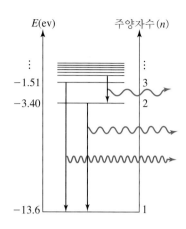

그림 5.7 수소 원자의 에너지 준위. 수소 원자 내의 전자가 가질 수 있는 에너지는 띄엄띄엄 있다. 그러한 에너지 값들을 에너지 준위라고 하며 정수 n으로 표지할 수 있다. 전자가 에너지 준위 사이를 이동하면 그 차이만큼 에너지를 흡수 혹은 방출하게 된다.

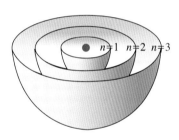

그림 5.8 껍질 구조. 원자 내 전자의 상태를 마치 양파의 껍질과 같이 나낸 개념이다.

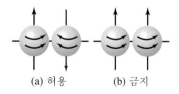

그림 5.9 배타 원리. 원자 내에는 동일한 상태의 전자가 한 개 이상 존재하지 못한다. (a) 두 전자의 스핀이 다르므로 허용되지만, (b) 스핀이 같기 때문에 금지된다.

(a) 알칼리 금속

(b) 불활성 기체

그림 5.10 알칼리 금속과 불활성 기체. (a) 알칼리 금속에는 최외각에 전자 한 개가 있다. 이 전자는 쉽게 떨어져 나가기 때문에 알칼리 금속은 화학적으로 활성이 강하다. (b) 반면에 불활성 기체에는 닫힌 껍질만 있기 때문에 원자가 안정적으로 유지될 수 있다. 이것은 화학적 불활성을 의미한다.

그림 5.11 칼륨과 물의 반응. 칼륨은 알칼리 금속으로서 화학적 활성이 높아 물과 맹렬히 반응한다.

□ **배타 원리**

배타 원리는 원자 내의 전자는 동일한 상태로는 1개 이상 존재할 수 없다고 설명한다. 실제로 수소 원자 내 전자의 상태는 위에서 설명한 것보다 복잡하다. 즉 주양자수에 의해 결정되는 상태 안에 세부 상태가 있으며 배타 원리는 이들 세부 상태에 적용된다. 따라서 두 전자의 에너지가 같더라도 스핀(자전) 방향이 다르면 그러한 상태로 존재할 수 있다.

원소의 화학적 활성

전자는 가장 낮은 에너지의 껍질, 즉 K 껍질부터 차례로 채우기 때문에 전자의 수가 2인 헬륨 원자에서는 K 껍질이 완전히 채워지며 전자의 수가 10인 네온 원자에서는 K와 L 껍질이 완전히 채워진다. 즉 헬륨은 K 껍질이 2개의 전자로 완전히 채워져 있고, 네온은 K 껍질이 2개, L 껍질이 8개의 전자로 완전히 채워져 있다. 이들 원소는 공통적으로 화학적 활성이 거의 없어 다른 원자와 결합을 잘 하지 않기 때문에 불활성 기체로 불린다.

더 이상의 전자가 들어갈 수 없도록 최대 수의 전자로 완전히 채운 껍질을 닫힌 껍질이라고 한다. 일반적으로 원자 내에 닫힌 껍질만 존재하면 그 원소는 화학적으로 활성이 없어 안정하다. 불활성 기체가 화학적으로 활발하지 않은 것은 전자들이 모두 닫힌 껍질 속에 있어서 잘 떨어져 나가기도 어려울 뿐만 아니라 더 이상의 전자를 수용할 수도 없기 때문이다. 헬륨과 네온뿐만 아니라 아르곤, 크립톤, 지논(xenon) 등의 원소에는 닫힌 껍질만 있으며 이들은 모두 불활성 기체이다.

알칼리 금속(alkaline metal)이라고 불리는 원소들인 리튬, 나트륨, 칼륨 등의 원자에서 볼 수 있는 구조의 공통점은 닫힌 껍질의 경우보다 정확히 전자가 1개 더 많이 있다는 점이다. 예를 들어 리튬에는 전자가 3개 있어 K 껍질은 닫혀졌으나 L 껍질에 1개의 전자가 있고, 나트륨은 K와 L 껍질이 닫혀졌으나 M 껍질에 1개의 전자가 있다. 이들 원소들은 공통적으로 화학적 활성이 매우 강하다. 수소도 K 껍질에 전자가 1개뿐이고 화학적으로도 활발하다는 점에서 알칼리 금속에 포함된다.

전자에 의해 점유된 껍질 중에서 가장 바깥쪽의 것을 최외각(outmost shell)이라고 하는데 알칼리 금속에서는 최외각에 전자가 1개 있다. 만일 이 전자가 없으면 원자 자체가 닫힌 껍질만을 가져서 불활성 기체와 같은 전자 배치를 가지게 되어 안정해진다. 이 때문에 알칼리 금속은 다른 원소와의 반응에서 전자 1개를 버리기 쉬우며 이 과정이 활발한 화학적 활성으로 나타나는 것이다.

알칼리 토금속(alkaline earth metal)이라고 불리는 베릴륨, 마그네슘, 칼슘 등의 원자의 최외각에는 2개의 전자가 있다. 이들의 화학적 활성도 알칼리 금속보다는 작으나 비교적 강한 편이며 그 이유도 알칼리 금속의 경우와 같다.

주기율표

각 껍질을 완전히 채울 수 있는 전자의 수에는 제한이 있으므로 전자의 수가 늘어남에 따라 최외각 전자의 수가 주기적으로 늘어나게 된다. 껍질이 닫히는 데 필요한 전자의 수가 껍질마다 다르므로 주기가 일정하지는 않지만, 그래도 최외각 전자의 수는 계속 늘기만 하는 것은 아니고 주기적으로 변하는 것은 분명하다. 이 때문에 원소를 전자 수의 순으로 적당히 배열하면 비슷한 화학적 성질을 갖는 원소가 반복해서 나타나게 할 수 있다. 이렇게 전자 수의 순서대로 원소를 배열한 표를 주기율표라고 한다.

주기율표의 세로줄을 족(group)이라고 하며 같은 족에 소속된 원소들의 최외각 전자의 수는 같으므로 이들 원소의 화학적 성질은 비슷하다. 주기율표에는 18족까지 있다.

주기율표의 3-12족 원소를 전이 원소라고 하는데 이들은 화학 반응에서 어느 1가지가 아니라 다양한 성질을 나타내는 것들이다. 그러한 원소들로

	1A (1)	2A (2)	3B (3)	4B (4)	5B (5)	6B (6)	7B (7)	8B (8)	8B (9)	8B (10)	1B (11)	2B (12)	3A (13)	4A (14)	5A (15)	6A (16)	7A (17)	8A (18)
1	1 **H** 1.00794																	2 **He** 4.00260
2	3 **Li** 6.941	4 **Be** 9.01218											5 **B** 10.811	6 **C** 12.011	7 **N** 14.00674	8 **O** 15.9994	9 **F** 18.99840	10 **Ne** 20.1797
3	11 **Na** 22.98977	12 **Mg** 24.3050											13 **Al** 26.98154	14 **Si** 28.0855	15 **P** 30.97276	16 **S** 32.066	17 **Cl** 35.4527	18 **Ar** 39.948
4	19 **K** 39.0983	20 **Ca** 40.078	21 **Sc** 44.95591	22 **Ti** 47.867	23 **V** 50.9415	24 **Cr** 51.9961	25 **Mn** 54.93805	26 **Fe** 55.845	27 **Co** 58.93320	28 **Ni** 58.6934	29 **Cu** 63.546	30 **Zn** 65.39	31 **Ga** 69.723	32 **Ge** 72.61	33 **As** 74.92159	34 **Se** 78.96	35 **Br** 79.904	36 **Kr** 83.80
5	37 **Rb** 85.4678	38 **Sr** 87.62	39 **Y** 88.90585	40 **Zr** 91.224	41 **Nb** 92.90638	42 **Mo** 95.94	43 **Tc** (98)	44 **Ru** 101.07	45 **Rh** 102.90550	46 **Pd** 106.42	47 **Ag** 107.8682	48 **Cd** 112.411	49 **In** 114.8	50 **Sn** 118.710	51 **Sb** 121.75	52 **Te** 127.60	53 **I** 126.90447	54 **Xe** 131.29
6	55 **Cs** 132.90543	56 **Ba** 137.327	57 ***La** 138.9055	72 **Hf** 178.49	73 **Ta** 180.9479	74 **W** 183.84	75 **Re** 186.207	76 **Os** 190.23	77 **Ir** 192.217	78 **Pt** 195.08	79 **Au** 196.96654	80 **Hg** 200.59	81 **Tl** 204.3833	82 **Pb** 207.2	83 **Bi** 208.98037	84 **Po** (209)	85 **At** (210)	86 **Rn** (222)
7	87 **Fr** (223)	88 **Ra** (226)	89 **Ac** 227.0278	104 **Rf** (261)	105 **Db** (262)	106 **Sg** (263)	107 **Bh** (264)	108 **Hs** (269)	109 **Mt** (268)	110 (271)	111 (272)	112 (277)		114 (289)				

58 **Ce** 140.116	59 **Pr** 140.90765	60 **Nd** 144.24	61 **Pm** (145)	62 **Sm** 150.36	63 **Eu** 151.965	64 **Gd** 157.25	65 **Tb** 158.92534	66 **Dy** 162.50	67 **Ho** 164.93032	68 **Er** 167.26	69 **Tm** 168.93421	70 **Yb** 173.04	71 **Lu** 174.967
90 **Th** 232.0381	91 **Pa** 231.035	92 **U** 238.0289	93 **Np** (237)	94 **Pu** (244)	95 **Am** (243)	96 **Cm** (247)	97 **Bk** (247)	98 **Cf** (251)	99 **Es** (252)	100 **Fm** (257)	101 **Md** (258)	102 **No** (259)	103 **Lr** (262)

그림 5.12 주기율표. 원자 내 전자의 수에 따라 원소를 배열하면 화학적 성질이 주기적으로 반복되는 성질을 이용한 것이 주기율표이다.

는 철, 아연, 이리듐 등이 있다.

이온화

원자는 정도 차이는 있지만 종류에 불문하고 전자를 잃어버리고자 하는 경향이 있다. 원자가 전자를 잃거나 얻어서 전기를 띠는 현상을 이온화라고 하며 이온화가 일어나는 데에는 반드시 에너지가 필요하며 이 에너지를 이온화 에너지라고 한다. 전자는 원자 내에 결합되어 있는 상태이므로 이온화 에너지는 바로 전자의 결합 에너지를 말한다. 이온화 에너지가 클수록 원자로부터 전자를 떼어 내기가 어렵다.

이온화 에너지가 낮아서 이온화가 쉽게 일어난다는 것은 그렇게 해서 원자가 불활성 기체의 구조로 쉽게 변할 수 있다는 것을 의미한다. 예를 들어 알칼리 금속의 경우 최외각 전자가 1개 있다. 만일 이 전자를 제거하면 원자는 닫힌 껍질만을 갖게 되며 불활성 기체와 비슷한 안정한 구조로 될 것이다. 물론 남아 있는 원자는 +1의 전기를 띠게 된다. 이 과정은 알칼리 금속에서 쉽게 일어나기 때문에 알칼리 금속의 이온화 에너지는 작다고 할 수 있다. 예를 들어 알칼리 금속인 리튬의 이온화 에너지는 5.4 eV인 반면 불활성 기체인 네온의 이온화 에너지는 21.6 eV이다.

원자 중에는 전자를 잃기보다는 받아들이는 경향이 더 강한 것이 있다. 전자를 받아들이면 원자는 음으로 이온화하게 되며 그렇게 하여 보다 더 불활성 기체의 상태에 가까워진다. 그러한 원소로 염소(Cl)를 들 수 있다.

5.3 원자의 결합과 분자

원자끼리의 결합은 본질적으로 전기적 인력에 의한다. 원자는 원래 전기적으로 중성이므로 이들끼리 전기적 인력이 작용할 것 같지가 않으나 여러 가지 방법으로 인력을 작용하게 되어 분자가 만들어진다.

분자 사이에는 전하 분포의 비대칭성에 의해서 결합력이 존재하며 이 힘의 크기에 따라 액체의 끓는점과 어는점이 결정되기도 한다.

공유 결합과 이온 결합

원자 간의 결합에서 가장 기본적인 형태는 공유 결합이다. 두 원자가 다가오면 전자가 두 원자 사이에 위치하여 마치 두 원자가 공동으로 소유하는 것처럼 보이게 된다. 이렇게 외형적으로는 전자의 공동 소유에 의해서 일어나는 것으로 보이는 결합의 형태가 바로 공유 결합이다.

그렇게 만들어진 분자 중에서 전자 배치가 대칭적이 아니고, 어느 쪽으로 치우쳐져 부분적으로 전기를 띠는 분자를 극성 분자라고 한다. 예를 들어 산소 원자 2개가 결합한 산소 분자(O_2)는 똑같은 원자 2개가 결합하였으므로 공유된 전자는 두 산소 원자의 중간에 대칭적으로 있는 비극성 분자(nonpolar molecule)이다. 이에 반해 산소 원자 1개와 수소 원자 2개로 이루어진 물 분자는 산소 원자의 양쪽에서 수소 원자가 109.5°의 각도로 벌어져 'ㅅ'자 모양을 하고 있다. 공유된 전자는 산소 쪽으로 더 치우쳐져 있어 수소 원자 쪽은 양의 전기를 띠게 되고 산소 쪽은 음의 전기를 띠게 된다. 따라서 물 분자는 극성 분자이다. 극성 분자는 다른 극성 분자와 전기적으로 잘 결합할 수 있다. 그 때문에 물에 산소는 잘 녹지 않으나 다른 극성 분자인 탄산(H_2CO_3)은 비교적 잘 녹는다.

공유된 전자가 어느 한 원자 쪽으로 완전히 치우치면 이를 이온 결합 (ionic bonding)이라고 한다. 이는 결합한 한 원자의 이온화 에너지가 낮아서 전자를 쉽게 잃고 다른 원자는 그 전자를 쉽게 받아들인 결과이다. 이때 두 원자는 서로 전자를 주고받아서 서로 반대 부호의 이온으로 된다. 이들 이온 사이에 작용하는 전기적 인력이 바로 결합력이다. 이온 결합의 예로는 염화나트륨이 있다.

이온 결합에 의해 만들어진 고체 결정의 경우에는 전자가 두 이온 사이에 고정되어 있으므로 전기 전도는 약하게 일어난다. 그러나 물에 녹으면 이온들이 분리되어 양호한 전기 전도가 일어난다.

그림 5.13 물 분자. 수소와 산소가 서로의 전자를 공유하는 형태의 결합을 한다. 전자의 분포가 한쪽으로 치우쳐 있어서 전체적으로는 양과 음의 극이 존재하는 극성 분자가 된다.

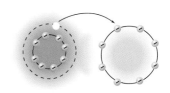

그림 5.14 이온 결합. 알칼리 금속과 같이 최외각에 전자가 한 개 있으면 이 전자는 쉽게 떨어져 나가서 양으로 대전된다. 그런데 전자가 한 개만 더 있으면 닫힌 껍질을 갖는 원자가 있으면 알칼리 금속의 전자를 받아서 자신은 안정해 지고 음으로 대전된다. 이들 양이온과 음이온이 전기적으로 강하게 결합한 것이 이온 결합이다.

금속 결합

금속에서는 원자의 최외각 전자가 원자로부터 분리되어 고체 결정 속을 마음대로 돌아다닌다. 이들 전자는 이제 더 이상 어느 특정한 원자에 소속되어 있지는 않고 모든 원자에 의해 공동으로 소유된다고 할 수 있다. 따라서 금속 결정 속의 모든 원자는 일종의 공유 결합 상태에 있게 된다. 이러한 금속 내 원자들의 결합 방식을 금속 결합이라고 한다.

전자가 결정 전체를 자유롭게 이동할 수 있으므로 금속은 전기 및 열을 잘 전달하는 물리적 성질을 가지며 가시광선이 금속에 닿으면 전자들에 의해 산란되어 독특한 금속 광택을 나타낸다.

표 5.2 비극성 분자와 극성 분자의 끓는점

비극성 분자		극성 분자	
비극성 분자	끓는점(℃)	비극성 분자	끓는점(℃)
O_2	−183	H_2S	−61
F_2	−188	HCL	−85
CH_4	−161	NH_3	−33

반데르발스 결합

불활성 기체의 원자는 다른 원자와 결합하는 힘을 거의 갖지 않고 있다. 그러나 이들에게 다른 중성 원자가 접근하면 원자 내 전자가 이동하여 전기적 중심이 분리되는 현상이 발생한다. 결과적으로 마치 극성을 띤 원자처럼 인접 원자와 약한 전기적 인력을 작용하게 된다. 이 힘에 의한 결합을 반데르발스 결합(van der Waals bonding)이라고 한다.

반데르발스 결합은 공유 결합보다 결합력의 면에서 1/100 정도밖에 되지 않을 정도로 약하기 때문에, 이 힘에 의해 결합한 것은 낮은 온도에서도 쉽게 풀어진다. 예를 들어 고체 상태의 아르곤은 −190℃에서 융해하며 −186℃에서는 기체가 된다.

□ **끓는점과 분자의 극성**

반데르발스 결합은 약하다. 따라서 비극성 분자는 같은 분자끼리도 잘 결합하지 않으므로 끓는점이 낮다. 즉 분자들을 결합시킬 인력이 약해서 낮은 온도에서도 기체 상태로 존재하게 된다. 예를 들면 비극성인 메테인(CH_4)의 끓는점은 −161℃이지만 극성인 암모니아(NH_4)의 끓는점은 −33℃로 훨씬 높다.

반데르발스 결합은 비극성 분자를 포함한 모든 분자에 존재하여 액화와 응고가 일어나게 하는 데 기여하나 극성 분자에서는 극성 분자 사이의 전기적 인력에 비해서 크기가 무시될 수 있을 정도로 매우 작다.

수소 결합

수소를 매개로 분자끼리 작용하는 결합을 수소 결합이라고 한다. 수소 결합은 분자 사이에 작용하는 힘 중에서 가장 강하기 때문에 수소 결합을 하는 분자의 끓는점은 비교적 높다. 수소 결합의 가장 흔한 예는 물로서 물은 분자의 크기에 비해 끓는점이 상당히 높은 편이다.

□ 수소 결합과 생물

수소 결합은 단백질, DNA, RNA의 모양을 유지하는 데 관련하고 있으므로 생체에서 매우 중요한 역할을 한다. 특히 DNA에서는 수소 결합에 의해서 이중 나선 구조가 유지되기도 한다.

분자

일반적으로 물질은 많은 수의 원자가 모여서 이루어진 것이다. 대부분의 물질은 원자들 사이에 작용하는 어떤 인력에 의해 결합 상태를 유지하고 있는데 이 힘을 결합력이라고 한다. 즉 결합력에 의해서 물질이 어떤 형태나 구조로 존재할 수 있는 것이다.

□ 분자량

분자의 질량인 분자량도 원자량과 같은 방법으로 정의한다. 즉 분자량은 탄소 ^{12}C 원자 1개의 질량을 12로 하였을 때 분자의 상대적인 질량을 나타낸다. 예를 들면 이산화탄소 CO_2의 분자량은 개별 원자의 원자량을 합친 $12.01 + 2 \times 16.00 = 44.01$이고 물의 분자량은 18.02이다.

일반적으로 원자 2개 이상이 결합하여 안정한 상태로 있는 것을 분자라고 하며 이를 기호로 나타낸 것을 분자식이라고 한다. 분자식은 원소 기호와 수로서 원자의 종류와 개수를 표시한다. 예로 산소 1분자는 산소 원자 2개가 결합한 것이며 그 분자식은 O_2이다. 여기서 원소 기호 뒤 아래 첨자는 사용된 원자의 수를 나타낸다. 그리고 산소 분자 3개는 $3O_2$로와 같이 분자식의 앞에 표시한다.

다른 종류의 원자들이 결합하여 이루어진 분자를 화합물이라고 한다. 예를 들어 메테인(methane)은 CH_4로 표시되며 탄소 원자 1개와 수소 원자 4개가 결합한 것이고, NaOH는 수산화나트륨이며 나트륨, 산소, 수소 원자 각 1개씩 결합한 화합물이다. 반면에 산소 분자는 화합물로 분류되지 않는다.

일반적으로 화합물의 성질은 구성 원자의 그것과는 매우 다를 수도 있다. 예를 들면 나트륨 원자와 염소 원자가 결합하면 화합물인 염화나트륨(NaCl), 즉 소금이 되어 먹을 수 있을 정도로 안정한 물질이 되지만 원자 나트륨과 염소는 매우 강력한 화학적 성질을 가진 위험 물질들이다.

화합물 중에서 탄소 화합물, 즉 탄소 원자가 포함된 화합물을 유기 화합물 혹은 유기물이라고 부른다. 그러나 역사적으로 일산화탄소, 이산화탄

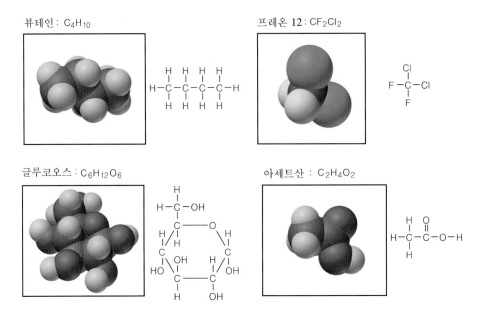

뷰테인 : C_4H_10

프레온 12 : CF_2Cl_2

글루코오스 : C_6H_12O_6

아세트산 : C_2H_4O_2

그림 5.15 분자 모형. 몇 가지 분자의 모형과 구조식이 주어져 있다. 모형에서는 원자 사이의 결합 각도와 같은 기하학적 구조를 알 수 있고, 구조식에서는 원자 간의 결합 방식을 알 수 있다.

소, 시안화 금속[4], 카바이드(CaC_2), 탄산염[5] 등은 예외로 한다. 유기 화합물이 아닌 것은 모두 무기 화합물 혹은 무기물로 분류된다.

유기물은 생물의 체내에서만 합성되는 것으로 알려졌으나 1828년 뵐러가 유기물인 요소를 인공적으로 합성함으로써 그러한 유기물에 대한 개념이 완전히 바뀌게 되었다. 현재까지 등록된 화합물의 수는 2,000만 종[6] 정도로 알려져 있는데 대부분이 유기물로서 유기물의 종류는 정말 많다고 할 수 있다.

분자의 크기는 넓은 범위에 걸쳐 있다. 그 이유는 같은 종류의 원자 몇 개로만 이루어진 분자가 있는 반면에, 여러 종류의 원자가 수백만 개 결합한 것도 있기 때문이다. 예를 들어 수소 원자 2개와 산소 원자 1개로 된 물 분자는 비교적 크기가 작은 편이지만 단백질, 고무, 플라스틱과 같은 수많은 화학 제품의 분자는 그보다 수백만 배나 크다.

물 분자보다 대략 100배 이상 큰 분자를 고분자라고 하며 단백질, 고무, 플라스틱은 모두 고분자 물질이다.

---

4) NaCN, KCN 등과 시아노기(–CN)와 금속이 결합한 화합물
5) $CaCO_3$와 같이 탄산(H_2CO_3)의 수소가 금속으로 치환된 화합물
6) 오하이오 주립대학교의 화학 초록 서비스(Chemical Abstract Service, CAS)에 등록된 수

중합체

유기물은 그 종류도 많지만 대부분 무기물보다 훨씬 크다. 유기물이 거대 분자를 형성하는 가장 흔한 방법 중의 하나가 중합체를 형성하는 것이다. 중합체는 단위체라고 불리는 보다 작은 단위의 화합물이 반복해서 결합한 고분자 화합물이다.

자연은 생물학적 중합체를 광범위하게 이용하고 있다. 예를 들면 섬유소라고도 불리는 셀룰로오스(cellulose)는 단당류(monosaccharide), 단백질은 아미노산, 핵산은 뉴클레오티드(nucleotide)라는 단위체로 이루어진 중합체이다.

중합체는 인공적으로도 합성할 수 있는데, 그러한 합성 중합체는 생물학적 중합체보다 화학적으로 단순한 편이다. 그 이유는 단위체가 작고 단순하기 때문이다. 합성 중합체의 구조 및 성질은 단위체의 성질과 중합 반응의 조건에 따라 매우 다양하다.

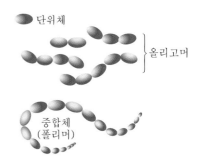

그림 5.16 단위체와 중합체. 단위체는 물질의 단위이다. 단위체가 여러 개 결합하여 만들어진 물질을 중합체라고 하며 소수의 단위체로 이루어진 것은 올리고머라고 한다.

참고문헌

1. A. Bieser, Perspectives of Modern Physic, McGraw-Hill

2. W. Masterton et al.(일반화학 교재연구회 역), 일반화학, 자유아카데미

3. P. Kelter et al.(화학교재편찬위원회 역), 화학의 기초, 북스힐

물질의 성질과 변화

물질의 일상적인 구성단위인 원소의 수는 110여 종에 불과하다. 그러나 그들은 다양한 방법으로 다른 원자와 결합한다. 그 결과 셀 수도 없이 많은 종류의 물질이 만들어지고 각자 고유한 성질을 지니고 있다. 이와 같은 고유한 성질 때문에 물질은 구별되기도 하지만 동일한 구성단위에 의해 만들어졌기 때문에 공통적인 성질도 지닌다. 따라서 물질에 대한 종합적인 이해는 구성단위의 종류와 결합 방식으로부터 찾아야 한다.

6.1 물리적 성질

물질의 변화는 구성단위들의 이동, 결합, 분해에 해당하고 물질의 성질은 구성단위들의 상태에 의해 결정된다. 따라서 물질의 변화와 성질을 설명하기 위해서는 그 물질을 이루는 구성단위들의 종류와 상태는 물론 구성단위들 사이의 상호 작용에 대한 본질적 이해가 필요하다.

물리적 변화와 화학적 변화

물질의 변화는 물리적 변화와 화학적 변화로 나뉘는데 물리적 변화란 물질을 조성하는 구성단위의 변화가 없는 경우의 변화로서 단순한 기계적 변형인 휘어짐, 팽창, 부서짐, 융해, 기화 등을 말한다. 반면에 화학적 변화란 물질의 구성단위 사이의 결합이 분리되거나 새로운 결합이 발생하는 현상으로 연소, 중화, 분해 등이 있다. 물질의 변화가 반드시 물리적 혹은 화학적 변화 중의 어느 하나로 분명하게 구분되는 것은 아니다. 예를 들면 한 물질이 다른 물질 속으로 녹아들어가는 용해와 같은 변화는 물리적 변화인지 혹은 화학적 변화인지 판단이 어렵다.

물질의 성질을 말할 때 관례적으로 물리적 성질과 화학적 성질로 나누어 설명한다. 물리적 성질은 변화가 아예 없거나 물리적 변화가 일어나는 범위 내에서 그 물질이 가지고 있는 성질을 말하고, 화학적 성질은 화학적 변화에 대해서 그 물질이 가진 성질을 말한다. 이에 따르면 물질의 밀도, 전기 전도도, 열전도도, 탄성, 연성 등이 물리적 성질임에 반해, 이온화 에너지, 결합 에너지 등은 화학적 성질이다. 이 구분은 단순히 관례적이며 일반적으로 물질의 성질은 물질을 이루는 구성단위의 종류, 결합 방법, 물리 · 화학적 환경에 의해 결정된다.

표 6.1 물질의 밀도

물 질	밀도(g/cm^3)	물 질	밀도(g/cm^3)
수소	0.000089	알루미늄	2.70
산소	0.0014	철	7.8
코르크	0.24	은	10.5
물	1.00	납	11.3
소금	2.16	수은	13.5
이산화규소	2.6	금	19.3

물질의 상

일반적으로 물질은 주위 환경에 따라 모습을 달리한다. 특히 온도와 압력이라는 물리적 조건에 의해 결정되는 물질의 거시적 상태를 상(phase)이라고 하며 고체, 액체, 기체의 3가지가 있다.

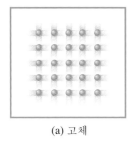
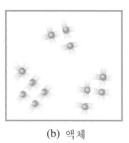
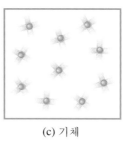

(a) 고체   (b) 액체   (c) 기체

그림 6.1 상과 구성단위의 운동. 구성단위의 운동의 정도에 따라 물질의 상이 달라진다. 고체에서는 구성단위 사이의 거리가 고정되어 있으나 액체에서는 일부만 그러하고 기체에서는 완전히 무질서한 상태가 된다.

일상적인 개념에서 보자면 이 3가지 상태는 단순히 물질이 형태를 어느 정도 유지할 수 있느냐에 따른 분류에 불과한 것이지만 미시적인 관점에서 보면 물질을 이루는 구성단위가 어느 정도 활발하게 운동을 하고 있느냐에 따라 결정되는 것이다.

물질의 구성단위들은 상에 관계없이 항상 열적 운동을 하고 있다. 고체로부터 액체, 액체로부터 기체 상태로 변하는 현상은 이러한 열적 운동에 의해 구성단위 사이의 결합이 파괴되는 현상이고 반대로 기체로부터 액체, 액체로부터 고체가 만들어지는 현상은 열을 방출하여 구성단위의 결합이 일어나는 과정이다.

특히 온도가 낮아져서 액체로부터 고체가 형성될 때 구성단위들 사이의 거리가 어느 범위 내에서 고정된다. 대부분의 경우에는 구성단위들이 규칙적으로 배열되는데 이를 결정(crystal)이라고 한다. 예를 들어 모든 금속은 고체 상태에서 결정 구조를 가진다.

액체에는 소수의 구성단위가 결합하여 결정 상태로 있다. 즉 액체란 작은 고체 덩어리들이 무질서하게 있는 상태이다.

기체를 구성하고 있는 분자와 같은 구성단위는 자유롭게 운동할 수 있으므로 담고 있는 용기에 힘을 가할 수 있다. 구성단위 1개가 작용하는 힘은 미약하나 많은 수가 충돌하기 때문에 거시적인 크기로 나타나며 이를 압력이라고 부른다. 압력은 구성단위들이 용기의 면적 $1m^2$에 작용하는 힘의 평균값이다.

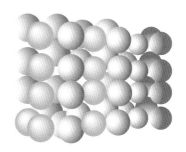

그림 6.2 결정 구조. 고체 상태에서 대부분의 물질은 구성단위가 규칙적으로 배열되는 결정 구조를 가지게 된다. 이러한 구조에는 여러 종류가 있다.

□ 비정질 고체

대부분의 물질은 충분히 냉각되면 결정 상태를 이루지만 그렇지 않은 물질도 있다. 예를 들어 겉보기에 유리나 엿은 결정으로 보이지만 사실은 그렇지 않다. 이들을 이루는 구성단위 사이의 거리에는 아무런 규칙이 없다.

용해와 분산

용해는 액체 상태인 물질에 고체 상태의 물질이 녹는 현상이며 이때 액체를 용매, 고체를 용질이라고 하며 용해의 결과로 만들어지는 물질을 용액이라고 한다.

용해는 용매 분자와 용질 입자 사이의 결합이 용질 분자 간의 결합보다 강할 경우 용매 분자들이 용질의 덩어리를 분자 단위로 분해하여 결합하는 현상이다. 예를 들어 염화나트륨(NaCl)을 물에 넣으면 Na^+이온은 물 분자 H_2O의 산소 쪽과 결합하고 Cl^- 이온은 수소 쪽과 결합하여 결정으로부터 분리된다. 그러나 모든 용매에 용질이 녹는 것은 아니다. 대체로 극성 분자는 극성 분자의 용매에, 비극성 분자는 비극성 분자의 용매에 잘 녹는다.

설탕물이나 소금물과 같은 경우 용질은 분자나 이온 단위로 균일하게 존재하며 크기도 1 nm[1] 이하이다. 그러나 고체, 액체, 기체 속에 분자 단위가 아니라 수십에서 수백 nm의 범위에 있는 비교적 큰 입자들이 섞여 있는 상태의 물질도 있으며 그러한 물질을 콜로이드(colloid)라고 한다. 콜로이드는 녹아 있는 입자들에 의해 빛이 산란하므로 투명하지 않다. 매우 큰 입자, 즉 1,000 nm 수준의 입자는 침전된다.

콜로이드의 경우 입자들이 액체나 기체 분자와 고르게 섞여 있다기보다는 큰 입자들이 군데군데 흩어져 있다는 의미에서 용해라는 표현 대신에 분산이라는 말을 사용한다. 예를 들면 비눗물은 물속에 비누 분자가, 연기는 공기 분자에 탄소와 같은 고체 입자가 분산되어 있는 콜로이드이다.

그림 6.3 **염화나트륨의 용해.** 물 분자의 산소는 부분적으로 음전하를 띠고 수소는 부분적으로 양전하를 띤다. 그러므로 음이온(염화 이온)은 물 분자의 양의 말단에 끌리게 되고 양이온(나트륨 이온)은 물 분자의 음의 말단에 끌리게 된다.

□ 졸과 겔

콜로이드 중에서 고체 입자가 액체 속에 잘 분산되어 전체가 액체로 되어 있는 것을 졸(sol)이라고 한다. 예를 들면 잉크, 먹물이 있다. 안개도 공기와 혼합된 액체 분자라는 의미에서 졸로 볼 수 있다. 이 경우를 에어로졸(areosol)이라고 한다. 한편 반고체의 콜로이드를 겔(gel)이라고 하며, 예를 들어 두부, 젤리, 달걀 프라이 등이 있다.

---

1) $1 nm = 10^{-9} m$

콜로이드의 물질 분자가 물과 잘 결합하는 경우에는 친수성 콜로이드라고 하며 그들은 물 분자에 둘러싸여 있다. 반면에 물과 결합하지 않는 물질이 녹은 경우에는 소수성 콜로이드라고 한다.

전기의 전도

양자역학에 의하면 물질에는 원자 내 전자 중의 일부로서 전기 전도를 일으킬 수 있는 전자인 전도 전자가 존재한다. 그런데 물질에 따라서 이 전도 전자의 수가 많은 것이 있고 적은 것이 있다. 전도 전자의 수가 많으면 전기 전도가 잘 일어나며 이러한 물질을 전기의 도체라고 한다. 예를 들면 금속이 있다. 반면에 전기의 부도체에는 전도 전자의 수가 적으므로 전기 전도가 잘 일어나지 않는다. 예를 들면 도자기가 그러하다.

반도체에 있는 전도 전자의 수는 도체와 부도체의 중간 정도이므로 도체와 부도체의 중간 정도의 전기 전도가 일어난다. 예를 들면 규소와 게르마늄이 있다.

전도 전자는 전기장에 의해 가속운동을 하다가 물질 내 원자와 충돌하게 된다. 이 충돌 과정에서 전자는 지금까지 가속으로 얻은 운동 에너지의 거의 전부를 잃게 된다. 이 에너지는 원자의 열적 운동, 즉 내부 에너지로 변환된다. 그 후 전자는 다른 원자와 충돌할 때까지 또 다시 가속된다. 전자와 구성 원자 사이에 이러한 충돌이 잦으면 전기 저항이 크다고 하며 이 물질에 전류가 흐르면 열이 많이 발생한다. 도체는 전기 저항이 작은 물질이고 부도체는 전기 저항이 큰 물질이다.

일부 물질은 어떤 온도 이하에서 전기 저항이 전혀 없는, 이른바 초전도 현상을 일으킨다. 예를 들면 수은은 4.15 K에서 초전도체가 된다. 물론 그 이상의 온도에서는 수은은 보통의 도체와 같이 행동한다.

□ **초전도체의 이용**

초전도체에는 전기저항이 없기 때문에 작은 전압에도 무한에 가까운 전류가 흐를 뿐만 아니라 이론적으로는 한번 전류가 흐르기 시작하면 전원을 끊어도 그 전류가 영원히 없어지지 않는다. 초전도체를 이용하면 손실 없이 송전할 수 있으며 전기 동력기의 효율을 크게 개선할 수 있게 된다. 그러나 현재까지 알려진 바로는 물질에 따라 다르지만 초전도 현상이 극저온에서만 가능하기 때문에 실제의 응용에는 제한이 있게 된다. 높은 온도에서 초전도 현상이 일어나는 물질을 계속하여 개발하고 있기 때문에 일상생활에 곧 이용될 것이라고 생각된다.

열의 전도

열의 전도는 물질의 구성단위가 가지고 있는 운동 에너지가 다른 구성 단위로 전달되는 현상이다.

기체의 열전도는 본질적으로 높은 운동 에너지를 가진 구성단위의 확산, 즉 퍼짐에 의한다. 가령 방 한 구석의 온도가 높으면 그 곳에 있는 기체 분자의 평균 속도가 다른 곳에 비해 높다. 이러한 분자는 방의 다른 곳으로 이동하여 골고루 섞이게 된다. 따라서 방 전체의 온도가 조금 올라가게 된다.

기체는 열의 전도에 있어서는 비교적 불량하다. 즉 기체는 열의 절연체에 가깝다. 털옷을 입으면 따뜻하게 느껴지는 이유는 털과 털 사이의 공간이 이와 같은 열의 절연체인 공기로 가득 차 있기 때문이다.

고체 상태의 물질은 구성단위들 사이의 거리가 고정되어 있으므로 고체의 열전도는 한 구성단위의 진동이 다른 단위로 전파되는 현상이다. 이것이 가능한 이유는 구성단위들 사이에 결합력이 존재하기 때문이다. 그러나 금속에서는 구성단위인 금속 원자끼리의 상호작용에 의한 열의 전도보다는 금속 내의 전자가 마치 기체 분자와 같이 확산하기 때문에 일어나는 열의 전도 효과가 더 크다. 이런 이유로 금속은 열의 도체로 나타난다.

6.2 화학 반응

물질의 물리적 변화와는 달리 화학적 변화는 원자 수준에서 일어나는 보다 본질적인 수준에서의 변화이다. 그러한 과정을 화학 반응이라고 하며 화학 반응에 의해 기존 물질의 소멸 및 성질이 다른 새로운 물질의 생성이 일어난다. 화학 반응은 원자 간의 결합이나 분해와 같은 미시적 세계에서 일어나는 것이기 때문에 원자의 성질에 대한 이해가 필요하다.

화학 반응식

화학 반응은 원자나 분자가 결합하거나 분해하는 과정으로서 반응 전의 물질을 반응물, 반응 후 생성되는 물질을 생성물이라고 하며 그 과정을 기호로 나타낸 것이 화학 반응식이다. 예를 들어 수소와 산소가 반응하여 물 분자가 생성되는 화학 반응식은 $2H_2 + O_2 \rightarrow 2H_2O$이다. 여기서 수소 기체와 산소 기체가 반응물이고 물이 생성물이다.

화학 반응은 반응물의 입자들이 충돌하여 전기적 상호 작용에 의해서

표 6.2 기와 이름

기	이름	기	이름
NH_4^+	암모늄	SO_3^{2-}	아황산
OH^-	수산화	CO_3^{2-}	탄산
CN^-	사이언화	HCO_3^-	탄산수소
NO_3^-	질산	PO_4^{3-}	인산
NO_2^-	아질산	HPO_4^{2-}	인산수소
SO_4^{2-}	황산	MnO_4^-	과망간산

새로운 물질, 즉 생성물이 만들어지는 현상이나. 따라서 충돌의 횟수가 많고 충돌의 에너지가 클수록 쉽게 반응이 일어난다.

화학 반응에서 여러 개의 원자로 구성된 원자가 집단으로 이동하는 경우가 있다. 이러한 원자단을 기라고 하며 1개의 이온으로 행동한다. 예를 들어 수산화나트륨(NaOH)을 물에 녹이면 나트륨 이온(Na^+)과 수산화 이온(OH^-)이 생성된다. 이때 수산화 이온은 기이다. 이와 유사하게 질산구리($Cu(NO_3)_2$)를 물에 녹이면 구리 2가 이온(Cu^{2+})과 2개의 질산 이온(NO_3^-)이 생성되는데 질산 이온은 기이다. 이들 원자단은 화학 반응에서 단체로 행동하는데 그 이유는 그러한 상태로 존재하는 것이 보다 안정하며 이를 분해하기 위해서는 에너지를 공급해야 하기 때문이다.

화학 반응과 열

화학 반응에 의해 열을 방출하면 발열 반응, 열을 흡수하면 흡열 반응이라고 한다. 예를 들면 글루코오스(glucose) 1몰이 산소 6몰에 의해서 완전히 연소하는 반응 $C_6H_{12}O_6 + 6O_2 \rightarrow 6CO_2 + 6H_2O$ 에서 2,820kJ의 열이 발생한다.

□ 몰

1몰(mole)은 입자 개수의 단위로서 6.022×10^{22}개를 말한다.

반응에서 열의 출입은 모두 에너지 보존 법칙으로 설명이 가능하다. 즉 발열 반응이란 생성물의 에너지가 반응물의 에너지보다 작기 때문에 그 차이만큼 에너지를 방출하는 현상이고 흡열 반응이란 반대로 생성물의 에너지가 반응물의 에너지보다 더 크기 때문에, 반응이 일어나기 위해서는 그 차이만큼 외부로부터 에너지를 흡수하는 현상인 것이다.

반응에서 관찰되는 열을 엔탈피(enthalpy)라고 하는 에너지의 변화로 설명한다. 엔탈피는 간단히 말하자면 물질이 가진 에너지의 총량이다. 그러나 물질의 에너지는 다양한 형태로 분포되어 있으므로 그 총량을 구하기는 쉽지 않다. 대신에 반응 전후에 일어나는 엔탈피의 변화량을 알 수는 있다. 열역학 제1법칙을 이용하면 엔탈피의 변화량은 출입하는 열과 압력의 변화 때문에 발생하는 일의 합으로 주어진다. 그런데 대부분의 화학 반응은 압력이 일정한 상태에서 진행된다. 그런 경우 일은 발생하지 않으므로 엔탈피의 변화량은 반응에서 출입하는 열과 같다. 이 열은 측정할 수 있으므로 엔탈피의 변화량이 측정 가능해 지는 것이다. 발열 반응에서는 엔탈피가 감소하고 흡열 반응에서는 증가한다. 위의 글루코오스의 연소 과정에서는 반응물의 총 엔탈피가 감소한 것이다.

반응 속도

어떤 화학 반응이라도 순간적으로 일어나는 것은 없으며 최종 상태가 되기까지 시간이 걸린다. 이렇게 반응에 걸리는 시간에 의해 반응 속도가 정의된다. 즉 반응 속도는 단위 시간당 반응의 정도이다. 실제의 반응은 처음에는 빠르게 일어나지만 최종 상태에 가까워질수록 천천히 일어난다.

발열 반응은 엔탈피의 변화가 음인 경우이며 생성물의 에너지가 반응물보다 작다. 따라서 반응이 자발적으로 일어날 것으로 생각된다. 그럼에도 불구하고 반응이 일어나지 않는 경우가 있다. 이러한 현상이 발생하는 이유는 반응이 진행되는 도중에 엔탈피가 높아지는 과정이 포함되어 있기 때문이다. 미시적 규모에서 보면 반응물의 입자들은 서로 충돌하여 먼저 기존의 결합을 푸는 과정이 필요하며 이 과정에서 여분의 에너지가 필요한 것이다. 여분의 에너지를 보충해주는 방법으로는 온도를 높여 반응물 입자들의 충돌 속도를 높이는 것이 있다. 따라서 온도를 올리면 반응 속도가 증가하게 된다. 예를 들면 메테인과 산소를 혼합한 기체는 상온에서는 반응이 일어나지 않지만 불을 가져가면 연소한다.

그림 6.4 촉매 전환기. 자동차의 배기관 중간에 있는 장치로 배기가스 중에서 완전히 산화되지 않은 기체 성분을 산화시키는 과정에서 촉매 작용을 하여 오염 물질의 배출을 줄인다.

반응 속도는 반응물의 농도와 표면적에 따라 증가하는데 그것은 반응물 입자들의 충돌 회수가 많아지기 때문이다. 예를 들면 큰 덩어리의 숯보다 작은 덩어리가 더 잘 탄다.

반응 속도는 촉매에 의해 증가한다. 촉매는 자신은 변하지 않고 반응 속도만을 증가시켜주는 물질이다. 예를 들면 과산화수소수를 상처에 바르면 거품이 잘 나는 것은 피 속의 철 성분이 과산화수소수의 분해에 촉매로 작용하기 때문이다. 촉매에 의해 반응 속도가 증가하는 이유는 반응 중간에 필요한 엔탈피의 증가량을 감소시키기 때문이다.

산과 염기

산(acid)과 염기(base)에 대한 정의는 1887년 최초로 아레니우스가 내렸으나 현재에는 주로 브뢴스테드–로우리(Bronsted-Lowry)의 정의에 따른다. 즉 산은 수소 이온(H^+)를 줄 수 있는 물질을, 염기는 수소 이온을 받을 수 있는 물질을 말한다. 예를 들어 염화수소(HCl)와 암모니아(NH_3)의 반응 $NH_3 + HCl \rightarrow NH_4^+ + Cl^-$에서 염화수소는 수소 이온을 내었고 이를 NH_3가 받았다. 따라서 염화수소는 산이고 암모니아는 염기이다. 이에 따라 염산(HCl), 황산(H_2SO_4), 질산(HNO_3), 탄산(H_2CO_3), 아세트산(CH_3COOH) 등은 산으로, 수산화나트륨(NaOH), 수산화칼륨(KOH), 암모니아(NH_3) 등은 염기로 분류된다.

산은 대체로 수용액 중에서 수소 이온을, 염기는 수산화 이온을 낸다. 산과 염기의 세기의 정도는 이들 이온의 농도가 결정한다.

□ H⁺ 이온

실제로는 수소 이온은 물 분자와 결합하여 옥소늄 이온(H_3O^+)의 형태로 존재하는 것으로 알려져 있지만 편의상 수소 이온으로 표시한다.

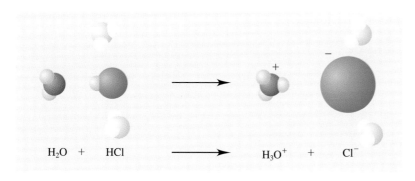

H_2O + HCl H_3O^+ + Cl^-

그림 6.5 염화수소의 이온화. 염산(HCl)은 물과 반응하여 옥소늄 이온과 염화 이온을 형성한다.

표 6.3 강산과 약산

	산	분자식	용 도
강산	황산	H_2SO_4	비료
	질산	HNO_3	비료
	염산	HCl	염소를 포함하는 물질
약산	아세트산	CH_3COOH	식초
	탄산	H_2CO_3	탄산음료
	타타르산	$C_4H_6O_6$	탄산음료, 베이킹파우더, 산미료
	인산	H_3PO_4	세정제, 비료, 플라스틱, 식품 첨가제

　　수용액에서 산 혹은 염기의 농도를 증가시키면 각각 수소 이온과 수산화 이온의 농도가 증가한다. 그러나 이 증가에는 한도가 있다. 이 한도가 높은 산과 염기를 각각 강산과 강염기라고 하며 낮은 것을 약산과 약염기라고 한다. 예를 들어 염산과 수산화나트륨은 각각 강산과 강염기이나, 아세트산과 암모니아는 각각 약산과 약염기이다.

　　순수한 물도 약간 이온화하며 그 이온화 반응은 $H_2O \leftrightarrow H^+ + OH^-$와 같다. 물에 산이나 염기를 녹이면 수소 이온과 수산화 이온의 농도가 변화한다. 실제로는 수용액 내 수소 이온의 농도가 증가하면 수산화 이온의 농도가 감소한다. 따라서 수소 이온의 농도로서 산의 세기는 물론이고 산인지 염기인지 표시도 가능해진다. 이를 위해서 수소 이온의 농도를 상용 대수로 취한 다음 부호를 양으로 바꾼 값을 pH라고 한다.

□ pH 계산식

pH $= -\log [H^+]$로 정의한다. 여기서 $[H^+]$는 H^+의 농도이다.

　　pH의 계산 과정에서 수소 이온 농도의 대수의 절댓값을 취했기 때문에 수소 이온의 농도가 증가하면, 즉 강산일수록 pH가 낮아진다. 25°C의 물의 경우 pH가 7이며 이를 중성이라고 정의한다. pH가 이보다 낮으면 산,

□ 제산제

　　위액은 H^+ 이온과 염화 이온 Cl^-에 의한 강산이며 이를 위산이라고 한다. 위산이 불필요하게 많이 분비되면 속이 쓰리며 이 위산을 중화하기 위하여 제산제를 복용하는데 제산제의 주성분은 탄산수소나트륨($NaHCO_3$), 수산화마그네슘($Mg(OH)_2$), 수산화알루미늄($Al(OH)_3$) 등이다. 이들은 약염기이며 위에서 위산과 중화 반응을 한다.

높으면 염기라고 한다. 예를 들어 위산은 pH가 0.9~1.5인 강산이다.

산과 염기가 반응하면 산성과 염기성이 모두 사라지고 염(salt)과 물이 생성된다. 이를 중화라고 한다. 여기서 염은 대체로 금속과 비금속 원자단의 결합체로서 반응물에 따라 다르다. 예를 들면 중화 반응 $HCl + NaOH \rightarrow NaCl + H_2O$에서 생성된 염은 염화나트륨이다. 결국 중화라는 것은 산의 H^+ 이온과 염기의 OH^- 이온을 결합시켜 물로 만드는 과정이다.

산화와 환원

원자가 전자를 잃는 현상을 산화라고 하며 반대인 경우를 환원이라고 한다. 예를 들면 철이 녹슬어 붉은 색으로 변하는 반응 $4Fe + 3O_2 \rightarrow 2Fe_2O_3$에서 철은 전자를 산소에게 주므로 산화되었다고 하며 반대로 산소는 전자를 얻어 환원되었다고 한다. 전하량은 보존되기 때문에 한 반응에서 산화와 환원은 동시에 일어난다.

대체로 한 물질이 산소와 결합하는 현상을 산화라고 하며 그 역반응을 환원이라고 한다. 예를 들어 수소가 산소와 결합하여 물이 되는 것은 수소의 산화이고 반대로 물을 수소와 산소로 분해하면 수소가 환원된 것이다.

화학 반응과 전기

금속의 이온화 에너지는 서로 다르기 때문에 만일 금속 이온이 존재하는 수용액에 다른 금속을 담그면 이온화의 측면에서 서로 경쟁한다. 이온화 에너지가 낮다는 것은 쉽게 이온화하는 것을 의미하기 때문에, 수용액 속에 이미 이온으로 존재하는 금속의 이온화 에너지가 나중에 담근 금속의 이온화 에너지보다 작으면 나중에 담근 금속은 이온화할 수 없게 된다. 그러나 반대의 경우에는 담근 금속이 이온화하여 녹아 들어가고 대신에 기존의 금속 이온은 금속으로 석출된다. 예를 들어 황산구리($CuSO_4$) 수용액에 아연판을 담그면 $Zn + Cu^{2+} \rightarrow Zn^{2+} + Cu$ 의 반응에 의해 구리가 아연판에 석출된다.

이온화 에너지에 의한 이러한 설명도 사실은 산화와 환원 반응의 범주 안에 넣을 수 있다. 즉 아연은 전자를 잃어서 산화되었고 구리 이온은 그 전자를 얻어 구리로 되었기 때문에 환원된 것이다. 다시 말하자면 이온화 에너지가 낮은 쪽이 산화되고 높은 쪽이 환원된 것이다.

금속의 이러한 이온화 에너지의 차이를 이용하면 전지를 만들 수 있다. 예를 들어 묽은 황산 용액에 아연판과 구리판을 넣고 두 금속판 사이를 도

그림 6.6 구리와 아연의 이온화 에너지. 금속 아연판을 황산구리 용액에 넣으면 아연은 아연 이온(Zn^{2+})으로 산화되고, 구리 이온은 구리 금속으로 환원된다. 석출된 금속 구리는 비커 밑바닥에 가라앉는다. 구리 이온에 의한 파란색이 많이 없어졌으며, 아연 금속판은 녹았기 때문에 크기가 조금 작아진 것을 볼 수 있다. 이러한 현상은 아연보다 구리의 이온화 에너지가 크기 때문에 발생한다.

선으로 연결하면 구리판으로부터 아연판으로 전류가 흐른다. 이것은 수용액 속에서 수소 이온의 형태로 존재하는 수소보다 아연의 이온화 에너지가 더 작으므로 아연은 전자를 잃어 산화되기 때문이다. 즉 아연은 이온으로 되어 물속으로 녹아들어 가며 아연판에 전자를 남긴다. 전자는 도선을 통해 구리판으로 가서 수소 이온을 수소로 만들어 기체로 발생하도록 한다. 이 전지를 볼타 전지(Voltaic cell)라고 하며 볼타가 발명하였다.

이와 같이 물질의 산화와 환원 반응을 이용하여 만든 전지를 화학 전지라고 하며 볼타 전지도 그 중의 한 가지이다. 화학 전지에는 양극과 음극으로 작용하는 물질뿐만 아니라 이온의 이동을 위한 전해질(electrolyte)이 필요하다. 볼타 전지의 경우 전해질은 묽은 황산 용액이다. 화학 전지의 양극과 음극 사이에 발생하는 전압은 전극으로 사용한 금속의 이온화 에너지에 따라 다르며 볼타 전지의 경우에는 약 1.1V이다.

□ **전해질과 비전해질**

물에 녹아 수용액이 되었을 때 이온이 형성되는 물질이 전해질이고 그렇지 않은 물질이 비전해질(nonelectrolyte)이다. 예를 들어 염화나트륨은 전해질이고 설탕은 비전해질이다.

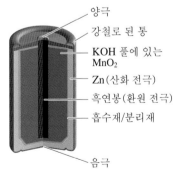

양극
강철로 된 통
KOH 풀에 있는 MnO_2
Zn (산화 전극)
흑연봉(환원 전극)
흡수재/분리재
음극

그림 6.7 알칼리 전지. 전해질을 수산화칼륨으로 하여 보다 안정적으로 전압을 발생하는 화학 전지이다.

여러 종류의 화학 전지가 개발되어 사용되고 있으나 작동 원리는 모두 동일하다. 예를 들어 일반 건전지는 염화암모늄(NH_4Cl)용액을 전해질로, 탄소를 양극으로, 아연을 음극으로 사용하고 있으며 발생하는 전압은 약 1.5V이다.

일반 건전지는 사용 중에 발생한 암모니아가 탄소 막대를 둘러싸서 이온의 이동을 방해하기 때문에 사용 중에 전압이 떨어진다. 이러한 단점을 개선한 것이 알칼리 전지(alkaline dry cell)이며 전해질로서 수산화칼륨 (KOH)를 사용한다. 그 외에도 손목시계나 계산기 등에 사용하는 전지 전압이 오랫 동안 일정한 수은 전지 등이 있다.

화학 전지를 계속 사용하면 전해질이 변하고 음극으로 사용한 금속이 점점 없어져 수명이 다하게 된다. 이러한 전지를 1차 전지라고 한다. 그러나 반대 방향으로 외부에서 전압을 걸어주어 전해질과 음극의 상태를 원래대로 회복할 수 있게 한 화학 전지도 있으며 이를 2차 전지라고 한다. 2차 전지로는 자동차용 납축전지와 휴대 전화, 노트북 등의 전자 제품에 사용되는 니켈-카드뮴 전지, 리튬-이온 전지 등이 있다.

화학 전지와는 달리 외부의 전원을 이용하여 비자발적인 산화 및 환원 반응을 일으키는 것을 전기 분해라고 한다. 예를 들어 물속에 금속의 전극을 담고 전원을 연결하면 전원의 음극에서는 물이 전자를 받아 환원되고 양극에서는 전자를 잃어 산화된다. 결과적으로 음극에서는 수소가, 양극에서는 산소가 발생한다.

전기 분해는 불순물이 섞인 구리나 알루미늄으로부터 순수한 구리나 알루미늄을 얻는 과정인 제련에 이용된다. 구리나 철제품에 금, 은과 같은 귀금속을 입히는 전기 도금도 전기 분해와 같은 과정에 의해서 일어나는 것이다.

6.3 핵반응

라드포드(Ernest Rutherford, 1871~1937)의 실험에 의하면 원자의 내부에는 원자 전체의 크기에 비해 극히 미미한 크기의 원자핵이 존재한다는 사실이 밝혀졌다. 실제로 원자의 크기도 매우 작지만 원자핵은 더 작아서, 원자의 백만 분의 1정도 밖에 되지 않는다. 원자의 크기를 제주도 정도라고 하면 원자핵은 탁구공에 비유할 수 있을 정도로 매우 작은 크기가 된다. 그러나 원자핵은 원자 전체 질량의 대부분을 차지하고 있으며 그 내부에는 양성자와 중성자의 두 가지 구성단위가 존재한다. 이들 입자들 사이에는 일상적인 힘과는 차원이 다른 강한 힘뿐만 아니라 아주 미약한 힘이 작용하고 있으며 원자핵의 변화는 바로 이들 힘에 의한 것이다. 원자핵의 변화는 일상적으로 일어나는 자연의 변화와는 달리 원소 자체의 변화가 일어나는 현상이다.

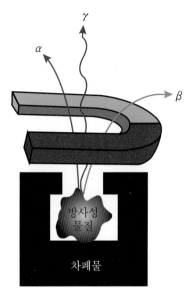

그림 6.8 방사성 붕괴. 방사성 원자핵은 스스로 붕괴하여 안정한 원자핵으로 변한다. 이 과정에서 알파선, 베타선, 감마선의 세 가지 중의 어느 한 가지를 방출하게 된다. 알파선은 헬륨의 원자핵으로서 무겁기 때문에 자기장에 의하여 덜 휘어지나 전자인 베타선은 많이 휘어진다. 휘어지는 방향은 서로 반대이다. 감마선은 전자기파이므로 자기장의 영향을 받지 않는다.

원자핵과 방사성 붕괴

원자핵에는 원자 번호를 결정하는 양성자와 별다른 역할을 하지 않는 듯이 보이는 중성자가 들어있다. 양성자는 전기를 띠고 있으므로 서로 전기적으로 반발한다. 뿐만 아니라 그들이 원자핵이라는 좁은 영역에 있으므로 반발력 또한 매우 강할 것이다. 따라서 원자핵은 본질적으로 불안정할 수밖에 없다. 그럼에도 원자핵이 산산조각 나지 않고 유지되는 이유는 양성자와 중성자들은 전기력보다 훨씬 강력한 강력을 작용하여 서로를 끌어당기기 때문이다. 특히 중성자는 전기력이 없이 강력만을 작용하기 때문에 보다 효율적으로 원자핵을 유지시켜 주는 역할을 하고 있다. 그렇다고 하더라도 원자핵 내에 중성자가 무한정 허용되는 것은 아니다. 너무 많은 중성자도 새로운 불안 요인을 형성하기 때문이다. 즉 한 원자핵이 안정적으로 존재할 수 있기 위해서는 적정 수의 중성자가 필요한 것이다. 따라서 한 원소의 동위 원소 중에서는 안정한 것이 있는 반면 불안정한 것이 있다. 예를 들어 탄소의 동위 원소 중에는 $^{12}_{6}C$가 가장 안정하고 $^{14}_{6}C$는 불안정하다.

중성자의 수가 적당하지 못한 원소에서는 원자핵이 저절로 붕괴하는 일이 발생한다. 즉 중성자 수가 적정치를 벗어난 불안정한 핵은 적정 중성자 수를 가진, 보다 안정한 핵으로 자발적으로 변화한다. 이 과정을 방사성 붕괴라고 한다. 여기서 방사성이라는 의미는 이 과정에서 입자 혹은 빛이 방출되기 때문이다.

방사성 붕괴의 종류에는 알파 붕괴(alpha decay), 베타 붕괴(beta decay), 감마 붕괴(gamma decay)가 있으며 이들 붕괴 과정 중에 방출되는 입자의 흐름 혹은 빛을 각각 알파선, 베타선, 감마선이라고 한다. 라드포드가 이렇게 이름을 비과학적으로 붙인 이유는 방사선의 본질을 잘 몰랐기 때문이다. 비슷한 예를 X선의 경우에도 볼 수 있다.

알파 붕괴는 불안정한 원자핵이 알파 입자를 방출하여 좀 더 작고 보다 안정한 원자핵으로 변화하는 과정이다. 알파 입자는 헬륨의 원자핵으로서 2개의 양성자와 2개의 중성자로 구성되어 있으므로 결코 가벼운 입자가 아니다. 그러므로 그러한 입자를 방출할 수 있는 핵은 이미 양성자와 중성자를 많이 가진 원자핵이다. 이런 이유로서 알파 붕괴는 대체로 원자 번호 83인 비스무스(bismuth)보다 무거운 원자핵에서만 일어난다.

알파 붕괴는 알파 입자의 터널 현상으로 설명된다. 즉 원자핵의 에너지 장벽 속에 갇혀 있던 알파 입자가 터널 현상에 의해서 탈출한다는 것이다. 에너지 장벽이 높기 때문에 이 확률은 매우 작으나 워낙 많은 수의 원자핵이 관련되어 있기 때문에 상당한 수의 알파 입자가 터널 현상을 일으킬 수

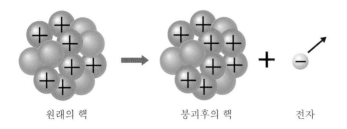

원래의 핵   붕괴후의 핵   전자

그림 6.9 **베타 붕괴**. 핵의 중성자가 양성자와 전자로 변하면서 전자가 외부로 방출되는 현상이다.

있게 된다.

알파 붕괴를 하면 원자핵으로부터 2개의 양성자가 감소하므로 원자핵의 원자 번호도 2만큼 감소한다. 예를 들어 $^{238}_{92}U \rightarrow ^{234}_{90}Th + ^{4}_{2}He$의 반응은 우라늄–238이 알파 붕괴를 거쳐 토륨–234로 변화하는 과정이다. $^{4}_{2}He$이 헬륨의 원자핵, 즉 알파 입자이고 그 흐름이 바로 알파선이다.

원자핵의 중성자가 너무 많으면 중성자가 양성자로 변화하는 경우가 있다. 이를 베타 붕괴라고 한다. 이때에는 전자가 방출되며 이 전자의 흐름을 베타선이라고 부른다. 베타 붕괴에 의해서는 중성자의 수가 1만큼 감소하는 대신에 양성자의 수가 1만큼 증가하므로 원자핵은 원자 번호가 1이 증가한 다른 원자핵으로 바뀌게 된다. 예를 들어 $^{14}_{6}C \rightarrow ^{14}_{7}N + e^{-} + \bar{\nu}_{e}$의 반응에서는 탄소의 동위 원소 $^{14}_{6}C$가 베타 붕괴 후 질소 $^{14}_{7}N$로 되었다. 이 반응에서는 전자 e^{-}와 중성미자 $\bar{\nu}_{e}$도 방출된다.

베타 붕괴에 관여하는 힘은 지금까지 소개한 여느 힘과는 다른 매우 약한 특성을 가지고 있으며 원자핵의 내부와 같은 특별한 곳에서만 일어난다. 이 힘이 바로 약력이다. 힘 자체가 약하므로 과정 자체도 잘 일어나지는 않으나 그래도 무시할 수 없는 없다.

알파 붕괴나 베타 붕괴의 결과 원자핵은 에너지가 평소보다는 높은, 이른바 들뜬 상태에 있게 된다. 이 상태는 불안정하기 때문에 에너지를 외부로 방출하고 보다 안정한 낮은 에너지의 상태로 변한다. 이때 방출된 에너지는 전자기파의 형태이며 파장이 매우 짧은 감마선이다. 베타선에 비해 감마선의 에너지가 훨씬 크기 때문에 파장이 짧아서 눈에 보이지는 않지만 투과력이 강하다. 방사성 물질에 의한 인체의 피해는 주로 감마선에 의한 것이다.

자연적으로 존재하는 방사성 원소로는 우라늄, 플루토늄, 라듐 등이 있다. 또한 방사능이 없는 원소를 인공적으로 방사성 원소로 만들 수 있다. 이를 위해서는 원래의 원소에 중성자를 쏘아 넣는 방법이 가장 흔한 기술이며 이때 중성자 수가 한 개 늘어난 동위 원소가 생성된다. 원래의 원소가 방사능을 띠지 않는다고 하더라도 이렇게 만들어진 동위 원소는 방사능을

그림 6.10 **마리 퀴리**. 방사성 물질에 대한 연구는 19세기 말에 활발히 진행되었으며 그 중심 인물로 퀴리(Curie) 부부를 들 수 있다. 그들은 방사능을 발견한 공로로 1903년 노벨상을 수상하였다. 퀴리 부인은 백혈병에 걸려 사망했는데 발병 원인은 방사선에 과다하게 노출되었기 때문으로 추정된다.

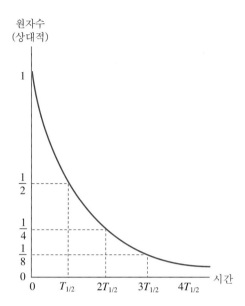

원자수
(상대적)

그림 6.11 **반감기.** 반감기는 방사성 물질의 양이 반으로 감소하는 데 걸리는 시간이다. 이 과정은 시작할 때의 양에 관계없는 일정한 상수이다.

띨 수 있다. 그것은 생성된 원소가 베타 붕괴를 거쳐 다른 원자핵으로 변할 수 있기 때문이다. 예를 들어 보통의 탄소인 $^{12}_{6}C$는 방사능을 띠지 않으나 중성자 수가 2개 더 많은 $^{14}_{6}C$는 방사능을 띤다.

방사성 원소는 자연적으로도 존재하기 때문에 인체는 인공적인 방사선이 아니더라도 항상 방사선에 노출되고 있다. 그중에서 라돈이라고 불리는 방사성 원소는 대기 중에도 떠돌아다니고 있으며 인간이 자연적으로 받게 되는 방사선 중의 절반 이상이 이것에 의한다. 인간이 1년 동안 자연적으로 받는 방사선의 양이 병원에서 사용되는 X선에 의한 1회의 방사선의 양에 비해 훨씬 많다고 한다.

방사성 원자핵의 붕괴는 확률적으로 일어난다. 즉 방사성 원자핵 1개가 1s 동안에 붕괴할 확률은 그 원자핵의 종류에 의해 결정된다. 그 때문에 방사성 물질은 붕괴로 인해 일정한 비율로 줄어들며 그 비율은 원자핵의 종류에 따라 다르다. 방사성 물질의 붕괴의 빠르기를 정량화한 것이 반감기이다. 반감기는 방사성 물질의 양이 처음의 반으로 줄어드는데 걸린 시간으로 그 물질의 고유한 상수이다. 예를 들면 라돈의 반감기는 3.82일, 우라늄은 45억 년, 토륨은 140억 년 등이다.

방사성 원소를 이용한 광물의 연대 측정은 지질학적 변천 과정의 조사와 생물의 진화 과정의 연구에 필수적이다. 이는 암석과 생물의 사체와 같은 시료에 존재하는 방사성 원소의 양과 그것이 붕괴하여서 생성된 안정한 원소의 상대적 비율을 측정하고 반감기를 감안하여 그 시료의 조성 연대를 추정하는 것이다. 암석의 연대를 통한 지구의 나이도 이와 같은 방법으로 측정할 수 있다.

식물의 경우는 탄소 동위 원소법을 널리 사용한다. 자연적으로 존재하는 탄소에는 방사성을 띠지 않는 것($^{12}_{6}C$)과 방사성을 띤 것($^{14}_{6}C$)이 일정한 비율로 포함되어 있다. 식물이 살아서 광합성을 할 때는 이들 동위 원소를 당시의 자연계에 존재하는 비율대로 이산화탄소의 형태로 흡수하지만 식물이 죽고 난 뒤는 더 이상 탄소를 흡수하지 않게 된다. 그러면 식물의 사체에 있는 $^{14}_{6}C$의 양은 반감기 5,730년으로 점점 감소하며 결과적으로 두 동위 원소의 비율이 살아 있는 식물에 비해서는 달라진다. 따라서 죽은 식물에서 두 동위 원소의 비를 측정해보면 그 식물의 사후 경과 시간을 알아낼 수 있게 된다. 식물을 먹고사는 동물에 대해서도 같은 방법을 사용할 수 있다. 이 방법으로 양피지에 쓰인 사해 문서[2]의 연대를 측정한 결과 약 1,950년 전의 것임이 밝혀지기도 했다.

의료용 방사선이라 함은 주로 X선을 일컫는 경우가 많으나, 고속으로 가속시킨 전자나 양성자의 흐름, 방사성 물질로부터 방출된 베타선이나 감마선을 의미하는 경우도 있다. X선은 주로 진단용으로 사용되지만 암 치료를 위해서도 사용된다. 이것은 방사선을 신체 외부로부터 쏘아서 암세포를 파괴하려는 것이다. 같은 목적으로 방사성 붕괴에서 방출된 방사선을 이용할 수도 있다. 예를 들어 갑상선 암에 반감기가 8일 정도인 요오드 동위 원소 $^{131}_{53}I$를 사용하는 치료법을 들 수 있다. 혈관을 통해 주입된 이 동위 원소는 갑상선에 축적되며, 방사성이 없어질 때까지 그곳에서 방사성 붕괴를 일으키면서 방출되는 베타선으로 암세포를 파괴한다. 그런데 어떠한 형태이건 방사선은 세포 파괴에서 선택적이 아니고 무차별적이라는 문제점도 가지고 있다. 즉 암세포뿐만 아니라 정상 세포도 파괴한다. 또한 방사선의 과다 피폭은 새로운 암을 유발시킬 수도 있다.

질병의 진단용으로 흔히 사용되는 기술인 컴퓨터 단층촬영(Computerized Tomography)에서는 X선을 이용하지만 방사성 붕괴의 베타선을 이용한 기술도 실용화되어 있다. 방사성 붕괴로부터 나온 양전자는 신체 내의 전자와 충돌하여 소멸하면서 두 줄기 감마선을 생성한다. 이 감마선을 검출하여 병소의 위치와 병의 경중을 판단하는 기술을 양전자 방출 단층촬영(Positron Emission Tomography)이라고 한다. 예를 들어 동위 원소 $^{15}_{8}O$를 혈관 속에 주입하면, 뇌 혈관에 문제가 있는 곳에 이 동위 원소의 밀도가 높아지며 방사성 붕괴 과정에서 생성된 양전자가 두 줄기의 감마선으로 변

---

2) 사해 문서(Dead sea scrolls)는 1947년에 사해 북서쪽 연안에 있는 동굴에서 발견된 고문서의 두루마리로서 구약성서의 가장 오래된 사본이다.

하게 되는데 서로 반대 방향으로 진행하는 이 감마선을 검출하여 환부를
찾아낼 수 있게 된다. 이 기술은 뇌졸중이나 뇌종양의 진단에 사용된다. 그
외에, 질병의 종류에 따라 $^{11}_{6}C$, $^{18}_{9}F$, $^{13}_{7}N$ 등의 동위 원소가 사용되기도 한
다. 이들의 공통적인 특성은 백여 분 이내의 짧은 반감기를 가지고 있어서
인체에 대한 피해를 최소한으로 줄일 수 있는 점이다. 이 기술의 개량형이
단일 광자 방출 단층촬영(Single Photon Emission Computed Tomography)
이다. 컴퓨터 단층촬영 기술로 신체의 해부학적 영상을 얻어낼 수 있는 반
면, 양전자 방출 단층촬영으로는 신체의 생리적, 생화학적 상태를 알아낼
수 있다. 예를 들어 뇌종양 환자에 대한 컴퓨터 단층촬영 결과로부터 종양
의 모양과 주변 조직과의 관계를 볼 수 있으며 단일 광자 방출 단층촬영을
통해서 방출되는 빛의 강도로부터는 종양의 악성도를 평가할 수 있다.

핵분열

핵분열은 무겁고 불안정한 핵이 보다 가볍고 안정한 핵으로 변화하는
과정으로서 과정 자체는 자연적인 방사성 붕괴와 유사한 점이 있지만 핵분
열은 중성자라는 입자와의 충돌에 의해 반응이 일어나고 크기가 현저히 다
른 새로운 핵들이 생성된다는 점에서 큰 차이가 있다. 즉 어떤 원자핵에 중
성자를 충돌시키면 표적핵이 매우 불안정한 상태로 되고 곧이어 둘 이상의
핵으로 쪼개지는 현상이 핵분열이다. 예를 들어 핵발전소의 원자로에서 일
어나는 반응인 $^{235}_{92}U + ^{1}_{0}n \rightarrow ^{144}_{56}Ba + ^{89}_{36}Kr + 3^{1}_{0}n$이 있다. 이 반응에서는
우라늄-235($^{235}_{92}U$)가 중성자와 충돌 후 불안정해져서 바륨-144($^{144}_{56}Ba$)와

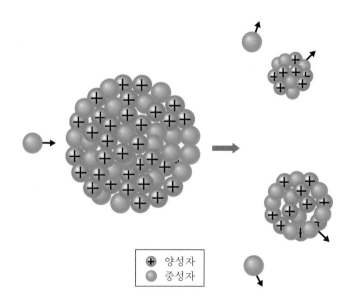

그림 6.12 **핵분열.** 외부로부터 오는 중성자를 흡수한 원자핵이 불안정해져서 몇 개의 작은 원자핵으로 분열하는 현상으로 이 과정에서 막대한 에너지가 방출된다.

+ 양성자
● 중성자

크립톤-89($^{89}_{36}$Kr) 및 3개의 중성자 ($^1_0$n)로 분열하였다.

핵분열 과정에서는 새로이 생성된 핵과 중성자가 대단히 운동 에너지를 가지고 있다. 이 에너지는 핵분열 과정에서 원래의 질량이 감소하기 때문에 발생하는 것이며 연소와 같은 화학적 변화 과정에서 나오는 에너지의 백만 배 정도의 크기를 가지고 있다. 핵발전소에는 바로 이 에너지를 이용하여 전력을 생산한다. 핵발전소에서는 주로 순도가 높은 우라늄-235 ($^{235}_{92}$U)을 핵연료로 사용하고 있다.

핵분열을 할 수 있는 물질이 고농도로 농축되어 있으면 앞선 핵분열에서 생성된 중성자가 다른 원자핵과 충돌하여 여러 개의 2차 핵분열을 일으키고 이들로부터 생성된 중성자가 또다시 다음 핵분열을 일으켜서 핵분열이 걷잡을 수 없이 순식간에 일어나는, 이른 바 연쇄 반응이 일어난다. 따라서 핵분열에 의한 에너지를 이용하기 위한 시설인 원자로에서는 핵분열에서 발생하는 중성자를 흡수해서 반응 속도를 조절하기 위한 장치를 필요로 한다. 이러한 목적으로 사용되는 물질로는 카드뮴이 있다.

핵분열은 느린 중성자에 의해서 잘 일어나므로 때로는 반응을 빠르게 하기 위해서 중성자의 속도를 느리게 해 주는 물질인 감속재를 사용할 필요가 있다. 이런 목적으로 경수(light water)나 중수(heavy water)[3]가 사용되며 어떤 감속재를 사용하였느냐에 따라 원자로가 경수로 혹은 중수로로 불린다.

핵연료의 연쇄 반응을 제한하지 않고 한꺼번에 핵분열이 일어나게 허용하면 핵폭탄이 된다. 즉 핵폭탄의 위력은 바로 핵연료의 연쇄 반응에 의한 것이다. 고농도로 농축된 핵연료가 일시에 핵분열을 일으켜서 주위에 막대

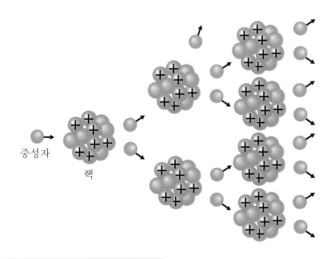

중성자

핵

그림 6.13 **연쇄 반응.** 한 개의 원자핵이 분열할 때 방출되는 여러 개의 중성자가 여러 개의 핵을 분열시킨다. 이와 같은 연쇄 반응이 되풀이되면 한꺼번에 많은 수의 핵분열이 일어난다.

---

3) 경수는 일반적인 물이다. 즉, 물분자의 수소가 일반 수소인 물이다. 반면에 중수는 중수소로 만들어진 물분자로 된 물이다.

□ **핵발전소의 문제**

  최초의 핵발전소가 1951년 미국의 아이다호 주에 세워진 이래 전 세계적으로 수백 기의 발전소가 건립되었으며 안전 문제가 계속 대두되어 왔다. 그 중에서 1986년 구소련의 체르노빌(chernobyl) 핵발전소의 사고는 심각한 방사능 오염을 일으킨 것으로 유명하다. 당시 그 발전소의 발전 능력은 1,000 MW 급으로 수백만 가정에 전력을 공급할 수 있었을 정도로 대규모였다. 따라서 상당한 양의 핵물질을 연료로 사용하고 있었음이 분명하고 사고에 의한 방사능 피해도 그만큼 컸을 것으로 추측된다.

  핵발전소의 가장 큰 관심거리는 원자로 내부의 온도를 일정하게 해주는 냉각 장치이며 이를 정상적으로 통제하는 것이 방사능 누출 사고를 막는 길이다. 냉각 장치의 문제는 원자로의 과열과 파괴 및 방사능에 오염된 고압의 수증기 방출로 이어지는 핵사고가 된다. 또한 핵발전소에는 방사성 폐기물이 배출되며 문제는 이들의 반감기가 매우 길어 쉽사리 방사능을 잃지 않는데 있다. 방사성 폐기물은 지하수가 없는 지하에 묻는 것이 가장 안전한 것으로 알려져 있다.

한 열과 다량의 방사성 물질을 생산하는 것이다. 그런데 핵폭탄의 인간에 대한 피해는 열보다는 투과력이 강한 감마선에 의한 것이 더 크다고 한다. 또한 폭발 후에도 지상과 대기에는 붕괴 후에 생성된 다른 방사성 물질이 남게 되어 두고두고 피해가 발생하게 된다.

핵융합

  무거운 핵이 둘 이상의 가벼운 핵으로 변화하는 과정인 핵분열과는 정반대 방향으로 진행하는 핵의 변환 과정도 있다. 예를 들면 여러 개의 수소 원자핵이 결합하여 1개의 헬륨의 원자핵으로 변환되는 과정이 가능하다. 이와 같이 가벼운 원자핵이 무거운 원자핵으로 변화하는 과정을 핵융합이라고 한다. 이 과정에서도 질량 감소로 인한 에너지가 방출되며 핵분열에 의한 에너지보다 수십 배 더 크다. 따라서 핵융합 과정을 이용하면 기존의 핵분열을 이용한 핵발전소보다 더 큰 출력을 얻을 수 있을 것으로 생각되지만 핵융합 자체가 자연적인 상황에서는 일어나지는 않고 극도의 고온·고밀도 상태에서만 가능하다는 데 문제가 있다. 이런 극한적인 분위기를 인공적으로 만들기는 매우 어렵기 때문에 핵융합 반응을 이용한 발전소가 아직 실현되지 않고 있는 것이다. 유일하게 핵융합을 실제적인 목적에 사용한 것이 바로 수소폭탄이다. 수소폭탄은 일시에 모든 수소를 결합시켜 헬륨을 만드는 과정에서 방출하는 에너지로 살상과 파괴를 한다. 이때 기폭제로서 핵폭탄, 즉 핵분열을 이용한 에너지를 사용하고 있다.

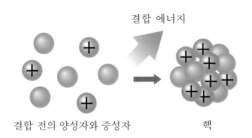

결합 에너지

결합 전의 양성자와 중성자　　　　핵

그림 6.14 **핵융합.** 일반적으로 핵융합은 여러 개의 가벼운 핵이 한 개의 무거운 핵을 합성하는 과정이다. 이 과정에서 반응 후의 질량이 감소하기 때문에 막대한 에너지가 방출된다. 수소로부터는 헬륨이 합성될 수 있다.

　핵융합 과정은 별의 내부와 같이 매우 뜨겁고 압력이 높은 곳에서는 잘 일어난다. 실제로 대부분의 별의 에너지는 핵융합 과정에서 생산된다. 예를 들면 태양에서는 주 연료인 수소를 사용하여 헬륨을 생성하는 핵융합 반응이 1초에 10^{38}회 정도 일어나고 있다.

　별들이 연료인 수소를 모두 소비하고 헬륨이 축적되면 중력에 의해 자꾸 수축되고 내부 온도가 1억 K 이상 올라가게 된다. 이런 온도에서는 헬륨이 융합하여 탄소가 생성되는 반응이 일어난다. 이보다 더 무겁고 뜨거운 별 내부에서는 더 무거운 원소들이 차례로 융합되며 태양보다 10배 정도 무거운 별에서는 철이 만들어진다. 철의 원자핵은 원소 중에서 가장 안정한 것으로 철이 저절로 분열하거나 더 무거운 원소로 융합되는 일은 일어나지 않는다.

　철보다 무거운 원소는 핵융합이 아닌 중성자 포획[4]이라는 방법에 의해 생성된다. 이것은 무거운 별이 연료를 모두 소모한 뒤에 폭발하는 단계인 초신성에서 발생하는 대량의 중성자를 철이 흡수하여 일어나는 반응이다. 결국 초신성은 폭발하면서 무거운 원소들을 만들고 그때까지 만든 원소를 우주로 흩뿌려서 새로운 별과 행성을 만드는 재료로 사용되게 한다.

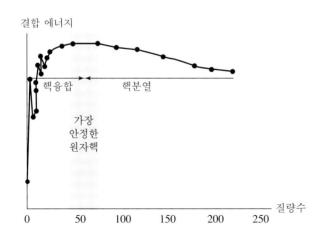

결합 에너지

핵융합　　　핵분열

가장
안정한
원자핵

질량수

0　　50　　100　　150　　200　　250

그림 6.15 **핵의 결합 에너지.** 결합 에너지는 클수록 안정하기 때문에 중간에 있는 철의 원자핵이 가장 안정하다. 따라서 철보다 가벼운 원자핵이 융합하여 무거운 원자핵이 되거나 반대로 무거운 원자핵이 분열하여 가벼운 원자핵이 되어도 에너지가 방출된다.

---

4) 다수의 중성자가 철의 원자핵과 충돌하여 흡수된 직후 베타 붕괴를 통해 중성자가 양성자로 변하여 다른 안정한 핵으로 변화는 과정

원자핵의 역할과 새로운 연금술

원자핵은 단순히 전자의 음전기를 중화시켜 원자 전체를 중성으로 만들어 주는 역할만 하고 있다고 보는 것은 너무 경솔한 판단이다. 원소의 화학적인 성질을 결정하고 일상생활에서 흔히 경험하는 자연 변화를 일으키는 것은 원자 내의 전자이지만 우주 규모로 보면 그 역할은 극히 미미한 수준에 지나지 않는다. 반면에 핵분열과 핵융합을 통해 우주를 대규모로 변화시키는 것은 바로 원자핵의 역할이며 그러한 과정에서 발생한 에너지가 우주를 따뜻하게 만들고 있다.

자연적인 방사성 붕괴에 의한 원자핵의 변환도 원자의 변환이지만 핵분열이나 핵융합 과정에서는 성질이 매우 다른 새로운 원자들이 탄생한다. 근본적으로는 불안정한 원자핵이 보다 더 안정한 원자핵으로 변환하는 과정이지만 물질이 변환되는 현상임을 주목할 필요가 있다. 넓은 의미에서 보면 방사성 붕괴, 핵분열, 핵융합에 의한 물질의 변화도 연금술의 일종인 것이다. 비록 고대의 연금술사들이 추구한 연금술은 아니지만 그래도 현대인들은 새로운 개념의 연금술에 성공한 셈이다.

참고문헌

1. R. Petrucci(대학교재편찬위원회 역), 일반화학, 대영사
2. D. Oxtoby et al.(일반화학 교재편찬위원회 역), 현대 일반화학, 자유아카데미
3. W. Masterton et al.(일반화학 교재연구회 역), 일반화학, 자유아카데미
4. P. Kelter et al.(화학교재편찬위원회 역), 화학의 기초, 북스힐
5. 김희준 외, 화학 Ⅱ, 천재교육
6. 우규환 외, 화학 Ⅱ, 중앙교육진흥연구소
7. 서정쌍 외, 화학 Ⅱ, 금성출판사

탄소 화합물의 세계

탄소 화합물은 생물의 기초 물질일 뿐만 아니라 일상생활에서 다양한 형태로 사용되고 있는 물질로서 주로 석유로부터 생산되고 있다.

7.1 탄소와 탄소 화합물

탄소는 비교적 다양한 화학적 성질을 가지고 있는 원소 중의 하나이고 탄소 화합물은 탄소 원자와 다른 원자들이 공유 결합을 통해 만들어진 화합물이다. 그러한 물질로 이산화탄소, 탄수화물, 단백질, DNA, RNA, 메테인, 휘발유, 식용유, 고무, 플라스틱 등 수없이 많은 종류가 있으며 생명 현상은 이 탄소 화합물에 기반을 두고 있다.

원소 탄소

자연에서 순수한 탄소는 흑연과 다이아몬드의 2가지의 서로 다른 결정 형태로 존재한다. 코크스(cokes), 숯, 그을음 등을 비결정성 탄소라고 하는데, 따지자면 이들은 흑연 결정의 미세 분말의 집합체이다. 그 중에서 숯과 그을음은 표면적이 넓어 기체, 액체 등을 흡착할 수 있는 능력이 크다.

비결정성 탄소로 카본블랙과 활성탄도 있다. 카본블랙은 천연가스[1]나 석유의 불완전 연소에 의해 만들어지며 타이어와 잉크 제조에 사용된다. 활성탄은 목재나 석탄 등을 건류[2]하여 탄화시킨 다음, 화학적으로 처리한 것으로 강력한 흡착제로서 정수, 탈색 등에 사용된다.

물리적 조건에 따라 몇 가지 다른 결정 구조의 탄소가 만들어지기도 한다. 예를 들면 1985년에 발견된 풀러렌(Fullerene)은 탄소 원자 60개로서 축구공을 닮은 매우 안정된 구조를 하고 있으므로 높은 온도와 압력을 견

> **□ 다이아몬드와 흑연**
>
> 육모 뿔의 수정과 정육면체인 소금 등에서 보는 바와 같이 결정 구조에는 몇 가지 종류가 있다. 결정 구조는 물질의 물리적 성질과 관계가 깊다. 흑연과 다이아몬드는 같은 구성단위인 탄소로 만들어져 있으나 흑연의 각 탄소는 3개의 이웃 탄소와 2차원 결합을 하고 있다. 반면 다이아몬드의 각 탄소는 사면체의 꼭지 점에 배치된 4개의 다른 탄소와 3차원 결합을 하고 있다. 따라서 다이아몬드는 매우 강한 물리적 성질을 가지고 있으나 흑연 속의 탄소는 평면상의 결합을 하고 있으며 이웃하는 층과는 매우 약하게 결합하므로 쉽게 떨어져 나와 종이에 잘 묻는다. 다이아몬드는 흑연의 결정 구조가 고온·고압 상태에서 변화한 것이다. 예를 들어 흑연을 2,000~100,000기압으로 압력을 가하면 다이아몬드로 변할 수 있다.

---

1) 지하에 매장된 메테인을 주성분으로 하는 유기물
2) 공기를 차단하고 가열

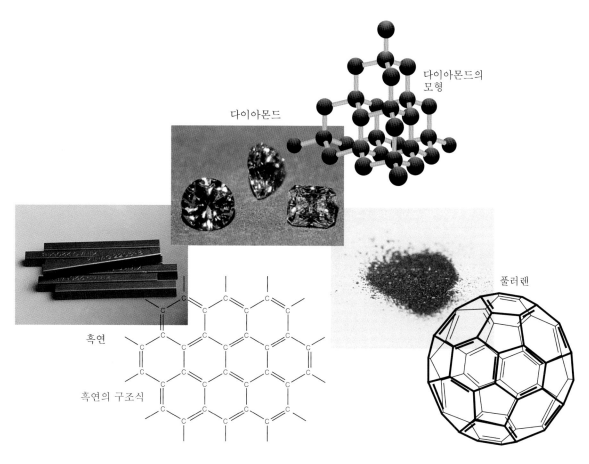

다이아몬드의 모형

다이아몬드

흑연

흑연의 구조식

풀러렌

그림 7.1 **탄소의 여러 형태.** 탄소는 결합 구조에 따라 몇 가지 형태로 존재할 수 있다.

딜 수 있다. 1991년에 발견된 탄소 나노튜브(carbon nanotube)는 하나의 탄소 원자가 3개의 다른 탄소 원자와 결합하여 단면이 육각형인 벌집 형태이고 직경이 나노미터 규모인 튜브이다. 탄소 나노튜브는 인장력이 매우 강하고 유연성도 띄어나서 신소재로서 뿐만 아니라 반도체 재료로서도 주목을 받고 있다.

탄소 화합물의 일반적 성질

탄소에는 6개의 전자가 있으며 그 중에서 최외각 전자는 4개이다. 따라서 최대 4개까지 다른 원자와 공유 결합을 할 수 있다. 수많은 탄소 화합물이 존재할 수 있는 것은 무엇보다 먼저 탄소 원자가 다른 원자와 결합할 때 갖는 이러한 융통성 때문이다. 즉 탄소는 탄소, 수소, 산소, 질소, 황, 인 등 다른 원자와 공유 결합을 할 수 있으며, 이때 공유 전자쌍의 수가 1 혹은 그 이상일 수도 있다. 또한 원자의 집단과 결합할 수도 있다. 뿐만 아니라 같은 원자들과 결합하였지만 구조가 다른 것도 있으며 작은 단위를 형성한 다음 그러한 단위들이 중복해서 결합할 수도 있다.

　탄소 화합물은 공유 결합에 의해 이루어져 있기 때문에 비교적 안정하며 다른 물질과의 반응 속도가 느리다. 대부분 비극성이며 물에는 잘 녹지 않고 벤젠(C_6H_6)이나 에테르($C_2H_5OC_2H_5$)와 같은 유기 용매에는 잘 녹는다. 비극성이므로 분자 사이의 인력이 약해 녹는점과 끓는점이 비교적 낮다. 또한 대부분이 비전해질로서 전기 전도도가 낮으며, 연소하면 이산화탄소나 물이 발생하고 산소 없이 가열하면 탄소가 유리된다.

　탄소 화합물 중 일산화탄소, 이산화탄소, 탄산염 등 일부를 제외한 나머지를 유기물이라고 하는데, 유기물은 원래 생체 내에서만 생성되는 것으로 알려졌으나 20세기에 요소를 인공적으로 합성한 이후 지금은 실험실에서 1,200백만 종에 가까운 많은 수의 유기물을 합성하고 있다.

탄화수소

　탄소 화합물 중에서 탄소와 수소를 기본 구성단위로 하여 이루어진 화합물을 탄화수소(hydrocarbon)라고 한다. 탄화수소는 탄소와 수소 외에 소수의 다른 원자들이 결합한 경우도 있으나 기본 골격은 탄소와 수소에 의해 이루어진다. 유기물의 대부분은 탄화수소이다.

　탄화수소를 이루는 탄소 원자와 수소 원자의 개수가 다양하기 때문에 여러 가지 형태의 탄화수소가 존재한다. 또한 같은 수의 탄소와 같은 수의 수소가 사용되어 분자식은 같으나 분자의 구조가 서로 다른 탄화수소들도 있다.

□ 탄화수소의 이름

　탄소 화합물에서 탄소 원자의 수에 따라 화합물의 이름을 결정하는 접두어로 meth, eth, prop, but, pent, hex, hep, oct, non, dec를 사용한다. 예를 들어 탄소 원자 1개와 수소 원자 4개가 결합한 CH_4를 메테인(methane)이라고 하며, 탄소 원자가 4개 사용된 C_4H_{10}은 뷰테인(buthane)이라고 한다.

　가장 간단한 탄화수소는 메테인(CH_4)으로서 탄소 원자 1개와 수소 원자 4개가 결합한 것으로 탄소의 각 최외각 전자에 수소 1개씩 결합한 것이다. 메테인 외에 여러개의 탄소 원자가 결합한 다양한 탄화수소가 존재한다. 뿐만 아니라 탄소와 탄소 사이의 결합에서 공유한 전자쌍의 수가 1개 혹은 2개가 될 수도 있다. 예를 들면 에테인(C_2H_6)의 탄소와 탄소 사이에는 1쌍의 전자만이 공유되어 있으나 에텐(C_2H_4)과 같이 2쌍의 전자가 공유되어 있는 것도 있다. 일반적으로 원자-원자 사이에 전자 1쌍만이 공유되어 결

표 7.1 탄소 수와 탄화수소의 이름

탄소의 수	알케인(C_nH_{2n+2})	알켄(C_nH_{2n})	알카인(C_nH_{2n-2})	알킬기($-C_nH_{2n+1}$)
1	메테인(CH_4)	–	–	메틸($-CH_3$)
2	에테인(C_2H_6)	에텐(C_2H_4)	에타인(C_2H_2)	에틸($-C_2H_5$)
3	프로페인(C_3H_8)	프로펜(C_3H_6)	프로파인(C_3H_4)	프로필($-C_3H_7$)
4	뷰테인(C_4H_{10})	뷰텐(C_4H_8)	뷰타인(C_4H_6)	뷰틸($-C_4H_9$)
5	펜테인(C_5H_{12})	펜텐(C_5H_{10})	펜타인(C_5H_8)	펜틸($-C_5H_{11}$)

합한 것을 단일 결합이라고 하며, 그 이상이 공유된 결합을 이중 결합 혹은 삼중 결합이라고 한다.

탄화수소에서는 탄소−탄소 사이의 결합이 모두 단일 결합인 경우 포화 탄화수소(saturated hydrocarbon), 그렇지 않은 경우에는 불포화 탄화수소(unsaturated hydrocarbon)라고 한다.

탄화수소는 탄소 사이의 결합 방식에 따라 크게 사슬 모양과 고리 모양으로 나눌 수 있다. 사슬 모양은 탄소와 탄소 사이가 길게 연결된 결합 방식이고 고리 모양은 탄소끼리 닫힌 회로로 연결된 결합 방식이다.

사슬 모양 포화 탄화수소를 알케인(alkane), 고리 모양 포화 탄화수소를 사이클로알케인(cycloalkane)이라고 부른다. 예를 들어 메테인(CH_4), 에테인(C_2H_6), 프로페인(C_3H_8) 등은 흔히 사용되는 알케인이다.

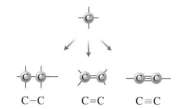

그림 7.2 **탄소의 결합 방식.** 탄소에는 4개의 최외각 전자가 있으며 이들은 다른 탄소와 결합할 때 1, 2, 3쌍의 전자를 공유할 수 있다. 이러한 결합 방식을 각각 단일 결합, 이중 결합, 삼중 결합이라고 한다.

□ **알킬기**

알케인에서 수소 원자 하나를 떼어낸 나머지 부분 $-C_nH_{2n+1}$을 알킬기(alkyl group)라고 하며 'R−'로 표시한다. 알킬기를 가진 물질은 '−yl'을 붙여서 명명한다. 예를 들면 $n=1$, 즉 탄소 원자가 1개인 경우에는 메틸(methyl)이라고 한다. 탄소에는 이러한 알킬기가 최대 4개까지 결합할 수 있다.

사슬 모양 불포화 탄화수소 중에서 이중 결합에 의한 것은 알켄(alkene), 삼중 결합에 의한 것은 알카인(alkyne)이라고 한다. 예를 들어 에텐(C_2H_4), 프로펜(C_3H_6) 등은 알켄이고 에타인(C_2H_2), 프로파인(C_3H_4) 등은 알카인이다. 고리 모양 불포화 탄화수소는 방향족 탄화수소(aromatic hydrocarbon)라고 불리며 벤젠(C_6H_6), 페놀(C_6H_5OH) 등이 있다.

□ **구조식**

유기물의 경우 분자 내 원자의 결합 방식과 결합수를 나타내기 위해서 구조식을 잘 사용한다. 구조식은 문자와 선으로서 분자 내 원자의 수와 결합 방식을 간단하게 나타낸 것이다. 예를 들면 에테인(C_2H_6)은 CH_3-CH_3로 표시되며 탄소와 탄소 사이의 결합수는 1임을 나타내고 있다.

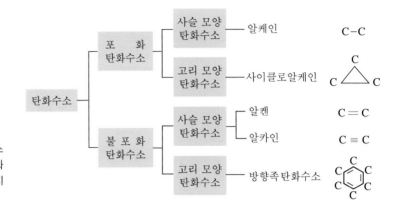

그림 7.3 **탄화수소의 분류.** 탄화수소는 탄소 사이의 공유 전자쌍의 수와 결합된 분자의 기하에 따라 여러 가지로 분류된다.

고리 모양의 탄화수소인 사이클로알케인은 알켄과 같은 C_nH_{2n}으로 표시되나 $n \geqq 3$이다.

또 다른 고리 모양의 탄화수소인 벤젠(C_6H_6)의 고리를 바탕으로 하는 방향족 탄화수소에는 단일 결합과 이중 결합이 혼재해 있다. 방향족 탄화수소를 제외한 나머지 대부분의 탄화수소는 지방족 탄화수소(aliphatic hydrocarbon)로 분류된다.

7.2 지방족 탄화수소

방향족 탄화수소를 제외한 나머지 탄화수소인 알케인, 알켄, 알카인, 사이클로알케인은 모두 지방족 탄화수소이며 연료, 섬유 등으로 일상생활에서 많이 사용되고 있다.

알케인

알케인은 탄소와 탄소 사이에 단일 결합, 즉 1쌍의 전자만 공유되어 있는 포화 탄화수소이며 일반식은 C_nH_{2n+2}이다. 단, $n \geq 1$이다.

화합물의 이름은 접미어 '-ane'을 사용한다. 예를 들어 $n = 1$인 경우, 즉 탄소가 1개인 경우에는 접두어 'meth'에 접미어 'ane'을 연결하여 methane, 즉 메테인(CH_4)이라고 한다.

알케인은 화학적 활성이 비교적 작고 탄소의 수가 많을수록 대체로 녹는점과 끓는점이 증가한다. 그러나 알케인은 연소할 때 많은 열을 내기 때문에 흔히 연료로 사용된다. 예를 들면 메테인(CH_4)은 LNG(Liquefied

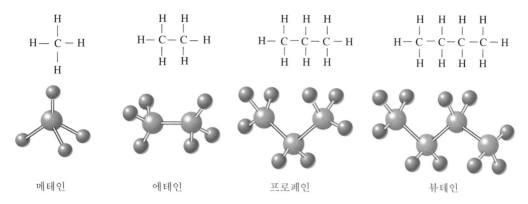

메테인   에테인   프로페인   뷰테인

그림 7.4 일부 알케인의 구조식과 분자 모형. 알케인은 탄소와 탄소 사이에 전자 1쌍이 공유된 탄화수소이다.

Natural Gas)[3]의 주성분이고, 프로페인(C_3H_8)은 LPG(Liquefied Petroleum Gas)[4]의 주성분이고, 뷰테인(C_4H_{10})은 휴대용 가스 버너 연료의 주성분이다.

고리 모양의 알케인인 사이클로알케인으로는 5각형의 사이클로펜테인, 6각형의 사이클로헥세인, 8각형의 사이클로옥테인 등이 있다. 이들도 비극성이며 사슬 모양 알케인과 같이 대부분 화학적 활성이 작다. 사이클로알케인은 탄소 사이의 결합이 단일 결합이지만 탄소들이 고리 모양을 이루고 있는 특징이 있다.

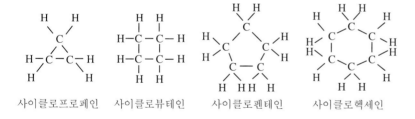

사이클로프로페인   사이클로뷰테인   사이클로펜테인   사이클로헥세인

그림 7.5 일부 사이클로알케인의 구조식. 사이클로알케인은 탄소가 단일 결합을 하고 있지만 고리 모양을 이루고 있는 특징을 가지고 있다.

알켄

알켄은 탄소와 탄소 사이가 이중 결합인 불포화 탄화수소이며 일반식은 C_nH_{2n}이다. 단, $n \geq 2$이다.

화합물의 이름은 접미어 '-ene'을 사용한다. 예를 들어 $n = 2$인 경우, 즉 탄소가 2개인 경우에는 'eth'와 'ene'을 연결하여 ethene, 즉 에텐(C_2H_4)이라고 한다. 에텐은 무색의 단맛이 나는 마취성이 있는 기체로서 중합체

---

3) 액화 천연 가스
4) 액화 석유 가스

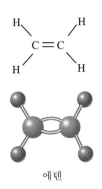

그림 7.6 에텐의 구조식과 분자 모형. 에텐은 알켄 중에서 가장 간단한 구조의 화합물이다.

그림 7.7 에타인의 구조식과 분자 모형. 에타인은 알카인 중에서 가장 간단한 구조의 화합물이다.

인 폴리에틸렌의 단위체이다. 에텐의 구조식은 $CH_2 = CH_2$이다.

관용적으로 에텐(C_2H_4), 프로펜(C_3H_6), 뷰텐(C_4H_8), 펜텐(C_5H_{10})은 각각 에틸렌, 프로필렌, 부틸렌, 펜틸렌 등으로 불리고 있다.

알카인

알카인은 탄소와 탄소 사이가 삼중 결합인 불포화 탄화수소이며 일반식은 C_nH_{2n-2}이다. 단, $n \geq 2$이다.

화합물의 이름은 접미어 '-yne'을 사용한다. 예를 들어 $n=2$인 경우, 즉 탄소가 2개인 경우에는 'eth'와 'yne'을 연결하여 ethyne, 즉 에타인(C_2H_2)이라고 한다.

알카인은 대체로 비극성이지만 화학적 활성은 강한 편이다. 탄소의 수가 같은 알케인이나 알켄과 비슷한 끓는점을 가진다. 예를 들면 탄소가 2개 있는 화합물들인 에테인(C_2H_6), 에텐(C_2H_4), 에타인(C_2H_2)의 끓는점은 각각 -88.6, -104, $-84°C$로서 크게 다르지 않다.

가장 간단한 알카인인 에타인(C_2H_2)의 구조식은 $CH \equiv CH$이다. 에타인은 관용적으로 아세틸렌으로 불리고 있는데 염산(HCl)과 반응하면 중합체인 폴리염화비닐, 즉 PVC가 생성되고, 시안화수소(HCN)와 반응하면 중합체 폴리아크릴로니트릴이 생성된다.

딱딱한 PVC는 수도관으로, 또 부드럽게 만든 것은 쇼핑용 비닐봉지로 널리 사용된다. 폴리아크릴로나이트릴을 섬유로 만들면 양모처럼 감촉이 좋아 의복, 담요 등을 만드는데 사용된다. 듀퐁(Du Pont) 사에서는 자사에서 생산한 이 섬유 제품을 올론(Orlon)이라는 이름으로 출시하였다.

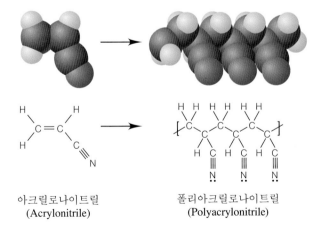

그림 7.8 합성 섬유로 사용되는 중합체. 아크릴로나이트릴 단위체는 상업적으로 융단이나 니트웨어에 사용되는 올론으로 잘 알려진 폴리아크릴로나이트릴을 만든다.

아크릴로나이트릴
(Acrylonitrile)

폴리아크릴로나이트릴
(Polyacrylonitrile)

7.3 지방족 탄화수소의 유도체

지방족 탄화수소에서 수소의 일부가 다른 원자 혹은 원자단으로 바뀐 것을 지방족 탄화수소의 유도체라고 하며 결합한 원자나 원자단에 따라 성질이 다르다.

작용기

탄화수소의 유도체에 사용된 원자나 원자단을 작용기(functional group)라고 하며 유도체의 화학적 성질은 대체로 이 작용기에 의해 결정된다. 이러한 작용기로는 히드록시기($-OH$), 포르밀기($-CHO$), 카르보닐기($-CO$), 카르복시기($-COOH$) 등이 있으며 작용기에 따라 그 화합물의 분류명이 결정된다.

표 7.2 작용기와 화합물

작용기	구조식	이름	일반식	화합물	예
$-OH$	$-OH$	히드록시기	ROH	알코올	메탄올(CH_3OH) 에탄올(C_2H_5OH)
$-CHO$	$-C{\overset{O}{\underset{H}{}}}$	포르밀기 (알데하이드기)	RCHO	알데하이드	포름알데하이드($HCHO$) 아세트알데하이드(CH_3CHO)
$>CO$	$-\underset{\underset{O}{\|\|}}{C}-$	카르보닐기	RCOR′	케톤	아세톤(CH_3COCH_3) 에틸메틸케톤($CH_3COC_2H_5$)
$-COOH$	$-C{\overset{O}{\underset{O-H}{}}}$	카르복시기	RCOOH	카르복시산	포름산($HCOOH$) 아세트산(CH_3COOH)
$-O-$	$-O-$	에테르 결합	ROR′	에테르	디메틸에테르(CH_3OCH_3) 디에틸에테르($C_2H_5OC_2H_5$)
$-COO-$	$-\underset{\underset{O}{\|\|}}{C}-O-$	에스터 결합	RCOOR′	에스터	포름산메틸($HCOOCH_3$) 아세트산에틸($CH_3COOC_2H_5$)
$-NO_2$	$-N{\overset{O}{\underset{O}{}}}$	니트로기	RNO2	니트로 화합물	니트로메테인(CH_3NO_2) 니트로에테인($C_2H_5NO_2$)
$-CN$	$-C\equiv N$	시아노기	RCN	시아노 화합물	시아노메테인(CH_3CN) 시아노에테인(C_2H_5CN)
$-NH_2$	$-N{\overset{O}{\underset{O}{}}}$	아미노기	RNH2	아민	메틸아민(CH_3NH_2) 아닐린($C_6H_5NH_2$)

알코올과 에테르

알코올은 포화 탄화수소의 수소 원자 1개가 히드록시기(-OH)로 대체된 화합물의 부류이다. 예를 들어 가장 간단한 알코올인 메탄올(CH_3OH)은 메테인(CH_4)의 수소 1개가, 에탄올(C_2H_5OH)은 에테인(C_2H_6)의 수소 1개가 히드록시기로 대체된 것이다.

알코올은 탄소의 수가 많을수록 녹는점과 끓는점이 높아진다. 예를 들면 메탄올(CH_3OH), 에탄올(C_2H_5OH), 프로판올(C_3H_7OH)의 끓는점은 각각 65.0, 78.5, 97.4°C이다.

> **□ 알코올의 일반식과 이름**
>
> 알코올의 일반식은 $C_nH_{2n+1}OH$이며 탄소의 수 n에 따라 메탄올, 에탄올, 프로판올, 부탄올, 펜탄올, 헥산올 등으로 부른다.

에탄올과 메탄올은 물에 잘 녹고 냄새도 비슷하다. 그러나 에탄올은 술의 주성분으로 비교적 독성이 약하지만 메탄올은 소량만 마셔도 눈이 멀거나 사망할 수 있는 매우 위험한 물질이다. 메탄올은 대부분 석탄 가스로부터 생성되며 생산된 양의 대부분은 다른 유기 화학 제품의 원료로 사용되고 나머지는 연료로 사용된다.

> **□ 석탄 가스**
>
> 석탄 가스는 석탄을 건류할 때 발생하는 기체로서 여러 가지 탄화수소가 혼합되어 있다.

에탄올은 미생물(효모)에 의해 탄수화물이 발효될 때 생성되고 이를 증류하여 95% 정도로 순도를 높인 것을 주정(酒精)이라고 하여 각종 술의 제조에 사용된다.

곡물이나 과일로부터 술을 빚을 때 탄수화물의 알코올 발효가 일어난다. 그러나 너무 오래 방치하면 알코올이 아세트알데하이드(CH_3CHO)를 거쳐 아세트산(CH_3COOH)이 생성되어 신맛이 나게 된다.

알코올 중에서는 히드록시기가 2개 이상 있는 것이 있으며 이들을 2가 알코올, 3가 알코올 등으로 부른다. 예를 들어 에틸렌글리콜($C_2H_4(OH)_2$)은 에테인의 수소 2개가 히드록시기로 대체된 것으로 2가 알코올이다. 이 물질은 어는점이 -30°C 이하로 낮으므로 자동차의 부동액으로 사용된다. 또한 글리세롤($C_3H_5(OH)_3$)[5]은 프로페인(C_3H_8)의 수소 3개가 히드록시기

---

5) 글리세린이라고도 함

표 7.3 알코올의 종류와 그 용도

	구조식과 화학식	분류	용도
에탄올	$H-\overset{\displaystyle H}{\underset{\displaystyle H}{C}}-\overset{\displaystyle H}{\underset{\displaystyle H}{C}}-OH$, C_2H_5OH	1가 알코올	주정
에틸렌글리콜	$H-\overset{\displaystyle H}{\underset{\displaystyle OH}{C}}-\overset{\displaystyle H}{\underset{\displaystyle OH}{C}}-H$, $C_2H_4(OH)_2$	2가 알코올	부동액
글리세롤	$H-\overset{\displaystyle H}{\underset{\displaystyle OH}{C}}-\overset{\displaystyle H}{\underset{\displaystyle OH}{C}}-\overset{\displaystyle H}{\underset{\displaystyle OH}{C}}-H$, $C_3H_5(OH)_3$	3가 알코올	의약품, 화장품의 원료

로 대체된 것으로 3가 알코올이다. 이 물질은 화장품이나 다이너마이트의 원료로 사용되며 동식물성 지방의 분해 과정과 비누 제조 공정의 부산물로 얻어진다.

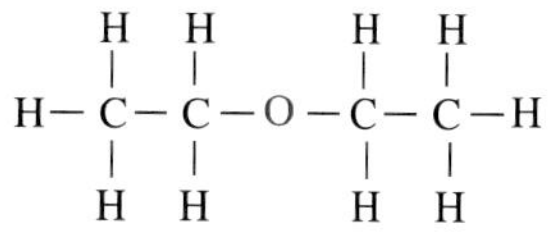

알코올에서 히드록시기(–OH)의 H가 알킬기로 바뀐 물질을 에테르(ether)라고 한다. 따라서 일반형은 ROR′이다. 에테르에는 알코올과는 달리 히드록시기가 없기 때문에 물에 잘 녹지 않고 알코올보다 끓는점도 낮다. 수백 년 동안 마취제로 사용되어온 에테르의 정식 명칭은 디에틸에테르($C_2H_5OC_2H_5$)이다. 최근에는 냄새, 인화성 등의 문제 때문에 다른 물질을 사용하고 있다.

그림 7.9 디에틸에테르의 구조식. 2개의 에탄올 분자에 있는 히드록시기의 수소가 제거되고 남은 산소를 통해 서로 결합한 형태이다.

알데하이드와 케톤

포화 탄화수소의 수소가 포르밀기(–CHO)로 바뀐 형태의 화합물을 알데하이드(aldehyde)라고 하며 알코올이 산화되면 만들어진다. 예를 들면 메탄올로부터는 메탄알(HCHO), 에탄올로부터는 에탄알(CH_3CHO)이 생성된다. 메탄알과 에탄알의 관용적 이름은 각각 포름알데하이드와 아세트알데하이드이다.

포름알데하이드는 플라스틱(합성 수지)의 제조에, 아세트알데하이드는 접착제나 아세트산의 제조에 사용된다. 이들 모두 자극성의 기체로서 방부제로 잘 사용된다. 특히 포름알데하이드의 40% 수용액을 포르말린이라고 하며 생물 표본의 방부제로 사용된다.

알데하이드에서 포르밀기의 수소가 알킬기로 치환된 것을 케톤(ketone)이라고 하는데 결과적으로는 카르보닐기(–CO) 양쪽에 탄소가 결합한 형

그림 7.10 포름알데하이드와 아세트알데하이드의 구조식. 포름알데하이드와 아세트알데하이드는 각각 메테인과 에테인에서 탄소를 포함한 수소 3개가 포르밀기로 치환된 구조를 가지고 있다.

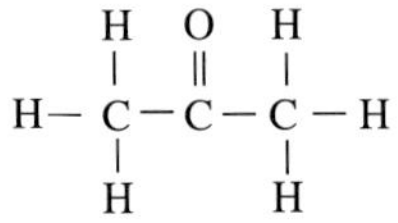

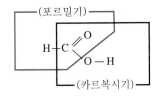

```
    H   O   H
    |   ||  |
H — C — C — C — H
    |       |
    H       H
```

그림 7.11 아세톤. 아세톤은 케톤의 일종으로 유기용매로 사용된다.

태와 같다. 즉 RCOR′의 형태이다. 예를 들어 프로판온(CH_3CH_3CO)은 관용적으로 아세톤으로 불리는 케톤의 일종으로 향이 있으며 물에 잘 녹고 각종 유기물의 용매로 잘 사용된다.

> **□ 매니큐어 제거제**
>
> 매니큐어는 유기물이며 이를 제거하기 위해서는 아세톤이 주로 사용된다. 아세톤이 각종 유기물을 잘 녹이는 성질을 이용한 것이다.

카르복시산과 에스터

카르복시기(–COOH)가 들어 있는 화합물을 카르복시산(carboxyl acid)이라고 하며 약 산성을 띤다. 가장 간단한 카르복시산으로 메탄산(HCOOH)이 있으며 개미와 같은 일부 곤충의 독액 속에 들어 있다. 메탄산은 관용적으로는 포름산 혹은 개미산으로 불린다.

```
    (포르밀기)
         O
        ⫽
H — C
        ⟍
         O — H
    (카르복시기)
```

그림 7.12 포름산의 구조식. 포름산은 카르복시기가 있어 카르복시산이지만 포르밀기도 있다.

> **□ 포름산의 중화**
>
> 개미와 같은 곤충에게 물렸을 때 따갑고 아픈 것은 곤충의 독 속에 포름산(HCOOH)이 들어있기 때문이며 통증 완화를 위해 바르는 약의 주성분은 암모니아를 물에 녹인 암모니아수이다. 포름산과 암모니아수는 중화 반응 HCOOH + NH_4OH → $HCOONH_4$ + H_2O을 한다. 이 반응에서 $HCOONH_4$이 염이다.

에탄산(CH_3COOH)도 카르복시산의 일종이며 녹는점이 16.6℃이기 때문에 실내에서도 쉽게 얼어 빙초산이라고 한다. 에탄산은 관용적으로 아세트산으로 불린다. 3~4%의 아세트산 수용액을 식초라고 한다. 아세트산은 식초 외에도 합성수지, 의약품 등의 원료로 사용된다.

신맛이 나는 과일에 흔히 들어 있는 시트르산(구연산)과 김치의 신맛을 나타내는 락트산(젖산)에도 카르복시기가 들어있다.

긴 탄화수소 사슬에 1개의 카르복시기를 가진 유기물을 지방산이라고 하는데 그 중에서 $CH_3(CH_2)_nCOOH$의 일반식을 갖는 카르복시산을 포화지방산이라고 한다. 나머지는 불포화 지방산이라고 한다. 버터나 야자유에는 포화 지방산이 많이 들어 있으나 일반 식물성 유지에는 포화 지방산 외에 불포화 지방산인 올레산과 리놀레산도 들어 있다. 포화 지방산의 탄소들은 모두 단일 결합을 하고 있으나 불포화 지방산에서는 이중 결합도 있다.

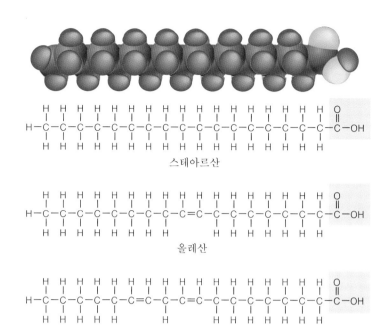

스테아르산

올레산

비극성 부분   리놀레산

극성 부분

그림 7.13 **지방산.** 자연적으로 발견되는 몇 가지 지방산의 구조식을 나타내었다. 스테아르산은 포화 지방산이고 나머지 둘은 불포화 지방산이다.

카르복시산에서 카르복시기의 수소를 알킬기로 치환한 물질을 에스터(ester)라고 하며 RCOOR′의 형태이다. 예를 들어 아세트산(CH_3COOH)과 에탄올이 반응하면 에스터의 일종인 아세트산에틸($CH_3COOC_2H_5$)이 생성된다. 아세트산에틸에서는 사과향이 난다. 일반적으로 작은 분자량의 에스터에서는 과일 향기가 나므로 음료수나 과자 등에 사용된다.

분자량이 큰 지방산과 3가 알코올인 글리세롤에 의해서 생성되는 에스터는 분자량이 비교적 크다. 이러한 에스터를 유지라고 한다.

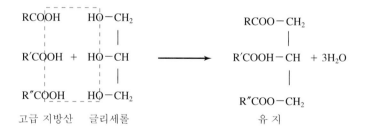

고급 지방산   글리세롤   유 지

그림 7.14 **유지의 생성.** 분자량이 큰 지방산을 고급 지방산이라고 하는데 이러한 고급 지방산과 3가 알코올인 글리세롤이 반응하여 지방산으로부터 물이 빠져나가면 유지가 생성된다.

7.4 방향족 탄화수소

일반적으로 방향족 화합물(aromatic compound)이라는 것은 구성 원자의 상태에 의해 정의되는 물질이지만 탄화수소 중에서 벤젠도 그러한 조건을 만족하므로 방향족 화합물로 분류된다. 탄화수소 중에서 벤젠 고리 (benzene ring)를 포함하는 물질과 벤젠 고리의 수소 중의 일부를 히드록시 기, 아미노기, 카르복시기, 니트로기 등의 다른 작용기로 치환한 벤젠의 유도체(benzene derivatives)를 방향족 탄화수소라고 부른다. 방향족 탄화 수소는 대체로 독특한 냄새를 내며 그 중에는 발암물질이 많다.

BTX

BTX는 벤젠(C_6H_6), 톨루엔($C_6H_5CH_3$), 자일렌($C_6H_5(CH_3)_2$)을 의미하며 이들 방향족 탄화수소는 염료, 의약, 화약 등의 제조에 사용되는 등 유기 화학공업의 기초 원료이다. 과거에는 이들은 주로 석탄의 건류에 의해 공 급되었으나 2차 세계 대전 이후에는 주로 석유로부터 생산되고 있다.

벤젠의 구조는 1865년 케쿨레가 발견하였는데 6개의 탄소가 고리처럼 연결되어 있는, 이른바 6각형의 벤젠 고리를 형성하고 있으며 각 탄소 사 이의 결합은 단일 결합과 이중 결합이 교대로 되어 있다.

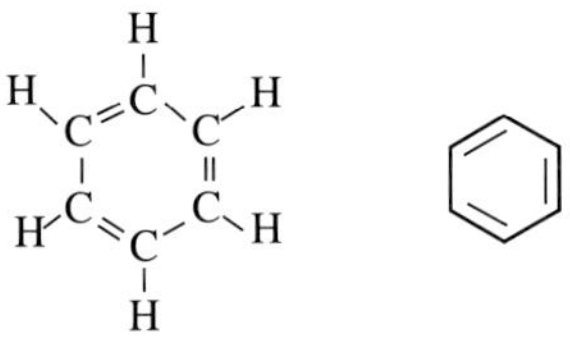

그림 7.15 벤젠 구조식의 두 형태. 벤젠은 탄소 원자 6개로 고리를 이루 며 각 탄소에 수소가 결합해 있다.

□ 벤젠의 구조와 케쿨레의 꿈

케쿨레는 꿈에서 어떤 뱀이 자신의 꼬리를 물고 고리처럼 구르는 것을 보고 벤젠의 구조에 대한 힌트를 얻었다고 한다.

벤젠은 비교적 안정하고 특유의 향을 가지고 있는 휘발성이 강한 액체 이다. 물에는 녹지 않고 유기용매로 사용되어 왔으나 발암물질로 판명 나 서 용도가 감소하였다. 벤젠의 끓는점은 80.1℃이고 인화성이 강하며 태우 면 그을음을 많이 내는데 수소에 비해 탄소 수가 많기 때문이다. 플라스틱 등 각종 화학 제품의 원료로 사용되는 매우 중요한 물질이다.

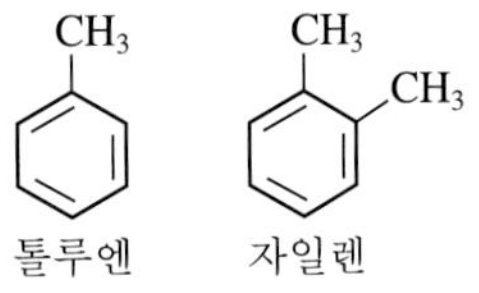

그림 7.16 톨루엔과 자일렌의 구조식. 벤젠과 함께 석유 화학공업에서 기초 원료로 사용되는 물질이다.

톨루엔은 벤젠 고리에 한 개의 메틸기($-CH_3$)가 결합한 물질이며 페인 트의 용매인 시너(thinner)로 사용되며 TNT의 원료로도 사용된다. 톨루엔 의 정식 명칭은 메틸벤젠이다.

자일렌은 벤젠 고리에 2개의 메틸기가 결합한 물질이며 유기 용매로서 혹은 화학공업에서 각종 제품의 원료로 사용된다. 자일렌의 정식 명칭은 에틸벤젠이다.

다환 방향족 탄화수소

2개 이상의 벤젠 고리가 포함된 탄화수소를 다환 방향족 탄화수소라고 하며, 고리가 2개인 나프탈렌($C_{10}H_8$), 3개인 안트라센($C_{14}H_{10}$) 등이 있다. 나프탈렌은 흰색 고체로서 승화성이 있으며 염료의 원료나 좀약의 주성분으로 사용되어 왔다.

그림 7.17 **탈렌과 안트라센의 구조식.** 벤젠 고리가 여러 개 결합된 형태의 방향족 탄화수소로서, 가장 흔히 사용되는 것이 나프탈렌과 안트라센이다.

> ◘ **승화**
>
> 보통의 고체는 온도가 올라감에 따라 액체를 거쳐서 기체로 변화하지만 나프탈렌과 같은 일부 고체는 고체로부터 바로 기체로 변화한다. 이렇게 고체가 기체로 바로 변화하는 현상을 승화라고 한다.

페놀류

가장 대표적인 방향족 탄화수소의 유도체로서 페놀류를 들 수 있다. 페놀류는 벤젠의 수소 원자들 중 일부가 히드록시기로 치환된 것을 말하며 페놀(C_6H_5OH), 크레졸($C_6H_4(OH)CH_3$), 살리실산($C_6H_4(OH)COOH$) 등이 있다. 페놀류는 히드록시기 때문에 약 산성을 띤다.

페놀은 수소 원자 1개가 히드록시기로 치환된 것으로 소독약, 염료, 합성 섬유, 합성수지, 의약품의 원료로 사용된다. 크레졸에는 히드록시기 이외에 메틸기도 있으며 살균제로 사용된다. 살리실산은 히드록시기 이외에 카르복시기가 있는 흰색 결정으로 물에 녹아 약한 산성을 나타내고, 방부제나 의약품의 원료로 사용된다. 살리실산에는 카르복시기와 히드록시기 모두가 있으므로 알코올과 에스터를 생성할 수 있다. 살리실산으로부터 만든 에스터인 아세틸살리실산은 해열 진통제로 사용되는 아스피린의 주성분이다.

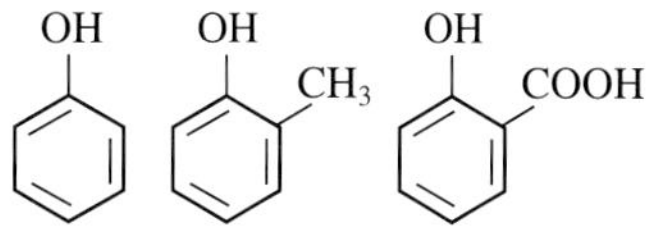

그림 7.18 **페놀류 중의 몇 가지의 구조식.** 페놀류는 벤젠 고리에 수소 대신에 히드록시기가 결합된 방향족 탄화수소이다.

방향족 카르복시산

벤젠 고리의 수소 원자가 카르복시기로 치환된 화합물을 방향족 카르복시산이라고 하며 알코올과 에스테르화 반응을 한다.

안식향산이라고도 불리는 벤조산(C_6H_5COOH)은 물에 조금 녹아 산성을 나타내며 염료, 화장품, 의약품 및 식품의 방부제의 원료로 사용된다.

방향족 니트로화 화합물

벤젠 고리의 수소 원자가 니트로기로 치환된 화합물을 방향족 니트로화 화합물(aromatic nitrates)이라고 하며 물에 잘 녹지 않는다. 이 화합물은 니트로기가 많을수록 녹는점이 높고 폭발성이 강하여 폭약의 원료로 사용된다.

니트로기가 1개 있는 니트로벤젠($C_6H_5NO_2$)은 살구씨 향기를 내기 때문에 향료로 사용되거나 합성염료로 사용된다. 3개의 니트로기와 1개의 메틸기가 있는 트리니트로톨루엔($C_6H_2CH_3(NO_3)_3$)은 흔히 TNT라고 하는 폭약이다.

방향족 아민류

벤젠 고리의 수소 원자가 아미노기로 치환된 화합물을 방향족 아민류(aromatic amine)라고 한다. 결과적으로는 암모니아(NH_4)로부터 수소 하나를 탄화수소로 바꾼 형태가 되어 약한 염기성을 띤다.

1개의 아미노기가 있는 것을 아닐린($C_6H_5NH_2$)이라고 하며 특유한 냄새가 나는 무색의 염기성 물질로서 물에 잘 녹지 않는다. 아닐린은 의약품과 염료의 원료로 사용된다.

방향족 할로겐화물

벤젠의 수소 원자가 −F, −Cl, −Br, −I 등으로 치환된 것을 방향족 할로겐화물(aromatic halides)라고 한다. 클로로벤젠(C_6H_5Cl)은 살충제인 DDT(Dichloro−Diphenyl−Trichloroethane)의 제조에 사용되었으며 제초제 원료와 유기 용매로 사용되고 있다.

DDT와 PCB(Poly−Chlorinated−Biphenyl), BHC(Benzene Hexa Chloride) 등은 모두 벤젠의 할로겐 유도체로서 살충제로 사용되어 왔으나 자연적으로는 잘 분해되지 않는 단점을 가지고 있다.

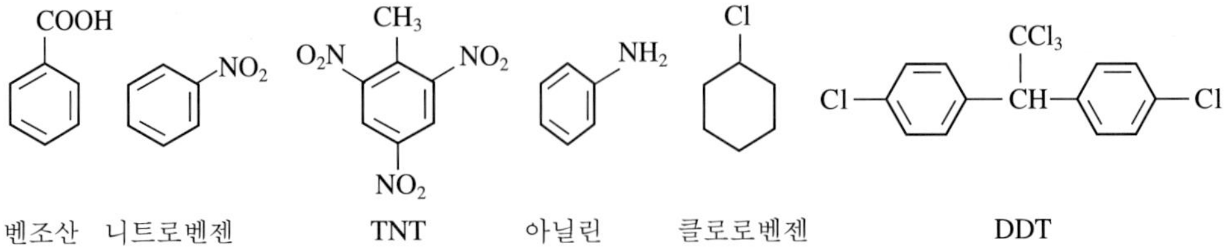

그림 7.19 **방향족 탄화수소.** 벤젠 고리의 수소가 작용기로 치환된 것이 방향족 탄화수소의 유도체이다.

7.5 석유와 석탄

석유와 석탄은 화석연료라고 하는데 고생물의 유해로부터 만들어진 것이기 때문이다. 석유나 석탄 모두 생물로부터 생성된 것이지만 압력과 열에 의하여 원래의 유기물이 아닌 여러 가지 변성된 물질을 포함하고 있다.

석유

석유는 해양 생물의 사체가 쌓인 지층이 압력과 열을 받아 형성된 검고 끈적끈적한 액체이다. 석유는 단순히 연료로 사용될 뿐만 아니라 유기물 생산과 관련된 현대의 각종 석유 화학 공업에 필요한 원료의 대부분을 제공하고 있다.

석유는 많은 종류의 유기물 특히 탄화수소가 포함되어 있는 혼합물이며 그 중에서 포화 탄화수소가 66～69%를 차지하고 있다. 원유에 포함된 탄화수소를 종류별로 분리하는 시설이 정유 공장이다.

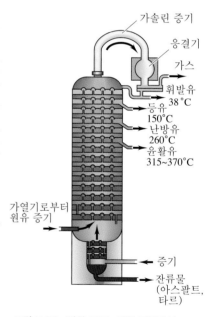

그림 7.20 탑의 구조. 정유 공장에서는 가열된 원유에 포함된 여러 가지 탄화수소를 끓는점의 차이에 따른 분리법인 분별 증류에 의해 분리한다.

□ 분별 증류

원유와 같은 액체 혼합물을 분리하는 방법 중에서 흔하게 사용되는 것이 분별 증류(fractional distillation)이다. 분별 증류는 혼합물을 끓인 후 끓는점의 차이에 의해 성분별로 분리하는 것이다. 예를 들면 물과 알코올이 섞여 있는 혼합물을 가열하면 끓는점이 낮은 알코올이 먼저 기화되기 시작한다. 이를 냉각시켜 액체로 만들면 순도가 높은 알코올이 된다. 전통적인 소주의 제법이 바로 이것이다.

정유 공장에서 끓인 원유를 증류탑이라고 하는 높은 원통의 아래로부터 주입하면 아래쪽은 온도가 높고 위쪽은 온도가 낮다. 그러면 증류탑의 가장 아래쪽에는 원유중에서 끓는점이 가장 높은 윤활유가 끓고 그 위층에 차례로 난방유, 등유, 휘발유의 순으로 끓게 된다. 증류탑의 적당한 위치에 관을 연결하여 분류된 기름을 뽑아낸다. 증류 후 찌꺼기로 남는 것이 피치(pitch)로서 아스팔트의 재료로 사용된다.

원유 중에서 끓는점이 특히 낮은 몇 가지의 기체는 증류탑의 꼭대기로 빠져 나오는데 이것을 압축시켜 액화시킨 것을 LPG라고 하며 연료로 사용된다. LPG의 주성분은 프로페인과 뷰테인이다.

□ LPG와 LNG

LPG는 석유 화학 공업에서 생산되며 주로 연료에 사용된다. LNG는 주로 심해의 지층으로부터 채취한 것으로 메테인을 주성분(60~90%)으로 하는 기체를 액화시킨 것으로서 화학 공업의 원료와 연료로 사용된다. 흔히 도시가스라고 불리는 것이다.

일반적으로 탄화수소의 끓는점은 탄소의 수에 관계하는데 탄소의 수가 많을수록 끓는점이 높다. 이것은 LPG의 탄소의 수가 1~4로 가장 적고 경유가 14~20으로 많다는 것과 일치한다.

원유로부터 분리된 것 중에서 나프타(naphtha)라는 것이 있다. 나프타는 휘발유와 등유 사이의 끓는점을 가지고 있으며 고온으로 가열하는 이른바 크래킹(cracking) 과정에 의하여 에틸렌, 프로필렌, 부타디엔, 벤젠, 톨루엔 등 석유 화학 공업의 원료가 생산된다. 이들 원료로부터 합성 수지, 합성 섬유, 합성 고무 등을 만들 수 있다.

그림 7.21 **나프타의 분해물.** 나프타는 석유 화학 공업에서 가장 많이 사용되는 원료 중의 한 가지로서 800℃로 가열하여 얻어지는 물질로는 에틸렌, 프로필렌, 부타디엔, 방향족 탄화수소가 있다.

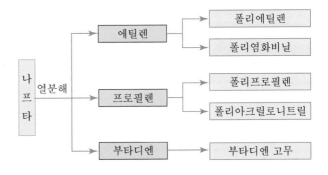

석탄

석탄은 고생대에 대규모로 서식하던 양치류의 식물이 지하에 매몰되어, 공기가 차단된 상태에서 높은 압력과 온도에 의해 탄수화물을 이루는 수소와 산소 등은 빠져 나가서 주로 탄소만 남은 것이다. 그래도 식물에 들어있던 각종 유기물, 황, 질소 화합물 등이 섞여 있다.

과거에는 일반 공장이나 가정에서 대부분 석탄을 연료로 사용하였으나 재의 처리와 대기오염 등의 문제 때문에 현재에는 석탄 생산량의 90% 이상이 전력 생산을 위해 사용하고 있을 뿐이다. 또한 과거의 화학 공업에서는 석탄으로부터 각종 탄화수소를 얻었으나 이제는 대부분 석유에 의존하고 있다.

석탄을 공기 없이 고온에서 가열하면 대부분이 탄소로 구성된 코크스(cokes), 콜타르(coaltar), 석탄 가스 등이 생산된다. 콜타르는 검고 진득이는 액체로서 이를 증류하면 방향족 탄화수소인 벤젠, 톨루엔, 자일렌 등을 얻을 수 있다. 석탄 가스는 대부분 수소와 메테인으로 되어 있으며 약간의 다른 탄화수소와 일산화탄소 등이 포함되어 있다. 과거에는 연료나 조명용으로 사용하였으나 이제는 거의 생산하지 않고 있다.

7.6 고분자 유기물

고분자 화합물은 분자량이 매우 큰 분자를 말한다. 이러한 고분자 화합물은 대체로 보다 작은 단위체들이 연결된 중합체의 형태로 존재한다.

자연에 존재하는 천연 고분자 중에서 생물의 체내에서 합성되는 것으로는 고무, 탄수화물, 단백질 등이 있고 인공적으로 합성된 것으로는 합성 수지, 합성 고무, 합성 섬유 등이 있다.

플라스틱

플라스틱의 정식 명칭은 합성 수지이며 각종 용기, 포장재 등으로 일상 생활에서 가장 많이 사용되는 소재이다. 플라스틱은 많은 수의 원자가 결합된 고분자 화합물로서 열에 의해 잘 녹는 열가소성 수지와 반대로 단단해지는 열경화성 수지로 나누어진다.

열가소성 수지는 동일한 단위체들로 이루어진 중합체로서 폴리에틸렌, 폴리염화비닐(PVC), 폴리스타이렌, 폴리프로필렌, 테플론 등이 있다. 예를 들어 말랑말랑한 반투명 물병, 포장용 랩, 음료수 병의 마개는 폴리에틸렌 제품이고, 포장용 비닐과 재색의 수도관은 폴리염화비닐 제품이고, 요구르트 병은 폴리스타이렌 제품이다. 단열재로 흔히 사용되는 스티로폼은 폴리스타이렌 입자(0.25~1.5mm)와 공기를 혼합하여 만든 것이다. 폴리프로필렌은 비교적 견고하므로 딱딱한 가방, 카펫의 재료로 사용된다. 테플론은 열에 강하고 음식에 잘 달라붙지 않기 때문에 프라이팬의 바닥 코팅재로 사용된다. 그 외의 열가소성 수지로는 음료수 병의 제조에 흔히 사용

□ **폴리에틸렌의 종류**

폴리에틸렌은 일반적으로 1000~3000기압, 100~250℃에서 촉매를 사용하여 합성되나 화학적 분위기에 따라 단단한 고밀도 폴리에틸렌, 유연한 저밀도 폴리에틸렌, 매우 질긴 가교된 폴리에틸렌 등이 생성된다. 고밀도 폴리에틸렌은 스포츠 의류, 단열재, 건축 용 방습 섬유(Tyvek) 등으로 재활용된다.

되고 있는 물질인 폴리에틸렌테레프탈산이 있는데, 이를 PET라고 부른다. 이 물질을 재활용하여 스키복, 침낭, 테니스 공 등을 생산한다.

□ 테플론

테플론은 4플루오르화에틸렌의 중합체, 즉 $(CF_2 = CF_2)_n$으로 골격은 폴리에틸렌과 비슷하지만 탄소와 플루오르 사이의 결합이 강하여 거의 어떠한 물질에도 녹지 않고 열에도 강하다. 이 때문에 프라이팬의 코팅에는 물론 우주복에도 사용된다. 또한 인체에도 거부반응을 일으키지 않으므로 인공뼈로도 사용된다.

열경화성 수지는 몇 가지의 단위체들로 이루어진 중합체이며 페놀 수지(베이클라이트), 요소 수지, 멜라민 수지, 폴리카보네이트 등이 있다. 페놀 수지는 열에 강하고 전기 절연이 좋기 때문에 흔히 프라이팬이나 다리미의 손잡이로 사용한다. 요소 수지는 합판 제조용 접착제로, 멜라민 수지는 식기, 조리대 등에 사용된다. 폴리카보네이트는 매우 견고하기 때문에 헬멧, 콤팩트 디스크의 재료로 사용된다. 그 외의 열경화성 수지로 폴리우레탄, 폴리아마이드, 에폭시 수지 등이 있으며 그 중 폴리우레탄은 신발, 매트리스 등에 사용된다.

플라스틱은 우리 생활에 많이 사용되고 있는 만큼 무분별한 폐기에 의해 환경오염에도 크게 기여하고 있다. 플라스틱 제품 중에서 열가소성 수지는 다시 녹여서 재활용할 수 있으나 열경화성 수지는 잘게 부수어 건축

그림 7.22 플라스틱 제품. 플라스틱 제품은 주로 석유를 이용해 생산되며 일상생활에서 가장 흔히 사용되는 재료이다.

자재로 사용하는 것 외에는 다른 용도가 별로 없다. 플라스틱의 재활용을 어렵게 하는 또 다른 문제는 워낙 플라스틱 제품이 많기 때문에 일반인들 이 어떤 재질인지 구별하기가 어렵다는 점이다. 이를 어느 정도 해결하기 위해 플라스틱 제품의 재질을 기호로 나타내는 수지 식별 시스템을 적용하 고 있다.

플라스틱 제품에 의한 환경오염을 줄이기 위해 플라스틱 자체를 자연에 서 분해될 수 있는 형태로 제조하기도 한다. 예를 들면 녹말과 혼합한 녹말 플라스틱, 젖산으로 만든 젖산 플라스틱은 자연에서 미생물에 의해 분해될 수 있다. 요즘에는 수술용 봉합사도 분해성 플라스틱을 사용하여 일정 기 간이 지나면 체내에서 분해되도록 한다.

표 7.4 단위체와 중합체

단위체	중합체	용 도
염화비닐	폴리염화비닐	파이프, 장난감, 플라스틱 랩, 비닐 판자
스타이렌	폴리스타이렌	옥내외 카펫 충전재
프로필렌	폴리프로필렌	옥내외 깔개
아크릴로나이트릴	폴리아크릴로나이트릴	올론, 카시미론, 아크릴론 의복, 털실, 가방

합성 섬유

1935년 듀퐁 사에서 개발한 최초의 합성 섬유가 나일론이다. 나일론은 아마이드기 $-CONH$에 의해 단위체들이 연결된 중합체로서 이러한 결합을 펩티드(아마이드)결합이라고 한다. 이 결합이 있는 합성 섬유를 폴리아마이드(polyamide)라고 한다.

나일론은 천연 섬유에 비해 흡습성과 내열성이 약하다는 단점에도 불구하고 현재에도 옷감, 밧줄, 어망, 절연재 등 내구성이 요구되는 제품에 널리 사용되고 있다.

> **□ 스타킹**
>
> 나일론으로 만든 최초의 의류 제품은 스타킹이다. 1939년 듀퐁 사가 출시한 나일론 스타킹은 실크 제품보다 더 비쌌으나 내구성과 착용감이 우수하여 상당한 인기가 있었다고 한다.

폴리아마이드 섬유 중에서 3개의 아마이드 결합을 가지는 케블라(kevlar)는 매우 질기므로 방탄 조끼, 카누, 야구 장갑 등을 제조하는 데 사용된다.

에스터 결합이 있는 합성 섬유를 폴리에스터(polyester)라고 하며 열가소성이 있다. 질기고 구김이 잘 가지 않는 장점이 있어서 옷감으로서는 나일론보다 더 많이 사용되고 있으며, 필름, 녹음용 테이프 등에도 사용되고 있다.

다른 합성 섬유로는 흔히 카시미론 혹은 올론이라고 불리는 폴리아크릴로나이트릴, 폴리우레탄, 비닐론 등이 있다.

합성 섬유는 대체로 흡습성과 내열성이 낮은 것이 단점이지만 천연 섬유와 혼합하여 장점인 좋은 내구성을 발휘하도록 하고 있다.

고무

열대지방에 서식하는 고무나무의 수액을 라텍스(latex)라고하며 이로부터 폴리이소프렌이라고 하는 천연 고무를 얻을 수 있다. 실제로는 천연 고무에 황을 가하여 내열성과 탄력성을 증가시켜 사용한다.

합성 고무 중에서 클로로프렌의 중합체인 네오프렌 고무는 천연 고무보다 내마모성, 내열성이 좋아서 타이어, 호스 등에 사용된다. 부타디엔과 스타이렌의 중합체인 스타이렌-부타디엔 고무는 스타이렌의 비율에 따라 경도가 증가하는데 이를 이용하여 구두창, 고무 타일 등에 사용된다.

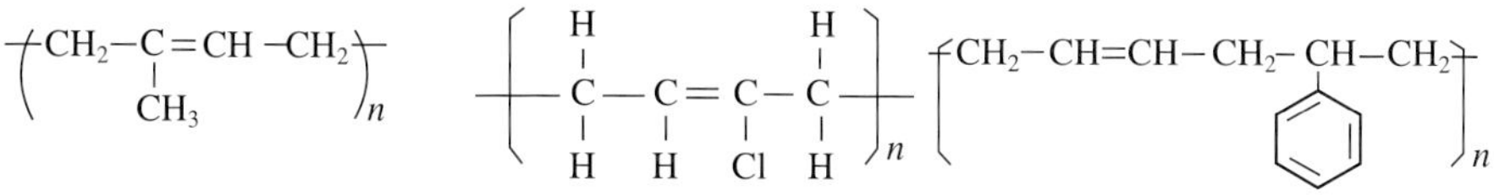

천연 고무　　네오프렌 고무　　스타이렌-부타디엔 고무

그림 7.23　천연 고무와 합성 고무. 네오프렌 고무와 스타이렌-부타디엔 고무는 합성 고무로서 천연 고무보다 더 성능이 좋다. (⋯)n은 중합체를 나타낸다.

현재 거의 모든 자동차용 타이어가 합성 고무로 만들어지는 만큼 폐타이어에 의한 환경오염도 만만치 않다. 폐타이어는 잘게 부수어 보도 블록 등으로 재활용되지만 재활 비율은 낮은 편이다.

탄수화물

탄수화물은 $C_x(H_2O)_y$와 같이 탄소와 물이 결합한 형태의 탄화수소이다. 가장 간단한 탄수화물을 단당류(monosaccharide)라고 하며 $(CH_2O)_n$으로 표시된다. 여기서 $n = 3, 4, 5 \cdots$ 의 정수이다. $n = 3, 4, 5, 6, 7$인 단당류를 각각 케토스(ketose), 테트로스(tetrose), 펜토스(pentose), 헥소스(hexose), 헵토스(heptose)라고 하며 3탄당, 4탄당, 5탄당, 6탄당, 7탄당으로도 부른다. 글루코오스(glucose), 프룩토오스(fructose), 갈락토오스(galactose)는 탄소가 6개 있는 헥소스이다.

단당류 2개가 결합한 것을 이당류(disaccharide)라고 하며 설탕은 글루코오스와 프룩토오스가 각각 1개씩 결합한 이당류이다. 올리고당(oligosaccharide)이라고 불리는 것은 2~8개 사이의 단당류가 결합한 것을 말한다. 단당류가 수십 이상 수천 개까지 결합한 것을 다당류라고 하며 녹말, 셀룰로오스 등이 여기에 속한다.

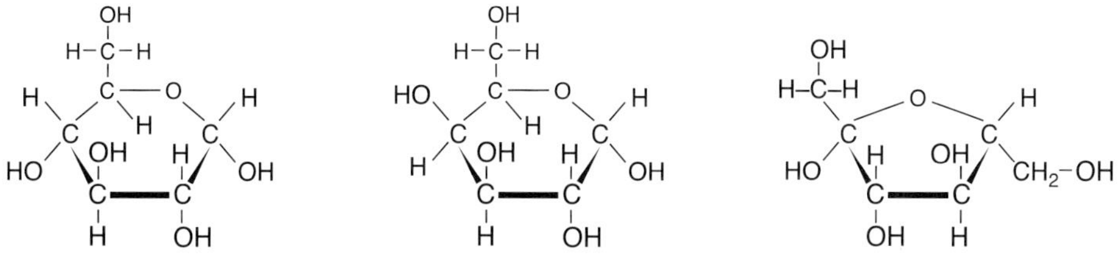

글루코오스　　갈락토오스　　프룩토오스

그림 7.24　글루코오스, 갈락토오스, 프룩토오스의 구조. 자연에서 흔히 보이는 단당류는 글루코오스, 갈락토오스, 프룩토오스 등이다. 글루코오스에는 분자식은 같지만 구조가 다른 2가지가 존재한다. 여기에 있는 것은 알파-글루코오스이다.

표 7.5 탄수화물의 분류

탄수화물	분자식	이 름	가수 분해 생성물
단당류	$C_6H_{12}O_6$	글루코오스 프룩토오스 갈락토오스	가수 분해되지 않음
이당류	$C_{12}H_{22}O_{11}$	설 탕 맥아당 젖 당	글루코오스 + 프룩토오스 글루코오스 + 글루코오스 글루코오스 + 갈락토오스
다당류	$(C_6H_{10}O_5)_n$	녹말 셀룰로오스 글리코겐	글루코오스

녹말($(C_6H_{10}O_5)_n$)은 글루코오스($C_6H_{12}O_6$)의 중합체이며 가수 분해하면 글루코오스로 된다. 즉 녹말은 글루코오스 분자들이 탈수하면서 결합한 중합체이다. 이 경우 수십 $< n <$ 3000이다. 식물은 광합성을 통해 녹말을 합성하여 저장한다. 인체에서는 효소에 의해 녹말이 글루코오스로 분해되어 저장된다.

□ 가수 분해

가수 분해는 물이 첨가되어 일어나는 분해이다.

식물의 세포벽을 이루는 셀룰로오스($(C_6H_{10}O_5)_n$)도 탄수화물의 일종이다. 이 경우 3000 $< n <$ 6000 정도의 범위에 있다. 이를 가수 분해하면 글루코오스가 된다. 소나 양과 같은 초식 동물은 셀룰로오스를 분해할 수 있는 효소를 가지고 있으나 사람은 가지고 있지 않다.

셀룰로오스는 솜, 마 등의 주성분이다. 종이의 원료인 펄프도 식물의 줄기로부터 얻은 셀룰로오스가 주성분이다. 셀룰로오스는 장 운동을 활발하

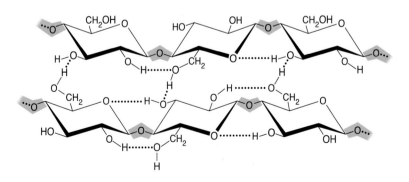

그림 7.25 셀룰로오스의 구조. 셀룰로오스는 식물의 줄기를 이루는 주 구성 물질로서 글루코오스의 중합체이다.

게 하고 배변을 쉽게 하므로 변비 치료제로 사용된다.

글리코겐(glycogen)은 동물 세포에 있어서 글루코오스의 저장형으로 다당류의 일종이다.

단백질

단백질은 많은 수의 아미노산 단위체들이 탈수하면서 결합한 중합체이다. 따라서 단백질을 가수 분해하면 아미노산들이 생성된다. 아미노산은 아미노기와 카르복시기를 가진 분자이다. 아미노산 사이의 결합은 2개의 아미노산의 아미노기와 카르복시기에서 물 1분자가 빠져나가면서 발생하는 펩티드 결합에 의해서 발생한다.

단백질은 인체의 근육, 피부, 효소, 호르몬, 항체들을 구성하는데 열, 산, 중금속 이온, 알코올 등에 의해 변성된다. 즉 단백질의 입체적 구조가 변화하는 것이다. 예를 들어 인체에 들어온 수은이나 납과 같은 중금속 이온은 단백질의 일종인 효소나 호르몬의 변성을 일으켜서 그 기능을 약화시킨다.

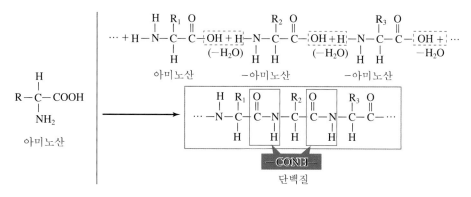

그림 7.26 아미노산과 단백질. 아미노산은 아미노기와 카르복시기를 가진 분자이며 이들이 탈수 중합하여 펩티드 결합을 하고 있는 것이 단백질이다.

7.7 비중합체 유기물

일상생활에 사용하고 있는 유기물 중에서는 고분자가 아닌 것도 많이 있다. 지질, 비누, 세제는 물론 의약품으로 사용되고 있는 많은 종류의 물질이 그러한 유기물이다. 이들 중에는 석유 화학 제품도 있지만 다른 천연 재료로부터 추출한 것도 있다.

지질

지질(lipid)은 글리세롤($CH_2OHCHOHCH_2OH$)과 지방산, 혹은 이들이 다른 원자단이 결합한 유기물로서 지방, 기름, 왁스, 인지질(phospholipid), 콜레스테롤 등이 있다.

지질은 4～36개나 되는 많은 탄소를 포함한 지방산을 가지고 있으므로 산화되면 화석 연료와 비슷할 정도로 매우 큰 에너지를 낸다.

지방과 기름은 융점의 차이에 의해 구분된다. 상온에서 지방은 고체이나 기름은 액체이다. 지방과 기름은 글리세롤과 3개의 지방산 분자가 결합되어 있는 화합물이다. 기름은 물에 잘 녹지 않으나 알칼리성 용액에서는 수용성이 된다. 폐식용유와 수산화칼슘 혹은 수산화칼륨과 혼합시키면 비누가 되는 이유가 여기에 있다.

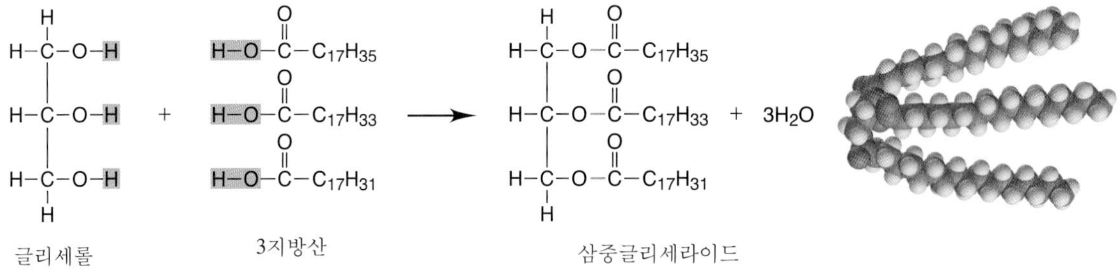

그림 7.27 글리세롤, 지방산, 삼중글리세라이드. 삼중글리세라이드(triglyceride)는 글리세롤과 지방산이 결합한 것으로 음식물의 기름이나 지방의 표준적인 구조이다.

인지질은 2개의 지방산과 1개의 인산기(PO_4^{-3}), 글리세롤이 결합한 분자로서 극성 용매와 비극성 용매에 모두 녹을 수 있으므로 세척제로 사용되면 물과 기름때 사이를 연결할 수가 있다. 세포막은 인지질이 주성분으로 되어 있으며 막의 내부는 소수성이고 내외 표피는 친수성을 띠고 있다.

곤충과 식물의 표피로부터 물의 증발을 막는 역할을 하는 것이 왁스이다. 왁스는 지방에 비해 단단하고 소수성이 더 강하므로 자동차의 외부 코팅에 사용된다.

콜레스테롤은 혈관 벽에 침착하여 혈압을 상승시키는 나쁜 작용을 하지만 인지질과 함께 원형질막을 만드는 데 반드시 필요하며 지질의 소화에 필요한 담즙에도 들어있다.

비누와 세제

지방산의 나트륨염이나 칼륨염을 비누라고 하는데 일반식은 RCOONa 혹은 RCOOK이다. 비누는 유지(동물성 지방이나 식물성 기름)에 수산화

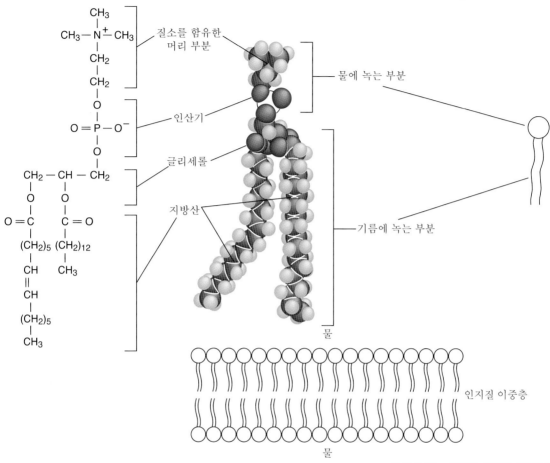

그림 7.28 **인지질 분자의 모형도와 세포막의 구조.** 인지질은 글리세롤과 지방산을 바탕으로 인산기가 결합한 유기물이다. 세포막은 이러한 인지질의 이중 층으로 구성되어 있다.

나트륨(NaOH)을 넣고 가열하면 생성된다. 예를 들면 $(RCOO)_3C_3H_3 + 3NaOH \rightarrow 3RCOONa + C_3H_5(OH)_3$와 같은 반응이 있다. 일반적으로 에스 터에 수산화칼륨(KOH)이나 수산화나트륨을 넣고 가열하여 카르복시산의 염과 알콜이 생성되는 반응을 비누화(saponification)라고 한다.

비누 분자는 탄화수소 부분이 친유성을, 나머지 부분이 친수성을 띠는 이중적인 성질을 가진다. 따라서 물과 기름 모두에 잘 녹는다. 기름때가 묻 은 옷을 세탁할 때 비누 분자의 친유성 부분은 기름때와 결합한다. 이때 비 누 분자의 친수성 부분은 물을 향하고 있어서 비누 분자가 작은 기름때 덩 어리를 둘러싼 채 물속에 떠 있게 된다. 만일 비누에 친수성 부분이 없다 면 물의 표면 장력을 이기고 물을 통과하여 빨래의 기름때까지 잘 접근하 지 못할 것이다. 비누와 같이 표면 장력을 감소시키는 물질을 계면활성제 (surface active agent)라고 한다.

비누는 Ca^{2+}, Mg^{2+}, F^{2+} 등의 금속 이온과는 앙금을 형성하여 물에 잘 녹지 않게 된다. 따라서 금속 이온이 많이 포함된 센물에서는 비누의 세척 작용이 약화될 뿐만 아니라 얼룩으로 남게 된다. 또한 비누의 수용액은 약한 염기성을 띠므로 동물성 섬유의 세탁에는 적절하지 못하다.

비누와 같은 용도로 사용되는 합성세제의 탄화수소 말단은 친유성이고, 친수성 부분은 인산 이온($-OP_3^{2-}$), 아황산 이온($-OSO_2^-$), 황산 이온($-OSO_3^-$) 등의 이온성이므로 물과도 잘 결합한다. 그러나 센물에서도 앙금을 형성하지 않아서 세척력이 감소하지 않으며 수용액은 중성이다.

□ **비누의 역사**

B.C.3000년경 고대 바빌로니아인들이 양의 기름과 재를 혼합하여 비누를 만들었다는 기록이 있다. 재에는 나트륨 이온이 있다. 비누는 15세기에 프랑스에서 공업적으로 생산하기 시작하였으나 19세기에 와서야 대중화되었다.

초기의 합성세제는 석유 화학 제품으로서 알킬벤젠황산염(ABS) 세제였으나 분해가 잘되지 않아 환경오염의 중요 요인이 되었다. 반면에 선형 알킬벤젠황산염(LAS) 세제는 미생물에 의해 쉽게 분해되기 때문에 이제는 모두 이 세제를 사용하고 있다. 시판되고 있는 합성세제에는 황산나트륨이나 탄산나트륨 등이 첨가되어 세척력이 높다.

샴푸는 보통 2가지 이상의 계면활성제가 혼합되어 있어서 세척은 물론 거품이 잘 생기도록 해준다.

린스에는 계면활성제 외에 유지, 단백질, 식물 추출액 등이 배합되어 있어 모발에 유연성과 자연적인 광택이 있도록 하고 있다.

주방용 세제도 2가지 이상의 계면활성제가 혼합되어 강력한 세척력을 발휘하고 떨어져 나온 기름기가 서로 뭉치지 않도록 하여 식기를 세척한다.

의약품

동양에서는 자연적으로 존재하는 약재를 사용하여 질병을 치료해 왔다. 예를 들면 도라지는 진해 거담제로, 구기자는 이뇨제로, 인삼과 녹용은 보양제로 사용되어 왔다. 동양 의학에는 뒤지지만 서양에서도 자연 약재를 이용한 사례는 많이 있다. 예를 들면 고대의 히포크라테스는 버드나무의 껍질을 해열제로 사용했다고 한다.

도라지에서 진해 거담 작용을 하는 물질은 사포닌으로 밝혀졌다. 이에 따라 사포닌만을 추출하거나 인공적으로 합성하여 동일한 용도로 사용하고 있다. 이와 같이 현대 의학은 자연의 약재로부터 질병에 직접적으로 작용하는 성분만 추출하거나 비슷한 약리 작용을 하는 물질을 합성하여 사용하고 있다.

버드나무에서 해열 작용을 하는 물질은 살리신인데 이와 약효는 같으나 보다 부작용이 적은 약으로 개발된 것이 아세틸살리실산이다. 아스피린은 바이엘(Bayer) 사에서 아세틸살리실산을 주성분으로 하는 해열제로 시판한 제품 이름이다.

해열제로는 아세틸살리실산 이외에도 아세트아미노펜이 있으나 간 기능 장애를 일으킬 수 있다. 이들은 모두 진통제로도 사용되지만 습관성이 있는 의약품은 아니다. 반면에 모르핀, 코데인, 헤로인 등은 습관성 의약품, 즉 마약이다. 모르핀은 아편이라고 하는 식물에 있으며 코데인과 헤로인은 모르핀의 유도체이다. 마약의 정식 이름은 항정신성 의약품이며 중추 신경에 작용하여 정신 기능에 영향을 미치는 물질을 말한다.

근육 진통을 위해 흔히 사용하는 물파스의 주성분은 살리실산메틸이다. 그러나 이 물질은 피부에만 발라야지 복용하면 체내에서 독성 물질이 생성되므로 위험하다.

최초의 항생제는 1928년 플레밍(Alexander Fleming; 1881~1955)이 푸른 곰팡이로부터 추출한 페니실린으로 세균의 세포막 형성을 방해하는 작용을 한다. 그 외의 항생제로는 테라마이신, 스트렙토마이신, 테트라사이클린 등이 있다.

4개의 벤젠 고리가 연결된 구조를 가지는 물질을 스테로이드(steroid)라고 한다. 예를 들면 생물의 체내에서도 생산되는 콜레스테롤, 호르몬의 일종으로 관절염의 소염제로 사용하는 코르티손, 성호르몬인 프로게스테론과 테스토스테론 등이 있다.

□ 도핑 테스트

일부 스테로이드는 근육 발달 등 체력 향상에 도움을 주어 운동선수들이 복용한 적이 있으나 장기적으로는 각종 부작용을 일으키므로 복용이 금지되어 있다. 경기에 앞서 이러한 물질의 복용 여부를 검사하는 것을 도핑 테스트라고 한다.

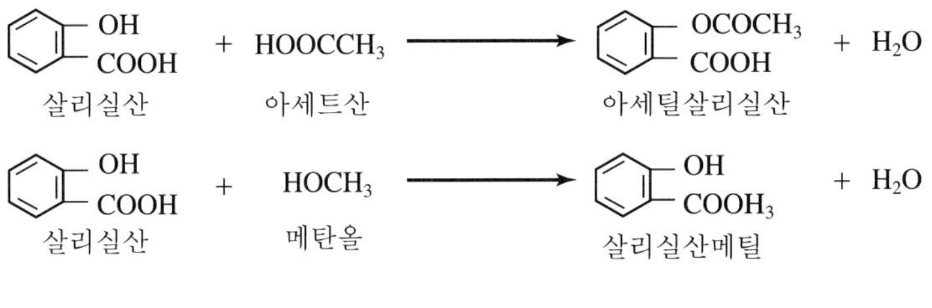

그림 7.29 **아세틸살리실산과 살리실산메틸의 생성.** 살리실산에 아세트산이나 메탄올을 혼합한 뒤 탈수 및 에스테르화를 시키면 아세틸살리실산과 살리실산메틸이 생성된다. 이들은 각각 해열제와 진통제로 사용되는 아스피린과 물파스의 주성분이다.

참고문헌

1. R. Petrucci(대학교재편찬위원회 역), 일반화학, 대영사
2. F. Carey(유기화학 교재연구회 역), 유기화학, 자유아카데미
3. J. McMurray(경석헌 외 역), 유기화학, 자유아카데미
4. P. Kelter et al.(화학교재편찬위원회 역), 화학의 기초, 북스힐
5. P. Bruice, Organic Chemistry 2nd. ed., Prentice Hall
6. 우규환 외, 화학 Ⅰ, 중앙교육진흥연구소
7. 이덕환 외, 화학 Ⅰ, 대한교과서
8. 서정쌍 외, 화학 Ⅰ, 금성출판사

천체의 과학

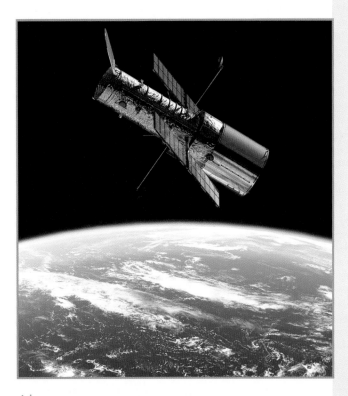

상상과 육안에만 의존하던 과거의 천문학은 우주 망원경과 같은 관측 도구의 발전에 힘입어 정량적인 과학으로 변모하였다. 그 결과 우주에서 일어나는 각종 천문 현상을 과학의 법칙으로 설명할 수 있게 되었다.

8.1 천문학의 변천

고대의 지구 중심설은 16세기에 코페르니쿠스가 근대 천문학의 핵심인 태양 중심설을 발표할 때까지 무려 1,500여 년 동안 비효율적인 방법으로 천체의 운동을 설명하였지만 근대 천문학은 뉴턴의 고전역학과 만유인력의 이론적 바탕 위에서 태양 중심적인 관점으로 행성의 운동을 효율적으로 설명할 수 있었다.

근대 천문학을 출발점으로 현대 천문학은 발전된 관측 기술과 이론으로 단순히 천체의 운동만이 아니라 물질을 포함한 우주 전체의 진화 과정도 설명하기에 이르렀다.

고대 천문학

프톨레마이오스에 의해 완성된 고대의 우주 모형은 지구를 중심으로 한 여러 개의 동심구에 별이 고정된 채로 돌고 있는, 이른바 동심 천구였다. 그러나 이 모형으로는 행성의 운동을 제대로 설명할 수 없었다. 고대인은 이러한 문제를 해결하기 위해서 천구의 개념을 포기하기보다는 보완하려고 하였다. 그러한 노력의 결과가 역행 운동을 설명하기 위해 도입한 이심원과 주전원이었다.

근대 천문학

근대의 코페르니쿠스, 케플러, 갈릴레이 등은 관측 자료를 근거로 고대의 천문 체계를 보다 더 효율적인 태양 중심의 체계로 대체하였다. 이는 지구가 하늘의 중심적인 위치에 있지 않고 다른 행성과 마찬가지로 태양을 중심으로 돌고 있는 평범한 천체로 인식하게 만들었다. 인간이나 인간이 살고 있는 이 지구가 우주에서 어떠한 특별한 지위를 누리지 않는다고 하는 생각을 코페르니쿠스의 원리(Copernican Principle)라고 하며 현대 천문학의 기본 전제로 받아들여지고 있다.

또한 근대에는 항성과 행성이 구별되고 특히 행성의 운동은 몇 개의 경험적인 법칙에 의해 예측될 수 있었다. 뒤를 이은 뉴턴의 역학 법칙과 만유인력의 발견에 의하여 천체의 운동은 고전역학의 지배를 받게 되어 우주는 단순한 기계와 같은 지위로 떨어지게 되었다.

고대인이 억지로 설명한 역행 운동도 근대의 천문학으로 매끈하게 설명되었다. 여기서 역행 운동이란 행성이 평소 서에서 동으로 이동하다가

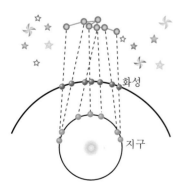

그림 8.1 화성의 역행 운동. 화성은 지구의 바깥쪽에서 지구보다 천천히 회전하기 때문에 화성과 지구를 잇는 시선의 이동 방향이 바뀔 때가 있으며 이때 역행을 하는 것처럼 보인다.

일정 기간 동안 반대로 움직이는 것을 말한다. 역행 운동은 태양 주위를 공전하는 지구와 행성의 주기가 다르기 때문에 일어나는 현상이다. 예를 들어 화성의 공전 주기는 지구의 약 2배이기 때문에 지구가 안쪽에서 궤도의 절반을 돌 때 화성은 바깥에서 자신의 궤도의 1/4 정도만 돈다. 따라서 지구에서 화성을 관측하면 화성의 이동 방향이 바뀌는 경우가 생긴다. 이때 화성은 동에서 서로 가는 것처럼 보이게 되는 것이다.

현대 천문학

육안으로 관측할 수 있는 별은 가장 밝은 시리우스 A[1]를 포함하여 대략 6,000개 정도에 불과하지만 현대의 관측 장비에 의해 관측 가능한 우주의 크기인 100억 광년 이내에는 1,000억 개 정도의 은하[2]가 들어 있는 것으로 추정된다. 따라서 별의 총수는 은하의 수 1,000억에 은하 1개당 별의 수인 1,000억 개를 곱한 10^{22} 개 정도가 된다.

이렇게 넓은 우주에서 지구는 우리 은하[3]라고 불리는 별 집단의 중심으로부터 약 1/3의 거리에 있는 태양계에 속한 한 개의 작은 행성일 뿐이다. 우주 내에서 인간과 인간이 살고 있는 태양계가 어떤 특별한 지위를 가지고 있지 않다는 코페르니쿠스 원리는 우주를 보는 인간의 생각을 크게 변모시켰다. 예를 들어 우리 주위에서 일어나는 일들이 우주의 다른 곳에서도 일어날 수 있다고 보게 되었다. 이 생각은 우주를 탐구하는 데 반드시 필요한 것이다. 그렇지 않고 우리를 우주의 나머지와 차별해 버리면 적용시킬 과학적 법칙도 2가지가 되어야 하기 때문에 비효율적으로 설계된 우주가 될 것이다.

우주에는 시작이 있고 변화가 있는가? 이에 대해서 고대인은 주로 미신이나 종교적인 방법으로 설명하였다. 근대에도 이 의문에 대한 진지한 사고의 흔적은 별로 보이지 않는다. 결국 우주 전체를 연구 대상으로 삼은 것은 관측 장비와 이론으로 무장한 현대인의 몫이었다. 마침내 현대에는 이를 연구하는 천문학의 세부 분야인 우주론(cosmology)까지 태어나게 되었다. 우주론은 우주와 그 구성단위들에 대한 연구를 통해서 우주의 탄생과 진화 과정을 알아내는 것을 목적으로 한다. 여기에는 물질의 본질과 상호작용에 대한 이해, 고도의 상상력, 이론적 바탕이 필요하다.

---

1) 겨울철 남쪽 하늘의 큰개자리에 있는 별로서 태양보다 20배나 밝으며, 정식 명칭은 Alpha Canis Majoris
2) 별의 집단 중의 1가지
3) 은하수(Milky Way)

우주론은 과학과 철학의 경계에 있는 것처럼 보인다. 그것은 우주론이 경험에 부합하는 합리적인 설명에 의해서 우주의 기원과 진화를 설명하지만 때로는 인간의 인식 범위를 넘는다든지 기존의 이론으로서는 설명할 수 없는 시간, 공간, 물질의 상태에 대해서도 심미주의적인 판단이나 단순성 혹은 미래에 대한 예측성을 근거로 설명을 시도하기 때문이다.

8.2 우주의 관측

천체는 하늘에 있는 물질로서 고체 혹은 기체 상태로 되어 있으며 크게는 은하부터 작게는 소행성[4]까지 있다. 천문학은 천체로부터 오는 전자기파와 입자를 검출하여 천체까지의 거리 측정, 천체의 물리·화학적 상태 등의 여러 정보를 얻어내는 과학이다. 그러나 천문학은 다른 어느 분야의 과학보다도 데이터가 부족한 편이다. 그것은 기상과 같은 관측 조건의 제약뿐만 아니라 원하는 상황을 만들어 내어서 실험을 할 수가 없기 때문이다.

관측 도구

가장 손쉬운 천체 관측의 수단은 육안이다. 육안 관측으로 손쉽게 천체의 밝기, 색상 등을 결정할 수 있으나 어두운 천체를 관측하기 어려울 뿐만 아니라 관측 결과의 정량화에도 객관성이 결여되기 쉽다. 또한 눈은 가시광선만을 인식할 수 있기 때문에 다양한 스펙트럼을 가진 모든 종류의 천체를 관측할 수 없다. 예를 들면 별 생성 초기의 물질은 적외선 복사를 하고, 강력한 자기장을 가진 어떤 종류의 별에 의해서는 X선 복사가 일어나는데 육안으로는 이런 것을 관측할 수 없다.

망원경은 육안 관측의 한계를 극복하기 위한 수단으로 처음에는 볼록 렌즈 두 개를 조합한 굴절 망원경의 형식이었다. 현재 사용 중인 굴절 망원경도 원리는 같으며 그 중에서 제일 큰 것의 지름은 1.02 m이다. 그러나 대구경 렌즈 제작의 어려움 때문에 반사 망원경이 널리 사용되고 있다. 굴절 망원경에서 빛을 모으는 것이 볼록 렌즈라고 하면 반사 망원경에서는 오목 거울이 빛을 모은다. 현재의 거대 망원경은 모두 반사식이다. 한때 세계 최대의 망원경은 40억 광년 저편에 있는 천체까지 관측할 수 있는 미국의 팔로마산(Mt. Palomar)에 있는 것이었으나, 지금은 하와이에 있는 켁 천문대(Keck Observatory)의 지름 10m짜리 망원경이 가장 크다. 이들은 모두 반

---

4) 크기가 1,000 km 이내인 작은 행성

사 망원경으로서 가시광선 영역의 전자기파를 수신한다. 이렇게 눈과 같이 광학적 방법으로 가시광선을 수신하는 망원경을 광학 망원경이라고 한다.

망원경을 사용하는 가장 중요한 이유는 어두운 별을 밝게 보기 위한 것이다. 망원경을 사용하면 비교적 가까운 행성들은 확대되어 실제의 모습이 보이나 별은 너무 멀리 있어서 특별한 경우를 제외하면 아무리 큰 망원경을 사용하더라도 대부분은 점으로 보일 뿐이다.

눈이나 망원경은 일종의 빛의 검출기이며 렌즈나 거울로 들어오는 빛의 양은 구경의 제곱에 비례한다. 직경이 7 mm 정도에 불과한 눈의 동공에 비교하여 직경 10 m의 망원경을 통해 들어가는 빛의 양은 2.0×10^6배나 된다. 즉 모든 별을 200만 배 밝게 볼 수 있다. 그러므로 어두워서 육안으로는 관측이 불가능한 별도 망원경으로는 볼 수 있게 된다.

육안으로는 1개로 보이는 천체들도 망원경으로는 분해되어 둘 이상의 천체로 나타날 수도 있다. 그러나 원래의 모습으로 분해할 수 있는 데에는 한계가 있으며 이를 분해능이라고 한다. 분해능은 빛의 파동적인 성질인 회절에 의해서 제약을 받으므로 빛의 파장이 길수록 또한 망원경의 구경이 작을수록 저하된다.

천체의 연구는 가시광선에만 의존하는 것은 아니다. 분자의 복사와 같은 보다 긴 파장의 라디오파도 관측 대상이다. 이를 위해서는 전파 망원경이 필요한데, 반사식 광학 망원경과 같은 원리로 전자기파를 모으지만 렌즈나 거울대신에 금속의 안테나를 사용하며 긴 파장 때문에 광학 망원경보다 더 큰 면적의 안테나를 요구한다. 예를 들면 아레시보 천문대(Arecibo Observatory)의 접시형 안테나의 직경은 300 m나 된다.

그림 8.2 아레시보 천문대. 거대한 전파 망원경이 푸에르토리코의 한 계곡에 설치되어 있다.

가시광선은 지구의 대기를 비교적 잘 통과하는 편이다. 그러나 이보다 파장이 길거나 짧은 적외선, X선, 감마선 등은 대기를 잘 통과하지 못하고 대부분 흡수되어 버린다. 따라서 이러한 영역의 전자기파는 지상이 아닌 곳, 즉 관측 장비를 탑재한 풍선이나 우주선을 발사하여 대기가 희박한 곳에서 수신한다.

적외선 망원경을 탑재한 최초의 천체 관측용 위성 IRAS(Infrared Astronomical Satellite)의 발사 이후 다수의 천체 관측용 인공위성이 지구 주위를 돌면서 적외선, 마이크로파, 자외선, X선, 감마선을 통해 천체를 관측하고 있다. 그 중에서 1989년 발사된 COBE(Cosmic Background Explorer)는 마이크로파 영역의 우주 배경 복사(Cosmic Microwave Background Radiation)[5]를 정밀하게 관측하려는 목적으로 발사된 위성이다.

---

5) 우주 초창기에 생성된 복사(제9장 참조)

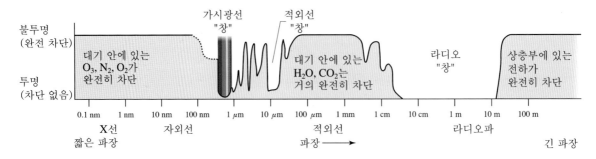

그림 8.3 대기층에 의한 전자기파의 흡수. 외부로부터 오는 전자기파는 파장에 따라 대기에 의한 흡수 정도가 다르다. 파장이 짧은 전자기파 중에서 가시광선은 특별히 흡수도가 작아서 이 파장 영역을 가시광선 창(visible window)이라고 불린다. 이 가시광선 창 때문에 우리는 밤하늘의 별을 쉽게 볼 수 있다.

　　지상에 설치된 광학 망원경의 경우 가시광선이 대기에 의해서 흡수되는 문제는 심각하지 않으나 대기의 밀도가 끊임없이 불규칙적으로 변동하기 때문에 분해능이 나빠지는 문제가 발생한다. 대기권 밖에서 이루어지는 관측에는 이러한 문제가 없기 때문에 그러한 망원경의 분해능은 빛의 회절에 의해서만 좌우된다. 대기에 의한 분해능 저하를 줄이려는 목적으로 1990년 우주 왕복선 디스커버리호에 실려서 발사된 허블 우주 망원경(Hubble Space Telescope)은 지구 상공 600 km 지점에서 2.4 m짜리 반사 망원경으로 우주를 관측하고 있다. 허블 우주 망원경은 세계 최대인 켁 천문대의 망원경보다 5배만큼 작은 구경이지만 20배나 나은 분해능을 가지고 있어서 10,000 km떨어진 자동차의 두 헤드라이트를 구별할 수 있을 정도이다.

　　초창기에는 망원경에 의해 관측된 천체의 상을 사진건판이나 필름에 기록하는 화학적 방법을 사용하였으나 이제는 CCD카메라와 컴퓨터를 사용하여 디지털 방식으로 이미지를 수록한다. 컴퓨터를 사용하면 그렇게 수록된 대량의 디지털 이미지도 자동으로 분석할 수 있는 장점이 있다.

거리의 측정

　　천체까지의 거리 측정은 관측 천문학에서 가장 중요한 일 중의 한 가지이며 여기에는 여러 가지 방법이 있다.

　　가까운 행성까지의 거리는 레이더로 전자기파를 발사하여 반사되어 돌아오는 시간을 측정하는 방법과, 멀리 떨어진 지표상의 두 지점에서 관측한 행성의 관측 각도의 차이로부터 거리를 기하학적으로 계산하는 방법이 흔히 사용된다.

　　지표상의 두 지점을 이용하는 방법은 항성의 경우에는 각도 차이가 너무 작기 때문에 적용될 수 없고, 대신에 지구의 공전 때문에 발생하는 연주 시차(secular parallax)를 이용하는 방법이 사용된다. 연주 시차는 1/2년 동안에 변화한 별의 방향을 각도로 나타낸 것이다. 이때 측정한 연주 시차로서 파섹(pc)이라는 거리의 단위를 정의할 수 있다. 1pc는 연주 시차가 1″ (초)[6] 일 때의 거리이며 빛이 1년 동안 달린 거리인 광년(ly)으로 나타내면 약 3.26 ly에 해당한다. 가장 큰 연주 시차는 우리로부터 가장 가까운 별인 알파 센타우리(α Centauri)[7]로부터 얻어지며 그 값은 대략 1.3pc(4.3 ly)이다. 이 방법에 의해 측정된 견우성까지의 거리는 15.7 ly, 직녀성까지는 26.5 ly이다. 두 별 사이의 거리가 대략 10 ly이나 되므로 두 별이 매년 칠월 칠석날에 만나기는 너무 먼 거리임이 분명하다. 연주 시차 방법은 100pc 이하의 거리에서만 사용 가능하며 이 방법에 의해서 10,000개 이하의 별까지의 거리가 측정되었다. 너무 먼 별에 대해서는 연주 시차가 측정 오차보다 커져서 제대로 거리를 측정할 수 없으므로 다른 방법을 사용해야 된다.

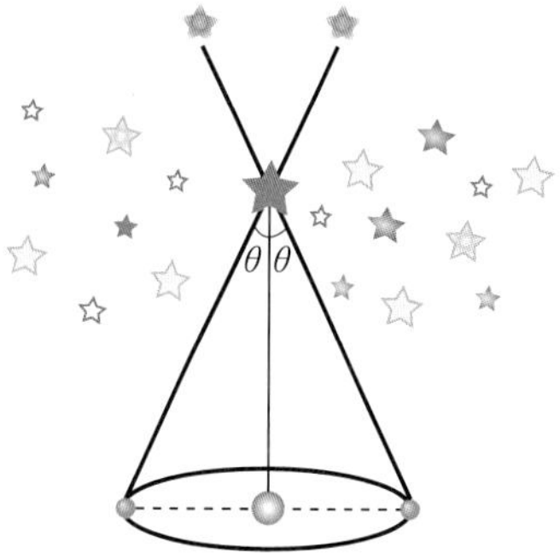

그림 8.4 **연주 시차의 측정.** 지구 근처에 있는 별까지의 거리는 태양의 주위를 회전하는 지구의 궤도를 이용하여 기하학적으로 측정한다.

레이더와 연주 시차법은 직접적으로 천체의 거리를 측정하는 방법이며 그 외에 다른 것은 천체의 물리적 성질로부터 거리를 유추해 낸다. 그 중의 대부분은 천체의 밝기를 이용한다. 천체의 밝기는 거리에 따라 달라지는데 현재 위치에서 측정된 밝기를 겉보기 밝기라 하고 같은 천체가 10pc의 거리에 있을 때의 밝기를 절대 밝기로 정의한다. 겉보기 밝기와 절대 밝기를

□ 밝기와 거리

천체의 밝기는 거리의 제곱에 반비례한다. 그것은 별에서 나온 빛이 사방으로 퍼져서 비추는 전체 면적이 구의 표면적과 같이 거리의 제곱에 비례하여 증가하기 때문이다. 이 때문에 만일 10pc의 거리에서 밝기가 1이라고 하면 20pc에서는 밝기는 $1 \times (10/20)^2 = 0.25$이다. 따라서 천체의 절대 밝기를 알고 있을 때 겉보기 밝기를 측정하면 천체까지의 거리를 간단히 알아낼 수 있다.

□ 밝기 등급

별의 밝기는 고대 그리스 시대부터 사용하던 방법을 사용한다. 이에 따르면 육안으로 보이는 별을 6등급으로 나누어 그 중에서 가장 밝은 별은 1등급, 가장 어두운 별은 6등급으로 표시한다. 1등급보다 더 밝은 별의 등급은 음으로 표시된다. 망원경으로 보면 6등급보다 더 어두운 별도 보이게 된다. 사람의 눈은 밝기를 대수적으로 인식하기 때문에 한 등급 사이의 실제 밝기는 2,512배의 차이가 있다. 별의 밝기 등급은 대부분 −10에서 +15사이에 있다. 허블 우주 망원경으로 관측할 수 있는 가장 어두운 별의 밝기 등급은 +30.0이다.

---

6) 각도로 1초는 1도의 1/3,600
7) 북위 29도 이상에서는 뜨지 않기 때문에 우리나라에서는 관측 불가

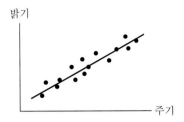

밝기

주기

그림 8.5 케페이드 변광성의 밝기와 주기. 케페이드 변광성의 절대 밝기와 주기는 직선적인 관계가 있으므로 주기를 측정하면 절대 밝기를 알 수 있고 이를 겉보기 밝기와 비교하여 거리를 알아 낼 수 있다.

비교하면 천체까지의 거리를 알 수 있다.

절대 밝기에 대한 정보를 제공해 주는 것이 몇 가지가 있다. 그 중에서 케페이드(cepheid)를 사용하는 방법이 비교적 정확하다. 케페이드는 변광성으로서 최초로 북반구의 케페우스자리(Cepheus)에서 발견되었으며, 수일에서 수개월의 범위로 그 밝기가 주기적으로 변하는 별이다. 밝기가 변하는 이유는 별이 팽창과 수축을 반복하고 있기 때문이다. 그런데 이 변광성의 밝기 변화의 주기와 절대 밝기 사이에는 비례 관계가 있음이 알려져 있다. 밝기 변화의 주기는 거리에 상관없이 측정되므로 주기만 알면 그 관계식으로부터 바로 절대 밝기를 알 수 있고 이를 관측된 겉보기 밝기와 비교하면 거리가 계산된다. 이외에도 여러 가지 방법으로 천체까지의 거리를 측정할 수 있다.

표 8.1 천체의 밝기 등급과 거리

천 체	거 리	겉보기 밝기	절대 밝기
태양	1 AU*	−26.7	+4.8
보름달	2.56×10^{-4}AU	−12.6	+31.7
Sirius A(α Canis Majoris)	8.61 ly	−1.44	+1.45
Rigel Kentaraus (α Centauri)	4.3 ly	−0.01	+4.34
Vega(α Lyrae)	26.5 ly	+0.03	+0.58

* 지구와 태양 간 평균 거리로 약 1억 5천만 킬로미터

스펙트럼의 관측

관측 천문학에서는 천체로부터 오는 전자기파의 스펙트럼을 관측하여 여러 가지 용도로 사용하고 있는데 그 중에서 가장 중요한 2가지를 다음과 같이 지적할 수 있다.

첫째, 물체에서 복사된 빛의 스펙트럼은 온도에 따라 다르다. 그러므로 빛의 스펙트럼을 조사하면 그 빛을 복사하는 물체의 온도를 알 수 있다. 한편 물체의 스펙트럼은 색상을 결정하기 때문에 색상과 온도를 관련지을 수 있게 된다. 즉 별의 온도가 3,000°C에서 35,000°C로 변화할 때 색상은 적, 주황, 황, 황백, 백, 청백의 순으로 변화한다.

둘째, 스펙트럼은 광원과 관측자의 상대 속도에 따라 변화한다. 따라서 추정된 원래의 스펙트럼과 관측된 스펙트럼을 비교하면 광원과 관측자 사이의 상대 속도를 결정할 수 있다. 이것은 도플러 효과를 이용한 것이다.

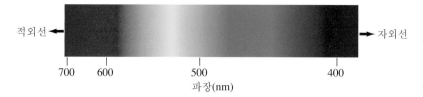

그림 8.6 **가시광선의 파장과 색상.** 가시광선은 파장에 따라 적색으로부터 보라색까지의 다양한 색상으로 인식된다.

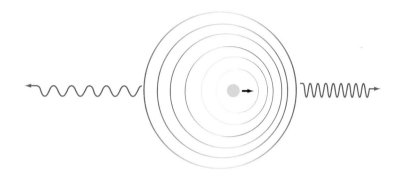

그림 8.7 **도플러 효과.** 광원과 관측자가 상대적으로 가까워지고 있으면 빛의 파장이 짧게, 멀어지고 있으면 파장이 길게 관측된다. 후자의 경우를 적색 편이라고 한다.

도플러 효과는 일상적인 속도에 대해서는 그다지 크지 않지만 정밀한 장비로 탐지해낼 수 있기 때문에 광원과 관측자 사이의 상대 속도를 알아낼 수 있다. 그러므로 도플러 효과는 그 자체의 중요성보다는 별과 같은 광원의 운동을 탐지해내는 도구로서 중요한 역할을 한다.

8.3 우주의 구성

밤하늘에는 많은 별이 빛나고 있어서 우주는 별로 가득 차 있는 것으로 생각되지만 관측되는 별의 대부분은 우리와 가까이 있는 것들이고 멀리 나가면 대부분의 공간은 텅텅 비어있다. 실제로 우주 공간은 실험실에서 얻을 수 있는 가장 좋은 진공 상태보다 훨씬 더 나을 정도로 물질이 희박하다. 그러나 탐사 결과에 의하면 우주의 곳곳에는 기체와 먼지가 존재한다. 이와 같이 우주는 형체가 정해지지 않은 물질로부터 형태를 이루고 있는 구성단위인 별, 성단, 은하 등이 장식하고 있다.

성간 물질

성간 물질은 우주 공간의 일부를 특정한 형체를 이루지 않고 넓게 퍼진 상태로 분포해있는 기체 혹은 고체(먼지)상의 물질이다. 이것은 밀집되어 있지 않기 때문에 육안으로는 관측하기가 어렵다. 이를 구름 혹은 성운이라고 부르지만 구분은 모호한 편이다.

기체상의 성간 물질은 주로 수소 원자로 구성되어 있으며 은하 내의 밀도는 1cm³ 당 수소 원자 1개 정도이다. 수소, 헬륨, 탄소, 질소, 산소 등의 원자들이 결합하여 분자도 형성할 수 있으나 주위의 별로부터 오는 자외선과 X선에 의해서 쉽게 파괴되므로 분자들은 주로 밀도가 높은 성운의 중심부에만 있게 된다.

성간 물질의 먼지는 마이크로미터(μm)단위의 크기를 갖는 고체로서 주로 탄소와 실리콘으로 구성되어 있다. 먼지는 별의 진화 과정의 마지막 단계에서 내뿜어지는 물질이다. 먼지는 입사하는 빛을 흡수하여 적외선의 형태로 에너지를 방출하며 원자들을 부착시켜 분자를 형성시켜주는 일종의 촉매 역할을 하기도 한다.

밤하늘의 은하수를 자세히 관측해보면 군데군데 검은 영역이 있음을 알 수 있다. 이러한 영역이 바로 뒤쪽으로부터 오는 별빛을 가리는 성간 물질이 있는 곳이다. 이렇게 뒤쪽의 별빛을 가로막아 어둡게 보이는 성간 물질을 암흑 성운이라고 한다. 말머리성운(Horsehead Nebula)이 여기에 속한다.

어떤 성운은 다른 별이나 은하의 빛을 받아서 빛나기도 한다. 이런 경우를 반사 성운이라고 부른다. 예를 들면 플레이아데스성단(Pleiades)의 뒤쪽에서 빛나는 먼지 구름은 이 성단의 빛을 반사하고 있다.

성간 물질은 새로운 별이 생성되는 장소이다. 특히 기체와 먼지가 혼합된 곳에서는 많은 분자가 형성되어 밀도가 높아지고 궁극적으로는 별이 생성될 수 있다. 성간 물질이 바로 '별들의 고향'인 셈이다.

그림 8.8 플레이아데스성단. 별 뒤의 성간 물질이 빛을 반사하여 푸른 배경처럼 보인다.

별

별은 성단과 은하를 이루는 주요 구성단위로서 74%의 수소, 25%의 헬륨, 나머지 1%의 다른 원소들이 고농도로 집중되어 있는 기체 덩어리이며 핵융합 반응으로 스스로 빛을 낸다. 별은 대규모[8]의 성간 물질로부터 태어나서 진화 과정을 겪게 된다. 진화 과정은 별의 물리적 상태, 특히 질량에 의해서 좌우되며 같은 별이라도 어느 단계에 있느냐에 따라 다른 모습으로 나타난다.

별의 절반 이상이 하나 혹은 그 이상의 짝을 가지고 있다. 별 2개가 중력에 의해 결합하여 공통의 중심 주위로 돌고 있는 것을 쌍성이라고 한다. 쌍성은 단순히 역학적으로만 결합한 경우와 역학적인 결합은 물론 서로 물

8) 암흑 성운인 경우에는 태양 질량의 10,000배 이상의 질량을 가져야 하며, 이 정도 성운의 크기는 약 30광년

질을 주고받는 경우가 있다. 쌍성을 이루어서 돌고 있기 때문에 지구에서 관측하면 전체 밝기가 주기적으로 변하기도 한다. 대표적인 쌍성으로 시리우스 A와 B를 들 수 있다.

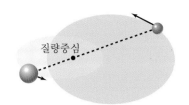

그림 8.9 쌍성의 궤도. 쌍성의 두 별은 질량중심 주위로 모두 회전하고 있다.

별의 온도와 절대 밝기를 각각 수평축과 수직축으로 정한 다음 관측된 별들을 이 그래프 상에 점으로 찍어보면 신기하게도 대부분의 별들이 어떤 곡선 상에 놓여있음을 보게 된다. 약간의 폭을 가지는 이 곡선 상에 놓여 있는 별의 집단을 주계열이라고 한다. 별의 온도와 밝기 관계를 표시한 이 그래프를 H-R도(Herzsprung-Russell diagram)라고 부르며 천문학에서 가장 중요한 도표 중의 하나이다. 이 도표의 수평축은 별의 온도를 나타낸다. 그런데 온도에 따라 별의 색상이 다르게 관측되므로 온도 대신에 O, B, A, F, G, K, M 등 주로 색상에 의해 분류된, 이른바 분광형(spectral type)으로 표시하기도 한다. O형의 별이 온도가 가장 높아서 청백색, M형은 가장 낮아서 적색으로 빛난다. 예를 들면 표면의 온도가 약 6,000K인 태양은 G형, 9,500K인 직녀성은 A형으로 분류된다.

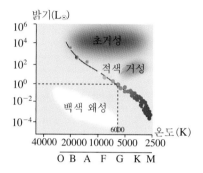

그림 8.10 H-R도. 별의 밝기와 온도 사이의 관계를 나타내는 그래프이다. 대부분의 별은 대각선상의 주계열에 있다(L_0는 태양의 밝기).

절대 밝기로 말하자면 가장 뜨거운 별인 O형의 별이 가장 밝고 M형의 별이 가장 어둡다. 이렇게 뜨거운 별이 밝은 이유는 별의 질량과 관계가 있다. 별은 질량이 클수록 더 많은 에너지를 방출하여 밝고 뜨겁다. O형의 별은 태양 질량의 60배, 가장 어두운 M형은 0.3배 정도이다. 그러므로 태양은 여러 면에서 평범한 주계열성이라고 할 수 있다.

주계열성의 경우 관측에 의하여 색상이 결정되면 H-R도 상에서 별의 절대 밝기를 읽어낼 수 있고 이를 겉보기 밝기와 비교하면 별까지의 거리가 추산된다.

관측되는 별의 대부분이 주계열성이지만 아닌 것도 있다. 이들은 주로 별의 진화 단계에서 말기에 나타나며 H-R도에서 주계열의 오른쪽에 나타나는 적색 거성(red giant)과 왼쪽의 백색 왜성(white dwarf) 등이 있다.

주계열성의 밀도는 대체로 물의 밀도인 1kg/l[9]와 비슷하다. 예를 들어 태양의 밀도는 1.41kg/l이다. 반면에 적색 거성인 베텔규스(Betelgeuse)의 밀도는 태양 밀도의 10^{-8}배로서 공기보다 더 묽을 정도로 매우 부푼 상태에 있음을 알 수 있다. 실제로 베텔규스를 태양이 있는 곳에 가져다 놓으면 그 가장자리는 토성의 궤도를 넘어선다고 한다. 반대쪽 극한인 백색 왜성은 매우 고밀도의 별이다. 예를 들어 시리우스 B의 질량은 태양과 비슷하지만 반경은 6/1,000[10]에 불과하기 때문에 밀도는 태양의 수백만 배에 달

---

9) 1리터당 1kg을 뜻하는 밀도의 단위
10) 태양의 반경은 6.97×10^5 km이나 시리우스B의 반경은 4,200km 정도로 추산

한다. 이보다 더 고밀도인 중성자성(neutron star)과 블랙홀(black hole)도 존재하며 이들은 별의 진화 과정에서 설명될 것이다.

성단과 은하

성단은 수십만에서 수백만 사이의 비교적 적은 수의 별로 구성된 별의 집단으로서 구형으로 뭉친 구상 성단이 그 대표적인 형태이다. 규모는 대략 수십 pc 정도이다. 비슷한 규모이지만 별의 분포가 구형이 아닌 불규칙적인 모습을 보이는 성단을 산개 성단이라고 한다.

은하는 대략 천억 개 정도의 훨씬 더 많은 수의 별을 포함하는 집단이며 대부분은 나선형 혹은 타원형이고 불규칙한 모양의 은하의 수는 그리 많지 않다. 은하가 특정한 모양을 만들게 되는 것은 중력과 자전의 효과로 보인다.

한편 너무 먼 은하는 별들이 서로 구분되어 보이지 않기 때문에 성운이라고 불리기도 한다. 그러나 원래 성운이라는 용어는 은하나 별로 만들어지기 이전의 기체나 먼지와 같은 물질의 구름을 의미한다.

타원형 은하의 주 구성원은 늙은 별이며 별 사이의 공간에는 새로운 별을 생성시킬 수 있는 기체 상태의 물질이 거의 없다. 나선형 은하의 중심부에도 늙은 별이 많으나 팔에는 성간 물질이 비교적 풍부하여 새로운 별이 생성되고 있다. 불규칙 은하에는 전체적으로 성간 물질의 농도가 가장 높아서 새 별이 가장 많이 생성되고 있으며 장차 나선형 은하로 진화할 것으로 추정된다.

태양계가 속한 우리 은하의 모양을 추측하는 데에는 멀리 있는 다른 은하의 모양을 참조할 수밖에 없다. 숲 속에서 주위의 나무를 보고 숲 전체의 모양을 추측하기가 어려운 것처럼 우리 자신이 우리 은하를 직접 관측할 수 없기 때문이다. 우리 은하는 원판의 직경이 16만 광년, 중심부의 두께가 1만 광년, 가장자리의 두께는 3,000ly 정도인 나선형 은하이며 중심부의 나

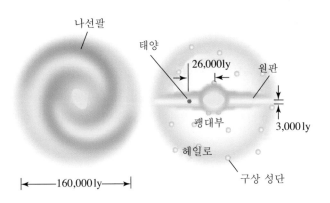

그림 8.11 우리 은하와 태양계. 우리 은하는 나선형이고 태양계는 그 중심으로부터 1/3의 거리에 있다.

이는 140억 년 정도로 추정된다. 옆에서 보면 볼록 렌즈의 단면처럼 보이고 상하 방향으로 보면 마치 태풍의 구름 사진을 연상시키는 구조일 것이다. 태양은 은하계의 중심으로부터 26,000 ly 떨어진 곳에서 약 250 km/s의 속도로 돌고 있으며 주기는 약 2.6억 년이다.

우주에는 우리 은하 외에 수천 억 개의 다른 은하가 있고 각자 모두 비슷한 숫자의 별을 가지고 있는 것으로 추정된다. 대형 은하로서 우리로부터 가장 가까운 은하는 안드로메다자리(Andromeda)의 M31이라고 불리는 안드로메다 성운으로서 육안으로도 관측 가능하지만 200만 광년 저편에 있다.

그림 8.12 안드로메다은하. 대형 은하 중에서는 우리로부터 가장 가까운 은하로서 M31이라고도 불린다.

은하군과 은하단

은하가 우주에서 가장 큰 구성단위는 아니다. 50개 이내의 은하가 모인 은하군, 50 이상 수천 이하의 은하 집단인 은하단, 관측 범위 내에서 가장 큰 구조로서 10여 개의 은하단이 모인 초은하단이 있다. 은하군, 은하단, 초은하단의 크기는 대략적으로 각각 1Mpc, 10Mpc, 100Mpc[11] 정도이다.

우리 은하는 30여 개의 은하를 가진 국부 은하군에 소속되어 있다. 국부 은하군의 은하 중에서 우리 은하와 안드로메다 성운이 가장 밝다. 그런데 우리 은하와 안드로메다 성운은 119 km/s의 무서운 속도로 서로 다가가고 있다. 이들은 약 63억 년 후에는 서로 충돌할 것이다. 그때쯤이면 이미 태양도 수명을 다했을 것이므로 이래 저래 지구의 종말은 피할 수 없는 일이다.

국부 은하군의 주위에는 10Mpc의 거리 이내에 20여 개의 다른 은하군이 있으며 이들이 국부 은하단을 형성한다.

한편 지구에서 16Mpc의 거리에는 크기가 3Mpc 정도이고 최소한 2,000여 개의 은하를 거느린 처녀자리 은하단이 있다.

국부 은하군이 소속된 국부 초은하단은 중심이 우리가 아닌 처녀자리 은하단에 있으며 수십 Mpc 이내의 거리에 있는 수천 개의 은하단을 포함한다. 우리 은하는 국부 초은하단의 가장자리에 있다.

초은하단들은 섬유처럼 연결되어 있고 중간에는 아무 것도 없는 거대한 빈 공간(void)이 자리 잡고 있다.

---

11) Mpc는 10^6 pc

퀘이사와 활동성 은하

퀘이사(Quasars)는 원래 점같이 보여서 별로 생각되었지만 스펙트럼이 보통 별과 다른 특이한 성질을 가지는 천체로서 '별에 준하는 천체'라는 뜻으로 사용되기 시작하였다. 퀘이사가 수억 광년 이상의 매우 먼 거리에 있는 천체임에도 불구하고 관측이 될 수 있는 이유는 대량의 에너지를 내기 때문이다. 예를 들어 7억 광년의 거리에 있는 백조자리 A는 일반 나선 은하의 천만 배나 되는 에너지를 방출하고 있다.

퀘이사의 에너지는 태양 질량의 수억에서 수십억 배의 질량을 가진 블랙홀에 의하여 공급되고 있는 것으로 생각된다. 이러한 초중량 블랙홀이 주위의 물질을 빨아들이면서 중력 에너지가 전자기파 에너지로 변환되는 것이다. 이러한 현상이 일어나고 있는 은하를 활동성 은하라고 한다. 따라서 퀘이사는 활동성 은하의 중심핵이라고 할 수 있다. 우리 은하의 중심에도 태양 질량의 2.6×10^6배나 되는 질량을 가진 블랙홀이 있는 것으로 추정된다. 이러한 초중량 블랙홀은 은하 내의 많은 별들이 충돌하여 생성되는 것으로 생각된다.

새로운 퀘이사가 계속 발견되고 있으며 그 중에는 100억 광년 이상의 거리에 있는 것도 있다. 우리는 100억 년 전 어떤 은하의 모습을 보고 있는 셈이다. 실제로 대부분의 은하는 유년 시절을 퀘이사로 지내는 것으로 추정된다. 우리 주위에 있는 은하들도 옛날에는 퀘이사였을 수도 있다. 현재까지 발견된 퀘이사는 10,000여 개나 된다.

암흑 물질

태양의 질량은 지구의 343,000배 정도이고 행성 중에서 가장 무거운 목성도 기껏 해보았자 지구의 317.8배 밖에는 되지 않으므로 태양계에 있는 질량의 대부분은 태양이 가지고 있는 셈이 된다. 뿐만 아니라 태양계에서 스스로 빛을 내는 천체는 태양뿐이다. 또한 태양은 우주에 있는 수많은 별 중에서 평범한 별의 하나이므로 은하 내에 있는 물질의 양을 추산할 때 밝게 빛나는 별의 수를 세어서 태양의 질량을 곱한다고 해서 별 문제가 되지 않을 것으로 생각된다.

태양계에 있는 행성의 공전 속도는 바깥쪽으로 갈수록 작아진다. 그 이유는 바깥쪽으로 갈수록 태양에 의한 만유인력이 작아지므로 원심력에 의해 태양계를 탈출하지 않도록 하기 위해서이다. 수천억 개의 별을 포함하고 있는 은하도 회전하고 있는데 만일 빛을 방출하기 때문에 관측되는 별들이 은하 내에 존재하는 물질의 대부분을 차지한다는 가정이 옳다면 은하 내에 있는 별의 회전 속도는 은하 중심에서 멀어질수록 줄어들어야 한다. 그러나 실제의 관측 자료는 가장자리에 있는 별들의 속도가 감소하지 않고 수백 km/s로 거의 일정한 경향을 보여준다. 이를 설명하기 위해서는 보이지 않는 대량의 물질이 은하 외부의 상당한 범위까지 있다고 해야만 한다. 뿐만 아니라 은하단 사이에도 중력에 의한 결합이 존재하는데 이 거대한 힘의 크기는 별과 성간 물질로서 충분히 설명할 수 없다고 한다. 이렇게 역학적인 이유로 존재한다고 생각되지만 관측되지 않는 물질을 암흑 물질(dark matter)이라고 한다.

우리 은하 면의 상하 60Mpc 이내에 있는 모든 은하들은 궁수자리(Centaurus) 방향으로 약 600km/s의 속도로 이동해가고 있는데 이는 태양 질량의 10^{16}배나 되는 물질이 발생하는 중력의 효과와 같을 정도로 매우 큰 속도이다. 주위의 어떠한 은하도 그러한 질량을 가진 것은 없으므로 이 거대한 운동을 일으키는 근원[12]이 무엇인지는 제대로 밝혀지지 못한 상태에 있으며 암흑 물질이 그 근원으로 제안되기도 했다.

암흑 물질의 본질로 여러 가지가 제안되었다. 어떤 것이든지 암흑 물질의 양은 관측된 별의 회전 속도를 제대로 설명하기 위해서 별과 같이 보이는 물질의 5배 정도는 되어야 한다. 첫 번째 후보는 우주에서 가장 흔한 물질인 수소이다. 그런데 중성의 수소는 특정한 파장의 전자기파를 흡수하여 다시 복사하기 때문에 우주로부터 오는 전자기파 중에서 이 파장 성분의 강도를 측정하면 우주 공간의 수소의 밀도를 추산할 수 있다. 그러나 이렇게 추산한 수소의 양은 암흑 물질로서 필요한 양에 턱없이 모자란다. 그 외에 다른 종류의 물질이 먼지와 같은 형태로 존재하는 것도 가정할 수 있으나 그들 역시 관측 자료에 부합할 정도로 충분하지 않은 것으로 드러났다.

이론적으로도 여러 가지 암흑 물질의 후보가 제안되었지만 어떤 것도 아직까지 만족스러운 해답을 주는 것은 없다. 이 문제의 본질에는 천문학과 입자물리학이 연관되어 있으며 관측 능력의 한계에 비추어 보아 쉽게 해결되지 않을 것으로 보인다.

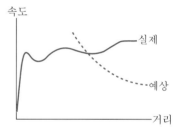

그림 8.13 은하 내 별의 회전 속도. 은하의 중심 주위를 회전하는 별의 속도는 바깥으로 갈수록 감소할 것으로 예측되었으나 거의 일정한 경향을 보여준다. 이것은 은하의 외부에도 눈에 보이지 않는 물질이 존재함을 의미한다.

---

12) 거대 인력체(great attractor)로 불리며 이는 남쪽 하늘의 궁수자리와 바다뱀자리 사이의 센타우르스 초은하단 근처에 있는 것으로 추측되는 거대한 인력체

8.4 별의 진화

거대 규모에서 보아 우주의 물질 밀도는 장소와 방향에 관계없이 균일한 것으로 보인다. 이러한 우주 전체에 걸친 물질의 완전한 균일성이 우주원리이다. 그러나 거대 규모에서는 이렇게 균일한 우주이지만 별, 은하와 같은 물질이 부분적으로 불균일하게 분포되어 있는 것도 사실이다. 이렇게 현존하는 물질의 불균일성은 최초의 우주에 존재하던 불균일성으로부터 유래하였다. 즉 처음에는 기본적인 입자 형태의 물질이 불균일하게 존재하다가 수소의 구름으로 변화한 다음 자체의 중력에 의하여 은하를 형성하게 된 것으로 보인다.

최초의 별은 은하가 탄생할 때 하나의 구성단위로 태어났지만 은하가 생성된 이후에도 성간 물질로부터 계속 태어나고 있다. 이렇게 태어난 별은 질량에 따라 각자의 진화 과정을 걸어가게 된다.

은하의 탄생

불확정성 이론은 우주의 모든 시기에 물질의 밀도에 불확정성이 존재하였기 때문에 지역적인 물질의 불균일성은 피할 도리가 없다고 말해 준다. 이 국소적인 밀도의 불균일성이 은하와 별의 탄생에 씨앗과 같은 역할을 하게 되었다. 즉 다른 곳에 비해 밀도가 상대적으로 높은 부분에서는 자체의 중력에 의해 주위의 물질을 끌어들이기 시작하였으며 결국 고밀도로 붕괴하여 은하가 되었던 것이다.

대부분의 은하는 중심 주위를 회전하고 있는 나선형이다. 회전 운동에 관한 각운동량 보존 법칙에 따르면 회전하는 물체는 각운동량(angular momentum)이라고 불리는 회전 운동의 크기를 계속 유지하여야 한다. 따라서 나선형 은하는 탄생하기 전에 이미 회전하고 있는 물질의 구름이었을

> □ **각운동량 보존 법칙**
>
> 물체가 회전하고 있는 경우 그 회전 운동의 크기는 외부에서 회전력을 가하지 않는 한 보존된다. 회전 운동의 크기는 물체의 질량, 크기, 회전 속도에 관계하는 각운동량이라고 부르는 물리량으로 정량화된다. 지구가 계속 자전하고 있는 것도 각운동량 보존 법칙으로 설명된다. 스케이트 선수가 제자리에서 팔을 벌리고 회전하다가 팔을 오므리면 빨리 도는 것도 이 법칙으로 설명할 수 있다. 팔을 오므려 회전체의 크기를 줄이면 회전 속도가 빨라져야 각운동량을 일정하게 유지할 수 있기 때문이다.

것이다. 이 회전하는 구름은 점성에 의해 사라지기도 하였으나 일부는 살아남아 나선형 은하로 진화하였다고 생각한다.

주계열성의 진화

성간 물질이 충분히 집중되어 있는 곳에서는 물질의 자체 중력에 의해 기체가 수축하게 되며 이 과정에서 중력 에너지가 내부 에너지로 전환되어 중심부의 온도가 올라가게 된다. 마침내 온도가 수백만 K에 이르면 중심부의 수소가 헬륨으로 변하는 핵융합 반응이 일어나게 된다. 이런 상태의 천체를 원시별이라고 한다. 원시별은 처음에는 밝기가 변화하는 변광성으로 나타나지만 5,000만 년 이내에 전자기파 복사에 의한 압력과 중력에 의한 수축력이 균형을 이루게 되어 안정적으로 빛을 발하는 주계열성이 된다. 별은 일생의 대부분을 이런 상태로 보내게 된다. 관측된 별의 85%가 주계열성이라는 사실이 이를 뒷받침한다. 주계열에 속하지 아니한 별도 원래부터 그러한 것은 아니고 원래는 주계열로부터 출발하였으나 진화 과정 중에 상태가 변화한 것이다.

주계열성의 온도, 밝기, 질량 사이에는 상관관계가 있다. 주계열성은 질량이 클수록 온도가 높고 밝다. 즉 질량이 큰 별일수록 더 많은 에너지를 생산하고 있는 것이다. 이 관계는 단순히 비례 관계가 아니라 질량에 따라 에너지 생산의 정도가 급격히 커지기 때문에 결국 질량이 큰 별일수록 수명이 짧아진다.

성간 물질이 뭉쳐져서 만들어진 원시별은 그 질량에 따라 매우 다른 운명의 길을 걷게 되며 그 중에서 태양 질량과 비슷한 질량을 가지는 별이 가장 표준적인 삶을 누리게 된다.

보통의 주계열성은 탄생 후 대략 100억 년이 지나면 연료인 수소가 소진되어 중심의 헬륨 핵이 붕괴한다. 이때 발생한 에너지로 별이 더욱 뜨겁게 가열되어 껍질에서도 핵융합이 일어나므로 별은 크게 팽창하게 된다. 이런 상태의 별이 바로 적색 거성이다. 태양은 약 50억 년 후에 적색 거성이 되며 이때 지구는 부푼 태양 속에 들어서게 된다. 그 전에 태양에서 방출하는 에너지의 양이 훨씬 줄어 이미 현재의 생명체는 생존할 수 어렵게 되겠지만 지구는 결국 불덩어리 속으로 들어가 버린다. 이래저래 지구상의 생명체의 수명은 50억 년을 넘지 못할 것이다.

적색 거성의 중심부는 계속 수축하여 마침내는 헬륨이 탄소로 변하는 핵융합이 시작되며, 이때 방출되는 에너지에 의해 껍질에서도 폭발적인 핵융합 반응이 일어난다. 이 때문에 껍질이 날아가 버리고 중심의 핵만 남게

표 8.2 별의 질량과 수명

질량(M⊙*)	온도(K)	수명(10^6년)
25	35,000	3
3	11,000	500
1	6,000	10×10^6
0.5	4,000	200×10^6

* 태양의 질량

베텔규스의 크기

지구 궤도의 크기

목성 궤도의 크기

그림 8.14 베텔규스와 오리온자리.
베텔규스는 오리온자리의 좌상단에 있는 별이며 적색 거성이다.

된다. 보통 정도의 질량의 별은 중심 온도가 탄소보다 무거운 핵을 융합할 수 있을 만큼 올라가지 못하므로 더 이상은 에너지를 만들지 못하고, 작지만 밀도가 크고 탄소가 풍부한 백색 왜성이 된다. 백색 왜성의 밀도는 물의 수백만 배로 매우 크다. 현재까지 수백 개의 백색 왜성들이 발견되었으며 그 중에는 크기는 지구의 반 정도이면서도 태양 질량의 2.8배의 질량을 가진 것도 있다.

백색 왜성은 시간이 지나면 점점 식게 되며 더 이상의 에너지 방출이 없이 조용한 일생을 마치는 흑색 왜성(black dwarf)이 된다. 백색 왜성과 흑색 왜성은 평범한 별의 최후의 모습이므로 별의 진화 과정상 필연적으로 그 수가 증가하게 되어 있다. 그러나 대부분 어둡기 때문에 관측은 어렵다.

백색 왜성의 물질은 보통 물질의 상태와는 본질적으로 달리 고밀도로 압축되어 있다. 이런 상태는 전자끼리의 반발력에 의해서 더 이상 쭈그러들지 않고 유지된다. 그러나 백색 왜성의 질량이 어느 한계[13] 이상이면 중력이 전자에 의한 반발력을 이기기 때문에 1초 이내에 원자의 붕괴가 일어나게 된다. 원자의 붕괴란 원자 내의 전자와 양성자가 결합하여 중성자가 됨으로써 원자 내에 빈 공간이 거의 없는 중성자로만 구성된 초고밀도의 상태가 되는 것을 말한다. 이와 같이 붕괴에 의해 백색 왜성의 밀도가 원자핵의 밀도와 비슷하게 되면 중성자끼리 반발하므로 더 이상의 압축은 불가능하다.

만일 백색 왜성의 질량이 한계 질량을 초과하였다면 오히려 물질을 폭발적으로 퉁겨내는 반발력이 발생한다. 백색 왜성이 쌍성 중의 하나이고 나머지 한 별이 적색 거성일 경우 부풀어 있는 적색 거성의 물질이 백색 왜성으로 끌려올 수 있다. 그러면 백색 왜성의 질량이 점차 증가하여 마침내 한계 질량을 초과할 수도 있다. 이때 백색 왜성은 바깥으로 향하는 반발력에 의하여 폭발하게 되고 대량의 에너지를 방출하는 초신성(super nova)이 된다. 이것을 제1형 초신성(Type I supernova)이라고 한다. 선조 37년(1604년)에 발생하여 케플러의 초신성으로 불리는 것이 바로 이 형태의 초신성이며 관상감의 학자들이 관측하여 조선실록에 기록해 두었다.

무거운 별의 진화

태양의 8배 이상의 질량을 가지는 별은 중력에 의한 수축의 정도가 빠르므로 내부의 온도가 매우 높이 올라간다. 온도는 중심으로 갈수록 높아서 내부의 각 지점에서는 그것보다 상부에 있는 가벼운 원소를 이용하여 보다

---

13) 찬드라사카(Chandrasekhar) 한계라고 불리며 태양 질량의 1.4배

더 무거운 원소가 합성된다. 결과적으로 진화 단계 말기에 있는 무거운 별의 내부는 바깥으로부터 안쪽으로 수소, 헬륨, 탄소, 산소, 실리콘, 철의 순서로 마치 양파 껍질과 같은 구조가 만들어지며 별 전체는 부풀어서 매우 거대한 초거성(supergiant)의 상태가 된다. 중심부에는 철이 쌓이게 되는데 그 이유는 철의 핵이 가장 안정하여 더 이상 핵융합의 연료로 사용될 수 없기 때문이다. 철의 핵은 핵융합을 하게 되면 에너지를 방출하는 것이 아니라 오히려 흡수한다. 즉 원자핵 중에서 철의 결합 에너지가 가장 크다.

중심의 철은 핵융합을 하지 못하므로 위에서 누르는 중력에 저항할 수 있는 압력을 유지할 수 없어서 붕괴하게 되며 결과적으로 백색 왜성의 상태와 비슷해진다. 이때 중력 에너지에 의해 생성된 감마선이 철의 핵을 양성자와 중성자로 분해하여 더욱 더 붕괴를 쉽게 만든다. 별의 붕괴는 계속되어 전자와 양성자가 결합하여 중성자로 되면서 급속도로 압축된다. 마침내 별의 밀도가 원자핵의 밀도와 비슷해지면 반발에 의해서 폭발을 일으키게 된다. 이것을 제2형 초신성(Type Ⅱ supernova)이라고 한다. 이 형태의 초신성으로 가장 유명한 것이 1987년에 관측된 SN1987A로서 원래는 태양 질량의 20배 정도의 별이었던 것으로 추정된다. 이 초신성은 169,000 ly 떨어져 있는 우리 은하의 위성 은하인 대마젤란 성운(Large Magellanic Cloud)에서 발생하였으며 과학적으로 연구된 최초의 초신성이기도 하다. 또한 1054년 게자리(Crab)에서 발생한 초신성에 대한 송나라의 기록도 유명하다. 현재 관측되고 있는 게 성운(Crab nebula)이 바로 그때 발생한 초신성의 잔해이다. 그러나 거리까지 고려하면 실제로는 B.C. 5350년에 폭발하였다.

그림 8.15 게 성운. 1,000여 년 전에 폭발한 초신성의 잔해이다.

초신성은 수일 이내에 밝기가 10^8배나 증가하여 수천억 개의 별로 된 은하 전체의 밝기와 맞먹을 정도가 되며 그 상태가 수십일 정도 지속된다. 이렇게 밝은 초신성이지만 빛의 형태로 방출된 에너지는 겨우 1% 정도이다. 대부분의 에너지는 중성미자와 물질의 운동 에너지로 방출된다. 초신성이 폭발한 뒤에도 잔해물이 오랫동안 밝은 빛을 내는 것은 방사성 원소의 붕괴 때문이다. 한 은하에서 초신성이 출현하는 빈도는 100년에 1회 정도로 비교적 흔한 편이지만 성간 물질 때문에 관측은 어렵다.

초신성이 폭발할 때에는 매우 높은 온도와 밀도에 도달하므로 보통의 별에서는 만들어지기 어려운 80여 가지에 달하는 철 이상의 무거운 원소까지 만들어질 수 있다. 이렇게 생성된 물질은 폭발과 함께 우주 공간에 흩어져 새로운 별이나 행성이 생성될 때 다시 사용된다. 초신성 폭발은 우주 규모에서 일어나는 자원의 재활용 과정의 일부이다. 지구에서 발견되는 철보다 무거운 원소의 대부분은 옛날 옛적 어느 초신성에서 만들어져 우주에

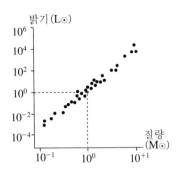

그림 8.16 별의 밝기와 질량. 별의 밝기는 질량에 따라 증가한다.

먼지처럼 흩어진 것이다. 우리는 먼지에서 태어나 다시 먼지로 돌아간다.

초신성의 잔해

초신성 폭발 후 남은 중심핵은 매우 무거운 물질로 되어 있으며 질량에 따라 중성자성, 블랙홀로 변화할 수 있다. 중성자성은 별을 구성하는 물질인 원자 내의 전자와 원자핵 속의 양성자가 결합하여 생성된 중성자로만 이루어진 별이다. 따라서 중성자성에는 보통의 물질이 존재하지 않는다. 중성자성의 밀도는 엄청나서 백색 왜성의 1억 배나 된다.

중성자성의 질량이 태양 질량의 3배를 초과하면 자체 중력이 너무 강해져서 더 이상 중성자로서의 형태마저도 유지하지 못하게 된다. 이 질량의 한도를 초과한 중성자성은 붕괴를 계속해서 마침내 우리가 알고 있는 물질의 형태로는 더 이상 존재하지 않게 되며 사라지게 된다. 그러나 별이 있던 곳에는 매우 강력한 중력이 존재하여 주위의 모든 물질을 흡수하고 어떠한 것도 그곳으로부터 나올 수 없게 하는 블랙홀이 된다.

중성자성이 자전하면서 전자기파를 주기적으로 발사하는 경우를 펄사(pulsar)라고 부른다. 자기장을 가진 중성자성이 회전하고 있을 때 전자기 유도에 의해 전자와 같은 전기를 띤 입자가 나선형으로 가속되며 자극에서 나오는 방향으로 강한 복사를 하게 된다. 만일 중성자성의 자전축이 자기의 축과 일치하지 않다면 자전에 의해 복사의 방향이 주기적으로 변하게 되며 마치 등댓불처럼 주기적으로 지구를 비추게 될 것이다. 펄사로부터 나오는 전자기파의 펄스 주기는 수 밀리 초로부터 수초의 범위에 있으며 1/10,000,000의 정밀도로 매우 정확하다. 게성운에서 발견된 주기가 1/30초인 전파원이 바로 펄사이다. 태양보다 무거운 별이 그렇게 빨리 회전하고 있다는 모습이 그리 쉽게 상상되지는 않는다.

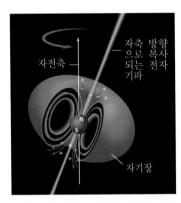

그림 8.17 펄사. 펄사의 강력한 자기장에 의해 가속된 전하가 자축 방향으로 전자기파를 복사한다. 만일 펄사의 자전축과 자축이 다르다면 자축이 자전축 주위로 돌게 되므로 전자기파의 방향도 같이 돈다.

블랙홀의 존재는 간접적으로 확인될 수 있다. 예를 들어 쌍성을 형성하는 블랙홀이 짝 별로부터 물질을 빨아들이면 낙하하는 물질의 중력 에너지가 X선으로 변환될 수 있다. 따라서 X선 복사를 하는 어떤 별이 쌍성 중의 하나이고 그 별의 짝이 빛을 내지 않기 때문에 관측되지는 않으면서 태양 질량의 3배 이상을 가지는 것으로 나타나면 블랙홀로 볼 수 있다. 그런 예로 백조자리의 X-1, 헤라클레스자리(Hercules)의 X-1 등을 들 수 있다.

가벼운 별의 진화

태양 질량의 8/100배 이하인 별은 너무 작아서 중심부에서 핵융합을 일으키기에 충분한 온도에 이르지 못한다. 이들을 갈색 왜성(brown dwarf)이라고 하며 목성과 같은 것들이 여기에 속한다. 그러나 태양 질량의 1/4 이상인 별은 핵융합을 일으킬 수 있으므로 빛날 수 있으며 주계열성과 같은 운명을 걸을 것으로 추측되나 정확한 것은 알 수 없다. 그 이유는 우주의 역사가 140억 년에 불과한 반면 이러한 별들의 수명은 그 이상 되는 것으로 추정되므로 아직 그러한 별들이 일생을 마치는 것이 관측된 적이 없기 때문이다.

표 8.3 주계열성의 잔해

잔해	원시 질량(M^*)	잔존 질량 (M)	반경(km)	밀도 (kg/m^3)	유지 방법
백색 왜성	$M^* < 8M_\odot$	$M < 1.4M_\odot$	~3,500	10^9	전자 반발력
중성자성	$8M_\odot < M^* < 20M_\odot$	$M < 3M_\odot$	~10	10^{17}	중성자 반발력
블랙홀	$M^* > 20M_\odot$	$M > 3M_\odot$	0	∞	없음

8.5 태양계

태양계의 기원은 다른 별의 기원과 크게 다르지 않다. 다만 추가적으로 태양 외에도 지구와 같은 작은 천체가 생성되는 과정과 태양계 전체의 회전을 설명할 수 있는 과정이 필요할 뿐이다.

태양계의 기원

태양계는 회전하는 성간 물질로부터 진화한 것으로 생각된다. 즉 성간 물질을 구성하고 있던 물질의 조각들이 중력에 의해 스스로 뭉쳐진 것이 태양계가 되었다는 것이다. 그런데 이 성간 물질은 원래부터 회전하고 있

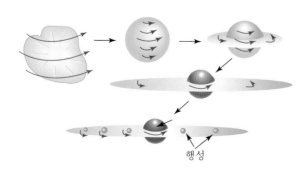

행성

그림 8.18 태양계의 기원. 회전하고 있는 성간 물질의 중력적 수축에 의하여 태양계가 형성되었을 것이다.

었기 때문에 중심을 향해 붕괴하는 도중에 여러 개의 회전하는 고리나 원판이 형성되었다. 성간 물질의 중심부는 빠르게 회전하며 점점 농축되어 태양이 되었고 회전하는 고리에 있는 물질은 중력에 의해 더욱 농축되어 행성, 소행성, 혜성 등이 되었다.

처음에는 태양계 구성원들의 성분이 모두 비슷했으나 중심의 태양이 스스로 빛을 내게 됨에 따라 가까이 있는 행성들의 온도가 올라가서 휘발성 물질은 증발해버리고 단단한 물질만 남게 되었다. 반면에 멀리 있는 행성들은 태양광의 영향을 덜 받아 가벼운 원소인 수소와 헬륨을 그대로 간직하여 덩치가 크고 밀도는 낮은 상태로 되었다.

월석이나 운석의 나이로부터 추정된 태양계의 나이는 46억 년 정도인데 이는 주계열성의 진화 과정으로부터 추정된 태양의 나이와도 비슷하다.

태양

태양계에서 가장 중요한 구성원인 태양은 지구에서 1억 5천만 킬로미터의 거리에 있으며 빛으로는 8.3분이 걸리는 가장 가까운 별이다. 또한 태양의 질량은 지구의 30여만 배나 되는데 이는 태양계 전체 질량의 99.9%에 해당한다. 따라서 태양계에서 만유인력은 사실상 태양이 좌우하고 있는 셈이다.

태양계에는 많은 천체들이 포함되어 있지만 유일한 에너지원은 태양이다. 태양은 주로 수소와 헬륨으로 구성된 기체 상태로 있으며, 수소의 핵융합 반응에서 생성된 대부분의 에너지를 빛 특히 가시광선으로 방출하고 있다. 이러한 에너지를 생산하기 위해서 태양이 소모하고 있는 수소의 양과 현재 태양의 질량을 고려하면 태양의 남은 수명은 약 50억 년 정도로 추정된다. 태양광 에너지 중에서 지구에 도달하는 양은 $1,370\,\text{W/m}^2$이며 이를 태양 상수라고 한다.

태양의 반지름은 지구의 100배 정도이고 그 중에서 핵융합 반응이 일어나고 있는 곳은 중심의 핵(core)이다. 핵의 온도는 핵융합이 일어날 수 있는 온도인 1,500만 K 부근으로 생각된다. 핵 바깥쪽으로 복사층과 대류층이 차례로 둘러싸고 있는데, 핵에서 나온 감마선은 복사층을 통해 그 바깥의 대류층에서 기체를 고온으로 가열한다. 가열된 기체는 대류에 의해서 에너지를 외부로 발산한다. 실제로 우리에게 도달하는 빛은 대류층을 둘러싸고 있는 얇은 층인 광구로부터 나온다. 광구의 온도는 평균 5,800 K이고, 이 온도에 대응하는 전자기파의 파장은 약 6,000 Å으로 태양의 색상을 황백색으로 나타나게 한다.

그림 8.19 태양의 구조. 태양은 중심에서 일어나는 핵융합 반응에 의해 에너지를 생산한다. 이 에너지는 감마선의 형태로 복사층을 간신히 통과하여 대류층에서 물질의 대류에 의해 외부로 방출된다.

태양계의 나머지 천체

태양계는 태양을 중심으로 8개의 행성, 소행성, 위성, 혜성 등으로 구성되어 있다.

행성들의 궤도 모양은 대부분 원에 가까우며 궤도가 만드는 궤도면은 태양의 적도면에 가까이 있다. 또한 공전 방향은 모두 태양의 자전 방향과 같다. 자전축도 금성과 천왕성을 제외하고는 태양의 자전축과 거의 나란하다. 이러한 행성들의 회전과 관련된 규칙성이 태양계를 탄생시킨 성간 물질이 원래부터 한 축을 중심으로 회전하고 있었다는 주장의 근거가 된다.

행성들 중에서 태양과 가까운 4개의 행성인 수성, 금성, 지구, 화성은 고밀도의 천체로서, 크기가 비교적 작고 금속을 풍부하게 가지고 있으며 천천히 자전하고 있다. 이들을 지구형 행성이라고 한다. 이 중에서 지구는 태양으로부터 너무 멀거나 너무 가깝지도 않은 거리에서 태양광 에너지를 받아들이고 있다. 이런 점에서 지구에서 생명이 태어난 것을 단순한 우연이라고 할 수는 없다.

바깥의 다섯 행성들인 목성, 토성, 천왕성, 해왕성은 밀도가 낮고 수소의 함유량이 높다. 이들을 목성형 행성이라고 하며 많은 수의 위성을 가지고 있는 것도 이들의 주요한 특징 중의 하나이다.

소행성은 지름이 1,000km 이내인 작은 행성으로서 주로 화성과 목성 사이에 있다. 현재까지 발견된 것들의 숫자만도 수십만을 넘으며 매년 수천 개가 새로이 발견되고 있다. 이와 같이 소행성들의 수는 많으나 그들의 전체 질량은 달의 질량보다도 작을 정도로 태양계에서 차지하는 비중은 미미하다. 소행성과 같은 소규모의 천체는 행성끼리의 충돌에 의한 파편일 가능성이 크다.

혜성은 물과 먼지가 얼어붙은 덩어리로서 화성 궤도 내부로부터 해왕성 궤도 바깥까지의 범위에서 다양한 타원 궤도를 그리고 있다. 혜성의 대부분은 행성의 궤도와는 달리 이심률이 큰 타원 궤도를 따라 운행하고 있다. 가장 잘 알려진 혜성으로는 76년의 주기를 가진 핼리 혜성(Comet Halley)이 있다.

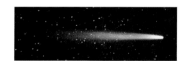

그림 8.20　핼리 혜성. 주기가 76년인 태양계의 구성원이다.

□ **이심률**

타원의 경우 장반경과 단반경 두 개의 반경이 존재하며 이들의 차이를 장반경으로 나눈 값이 이심률이다. 따라서 원의 이심률은 0이고, 이심률이 클수록 한쪽이 긴 타원이 된다.

그림 8.21 아이다와 달. 아이다(Ida)는 화성과 목성 사이에 있는 길이 56 km에 불과한 소행성이지만 위성(오른쪽의 작은 점)도 가지고 있다.

혜성은 원래 작고 스스로 빛을 내지 않기 때문에 관측하기가 어려우나 태양에 가까이 접근하면 동결된 물질이 증발하여 기체 상태로 되고 태양의 복사압[14]에 의하여 밀려난 이 기체가 태양의 반대쪽으로 빛나는 긴 꼬리를 보여주게 되므로 비로소 관측이 가능해진다.

□ 유성우

혜성은 궤도상에 물질 조각들을 남겨두기도 하는데 지구가 그 혜성의 궤도 근처를 지나게 되면 그러한 조각들이 지구의 중력에 끌려 들어와 많은 수의 유성이 관측되는, 이른바 유성우가 일어날 수도 있다.

참고문헌

1. B. Carroll et al., An Introduction to Modern Astrophysics, Addison-Wesley
2. E. Smith et al., Introductory Astronomy and Astrophysics, Saunders
3. 안홍배 외, 태양계와 우주, 부산대학교출판부

---

14) 전자기파에 의한 압력

우주의 진화

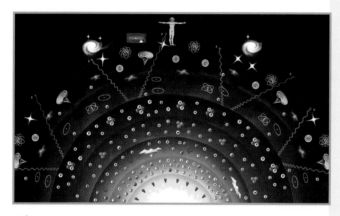

빅뱅 우주론은 물질의 기본 단위들 사이의 상호 작용을 설명하는 입자물리학과, 물질과 우주의 기하학적 구조 사이의 관계를 설명해 주는 일반 상대성 이론을 바탕으로 우주의 뜨거운 과거에 대해 말해주고 있다.

9.1 우주의 팽창과 빅뱅

밤하늘을 관측해보면 유성이나 혜성들이 가끔 특이한 행동을 보일 뿐 나머지 수없이 많은 별들은 수천 년 전에 고대인이 기록해 둔 그 자리에 그대로 머물고 있는 것을 알 수 있다. 이와 같이 거대 규모로 보면 우주는 마치 정적으로 가득 차 있는 것 같이 보인다. 그러나 관측 자료에 의하면 우주는 과거 어느 순간에 대폭발과 함께 시작하였으며 그 관성에 의해서 지금도 변화해 가고 있다.

갓 태어난 우주는 극한적인 고온의 상태였으며 그때 지극히 기본적인 물질과 빛이 창조되었다. 그 이후 우주가 계속 팽창함에 따라 우주의 온도는 점차 내려가고 빛과 물질이 상호 작용하여 지금의 일상적인 물질로 변화하였다.

허블의 법칙

그림 9.1 허블. 우주가 팽창한다는 사실을 발견하여 현대 천문학의 시조가 되었다.

현대 천문학은 허블(Edwin Hubble, 1889~1953)의 관측 결과와 같이 시작한다고 해도 과언이 아니다. 허블은 1929년에 29개 은하들의 스펙트럼을 조사한 결과 그들로부터 오는 빛이 적색 편이 현상을 일으키고 있다는 사실을 발견하였다. 허블은 이 현상이 은하들이 우리로부터 멀어져갈 때 발생하는 도플러 효과이고, 은하들의 후퇴 속도는 우리로부터의 거리에 비례한다는 사실을 밝혀냈다. 이를 허블의 법칙(Hubble's law)이라고 하고 비례상수를 허블 상수(Hubble Constant)라고 한다. 즉 허블의 법칙은 $v = Hr$로 표현된다. v와 r은 각각 은하의 후퇴 속도와 거리이고 H가 바로 허블 상수이다. 허블의 법칙에 따르면 거리가 2배로 먼 곳의 은하는 2배로 빠른 속도로 후퇴한다. 허블 상수는 현재까지 측정된 자료에 의하면 72km/s/Mpc 정도이다. 따라서 1Mpc(3.26×10^6ly)의 거리에 있는 은하는 우리로부터 72km/s의 속도로 멀어져 가고 있다.

허블의 법칙은 천체의 거리를 측정하는 데 사용될 수 있다. 즉 천체의

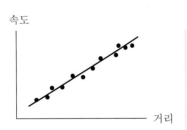

그림 9.2 허블의 법칙. 은하의 후퇴 속도와 거리는 비례한다.

□ 우주의 팽창과 적색 편이

도플러 효과는 광원과 관측자 사이의 상대 속도에 의해 발생하는 현상이며 이에 따라 적색 편이가 발생한다. 우주의 팽창에 의해서도 광원과 관측자의 거리가 늘어나고 역시 적색 편이가 발생한다. 그러나 우주의 팽창은 공간 자체의 팽창으로서 단순한 상대 속도에 의한 거리의 증가와는 본질적으로 다르다. 효과는 같지만 공간 자체가 팽창함으로써 그에 따라 빛의 파장이 길어지는 것이다.

적색 편이로부터 측정된 천체의 후퇴 속도에 허블의 법칙을 적용하여 거리를 추산하는 것이다. 특히 퀘이사와 같은 원거리 천체의 거리를 측정할 수 있는 다른 방법은 거의 없고 허블의 법칙에 의존하고 있을 뿐이다.

허블의 법칙은 2가지의 매우 심각한 질문을 던지고 있다. 첫째, '왜 우리로부터 모든 은하가 멀어져 가고 있는가?' 하는 본질적인 문제와 둘째, '모든 은하가 우리로부터 멀어지고 있으니 혹시 우리가 우주의 중심이 아닌가?' 라고 하는 코페르니쿠스의 원리에 대한 의심이다.

먼저, 두 번째 문제에 대한 답은 이렇다. 고무풍선에 여러 개의 점을 찍고 불면 점과 점 사이의 거리가 늘어난다. 어느 한 점에서 보면 다른 모든 점들이 자신으로부터 멀어지는 것같이 보이지만 다른 점에서도 동일한 현상이 관찰된다. 그것은 모든 점과 점 사이의 거리가 늘어나고 있기 때문이다. 우주를 고무풍선의 표면으로, 점을 은하로 보면 두 번째 문제에 대한 해답이 된다. 즉 우주 전체가 팽창하고 있는데 우리가 지구에서 그러한 현상을 관측하기 때문에 그렇게 착각을 하는 것뿐이다. 지구는 결코 우주에서 어떤 특별한 위치를 차지하고 있지는 않다.

빅뱅

허블의 관측에 의하면 지금도 우주는 팽창하고 있다. 따라서 과거에는 은하와 은하 사이의 거리가 지금보다 작았고 그보다 더 과거에는 더욱 더 작았다. 과거로 거슬러 올라갈수록 은하와 은하 사이의 거리가 그런 식으로 줄어들기 때문에 마침내 과거의 어느 순간에는 모든 은하가 한 점에 모여 있었을 것이다. 즉 허블의 관측에 의한 우주의 팽창은 필연적으로 우주의 역사에 어떤 시점이 있음을 의미한다. 이와 같은 우주 역사의 시점, 즉 팽창의 시작을 빅뱅(Big Bang)이라고 한다. 그러면 지금의 팽창은 그 빅뱅의 관성 운동인 셈이다. 이것이 허블의 법칙이 제기하는 첫 번째 문제에 대한 해답이다.

시간과 공간도 빅뱅과 함께 시작되었다. 즉 시계는 빅뱅 순간부터 째깍거리기 시작했고 공간은 그때부터 크기를 가지기 시작했다. 만일 빅뱅 순간 어떤 지적인 존재가 있었다면 그 존재가 볼 수 있는 영역은 자신뿐이었다. 왜냐하면 빅뱅 순간의 시간은 0이고 그보다 긴 시간은 존재하지 않아서 설령 우주에 다른 곳이 있었다고 하더라도 그곳으로부터 보낸 정보가 도달할 수가 없었기 때문이다. 그러나 빅뱅과 함께 시작한 시간이 흘러감에 따라 보다 먼 곳으로부터 정보가 전달될 수 있는 시간도 같이 늘어났기 때문에 관측자의 시야는 점점 깊어지게 된다. 이에 따라 오늘날 우리가 볼

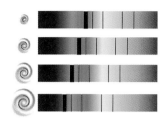

그림 9.3 적색 편이와 거리의 관계. 은하의 거리가 멀수록 더 큰 적색 편이를 나타낸다.

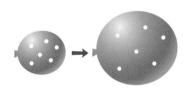

그림 9.4 풍선 위의 점. 풍선을 불면 모든 점과 점 사이의 간격이 동일한 방식으로 늘어나고, 어느 특정한 한 점에서 관측하면 다른 점들이 그 점을 중심으로 모두 멀어져가고 있는 것처럼 느껴진다.

□ 빅뱅의 기원

1948년 가모브(George Gamow, 1904~1968)는 우주가 고온 고압의 불덩어리 공(fire ball)으로부터 시작하였다는 이론을 발표하였다. 이 이론에서 가모브와 그의 동료들은 뜨거운 원시 우주에서 어떻게 원소들이 합성되었는가를 설명하고, 원소들의 상대적 존재비가 우주 배경 복사의 온도에 관계하며, 현재의 온도는 5-50K의 범위에 있을 것으로 추정하였다. 처음에 가모브의 이론은 별로 주의를 끌지 못하였으며 당시의 많은 과학자들은 가모브가 제안한 우주의 폭발을 장난삼아 '빅뱅'이라는 별명으로 불렀다. 그러다가 가모브의 이론은 1965년에 발견된 우주 배경 복사에 의해서 크게 주목을 받게 되었다.

수 있는 최대 거리는 140억 광년이 되었다. 그러나 46억 년 전 지구가 갓 태어났을 때 지구로부터 볼 수 있었던 최대 거리는 94억 광년 정도였다. 따라서 그때보다 지금은 더 많은 은하를 볼 수 있다.

허블의 관측에 의하면 은하들은 우리로부터 후퇴하고 있는 것처럼 보인다. 그러나 그 운동은 시-공간 자체의 팽창에 의해 일어나는 것이지 진정한 운동은 아니다. 고무풍선에 있는 점은 고무풍선 표면에 대해서 상대적으로 운동하는 것은 아니다. 점들은 모두 표면에 고정되어 있으나 표면 자체가 팽창하기 때문에 점들 사이의 거리가 멀어지는 것으로 보일 뿐이다. 이와 같이 우주에 있는 모든 것들도 허블 흐름(Hubble flow)이라고 하는 우주 전체의 팽창에 편승해서 밀려가고 있는 것이다. 그 때문에 은하가 내는 빛의 스펙트럼이 적색 편이를 나타내는 현상이 도플러 효과에 의한 것이라는 표현도 사실은 정확하지 못하다. 고무풍선이 팽창함에 따라 점들 사이의 거리가 저절로 늘어나듯이 우주를 여행하는 빛의 파장도 늘어나서 마치 도플러 효과처럼 나타나는 것이기 때문이다.

빅뱅 순간 우주는 기존의 어떠한 이론으로도 설명할 수 없을 정도로 모든 측면에서 특이한 상태에 있었다. 당시의 우주는 현재의 우주에 있는 모든 것을 한 점으로 압축한 상태, 즉 이론적으로 말하자면 무한히 높은 물질 및 에너지의 밀도, 무한히 높은 온도의 상태에 있었기 때문이다. 그러한 상

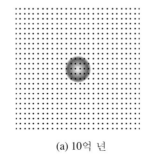 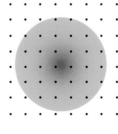

그림 9.5 우주의 팽창. (a) 빅뱅 이후 10억 년이 경과했을 때 관측 가능한 우주의 규모를 주황색으로 표시한 것이다. (b) 100억 년 후에 관측 가능한 우주의 규모는 훨씬 커졌고 점으로 나타낸 은하 사이의 거리도 증가하였다.

(a) 10억 년　　　(b) 100억 년

태에서는 어떠한 물질이 어떤 상태로 존재하는지 전혀 알 수 없다.

신의 시간

여러 종교에서 신이 우주를 창조한 것으로 보고 있다. 그러나 '우주 창조의 이전에는 무엇이 있었던가?' 하는 의문을 가져본 사람은 별로 없었다. 성경에도 천지창조의 대목은 있지만 그 이전의 상태에 대해서는 구체적으로 언급하고 있지 않다. 하지만 성 아우구스티누스(St. Augustine, 354~430)는 '천지 창조 이전에 하나님은 무엇을 하고 계셨을까?' 하고 천지 창조 이전의 일에 대해 최초로 의문을 가졌다고 한다. 그 이유로 천지 창조 이전의 시간을 아우구스티누스의 시간(Augustine's time)이라고 한다.

빅뱅 순간에 우주가 점과 같이 크기가 없었다는 것은 단순히 우주의 물질만이 한 점으로 모여 압축되었다는 의미가 아니라 시간과 공간까지도 모두 압축되었기 때문에 압축이 되어 버리고 난 장소에 공간과 같은 것이 남아 있다고 해석해서는 안 된다. 우주 자체가 존재하지 않는 상태가 빅뱅 이전의 상태이다. 그러면 빅뱅 이전에는 무엇이 어떤 상태로 있었는지 궁금해진다. 만일 알 수만 있다면 혹시 그것이 현재 우주의 모습과 어떤 관련을 가지고 있는지도 궁금해진다. 그러나 '빅뱅 이전에는 무엇이 있었는가?' 하고 묻는 것은 '북극점에서 어느 쪽이 북쪽인가?' 하고 묻는 것과 같으며, 이 질문이 의미를 가지지 못하는 것과 마찬가지로 빅뱅의 원인이나 그 이전을 묻는 것도 의미가 없다. 우주는 우리가 알고자 하는 대상의 전부이고 빅뱅은 바로 그 우주의 시작이기 때문이다. 빅뱅 이전에 시간이 존재했다면 그것은 인간의 시간은 아니고 신의 시간일 뿐이다.

혹시 빅뱅은 그 이전에 존재하던 것이 무엇이었던 간에 모든 것을 원점으로 되돌려 놓고 우주의 역사를 새로이 시작하는 큰 사건이 아니었을까? 이 경우에도 역시 빅뱅은 이전의 상태와 인과적인 관계를 단절하는 혁명적인 현상이므로 우리는 빅뱅 이전의 상태를 알 필요가 없게 된다. 우리가 할 일은 빅뱅 이후에 일어난 현상에만 관심을 기울이는 것 뿐이다.

9.2 빅뱅 우주의 기하학적 진화

빅뱅 이후 우주가 팽창을 시작한 이래로 우주의 기하학적 구조는 계속적으로 변화해 왔다. 이러한 기하학적 변화뿐만 아니라 물질의 변화도 동시에 일어났다. 이러한 우주의 기하학적 측면과 물질적 측면의 진화 과정을 설명해 주는 이론이 우주론이다. 우주론 중에서는 빅뱅 우주론(big bang cosmology)이 표준적인 이론으로 인정되어 있으며 빅뱅 우주론은 빅뱅 이후 일어나는 우주 구조와 물질 변화의 역사를 설명해 준다.

빅뱅 우주론

주어진 물질 분포에 따른 우주 구조의 변화를 설명해 주는 이론 중에서 가장 잘 알려진 이론은 일반 상대성 이론이다. 즉 일반 상대성 이론으로 우주의 기하학적 진화를 설명할 수 있는 것이다. 실제로 우주 원리를 고려하면 일반 상대성 이론은 중력장의 방정식을 통해서 팽창하는 우주를 예측한다. 허블의 발견은 결코 우연이 아닌 것이다.

□ **아인슈타인의 실수**

허블의 발견 이전까지 대부분의 학자들은 변하지 않는 우주, 즉 정상 우주를 선호했다. 아인슈타인도 그중의 한 사람이었다. 그는 자신의 이론으로부터 팽창하는 우주가 도출된 것을 매우 못마땅하게 생각했다. 그래서 중력장의 방정식에 인위적으로 우주 상수(cosmological constant)라고 하는 항을 하나 추가하여 정상 우주가 도출되도록 했다. 그러나 허블에 의해 우주가 실제로 팽창한다는 사실이 발견되었기 때문에 우주 상수의 삽입은 잘못된 일로 판명 났고 아인슈타인도 훗날 이를 시인했다. 우주 상수는 나중에 다른 의미를 가지는 것으로 부활하였다. 그런 의미로 보면 아인슈타인의 실수는 진정한 실수가 아니었다.

일반 상대성 이론은 일종의 기하학이다. 즉 일반 상대성 이론은 중력의 근원인 물질에 의해 시-공간이 어떻게 휘어지는지 밝혀주는 이론인 것이다. 그 결과 빅뱅 이후 우주의 구조가 어떻게 변화하는지 알 수 있게 되었다. 여기에도 물론 한계는 있다. 현재의 상태에서 얻은 제한적인 자료로부터 아득한 과거의 일을 추정하는 일이기 때문이다.

일반 상대성 이론은 이미 물질이 존재하는 상태에서 우주의 구조를 말해줄 뿐 물질의 생성과 소멸과 같은 동적인 모습에 대해서는 말해주지 않는다. 이러한 문제점을 보완하기 위하여 물질의 상호 작용, 특히 미시적 세계에서 일어나는 기본 입자들의 상호 작용에 대해서 설명하는 입자물리학의 도움을 받게 된다. 결론적으로 우주의 어느 곳이나 어느 방향도 특별하지 않다고 하는 우주 원리, 물질이 시-공간의 구조에 미치는 영향을 말해주는 일반 상대성 이론, 물질의 생성과 소멸 과정을 말해주는 입자물리학이 결합하여 빅뱅 이후 우주의 기하학적 구조 및 물질 조성의 변화 과정을 설명할 수 있으며 이를 빅뱅 우주론이라고 한다. 빅뱅 우주론은 허블의 관측 결과뿐만 아니라 다른 관측 자료들에 의해 뒷받침되고 있다.

현재가 우주 진화의 종착역은 아니다. 왜냐하면 지금도 우주는 팽창하고 있기 때문이다. 우주는 앞으로도 지속적인 팽창과 더불어 진화해 나갈 것이다. 빅뱅 우주론은 우주의 미래까지 현재의 상태를 근거로 설명한다.

휘어진 시-공간

일반 상대성 이론에서는 물질에 의해서 시-공간이 휘어진다고 한다. 휘어진 시-공간의 구조를 이해하기 위하여 휘어진 공간의 한 가지인 구를 살펴보자. 구의 유일한 성질은 반경 하나뿐이다. 즉 반경을 말해주면 그 구에 대한 모든 정보를 다 알려주는 셈이다. 그런데 기하학에서는 공간의 휘어진 정도를 나타내기 위하여 반경의 역수인 곡률을 흔히 사용한다. 구의 곡률은 양수이지만 음의 곡률을 가진 기하학적 구조도 있다. 그것은 바로 말의 안장과 같이 구와 반대 방향으로 휘어진 구조를 가지고 있는 것이다. 그리고 구와 말안장의 중간에 있는 곡률이 0인 기하학적 구조가 바로 평면이다. 평면은 반경이 무한대인 원으로 생각할 수 있으므로 반경의 역수인 곡률은 0이다. 구의 표면적은 유한하나 나머지 두 구조의 경우에는 무한대이다. 양의 곡률을 가진 공간을 닫힌 공간, 음의 곡률을 가진 공간을 열린 공간, 곡률이 0인 공간을 편평한 공간이라고 한다. 닫혀있다는 것은 구의 표면과 같이 경계가 없으나[1] 크기는 유한하다는 것을 의미하고, 열려있다는 것은 말의 안장과 같이 공간이 계속 뻗어나가므로 크기도 무한하다는 의미이다.

일반적으로 울퉁불퉁한 지표면과 같이 제멋대로 휘어진 공간의 곡률은 장소에 따라 다를 것이다. 그러나 어떤 공간의 곡률이 항상 양, 음, 혹은 0이라면 그 공간의 대체적인 구조가 각각 구, 안장, 평면과 비슷하다는 사실을 의미한다.

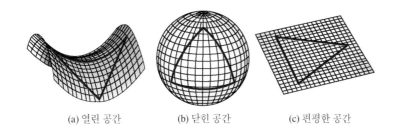

(a) 열린 공간   (b) 닫힌 공간   (c) 편평한 공간

그림 9.6 곡률에 따른 공간의 종류. 열린 공간은 음의 곡률, 닫힌 공간은 양의 곡률, 편평한 공간은 0의 곡률을 갖는다.

---

1) 구의 표면을 따라 아무리 멀리가도 다른 공간으로 이동하지는 않는다. 운이 좋으면 출발점으로 되돌아올 수도 있다. 이런 의미에서 경계가 없다고 함

우주의 구조는 단순히 공간만이 아닌 시-공간의 곡률에 의해서 전체적인 모습이 결정된다. 시-공간의 곡률은 우주의 현재 팽창 상태를 말해주는 허블 상수, 물질 사이의 인력의 크기를 나타내는 중력 상수, 우주 내의 물질의 밀도에 의해 결정된다. 수학적으로 말하면 우리가 살고 있는 공간인 3차원 공간은 사실은 이 4차원 시-공간의 그림자이다. 이것은 일반적인 3차원의 물체에 빛을 비추면 바닥에 2차원의 그림자가 생기는 것과 비슷한 개념이다.

시-공간 구조의 변화

지구에서 일상적인 속도로 물체를 던지면 지상으로 되돌아온다. 그것은 던져진 물체의 속도가 작고 지구가 물체를 끌어당기는 중력이 충분하기 때문이다. 그러나 물체를 11.2 km/s[2] 이상의 속도로 던지면 지구를 탈출하게 된다. 이와 같이 물체가 지구의 인력을 이기고 탈출할 수 있는가의 여부는 물체의 속도와 그 물체에 작용하는 지구의 중력에 좌우된다.

우주는 현재 팽창하고 있다. 그러면 자연스럽게 '우주는 영원히 팽창할 것인가?'라고 물어볼 수 있다. 이것은 지구에서 물체를 던졌을 때 그 물체가 지구를 탈출할 것인지 아닌지를 묻는 것과 비슷한 질문이다. 즉 우주의 팽창이 영원할 것인지에 대한 해답은 현재의 팽창 속도와 물질 사이의 중력의 크기에 달려있다는 것이다. 현재의 팽창 속도는 바로 허블 상수가 말해주고 있으며 물질 사이의 중력의 크기는 중력 상수와 우주 내 물질의 밀도에 의해 결정된다.

빅뱅 우주론에 의하면 우주의 시-공간 구조가 허블 상수, 중력 상수, 물

□ 시-공간

상대성 이론 이전에는 상대적으로 운동하는 관측자들에게 물체의 공간적 좌표는 서로 다르게 나타나더라도 시간만은 전우주적으로 동일한 것으로 생각해 왔다. 그러나 상대성 이론에서는 시간까지도 절대적이 아니고 관측자의 상대적 운동에 따라 변화할 뿐만 아니라 그러한 변화는 공간 좌표와 결합되어 있음을 분명히 보여준다. 즉 시간과 공간은 모두 상대적이며 사실상 분리될 수도 없는 것이다. 이런 의미에서 상대성 이론에서는 시간을 마치 4번째 공간 좌표인 것처럼 취급하여 공간과 시간을 합친 이 3+1의 공간, 즉 4차원 공간을 시-공간이라고 한다. 엄밀히 말하면 우리는 3차원 공간에 살고 있는 것이 아니라 4차원 시-공간에 살고 있는 것이다.

---

2) 지구 탈출속도

질의 밀도에 의해 결정된다는 것을 알 수 있다. 즉 우주에 존재하는 물질의 밀도가 허블 상수와 중력 상수에 의해 표시되는 임계값인 $9.5 \times 10^{-27} \, kg/m^3$ 보다 작은지 큰지에 따라 우주가 영원히 팽창할 것인지 아닌지 여부와 우주의 기하학적 구조가 결정된다. 임계 밀도는 매우 낮아서 $1 \, m^3$의 부피에 겨우 수소 원자 5개가 들어 있는 정도이다. 단순히 우리 주위에 많은 물질이 널려 있다는 사실을 고려하면 밀도가 상당히 클 것으로 생각되지만 우리 주위와는 달리 우주 공간은 대부분 텅텅 비어있기 때문에 그와 같이 평균값이 매우 낮은 것이다.

물질의 밀도가 임계값보다 클 때에는 곡률은 양이 되어 구와 같은 닫힌 우주가 된다. 닫힌 우주에서는 물질 사이의 중력이 충분히 강하여 언젠가는 팽창이 정지된다. 그러면 당연히 중력에 의해서 수축의 과정을 걷게 될 것이며 궁극적으로는 빅뱅 순간의 상태로 되돌아 갈 것이다. 그 상태로부터 또다시 새로운 빅뱅을 하게 될지는 알 수 없지만 그럴 가능성이 높아 보인다. 이것이 사실이라면 우주는 팽창과 수축을 되풀이하는 진동 우주가 될 것이다. 혹시 우리에게 이전의 우주 진화 사이클에서 살았던 기억이 남아있지는 않는가?

물질의 밀도가 임계값 이하일 때에는 곡률은 음이 되고 우주의 기하는 열린 구조가 된다. 이 우주에는 팽창을 중지시킬 만한 물질의 양이 충분하지 않아서 영원히 팽창을 계속하게 될 것이다. 그래서 은하와 은하 그리고 별과 별 사이의 거리가 늘어나고 궁극적으로 우주 공간은 아무런 물질이 없는 텅텅 빈 상태로 될 것이다.

물질의 밀도가 임계값과 정확히 같을 때에는 우주는 편평한 기하학적 구조를 가지게 되며 팽창을 계속하되 시간이 무한히 지나면 팽창 속도가 0으로 될 것이다. 이 경우는 열린 우주와 닫힌 우주의 중간에 있지만 우주의 기하학적 구조가 편평하다는 것을 제외하면 미래는 열린 우주에 가깝다.

은하의 질량으로 추정한 우주 내 물질의 밀도와 암흑 물질의 밀도는 각각 임계 밀도의 4.4%와 22% 정도이므로 우리 우주는 열린 것처럼 보인다. 이와 같이, 측정된 물질의 밀도가 비록 열린 우주를 가리키고 있지만 임계 밀도와 크게 다르지 않다는 사실은 오히려 우주의 구조가 편평한 것이 아닐까하는 추측을 낳게 한다. 빅뱅 우주론에 의하면 표준적인 팽창을 하면 시간이 흐를수록 밀도는 임계 밀도로부터 멀어진다. 따라서 현재의 밀도가 임계 밀도로부터 그리 멀지 않다면 과거에는 밀도가 임계 밀도로부터 거의 차이가 없을 정도로 가까웠을 것이다. 즉 현재에도 우주의 밀도는 임계 밀도와 같으나 관측되지 않는 성분들이 있기 때문에 임계 밀도보다 작게 나타나는 것이다. 그 관측되지 않은 성분이 바로 암흑 에너지(dark energy)라

표 9.1 공간의 종류와 성질. 곡률에 따라 공간은 열리거나 닫히게 되고 면적이 달라진다.

곡률	공간	면적	경계
양	닫힘	유한	없음
0	임계	무한	없음
음	열림	무한	없음

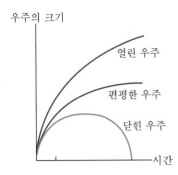

그림 9.7 우주 크기의 변화. 곡률에 따라 우주의 크기가 변화해 가는 방식이 달라진다. 닫힌 우주의 경우에는 우주의 팽창이 정지한 다음 수축하게 된다.

고 하는 것으로, 만일 그것이 존재한다면 임계 밀도의 73%를 차지하고 있는 셈이 된다.

우주 내 물질의 밀도가 임계 밀도에 가까우면 우주가 편평한 구조를 가진다. 그러면 어떤 과정으로 우주는 그렇게 편평한 구조를 가지게 되었는가? 바로 인플레이션(inflation) 때문이다. 즉 우주의 나이가 10^{-36}s ~ 10^{-32}s일 때 우주는 그 크기가 지수적으로 증가하는 급팽창을 하였다. 이렇게 급팽창을 하게 되면 밀도는 급팽창 이전에 얼마였던 간에 급팽창 후에는 임계값과 차이가 없을 정도로 가까워지게 된다. 그 이후 비록 표준적인 팽창이 재개되어 밀도가 임계값으로부터 멀어지게 되더라도 그 효과는 미미하다. 따라서 현재의 밀도는 사실상 임계 밀도와 같은 것이다.

최근에는 원거리 초신성을 관측하여 그 거리와 후퇴 속도를 비교한 결과 우주의 팽창 속도가 점점 증가한다는 결론을 얻게 되었다. 이렇게 우주의 팽창이 점점 빨라지는 이유를 설명하기 위해서 암흑 에너지라고 하는 것을 도입하게 되었는데 암흑 에너지는 마치 반중력의 물질처럼 은하와 은하 사이의 거리를 가속적으로 벌려 놓는 역할을 하는 것으로 해석된다. 팽창의 가속도를 설명하기 위한 암흑 에너지는 임계 밀도의 73% 정도가 되어야 한다. 암흑 물질과 같이 관측되지는 않지만 암흑 에너지의 영향은 대단하다. 우주를 무한정, 그것도 점점 더 빨리 부풀리는 역할을 하고 있기 때문이다. 이 암흑 에너지는 아인슈타인이 중력 방정식에 도입했던 우주 상수와 동일한 성격을 가진다.

9.3 빅뱅 우주의 열적 역사

빅뱅 우주론의 주목표는 빅뱅 이후 우주의 기하학적 변화를 서술하는 것이다. 그러나 우주에는 기하만 있는 것은 아니고 물질도 있다. 우주론에 포함된 열역학에 의해 우주의 온도 변화와 같은 동력학적 요소도 도출되지만 물질 자체의 변화는 입자물리학의 영역이다. 입자물리학은 기본 입자의 수준에서 4대 상호 작용의 성질과 경험적인 보존 법칙에 따라 물질의 변화 과정을 설명한다. 결국 빅뱅 우주론으로 시간에 따른 우주 크기 외에도 온도, 물질 변화 과정을 동시에 설명할 수 있게 되는 것이다.

열적 역사의 개요

빅뱅 우주론에서는 빅뱅과 함께 점과 같은 크기의 우주가 극도로 높은 밀도와 온도의 상태로 태어났다고 가정한다. 뜨거운 기체가 사방으로 퍼지면서 식어가듯이 빅뱅으로 태어난 우주도 그러하였다. 즉 지극히 높던 밀도는 우주의 팽창과 함께 점점 낮아져 갔다. 우주의 팽창과 그에 따른 우주의 냉각에 의해 기본 입자들이 생성되었고 이들이 결합하여 일상적인 물질의 구성단위인 원자 중에서 가벼운 몇 종류가 생성되어 별과 같은 천체들의 재료가 되었다. 빅뱅 우주에서 생성되지 않은 나머지 원소들은 별의 진화 과정에서 만들어져 우주에 흩어져 있다가 행성의 재료가 되었고 그 속에서 생명이 태어난 것이다.

빅뱅 우주론에서는 빅뱅 이후 현재까지 걸린 시간이 약 140억 년이라고 계산한다. 우주는 이 긴 시간 동안에 진화해 왔지만 기본 입자의 생성, 원소의 합성 등과 같이 가장 중요한 변화의 대부분은 처음 수 초 혹은 수 분이내에 숨 막히는 속도로 일어났다. 나머지 시간 동안에 일어난 변화는 비교적 차분한 정리에 지나지 않는다.

현재 자연계에는 강력, 약력, 전자기력, 중력의 서로 다른 4종류의 힘이 존재하고 있으며 각자의 이론에 의해 독립적으로 서술되고 있다. 그러나 작용하는 힘의 크기가 커져서 큰 에너지가 전달되는 경우 힘들은 차례로 통합되고 마침내 어떤 극히 높은 에너지 규모에서는 4가지 힘 모두가 한 가지로 통합되어 1개의 이론으로 서술될 것으로 추측된다. 이렇게 통합된 이론이 통일 장이론(unified theory of field)이며 자연현상을 가장 근본적인 수준에서 설명하는 이론이다. 아인슈타인으로부터 시작하여 많은 이론 물리학자들이 통일 장이론을 추구해 왔지만 현재 약력, 전자기력, 강력의 3가지 힘을 통합하는 수준에서 그치고 있다. 중력은 통합되기에 너무나 까다로운 힘인 것이다.

빅뱅에 가까이 갈수록 우주의 온도는 점점 높아진다. 따라서 빅뱅에 아주 가까운 어느 시기에는 입자들은 엄청난 에너지로 충돌하고 있었기 때문에 입자 사이의 상호 작용을 지배하는 힘들은 서로 구별이 되지 않고 단 1개의 완전한 통일 장이론으로 설명이 가능하였을 것이다. 그 때문에 지금은 기본 입자의 종류에 따라 작용하는 힘의 종류가 다르지만 그 때에는 그러한 구별이 없었다. 모든 입자들은 공통적인 힘을 주고받으면서 상호 작용을 하고 있었다. 예를 들면 지금은 강력이 쿼크 사이에만 작용하지만 그 때에는 전자와 같은 경입자도 그런 능력을 가지고 있었다. 그러나 우주가 팽창함에 따라 우주의 온도가 떨어졌고 이에 따라 통합되어 있는 힘들은 하나씩 분리되면서 기본 입자의 종류에 따라 작용하는 힘도 달라지는 현상이 발생하게 되었다. 만나면 헤어지는 것이 자연스러운 과정인 것이다.

플랑크 시간

빅뱅 이후부터 10^{-43}s까지 극히 짧은 시간을 플랑크 시간(Planck time)이라고 한다. 우주의 나이가 플랑크 시간이었을 때 우주의 규모는 10^{-35}m에 불과하였고 온도는 10^{32}K로 극히 높았다. 이때 우주의 물질 밀도는 비록 무한대는 아니지만 10^{90} kg/m^{3}로 상상을 초월할 정도로 높았다. 이런 상태의 우주를 서술할 수 있는 방법이 있는가?

일반 상대성 이론은 미시적 세계에서 일어나는 중력 현상을 다루는 이론은 아니다. 즉 일반 상대성 이론은 고전역학의 수준에서 중력적 현상을 설명하는 이론인 것이다. 그러나 플랑크 시간 이전의 우주는 그 규모가 원자핵의 크기보다 훨씬 작다. 따라서 그러한 미시적 세계에는 고전역학이 아니라 양자역학이 적용되어야 한다. 즉 양자역학에 기초를 둔 중력 이론이 필요한 것이다. 우리는 중력에 대해 얼마나 알고 있는가?

중력은 우리의 일상생활과 너무 가까이 있기 때문에 뉴턴이 만유인력의 법칙을 발견한 이후로 우리는 중력의 모든 것을 이해한다는 착각에 빠졌었다. 그러나 그러한 자만심은 미시적 세계에서는 산산이 부서진다. 우리는 미시적 세계에서 일어나는 중력 현상에 대해서는 거의 모르고 있기 때문이다. 많은 이론가들이 중력을 양자역학적으로 취급하여 갓 태어난 우주의 모습을 이해하려고 노력해 왔으나 아직까지 아무도 성공하지 못했다. 결국 우리는 플랑크 시간 이전의 우주의 상태를 서술할 수 있는 도구를 제대로 가지고 있지 않은 셈이다. 당연히 플랑크 시간 이전의 우주에는 무엇이 존재했는지 제대로 알 수 없다. 중력 상수, 플랑크 상수, 광속 등의 기본 상수들에 의해 결정되는 플랑크 시간은 적어도 현재에는 인간이 볼 수 있는 우주 역사의 한계이다. 그런 의미에서 실질적인 시간과 공간의 역사는 플랑크 시간 이후부터 시작된다고 하겠다.

대통일의 시기

플랑크 시간을 지난 직후에도 우주의 밀도와 온도는 지극히 높았기 때문에 시-공간은 극도로 휘어져 있었다. 그러한 극한 상황의 우주에 존재할 수 있는 것은 규모가 작은 블랙홀뿐이었을 것이며 그러한 우주는 인과관계까지 보장할 수 없는 상태였을 수도 있다. 그러나 호킹(Stephen W. Hawking, 1942~)의 이론에 의하면 블랙홀은 입자와 반입자의 쌍을 방출하면서 증발할 수 있다. 이런 메커니즘으로 우리의 우주에는 기본 입자들이 생성되었고 블랙홀들은 대부분 사라졌을 것으로 추정된다.

빅뱅 이후 10^{-38} s가 경과하였을 때 우주의 크기는 10^{-29} m로 되고, 온도는 10^{29} K로 내려갔다. 이때 블랙홀의 증발 과정이나 당시의 우주에 충만해 있던 어떤 형태의 물질이나 에너지로부터 쌍생성을 통해서 기본 입자인 쿼크와 그 반입자가 생성되기 시작하였다. 이들은 쌍소멸을 통해 광자로 변하기도 했지만 다시 생성되어 일정한 수가 유지되는 평형 상태에 있었다. 같은 과정으로 전자와 같은 경입자도 생성되었지만 우주의 온도가 워낙 높아서 질량이 큰 입자가 생성되기가 더 쉬웠으므로 경입자보다는 쿼크의 수가 월등히 많았을 것이다. 즉 당시의 우주에는 쿼크와 광자가 지배적인 존재였고 약간의 경입자가 있었다.

플랑크 시간을 지나면서 빅뱅 당시 단 1가지로 통일되어 있던 힘에서 중력이 분리되었다. 즉 이때부터 중력은 독립적으로 작용하는 힘이 된 것이다. 나머지 강력, 약력, 전자기력은 한동안 분리되지 않은 상태로 존재하였다. 세 힘이 분리되지 않고 1개의 통일적인 힘으로 존재하는 상태의 시간을 대통일의 시기라고 하며 10^{-36} s까지 지속되었다. 대통일의 시기에는 쿼크와 경입자는 동일한 종류의 입자로 취급을 받았다.

인플레이션과 4가지 힘의 출현

우주의 나이가 10^{-36} s가 되었을 때 강력이 나머지 통합된 두 힘으로부터 분리되었다. 나머지 2가지 힘인 전자기력과 약력은 계속 통합된 채로 존재하였다. 이제부터 강력은 쿼크 사이에만 작용하고 경입자에게는 작용하지 않게 되었다.

강력이 분리되는 과정에서 발생한 에너지에 의해서 10^{-36} s~10^{-32} s의 시간 동안 우주는 급팽창 즉 인플레이션(inflation)을 하여 크기가 10^{30}배 이상 엄청나게 증가하였다. 이 때문에 우주에 존재하고 있는 물질이나 에너지의 밀도가 희박할 정도로 낮아졌다. 따라서 인플레이션 전에 블랙홀이나 자기 홀극(magnetic monopole)[3]과 같은 특이한 것들이 존재했다고 하더라도 오늘날 찾을 수 있는 확률은 거의 없어졌다. 뿐만 아니라 오늘날 서로 너무 먼 거리에 떨어져 있기 때문에 우주의 나이 동안에는 어떠한 정보도 교환할 수 없었던 것으로 보이는 두 지점도 인플레이션 이전에는 아주 가까운 거리에서 서로 정보를 교환하고 있었다. 또한 인플레이션에 의해 휘어져 있던 우주가 편평한 구조로 변화했다.

힘의 완전한 분리는 10^{-12} s에 일어났다. 즉 이때 전자기력과 약력이 분

---

3) N극 혹은 S극 단독으로 존재하는 자석

리되어 현재 존재하는 4종류의 힘들이 나타나게 되었다. 이로써 중력은 질량, 전자기력은 전하, 강력은 색 전하, 약력은 향 전하를 가진 입자들에게만 작용하게 되었다.

> ▣ **색 전하와 향 전하**
>
> 전하량을 가진 입자 사이에 전기력이 작용하듯이 색 전하와 향 전하를 띤 입자들 사이에도 고유한 힘이 작용한다. 색 전하를 띤 입자는 강력을 작용하고 향 전하를 띤 입자는 약력을 작용한다.

중성자와 양성자의 생성

플랑크 시간 이후로부터 10^{-6} s까지의 물질의 상태도 그렇게 잘 알려진 편은 아니다. 상당 부분은 실험적으로 재현할 수 없는 상황일 뿐만 아니라 아직까지 이론적으로도 정확하게 이해되지 못하고 있는 부분이 존재하기 때문이다. 그러나 10^{-6} s 이후에는 기존의 이론과 실험 결과로부터 비교적 소상하게 물질의 진화 과정에 대해 설명할 수 있게 된다.

우주의 나이가 10^{-6} s가 되면 우주의 크기는 10^{-3} m, 온도는 10^{13} K가 되고 3개의 쿼크가 결합하여 양성자와 중성자가 생성되기 시작하였다. 물론 양성자와 중성자의 반입자들도 생성되었다. 생성된 양성자(중성자)의 대부분은 반양성자(반중성자)와 충돌하여 쌍소멸을 통해 광자로 변해버렸으나 일부 양성자와 중성자는 소멸을 모면하고 살아남았다. 그들은 쌍소멸을 하기 위한 반입자인 반양성자와 반중성자를 찾지 못했기 때문이다. 그때 살아남은 양성자(혹은 중성자)의 수는 광자의 수에 비해 1 : 10억이었다. 이것은 우주에서 반입자에 비해 입자의 수가 미세하지만 많이 생성되었다는 것을 말하고 있으며 결국은 우리 우주가 입자로만 구성되는 결과를 낳게 하였다. 입자와 반입자가 쌍생성을 통해서 생성되었는데도 불구하고 왜 반입자보다는 입자의 수가 많았는지 그 이유도 아직 풀리지 않는 우주의 수수께끼 중의 하나이다.

양성자와 중성자의 대부분이 쌍소멸을 통해 빛으로 소멸하였으므로 이후로는 전자와 중성미자와 같은 경입자의 수가 양성자나 중성자의 수를 초과하게 되었다. 이때부터 1 s까지는 경입자의 수와 광자의 수가 비슷했다.

가벼운 원소의 합성

우주의 나이가 1 s가 되었을 때 우주의 크기는 10^8 m, 온도는 10^9 K였다.

경입자들은 쌍소멸을 통해 계속 광자로 변하였지만 우주의 온도가 너무 낮아졌기 때문에 역과정인 쌍생성은 잘 일어나지 않았다. 이에 따라 빛의 에너지가 물질의 에너지보다 훨씬 커지게 되어 우주는 빛으로 가득 차게 되었다. 빛의 에너지가 물질의 에너지보다 백만 배 정도 커서 우주의 대부분의 에너지가 빛 에너지의 형태로 존재하던 이 시기를 빛의 지배 시대라고 하며 만 년 정도 지속되었다.

3분 정도가 경과했을 때 두 번째로 무거운 원소인 헬륨과 그보다 약간 무거운 리튬, 베릴륨 등 소수의 가벼운 원자핵의 합성이 시작되었다. 그러나 그러한 가벼운 원소의 합성 과정은 오래가지 못하고 20여 분 이내에 종료되었다. 우주의 온도와 밀도가 낮아져서 핵융합 반응을 계속할 수 없었기 때문이다. 그 때문에 수소에 대한 헬륨의 비가 약 24%로 고정되었으며 이 비율은 현재의 우주에서도 확인되고 있다.

원자의 생성

우주가 계속 팽창함에 따라 물질(주로 수소와 헬륨)의 밀도와 빛 에너지의 밀도도 계속 감소하였으나 빛 에너지의 밀도는 적색 편이 때문에 더 빨리 감소하게 되었다. 마침내 우주의 나이가 1만 년이 되었을 때 두 밀도가 같아지게 되었고 그 이후에는 물질의 밀도가 빛 에너지의 밀도를 능가하게 되었다. 이 때문에 우주 역사의 대부분을 차지하는 빅뱅으로부터 1만 년 이후의 시간을 물질의 지배 시대라고 한다. 지금 우리는 물질의 지배 시대에 살고 있다.

물질의 지배 시대 시작 전까지 생성된 수소와 헬륨은 사실은 중성 원자가 아니고 양전기를 띤 원자핵이었다. 그들은 전기적 인력으로 주위에서 돌아다니는 전자를 붙잡아 전기적으로 중성인 원자가 되기도 하였으나 고속으로 운동하는 다른 입자들과의 충돌에 의해 곧 분해되어 버렸다. 즉 우주는 수소 및 헬륨의 원자핵과 전자가 전기를 띤 채 각자 마음대로 돌아다니고 있는 플라즈마(plasma) 상태였다. 이런 상태의 공간에서는 빛이 잘 진행하지 못한다. 왜냐하면 빛은 전자기파로서 전기를 띤 입자와 상호 작용을 잘하기 때문이다.

마침내 빅뱅 이후 370,000년이 경과하여 온도가 3,000 K로 떨어지면 수소와 헬륨의 원자핵은 전자와 결합하여 안정적인 중성 원자 상태를 유지할 수 있게 되었다. 왜냐하면 온도가 낮으면 입자들의 운동 에너지가 작고 그렇게 작은 에너지의 입자들이 중성 원자와 충돌하더라도 그 원자를 도로 원자핵과 전자로 분해시키지 못하기 때문이다. 그리고 빛은 중성 원자와 상호 작용하는 정도가 그리 크지 않다. 이에 따라 빛은 물질의 저항을 크게 받지 않고 진행할 수 있었으며 결과적으로 우주 전체가 투명해진 것이다. 물질로부터 독립한 빛은 우주의 팽창과 함께 계속 파장이 길어졌으나 빅뱅 이후 370,000년 당시의 상황을 그대로 간직하고 있다. 오늘날 관측할 수 있는 2.73 K의 우주 배경 복사는 바로 이 빛의 생생한 화석인 셈이다.

이로써 빛과 물질이 분리되었는데 이것은 이후에 일어나는 은하와 같은 우주적 구조물의 형성에 큰 의미를 갖는다. 만일 빛이 물질과 분리되지 않고 계속 상호 작용을 해왔다면 물질은 모두 잘게 분해되어서 지금과 같은 거대 규모의 구조물을 만들 수 없었을 것이다.

그 이후

표 9.2 우주의 원소 존재비

원소	규소에 대한 원자 수
수소	3.18×10^4
헬륨	2.21×10^3
산소	22.1
탄소	11.8
질소	3.64
네온	3.44
마그네슘	1.06
규소	1
알루미늄	8.5×10^{-1}
철	8.3×10^{-1}
황	5×10^{-1}
칼슘	7.2×10^{-2}
나트륨	6×10^{-2}
니켈	4.8×10^{-2}

수소와 헬륨의 원자가 생성된 이후로 우주에는 급격한 변화는 생기지 않고 기존 물질의 농축과 같은 방법으로 별, 은하, 행성과 같은 우주적 규모의 물질의 덩어리가 형성되는 비교적 완만한 변화만 진행되는 시기가 도래하게 되었다.

우주의 나이가 100만 년이 되면 퀘이사와 은하단 규모의 물질이 농축되기 시작하였고 제1세대, 즉 최초의 은하와 별은 10억 년경에 생성되기 시작하였다. 그렇게 만들어진 별은 질량에 따라 짧게는 수백만 년에서 길게는 수백억 년에 걸친 진화의 과정을 걷기 시작하였고 그 중에서 질량이 커서 수명이 짧은 것들은 이미 진화의 마지막 단계인 초신성 폭발까지 겪었다. 평범한 별의 진화 과정에서는 핵융합에 의해 헬륨에서 철까지 비교적 가벼운 원소들이 합성되었고 초신성의 폭발 과정에는 그보다 무거운 원소들이 합성되어 우주 공간으로 흩어졌다. 그러한 물질은 성간 물질을 형성하여 다음 세대의 별과 행성이 만들어질 때 재료로 사용되었다. 결국 지구와 같은 행성의 주재료인 산소, 규소, 탄소 그리고 알루미늄, 철과 같은 각종 금속 원소들은 이미 진화 과정을 마친 이전 세대의 별에서 만들어진 것이다. 생명도 그러한 물질을 기반으로 태어났다.

빅뱅 이후 약 100억 년이 경과하였을 때 마침내 지구에 생명이 나타났다. 우주 역사의 5/7가 경과한 시점이었다. 그리고 인간의 먼 조상인 호모 에렉투스가 나타난 것은 그로부터 수십억 년이 경과한 고작 200만 년 전의 일이다. 따라서 인류사는 우주의 역사 140억 년에 비하면 겨우 0.01%에 지나지 않는다. 우주는 시간적으로 보아서는 찰나에 지나지 않을 정도로 매우 짧은 역사를 가진 인간을 위해 길고도 긴 세월 동안 참을성 있게 진화해 왔던 것이다. 그 결과 오늘날 우주에는 '왜 우주가 이렇게 생겼을까?'

라는 질문을 할 수 있는 지적 존재가 나타나게 된 것이다.

9.4 빅뱅 우주론의 검증

빅뱅 우주론은 우주가 무한히 작은 크기, 무한히 높은 온도와 밀도의 상태로부터 팽창을 시작하였다고 가정한다. 비록 그러한 가정이 허블의 관측 결과라고 하는 일정한 근거를 가지고 있지만 뜨거운 빅뱅이 그러한 관측 결과에 대한 유일한 조건이라고 볼 수는 없다. 따라서 뜨거운 빅뱅의 가정에 부합하는 다른 자료가 더 필요하다.

태양계의 나이

지구의 암석이나 태양계 내 다른 곳으로부터 날아온 운석의 나이를 측정해 보면 모두 46억 년 이하로 빅뱅 우주론에서 제시한 우주의 나이 140억 년 보다는 작다. 이 사실은 우주가 먼저 탄생한 다음 태양계가 생성되었을 것이라는 당연한 추측과 모순이 되지 않는다. 빅뱅 우주론은 상식적인 요건을 충족한다.

올버스의 역설

이미 200여 년 전에 무한 우주에는 문제가 있다는 사실이 지적된 바 있다. 1826년 올버스(Heinrich Olbers, 1757~1840)는 만일 우주가 무한하고 균일하다면 밤하늘의 어느 방향을 쳐다보아도 시선은 어느 한 별의 표면을 향하게 되므로 밤하늘 전체가 마치 태양을 바로 쳐다보는 것과 같이 눈부시게 빛나야 할 것이라고 생각했다. 그러나 실제로 밤하늘의 대부분은 깜깜하다. 이 모순을 올버스의 역설(Olbers' Paradox)라고 한다. 이 역설은 우

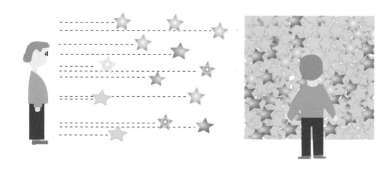

그림 9.8 **올버스의 역설.** 우주가 무한이라면 아무리 별의 밀도가 희박하더라도 시선은 항상 어느 별 위에 있게 되므로 밤하늘은 무한히 빛나야 한다.

주가 무한하고 균일하다는 가정에 근거하므로 가정에 문제가 있다고 할 수 있다. 우주 원리에 의하면 우주에는 별이 어느 특정한 방향이나 장소에만 집중되어 있는 것 같지 않으므로 결국 '우주의 역사가 무한이다.'라는 가정에 문제가 있다고 보아야 한다. 즉 역설을 해결할 수 있는 길은 우주가 유한한 어느 과거에 태어났다고 해야 한다는 것이다.

만일 우주의 역사가 무한대가 아니라면 올버스의 역설에 대한 한 가지 해답을 제시할 수 있다. 예를 들어 우주의 역사가 140억 년이라면 140억 광년 이상의 거리에서 오는 빛은 아직 우리에게 도착하지 않았을 것이다. 따라서 우리는 그러한 은하를 볼 수 없다. 이렇게 우리가 볼 수 있는 우주의 한계, 우리로부터 반경이 140억 광년인 구를 우주적 입자 지평선(cosmic particle horizon)이라고 한다. 마치 일상적인 지평선 너머에 있는 것이 보이지 않듯이 우리는 우주적 입자 지평선 너머에도 무엇이 있는지 알지도 못하며 실제로 무엇이 존재한다고 하더라도 아직까지 우리에게 아무런 영향을 미치지 못하고 있다.

우주가 팽창한다는 사실은 올버스의 역설에 대한 또 다른 해답을 제시해 준다. 만일 우주가 허블의 법칙에 따라 팽창한다면 우리와 은하 사이의 거리가 멀수록 그 은하의 후퇴 속도는 크고 그에 따라 적색 편이도 커진다. 결국 아주 멀리 떨어진 은하로부터 나온 빛은 적색 편이가 너무 커서 빛으로 인식되지 않을 정도가 될 것이다. 결론적으로 유한한 우주의 나이와 우주의 팽창 때문에 밤하늘 전체가 무한히 밝게 빛나는 일은 일어나지 않는다는 것이다.

▣ 올버스의 역설에 대한 다른 해석

올버스의 역설에 대한 해답으로는 우주의 유한한 나이와 적색 편이뿐만 아니라 성간 물질에 의한 별빛의 약화, 별의 유한한 수명 등과 같은 것도 있다. 그 중에서 별의 유한한 수명이 가장 큰 요인인 것으로 지적된다.

우주 배경 복사

그림 9.9 윌슨과 펜지아스. 우연히 우주 배경 복사를 발견하여 노벨상을 수상하였다.

1965년에 펜지아스(Arno Penzias, 1933~)와 윌슨(Robert Wilson, 1936~)은 안테나를 사용하여 위성 통신용 전자기파를 연구하던 중 안테나의 방향과 상관없이 고르게 날아오는 마이크로파를 수신하였다. 일반적으로 전자기파는 지상이나 수신 회로의 전기적 잡음에 의해서도 발생할 수 있으므로 정밀하게 원인을 조사하였으나, 그 전자기파는 우주에서 그것도 어떤 특정한 방향에서 오는 것이 아니라 매우 고르게 우주의 모든 곳으로부터 오는 것으로 결론이 났다. 펜지아스와 윌슨의 실험을 더욱 더 정확하게 반복한 결과 수신된 전자기파의 스펙트럼이 약 2.73K의 흑체가 방출하는 빛의 스펙트럼과 동일하다는 것으로 판명되었다. 이 전자기파를 우주 배경 복사 혹은 줄여서 배경 복사라고 한다. 여기서 '배경'은 우주 전체에 골고루 퍼져있다는 의미이다.

배경 복사의 근원은 무엇인가? 빅뱅 초기에는 빛과 물질 입자의 에너지가 커서 물질이 중성 원자의 형태로 존재할 수 없었다. 만들어진 원자는 빛 에너지에 의해 즉시 분해되었기 때문이다. 그러나 약 370,000년이 경과했을 때 온도가 내려가서 전기를 띤 입자들은 서로 결합하여 중성의 물질, 즉 완전한 수소와 헬륨 원자로 되었다. 이 과정을 재결합(recombination)[4]이라고 한다. 빛은 중성인 물질과는 상호 작용을 덜하므로 더 이상의 변화 없이 그냥 그대로 남게 되었다. 이 빛은 우주가 계속 팽창함에 따라 파장이 매우 길어지게 되었으며, 현재 마치 2.73K라는 저온의 흑체로부터 방출되는 빛의 스펙트럼 같이 관측되고 있는 것이다. 즉 두 사람이 관측한 것은 바로 우주 탄생 초기에 생성된 빛이었다.

COBE에 의해 관측된 우주 배경 복사는 2.73K의 흑체 복사의 스펙트럼으로부터 불과 0.005%만큼 이탈한다. 이 정도로 정확하게 흑체 복사의 스펙트럼과 가까운 스펙트럼은 자연계에 존재하지도 않으며 배경 복사 생성 당시의 우주가 매우 고르게 뜨거운 상태였음을 말해준다.

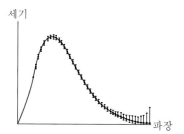

그림 9.10 우주 배경 복사의 스펙트럼. 수신된 배경 복사의 스펙트럼(점)은 이론적인 흑체 복사의 스펙트럼(곡선)과 놀라운 정밀도로 일치한다.

◻ TV 속의 배경 복사

방송이 없는 채널에 맞춘 TV 화면에는 밤에 눈이 내리는 것과 같이 검은 점과 흰 점이 무질서하게 나타난다. TV 영상을 전송하는 전자기파는 마이크로파에 속하기 때문에 TV는 마이크로파를 선택적으로 수신하게 된다. 따라서 방송 신호가 없을 때 나타나는 잡음 신호의 일부는 바로 140억 년 전에 우주에서 생성된 빛이다.

헬륨의 존재비

뜨거운 빅뱅에 의해 원시 우주에서 합성된 원소는 수소와 헬륨이 대부분이고 리튬, 베릴륨이 극미량 있었다. 이들보다 더 무거운 원소는 별이 형성되고 난 뒤에 별의 내부와 초신성의 폭발 과정에서 합성되었다.

---

4) 사실은 이전에도 결합한 적은 없음

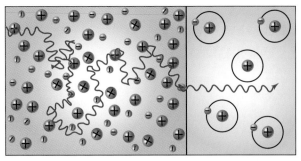

그림 9.11 **재결합.** (a) 처음에는 우주의 온도가 높아 양성자와 전자가 결합하지 못한 상태에 있었다. 이때 빛은 이들 전기를 띤 입자와 상호 작용하였기 때문에 진행하기가 매우 어려웠다. 즉 우주가 불투명하였다. (b) 팽창과 더불어 온도가 내려가자 이들은 결합하여 중성인 수소 원자가 되었다. 이제 빛은 우주를 마음대로 진행할 수 있게 되었으며, 그때의 빛이 지금의 우주 배경 복사로 나타나고 있다.

(a) 재결합 이전   (b) 재결합 이후

원시 우주에서 합성된 가벼운 원소의 존재비, 즉 우주 공간에 있는 수소의 질량에 대한 가벼운 원소의 질량은 당시 우주의 상태에 관계한다. 왜냐하면 그러한 원소들은 모두 수소로부터 핵융합에 의해서 합성된 것이며 핵융합은 반응물의 밀도와 온도와 같은 물리적 조건에 의해 지배되기 때문이다. 추정된 우주의 상태에서 핵물리학적 계산을 하면 각 원소가 얼마나 합성되었는지 그 양을 알 수 있다. 그 결과 헬륨의 존재비는 대략 24% 정도로 추정된다.

다른 무거운 원소와는 달리 헬륨이 별에 의해 생성된 것이 아니고 빅뱅에 의한 직접적인 생성물이었다는 증거는 우주의 어느 곳을 관측하더라도 헬륨의 실제 존재비가 약 24%로서 일정하다는 점이다. 심지어 별과 가까운 곳에서도 이 값은 크게 달라지지 않는다. 별의 연료는 수소이고 핵융합의 산물이 헬륨이기 때문에 우주의 헬륨이 주로 별에 의해 생성되었을 것으로 오해를 할 수도 있지만 사실은 아니다. 즉 헬륨의 대부분은 빅뱅 우주에서 만들어진 것이고 그 존재비는 예측된 값과 거의 일치한다.

9.5 우주관

우주관의 역사는 고대까지 거슬러 올라간다. 고대인들은 주로 미신적 혹은 종교적인 바탕에서 우주의 생성이나 진화에 대한 생각을 가지고 있었다. 그러나 지역에 따라 고대인이 생각했던 신의 역할은 다양한 편이다.

고대인의 우주관

과학적 사고가 아닌 미신적 혹은 종교적 배경에서 우주의 역사가 어떤 시작을 가진다는 생각은 상당히 오래된 것이다. 그러한 흔적은 대부분 신

화나 신앙의 형태로 전승되어 오고 있다. 실제로 고대인은 대부분 신에 의해 우주가 시작된 것으로 보았다. 그러나 지역에 따라서 우주 창조 이후 드러나는 신의 역할에서는 차이가 있다. 즉 신이 단순한 우주 창조자의 역할만 하는 경우, 창조는 물론이고 이후 인간 생활에 간섭까지 하는 경우, 신과 우주가 동일시되는 경우가 있다.

신의 역할에 대한 관점 중에서 신이 우주를 자신의 뜻대로 창조한 뒤 더이상 간섭하지는 않는, 즉 신이 우주 설계를 위한 기술자 역할만을 하는 관점을 이신론(deism)이라고 한다. 예를 들어 중국의 신화에서는 반고라고 하는 신이 음과 양, 즉 하늘과 땅을 분리시켰다고 하지만 반고는 더 이상 다른 신화에 등장하지는 않는다.

신이 어떤 특정한 순간에 우주를 만들었다는 믿음은 기독교 관련 종교에서만 찾아볼 수 있는 독특한 교리이다. 이에 의하면 신은 우주를 설계하여 창조하였으나 그것의 일부는 아니고 영원히 독립적으로 존재한다. 우주가 창조된 뒤에도 신은 우주의 운행뿐만 아니라 인간의 일상생활에도 개입하는, 이른바 인격신적인 존재로 남아 있다. 이런 관점을 일신론(theism)이라고 한다. 구약성경에는 '태초에 하나님이 하늘과 땅을 창조하셨다.'로부터 시작하여 빛을 창조하는 등 천지창조의 과정이 아주 자세하게 기록되어 있다. 하나님은 천지창조 이후에도 인간 생활을 지배하는 절대자의 역할을 계속한다.

이신론이나 일신론에서는 신은 우주와 다르거나 그 이상의 존재이다. 반면에 어떤 신앙이나 신화에서는 우주와 신의 구별이 없어서 자연 자체가 신인 경우가 있다. 이와 같이 우주와 신이 일체라고 보는 관점을 범신론(pantheism)이라고 한다. 예를 들어 고대 그리스의 창조 신화에서는 창신(theogony)과 창세(cosmogony)를 구별하기 어렵다. 즉 신이 사물을 상징하기 때문에 신의 창조가 바로 자연의 창조를 의미하고 있는 것이다. 그리스의 창조 신화에 따르면 태초에 형태가 없는 어떤 공간인 카오스(Chaos), 대지인 가이아(Gaea), 지하 세계인 타르타로스(Tartarus), 사랑의 에로스(Eros)가 존재했다. 카오스로 부터는 어둠을 상징하는 에레보스(Erebus)와 밤을 상징하는 닉스(Nyx)가 태어났다. 에레보스와 닉스로부터는 빛을 상징하는 에테르(Ether)와 낮을 상징하는 히메라(Hemera)도 태어났다. 그리고 가이아로부터 하늘, 바다, 산, 태양, 달, 새벽 등을 상징하는 많은 신들이 태어났다. 이렇게 태어난 자연신들은 더 이상 인간의 생활에 간섭을 하지 않았다. 이집트 신화에서도 비슷한 관점을 찾을 수 있다.

인간 원리

현대 과학은 어떠한 경우에도 특별한 장소나 인간의 모습을 이용해서는
안 된다는 코페르니쿠스의 원리를 전제로 하고 있다. 이 원리는 코페르니
쿠스 이후 의문을 가져 본 과학자가 별로 없을 정도로 널리 받아들여진 것
이지만 이제 반대로 이 원리를 위배하는 우주관을 논하는 사람들도 있다.

우주에는 기본 입자로부터 생물, 별, 은하가 모두 유기적인 관계를 맺으
면서 존재하고 있다. 우리는 이러한 구성원 사이의 상호 작용에 관계하는
광속, 전자의 질량과 전하량, 플랑크 상수, 중력 상수, 허블 상수 등의 기
본 상수 몇 개가 있음을 보았다. 이 상수들은 자연의 법칙을 통하여 일상적
인 물질과 생물로부터 별과 은하의 모습까지도 결정하고 우주가 현재의 모
습으로 존재할 수 있도록 매우 정확하게 조정되어 있는 것 같다. 이들 상수
값이 매우 미세하게 조정되어 있기 때문에 우주가 현재의 모습으로 존재하
게 된 것이고 만일 그들의 값이 달랐다고 하면 우주는 현재의 모습으로는
물론, 아예 존재하지도 못할 가능성이 매우 크다. 이런 경우 지적 능력을
가진 인간과 같은 생물체가 존재하지 못하기 때문에 '우주가 무한히 많은
가능성 중에서 왜 이런 모습을 가지고 있는가?'라고 물어볼 수조차 없게
된다. 이와 같이 우주의 상태를 결정하는 기본 상수들이 아무 값이나 가지
는 것은 아니고 인간과 같은 탄소를 기반으로 하는 생명체가 태어날 수 있
는 장소가 존재하고 그 생물이 진화할 수 있는 시간이 충분하다는 조건에
부합하는 값을 가진다는 것을 약한 인간 원리(weak anthropic principle)라
고 한다. 약한 인간 원리는 우주와 인간 사이의 사실 관계를 서술하는 것으
로 내용상 특별한 문제는 없는 것으로 보인다. 이에 비해 강한 인간 원리
(strong anthropic principle)는 우주는 인간과 같은 생명이 태어나 진화할 수
있는 제반 조건을 갖추고 있어야 한다고 보는 관점으로 다분히 우주의 존
재 목적이 인간의 존재라는 것을 시사하고 있으므로 인간이 어떤 특별한
지위를 가져서는 안 된다는 코페르니쿠스의 원리에 위배된다. 인간 원리는
과학적 · 철학적 · 논리적 · 신학적으로 아직까지 논쟁의 대상이 되고 있다.

단순한 우연의 일치에 의해서 기본 상수들이 그렇게 미세하게 조정되었
고 또 그에 따라 우리 우주가 이런 모습을 가지게 되었다는 사실은 믿기 어
렵다. 그 정도로 우주는 복잡한 가운데 교묘하게 질서가 잡혀져 있기 때문
이다. 그래서 인간 원리라는 인간을 중심에 둔 시각으로 우주를 보는 견해
도 나오게 된 것이다. 그러나 어떤 사람들은 우주의 설계에 대한 신의 역할
을 주장하기도 한다. 그들은 이 우주가 마치 고도의 지능을 가진 창조주의
의도에 의해서 기본 상수의 결정을 통해서 설계된 것이라고 한다. 다윈과

뉴턴에 의해서 상실된 신의 역할이 여기에 있는지도 모른다.

지혜가 미치는 범위

우주론은 시간에 따른 우주의 변화를 설명하는 이론이다. 그런데 인간의 호기심은 우주 진화의 중간에만 있는 것이 아니라 양단에도 있다. 그러나 시간의 시작과 끝에서 인간의 지혜는 한계에 부닥치게 된다. 자연은 고유한 방식으로 끝을 숨기고 있는 것이다.

우주의 변천사를 말해주는 우주론에서는 여러 가지 가정이 필요하다. 특히 우주의 시작에 대한 가정이 필수적이다. 예를 들어 빅뱅 우주론에서도 수학적 특이점과 같은 초기 상태를 가정한다. 즉 빅뱅 우주론에서는 무한히 높은 밀도와 무한히 높은 온도의 특이점을 가정한다. 무한이라고 하는 것은 비록 수학에서는 존재하지만 우리 주위의 자연계에서는 나타나지는 않는다. 만약 어떤 이론이나 법칙에서 특이점이 존재한다면 그것은 특이점 밖에서 성립하는 이론이나 법칙을 그 점으로 연장해서 사용했기 때문이다. 예를 들어 뉴턴의 만유인력의 법칙에 의하면 두 물체 사이의 중력의 크기는 거리의 제곱에 반비례한다. 이 법칙에 따르면 두 물체 사이의 거리가 0인 점은 특이점인 것으로 나타난다. 그러나 실제로 두 물체 사이의 거리가 0이라는 것은 존재할 수 없다. 왜냐하면 모든 물체는 물론 심지어 기본 입자까지도 어떤 규모를 가지고 있기 때문이다. 크기가 있는 물체 사이에 성립하는 만유인력의 법칙은 가까운 거리에서는 뉴턴이 말한 형태 그대로는 아니다.

만일 자연에 특이점이 존재한다면 그 특이점에서는 자연의 법칙이 성립하지 않고 원인과 결과가 전혀 연결되지 않는 기이한 현상이 일어날 수도 있을 것이다. 따라서 그런 곳의 상태를 서술하는 것은 불가능하며 만일 자연이 그러한 통제 불능인 영역을 노출시키고 싶지 않다는 의지를 가졌다면 특이점을 볼 수 없게 하는 장치를 마련해 놓았을 것이다. 그러한 예로 블랙홀의 슈바르츠실트 반경을 들 수 있다. 슈바르츠실트 반경(Schwartzchild radius)은 블랙홀의 특이점인 중심을 둘러싸고 있으며 슈바르츠실트 반경 이하로 접근한 어떠한 것도 다시는 밖으로 나오지 못한다. 따라서 외부에서는 특이점을 볼 수가 없게 된다.

빅뱅 우주론에서는 만일 빅뱅 순간이 진정한 특이점이라면 플랑크 시간이 그러한 역할을 하고 있는 셈이 된다. 즉 플랑크 시간은 빅뱅 순간의 길목에서 우주의 상태를 알려고 하는 인간의 접근을 차단하여 빅뱅 순간과 그 이전 상태를 알려고 하는 인간의 능력에 한계를 설정하는 것처럼 보인다. 인간은 너무 먼 과거도 볼 수 없는 것이다.

우주의 궁극적인 미래는 무엇인가? 우주가 팽창하는 것은 사실로 인정되고 있으므로 팽창의 계속 여부와 만일 팽창을 한다면 어떤 식으로 하느냐는 것만 의문으로 남게 된다. 허블의 관측 이후 우주는 비교적 정숙한 팽창을 하는 것으로 생각되었으나 최근의 관측 자료에 의하면 가속 팽창을 하고 있는 것으로 보인다. 그러한 가속 팽창을 설명하기 위해서 암흑 에너지를 도입하였지만 모두가 그 존재를 믿고 있는 것은 아니다. 왜냐하면 관측 자료에 항상 예측하지 못한 오차가 개입될 수 있는 가능성 때문이다. 즉 관측 자료의 단순한 통계적인 오차뿐만 아니라 예측하지 못한 방향으로 발생하는 계통적인 오차가 포함되어 있을 가능성이 있기 때문이다. 그 이유는 비록 현대식 대구경 망원경으로 무장을 했지만 관측 천문학은 너무 큰 규모를 다루고 있을 뿐만 아니라 이미 잘 알려진 자연현상 중의 한 가지임에도 불구하고 미처 고려하지 못한 것이 우주에는 일어나고 있을 수도 있고 기존의 자연 법칙을 뛰어넘은 자연현상이 존재할 가능성도 있기 때문이다. 예를 들어 우리는 우주의 팽창 정도에 상당한 역할을 하는 것으로 생각되는 암흑 물질의 본질을 모르고 있다. 관측 자료를 설명할 원인을 찾다보니 그 존재를 가정하고 있을 뿐 본질은 물론이고 관련된 자연현상을 이해하고 있는 것은 전혀 아니다. 따라서 그러한 자료를 바탕으로 추정한 미래의 모습에는 항상 불확실성이 존재하게 된다. 인간은 너무 먼 미래도 알 수 없는 것이다.

참고문헌

1. S. Weinberg, The first three minutes, Bantam Books
2. J. Silk, The big bang, Freeman
3. 方勵之(이숙한 외 역), 우주의 창조, 전파과학사
4. Russell(송상용 역), 종교와 과학, 전파과학사
5. J. Barrow et. al., The Anthropic Cosmological Principle, Oxford University Press

지구 환경

10장

우주의 일부로부터 태어난 원시 지구는 뜨거운 용융 상태로부터 생물이 서식할 수 있는 현재의 모습으로 변화해 왔다. 현재 지구라는 환경은 매우 다양한 물질로 구성되어 있고 그들의 복합적인 상호 작용에 의해서 전체 상태가 유지되고 있다.

10.1 지구의 역사와 구성

지구를 대략적으로 살펴보면 암석, 물, 공기, 생물 등과 같은 이질성이 큰 구성 요소들이 눈에 쉽게 띈다. 그러나 갓 태어난 지구에는 이러한 구성 요소들이 아예 존재하지 않았고 모든 물질이 용융되어 섞여 있는 동질의 상태였다. 그 후 지구가 점차 냉각되는 과정에서 물질의 상호 작용에 의해 그러한 요소들이 뚜렷이 구별되어 나타났다. 그러나 이러한 구성 요소들이 서로 독립적으로 존재하는 것은 아니며 여러 가지 방법으로 상호 작용하면서 지구 환경이라는 한 개의 유기체를 형성하고 있다.

원시 지구

지구에 떨어진 운석의 나이는 지구 암석의 나이보다 더 많아서 46억 년 정도이다. 이들 운석은 태양계가 형성될 때 미처 참여하지 못한 것들로 생각되므로 그 나이는 태양계의 나이와 같을 것이다. 따라서 지구의 나이도 운석의 나이와 같은 46억 년 정도로 추정하고 있다.

46억 년 전 지구가 처음 태어났을 때의 모습은 지금과는 완전히 달랐을 것이다. 갓 태어난 지구는 물질의 낙하 과정에서 축적된 내부 에너지에 의해 이미 뜨거운 상태에 있었다. 뿐만 아니라 물질 중에 포함된 방사성 원소의 붕괴에 의한 에너지 그리고 소행성과의 충돌에 의한 에너지에 의해 지구는 거의 용융 상태에 가까웠다. 그 때문에 철과 니켈과 같은 무거운 물질은 지구 내부로 가라앉았고 규소 화합물과 같이 가벼운 것은 위로 떠올랐을 것이다. 가라앉은 철과 니켈은 중심에서 핵을 이루었다.

맹렬한 화산 활동에 의해 물질 속에 갇혀 있던 수증기, 수소, 이산화탄소, 황화수소, 메테인, 암모니아 등이 분출하여 원시 대기를 구성하였으나 높은 온도에 의해 일부는 분해되었고 수소와 같이 가벼운 기체는 외계로 날아가 버렸다. 따라서 대기의 조성은 질소, 이산화탄소, 수증기 등으로 바뀌었으나 화학 반응과 생물의 활동에 의해 계속하여 변화하였다. 특히 대기 중의 산소는 대부분 생물의 활동에 의해 생성된 것으로 추정된다.

지표가 복사 에너지를 방출함에 따라 지구는 점차 냉각되기 시작하였다. 냉각된 지표는 규소 화합물을 주성분으로 하는 지각이 되었다. 대기 중의 수증기는 냉각되어 지표에 물로서 고이기 시작하였고 다량의 물이 고인 곳은 마침내 원시 해양이 되었다.

원시 대륙과 해양의 모습이 현재까지 그대로 남아 있는 것은 아니다. 크게는 대륙과 해양의 분리와 합병, 작게는 침식 및 퇴적과 같은 과정도 있었다. 긴 세월에 걸친 이러한 변화는 꾸준히 계속되어 마침내 현재의 모습을 갖게 되었다.

지질 시대

지구가 태어난 이후로부터 현재까지 지구의 역사를 지질 시대라고 한다. 지질 시대는 화석과 지각 변동 등을 바탕으로 영년(eon), 대(era), 기(period), 세(epoch), 절(age)의 시간 단위로 나뉘게 된다.

지질 시대의 시간 단위 중에서 가장 큰 단위인 영년에는 지구의 탄생 시기부터 차례로 하디언 영년(Hadean Eon), 시생 영년(Archean Eon), 원생 영년(Proterozoic Eon), 현생 영년(Phanerozoic Eon)이 있다.

5억 4천만 년 전 이후의 시대인 현생 영년에 비해서 처음 3영년의 암석에서는 화석이 출토되는 빈도가 훨씬 낮기 때문에 처음 3영년을 묶어 선캄브리아 시대(Precambrian time)이라고 부른다. 선캄브리아 시대의 암석은 변성이 심해서 생물이 살았다고 하더라도 화석으로 보존되기가 어려웠을 것이다. 그러나 선캄브리아 시대 이후인 현생 영년에는 화석이 대량으로 산출된다.

선캄브리아 시대의 영년을 세분하는 경우는 별로 없으나 현생 영년은 고생대(Paleozoic era), 중생대(Mesozoic era), 신생대(Cenozoic era)로 나뉘는데 이들도 더 작은 단위인 기와 세로 나뉜다. 예를 들면 중생대는 트라이아스기(Triassic period), 쥐라기(Jurassic period), 백악기(Cretaceous period)로 나뉘고 신생대의 제4기(Quaternary epoch)는 플라이스토세(Pleistocene epoch)와 홀로세(Holocene epoch)로 나뉜다. 이들 단위 중에서 가장 기본적으로 사용되는 것은 기이다.

표 10.1 지질 시대

영년	대	기	세	절대 연령(백만 년)
현생 영년	신생대	제4기	홀로세	0~0.01
			플라이스토세	0.01~2
		제3기	플라이오세	2~5
			마이오세	5~24
			올리고세	24~37
			에오세	37~58
			팔레오세	58~66
	중생대	백악기		66~144
		쥐라기		144~208
		트라이아스기		208~245
	고생대	페름기		245~286
		석탄기	펜실바니아기	286~320
			미시시피기	320~360
		데본기		360~408
		실루리아기		408~438
		오르도비스기		438~505
		캄브리아기		505~540
원생 영년	선캄브리아 시대			540~2,500
시생 영년				2,500~3,800
하디언 영년				3,800~4,600

지구 변화의 원리

과거에 일어났던 과정에 의한 지구의 변화가 지금도 반복되고 있다는, 이른바 동일 과정설이 18세기에 허튼에 의해 제안되었을 때에는 풍화, 침식, 운반, 퇴적과 같은 소규모의 점진적인 변화만을 지구 환경의 변화 요인으로 생각했을 것이다. 그러나 허튼 이후 지구과학의 발전에 따라 허튼의 시대에는 상상도 할 수 없었던 대륙의 생성과 소멸이 지구의 모습을 대규모로 변화시킨 요인들로 밝혀졌다. 이러한 과정은 매우 긴 시간에 걸쳐 점진적으로 일어나며 최종 결과는 침식이나 퇴적에 의한 것보다 훨씬 크다.

동일 과정설을 확장하여 대륙의 생성과 분열, 암석의 침식과 퇴적과 같은 점진적인 변화는 물론 소행성의 충돌과 같은 격변에 의한 과정도 모두 포함하는 것으로 해석하면 지구의 과거로부터 미래를 예측할 수 있을 것이다.

현재는 동일 과정의 원리에 포함되는 자연적인 과정 이외에도 인간 스스로가 만드는 인공적인 변화를 무시할 수 없는 상황에 와 있다. 이런 종류의 변화는 이전에는 일어나지 않았던 새로운 것이다. 최근의 주요 환경 변화, 예를 들면 오존홀(ozone hole)[1] 크기의 증가, 대기 중 이산화탄소의 증가, 자원의 고갈, 환경오염과 자연 훼손에 의한 동식물의 멸종 등과 같이 광범위하고 급격한 변화는 지구 역사상 그리 많지 않았다. 현재의 인구 정도로 많은 수의 단일 종의 동물이 지구상에서 살았던 적이 없는데다가 물질 문명이 빠르게 발전하고 있기 때문에 인공적인 변화의 크기는 예측하기 어려운 상태에 있다.

□ 풍화, 침식, 운반, 퇴적작용

풍화는 암석이 물, 공기, 생물 등에 의해 기계적 혹은 화학적으로 잘게 부서지고 변하는 과정을 말하고 침식은 물과 바람이 지표의 암석이나 토양을 깎아 내리는 과정을 말한다. 풍화나 침식에 의해 잘게 부서진 암석은 물, 바람, 빙하 등에 의해 다른 곳으로 이동하는 운반 작용이 일어나고 이러한 물질이 한 곳에 모이는 퇴적 작용으로 이어진다.

4대 영역

지구는 8개의 행성 중에서 태양으로부터 3번째로 가까이 있으며 질량은 6.0×10^{24} kg이고, 반경은 6,400 km이다. 평균 밀도는 다른 지구형 행성처럼 비교적 큰 $5.5 \text{g}/\text{cm}^3$이다.

설명의 편의상 지구를 고체 지구, 기권, 수권, 생물권으로 나눈다.

고체 지구는 지구에서 가장 기본이 되는 영역으로서 지구를 구성하는 무생물의 고체를 의미하며 여기에는 암석, 퇴적물, 토양 등 지구의 물질 대부분을 포함하고 있다. 여기에서 일어나는 변화의 속도는 다른 영역에서보다 비교적 느린 편이나 가장 큰 영향을 미친다.

기권은 고체 지구를 둘러싸고 있는 기체로서 질소, 산소, 이산화탄소, 수증기 등으로 이루어져 있다.

수권은 해양, 호수, 하천, 지하수뿐만 아니라 지상 혹은 지하에 있는 고체 상태의 물인 얼음과 눈을 포함한다.

그림 10.1 지구. 지구 표면은 넓은 해양에 의해 전체적으로 푸른빛을 낸다.

1) 오존층에서 오존이 존재하지 않는 영역

생물권은 살아 있는 모든 생물체와 죽었더라도 아직 분해되지 않은 상태의 유기물을 말한다.

고체 지구, 수권, 기권, 생물권의 4영역은 서로 밀접한 관계를 맺고 있어 분리되어 활동할 수 없는 지구 환경이라는 유기체적인 조직을 이루고 있다. 예를 들어 수권에 속한 물은 수권에만 독립적으로 존재하는 것이 아니다. 즉 물은 해양에서 증발하여 수증기의 형태로서 기권으로 이동하였다가 눈과 비로 고체 지구로 되돌아오며, 육지에 있는 물은 생명체에 의해 흡수되어 생물권으로 가거나 땅 속으로 스며들었다가 다시 수권인 해양으로 돌아오게 된다. 이와 같이 각 영역은 물의 수급에서 서로 평형상태를 이루고 있는 것으로 보인다.

□ 지구 환경과 생물

지구가 태양으로부터 너무 가깝지 않기 때문에 태양광에 의해서 물이 수소와 산소로 분해되지 않았고, 너무 멀리 있지도 않기 때문에 물이 액체 상태로 존재한다는 사실이 지구가 다른 행성과는 달리 생명이 태어날 수 있는 최적의 조건을 갖추고 있음을 의미한다. 이와 같이 지구의 환경은 마치 생물을 위해서 만들어진 것 같다. 즉 어느 한 가지의 조건이라도 만족되지 않았더라면 생물의 생존은 불가능하다고 보아야 한다.

10.2 고체 지구

고체 지구 내부의 구조나 물질의 상태를 조사하는 대표적인 수단으로는 지진과 중력의 2가지가 있다. 그 중에서 지진파는 인체의 내부나 물질의 내부를 조사할 때 사용되는 X선과 같이 암석의 파동으로서 지구 내부를 통과하다가 반사와 굴절과 같은 현상을 일으켜 내부 구조에 대한 중요한 단서를 제공한다. 중력은 지하에 있는 물질의 밀도에 따라 달라지기 때문에 지표의 여러 곳에서 중력을 측정하면 지구 내부의 물질의 밀도에 대한 정보를 얻을 수 있다.

지진의 발생

지진의 발생 원인에 대해서는 여러 가지 이론이 있으나 그 중에서 가장 설득력을 가지고 있는 것이 탄성 반발론(elastic rebound theory)이다. 이 이론에 의하면 지진은 지구 표면 근처에 있는 고체 상태의 암석인 지각의 일부가 어떤 원인으로 비틀림 힘[2]을 받아서 어느 한도 내에서 휘어졌다가 갑자기 끊어질 때, 휘어질 때까지 저장된 탄성 에너지가 일시에 진동 즉 운동 에너지로 방출되는 현상이다. 즉 지진이란 지각의 일부가 급격하게 끊어질 때 발생하는 지각의 진동인 것이다.

지진이 발생하여 탄성 에너지가 방출되는 지점을 진원이라고 하며 대부분의 지진이 단층면을 따라 일어나므로 실제 진원은 한 점이 아니고 수 km에 걸친 상당히 긴 영역이 된다. 진원은 지하에 있으며 진원을 지표면으로 수직 연장한 곳을 진앙이라고 한다. 보통, 지진의 위치를 표시할 때 진앙과 깊이를 사용한다.

통계적으로 지진은 대략 100년 주기로 일어나는 것으로 알려졌다. 이는 단층면에 지진을 일으키기 위한 에너지를 축적하는 데 걸리는 시간이 그 정도라는 것을 의미한다.

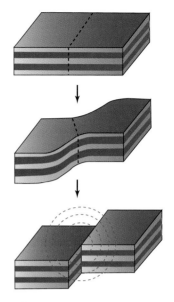

그림 10.2 **탄성 반발론.** 암석이 휘어졌다 끊어질 때 탄성에 의한 진동이 지진으로 나타난다는 이론이다.

□ **단층**

지각의 일부에 횡압력, 장력, 중력 등이 작용하여 암석이 끊어진 후 암석 양쪽이 상대적으로 이동하여 생긴 불연속적인 암석의 구조를 단층이라고 하며, 그러한 암석의 불연속면을 단층면이라고 한다.

□ **지진의 기록**

기록에 의하면 인류 역사상 5,000명 이상의 인명 피해를 유발한 지진은 20여 회 있었으며 그중에서 최대 피해는 1556년 중국 산시 지방의 83만 명이었다.

지진파의 성질

암석의 진동인 지진파를 크게 실체파(body wave)와 표면파(surface wave)로 나누는데, 실체파는 음파나 빛과 같이 진원으로부터 사방으로 전파하여 지구 내부를 통과할 수 있지만 표면파는 지표면을 따라서 진행할 뿐이다.

실체파에도 암석을 압축-팽창시키며 부피의 변화를 일으킴으로써 진행하는 P파(primary wave)와 암석의 비틀림에 의한 형태 변화를 일으킴으로써 진행하는 S파(secondary wave)가 있다. 액체와 기체에서는 비틀림이 일어나지 않으므로 S파가 진행할 수 없으나 P파는 모든 상의 매질을 통과할 수 있다.

일반적으로 파동의 전파 속도는 매질의 밀도와 함께 커지는데 지진파의

---

2) 한 물체에 서로 반대 방향으로, 작용점을 달리하여 작용하는 힘의 쌍

경우에도 지표면의 밀도가 지구 내부보다는 작기 때문에 표면파의 전파 속도가 2km/s로 가장 작다. 이에 비해 P파의 전파 속도는 6km/s, S파는 4km/s 정도이다.

일반적으로 파동의 전파 속도는 매질의 밀도뿐만 아니라 상과 강도와 같은 물리적 상태에 따라 달라지기 때문에 그러한 물리적 상태가 급격히 달라지는 물질의 경계면에서는 전파 속도의 차이에 의한 반사와 굴절을 하게 된다. 이러한 지진파의 성질을 이용하면 지구 내부의 상태를 유추해 낼 수가 있다. 이러한 목적에 사용되는 지진파는 자연적인 것뿐만 아니라 지하 폭발과 같은 인공적인 방법으로 만들어 내기도 한다.

□ 지진의 예보

지진은 암석에 일어난 탄성 변형을 측정하거나, 지표면의 경사와 고도의 변화 등을 조사하여 어느 정도 예측될 수 있다. 통계적으로는 대규모 지진 전에 미진이 있다고 알려져 있으며 이 사실도 예보에 고려된다. 중국에서는 동물의 행동 변화를 관찰하여 1969년에 규모가 7.4인 지진을 예보한 바 있다.

지진의 세기를 표시하기 위해서 흔히 리히터 규모(Richter magnitude scale)를 사용한다. 이 표시 방법은 캘리포니아 공과대학의 지진학자인 리히터(Charles F. Richter, 1900~1985)가 제안한 것으로 지진파의 진폭과 주기 등을 감안하여 산출된다. 이에 따르면 리히터 규모로 1만큼 증가할 때마다 지진의 실제 에너지는 대략 30배가 증가한다. 예를 들어 리히터규모 4와 7인 두 지진의 파괴력의 차이는 $30 \times 30 \times 30 = 27,000$배이다. 기록된 가장 큰 리히터 규모는 1960년 칠레에서 발생한 지진의 9.5였다.

지진에 의한 피해는 1차적인 것으로 단층 운동[3]에 의한 지면의 이동이

□ 지진의 발생 지역

각 지역에서 지진의 발생 빈도를 조사해 보면 자주 발생하는 지역이 있다. 예를 들면 태평양 주변이 있으며 이를 환태평양 지진대라고 한다. 전 세계 지진의 80%가 발생하는 환태평양 지진대는 화산 활동이 잦은 환태평양 화산대와도 일치한다. 이것은 지구의 표면이 여러 개의 판(plate)으로 구성되어 있으며, 환태평양 지진대에서 이러한 판들이 이동하여 충돌을 하는 과정에서 화산이나 지진이 발생하기 때문이다.

3) 단층을 만드는 운동

있으며 2차적인 것은 표토[4]의 붕괴와 쓰나미(tsunami)[5] 등이 있다.

지구 내부의 구조와 조성

지진파를 이용한 조사로부터 지구 내부에는 매질의 조성이나 상태의 차이에 따라 지진파의 전파 속도가 달라지는 경계면이 여러 군데 존재한다는 사실이 발견되었다.

지표면에서 가장 가까운 지진파의 불연속면은 해양에서는 5∼12km, 대륙에서는 30∼70km의 범위에서 나타난다. 특히 산악 지역에서는 불연속면이 더 깊은 곳에 존재한다. 이 불연속면은 모호로비치치(Andrija Mohorovičić, 1857∼1936)에 의해서 발견되었으며 이를 모호로비치치 불연속면(Mohorovičić discontinuity)이라고 한다. 모호로비치치 불연속면은 지각과 맨틀(mantle)이라고 하는 밀도가 다른 두 물질의 경계를 나타내는 것이다. 즉 지표로부터 모호로비치치 불연속면까지의 영역이 밀도가 낮은 지각이고 그 아래에 밀도가 비교적 큰 맨틀이 있다.

지각을 구성하는 암석의 밀도는 낮으나 단단한 고체 상태를 유지하고 있다. 따라서 힘이 작용할 때 유동성은 전혀 없고 부서질 뿐이다. 지각 중에서 대륙에 있는 것을 대륙 지각이라고 하고 해양에 있는 지각을 해양 지각이라고 한다. 대륙 지각과 해양 지각의 평균 밀도는 각각 약 $2.7g/cm^3$, $3.0g/cm^3$ 정도로서 해양 지각의 밀도가 대륙 지각보다 크다.

모호로비치치 불연속면 아래에는 깊이 2,900km 정도까지 지구 전체 부피의 약 80%를 차지하는 층인 고체 상태의 맨틀이 있다. 맨틀은 지각과는 달리 철과 마그네슘이 풍부한 암석을 주성분으로 가지고 있으므로 밀도가 $3.2∼5.5g/cm^3$ 정도로 지각보다는 크다.

맨틀 아래의 지하 2,900∼5,100km 사이의 영역을 외핵(outer core)이라고 하며 액체 상태로 되어 있는 것으로 추측된다. 왜냐하면 P파는 그곳을 통과할 수 있지만 S파는 진행하지 못하기 때문이다. 맨틀과 외핵 사이의 경계에서 P파가 굴절을 하게 되므로 진앙으로부터 멀리 떨어진 어떤 영역에는 지진파가 직접적으로는 도달하지 못하게 된다. 이 영역을 암영대(shadow zone)라고 한다.

지하 5,100km부터 중심까지의 영역에는 P파와 S파 모두가 통과하기 때문에 고체 상태인 것으로 생각된다. 이 영역을 내핵(inner core)이라고 부른다.

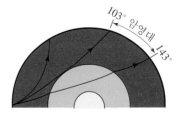

그림 10.3 암영대. 외핵이 액체 상태이기 때문에 지진파(S)가 전달되지 못하는 영역이다.

---

4) 지구를 덮고 있는 교결되지 않는 푸석푸석한 암석의 불규칙한 얇은 층
5) 지진에 의한 해일. 일본어로 '항만의 파도'라는 뜻임

외핵과 내핵의 밀도는 각각 11과 13g/cm³ 정도로서 매우 높으며, 이로부터 철이 주성분이고 니켈이 조금 섞여 있는 것으로 추정된다.

표 10.2 고체 지구의 층상 구조

층	깊이(km)	상태	조성	밀도(g/cm³)	온도(°C)
지각	0~12(70)	고체	화강암, 현무암	2.7~3.0	0 · 1,000
맨틀 상부	12(70)~660	고체	감람암	3.2	1,000~2,000
맨틀 하부	660~2,900	유동성 고체	감람암	5.5	2,000~4,000
외핵	2,900~5,100	액체	철, 니켈	11	4,000~5,000
내핵	5,100~6,400	고체	철, 니켈	13	5,000~7,000

지각-맨틀, 맨틀-외핵 사이의 경계는 물질 조성의 차이에 의한 지진파 속도의 불연속에 의해 나타난 것이다. 그런데 내핵의 조성은 외핵과 크게 차이가 없으나 액체 상태인 외핵에 비해 고체 상태이기 때문에 뚜렷이 구별되는 것이다.

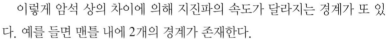

□ **외핵과 내핵의 상태**

외핵은 용융된 상태로 되어 있으나 더 깊은 곳에 있는 중심부인 내핵이 오히려 고체 상태로 되어있다는 것은 이상하게 들릴 것이다. 맨틀 바로 아래에 있는 외핵은 높은 온도 때문에 액체 상태로 되어있으나 내핵은 높은 온도에 불구하고 압력이 너무 높아 고체 상태로 존재하는 것으로 보고 있다.

이렇게 암석 상의 차이에 의해 지진파의 속도가 달라지는 경계가 또 있다. 예를 들면 맨틀 내에 2개의 경계가 존재한다.

맨틀 내 물질의 상태 차이에 따른 첫 번째 경계는 약 100km의 깊이에 있다. 따라서 이 경계는 상부 맨틀 속에 있으며 이 경계의 위쪽을 암석권, 아래쪽을 연약권이라고 한다. 암석권은 지각과 맨틀의 상부를 포함하는 비교적 단단한 암석으로 되어 있는 반면, 연약권은 유동성이 있는 암석으로 되어 있다. 연약권이 비록 유동성을 가진다고 하더라도 완전한 액체 상태는 아니다. 즉 완벽한 고체 상태는 아니지만 부석부석한 상태로 존재하기 때문에 큰 힘이 작용하면 천천히 이동할 수 있을 뿐이다.

연약권은 두 번째 경계인 400km까지 계속되며 여기서부터 2,900km까지를 중간권이라고 한다. 중간권도 그 위의 연약권처럼 유동성을 가지고 있지만 높은 압력에 의해 연약권보다는 단단한 상태에 있다.

지구가 생성될 당시 중력 에너지가 변화된 것과 방사성 물질의 붕괴에

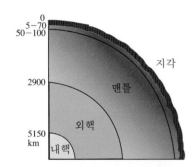

그림 10.4 지구의 구조. 맨틀은 지표로부터 5~70km에서 시작하여 2,900km까지의 영역이며 유동성이 있다. 지각과 맨틀의 상층인 100km까지를 암석권이라고 하고 그 아래의 맨틀을 연약권이라고 한다.

의한 에너지로 지구 내부는 높은 온도로 유지되고 있을 것으로 추정된다. 실제로 시추 결과에 따르면 지표 근방에서는 10~25°C/km의 비율로 아래로 내려갈수록 온도가 빠르게 증가한다. 그러나 지구 전체 평균으로는 1°C/km 정도의 비율로 온도가 증가하여 맨틀과 핵의 경계에서는 온도가 4,000°C에 달하는 것으로 추정된다.

중력을 이용한 지구 내부의 탐사

지구 내부의 상태를 조사하기 위해 중력을 이용하기도 한다. 이론적으로는 지구의 중심으로부터 같은 거리에 있으면 중력은 같을 것이다. 그러나 실제로 관측한 결과는 장소에 따라 다른데 이는 중력이 위도에 따른 지구 자전의 효과와 지구 반경의 변화 외에도 지하에 있는 암석의 밀도에도 관계하기 때문이다. 암석의 밀도가 높은 곳은 예상보다 중력이 크고, 밀도가 낮은 곳에서는 중력이 낮게 측정된다. 이와 같이 표준 중력과 측정한 중력의 차이를 중력 이상(gravity anomaly)이라고 한다.

관측 결과에 의하면 일반적으로 대륙에서는 음의 중력 이상이 발생하고 해양에서는 양의 중력 이상이 발생한다. 이것은 대륙 지각의 밀도가 낮고 해양 지각의 밀도가 높다는 것을 의미한다. 그러나 지진파 연구에 의하면 대륙 지각 특히 산악 지역의 지각은 두껍다. 이것은 밀도가 다른 두 물체를 물 위에 띄웠을 때 수면 위에 드러난 물체의 높이는 밀도가 높은 것이 작고, 밀도가 낮은 것이 크다는 사실과 동일한 원리이다.

이와 같이 지구 전체로 보아 단단한 암석권은 연약권 위에 떠서 밀도에 따라 고도가 달라지는 힘의 평형을 이루고 있다. 이를 지각 평형(isostacy)이라고 한다. 지표면의 기복은 결국 암석권의 밀도 차이에 의한 것이다. 대륙 지각은 밀도가 낮은 암석으로 되어있으므로 고도가 높고 해양 지각은 밀도가 큰 암석으로 되어있으므로 고도가 낮다.[6]

지각 평형은 지표의 수직 이동의 주원인이며 제11장에서 설명할 판구조이론(plate tectonics)에 의한 대륙의 이동은 지각의 수평 이동을 설명한다.

광물과 암석

광물은 지각을 이루는 무기물의 고체로서 일정한 화학적 성분과 고유의 결정 구조를 가지고 있는 원소 혹은 화합물이고, 암석은 대체적으로 그러

표 10.3 지각의 물리적 성질

특성	대륙 지각	해양 지각
두께(km)	30~70	5~12
연령(억 년)	38	1.5
밀도(g/cm³)	2.7	3.0
평균 고도(km)	1	−3
비율(%)	33	57
변형 여부	그렇다	아니다

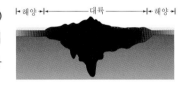

그림 10.5 지각 평형. 대륙 지각은 밀도가 작아서 높이 치솟아 있고 해양 지각은 큰 밀도 때문에 높이가 낮다.

---

6) 지역적으로 이에 반하는 결과가 있기도 하지만 이는 연약권의 점성도가 큰 탓에 압력의 평형을 빨리 이루지 못하기 때문임

한 광물의 집합체를 의미한다. 예를 들면 구리와 수정은 광물이고, 화강암과 현무암은 암석이다. 광물의 종류는 3,000종 이상이나 그중에서 100여종만이 흔하게 관찰된다.

광물은 고유의 결정형, 굳기, 밀도, 쪼개지는 모양, 색깔, 광택 등의 단순한 물리적 성질과 투명도, 반사도, 굴절률 등의 광학적 성질 및 불꽃반응 등의 화학적 성질을 가지고 있다.

금, 은, 구리와 같이 원소로만 구성된 광물이 있는 반면, 화합물 상태의 광물도 있다. 이러한 화합물 상태의 광물은 구성 이온에 따라 규산염 광물, 산화 광물, 황화 광물, 탄산염 광물, 황산염 광물, 인산염 광물로 분류된다. 이 중에서 규소를 포함한 규산염 광물이 대륙 지각의 약 96%를 점유하는데 구체적으로는 장석이 60%, 석영이 15% 정도를 차지하고 있다.

암석은 형성 과정에 따라 화성암, 퇴적암, 변성암의 3종류로 나누어진다. 지각 전체로 보면 95%가 화성암이며 나머지는 거의 퇴적암이다. 그러나 지표는 퇴적암이 75%, 화성암이 25%로 되어 있다.

화성암은 지하 100~350km의 깊이에서 암석이 용융된 마그마(magma)가 화산 활동에 의해 분출되거나 지구 내부에서 냉각 및 고화된 것이다. 마그마가 지각 내부에서 고결되면 화강암, 반려암, 섬장암, 섬록암, 감람암 등이 생성되며 용암으로 분출되면 산화규소의 비율에 따라 현무암, 안산암, 유문암 등이 생성된다.

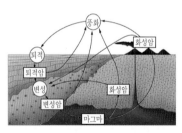

그림 10.6 현무암질 용암. 점성이 낮아 화산 폭발에서 흘러내리는 특성을 가지고 있다. 사진은 하와이에 있는 화산이다.

그림 10.7 암석의 윤회. 암석은 풍화, 퇴적, 변성 과정을 거쳐 계속 윤회한다.

퇴적암은 물, 바람, 화산, 빙하 등에 의해 운반된 쇄설물로 만들어진 암석으로 역암, 사암, 세일 등이 있고 바람에 의해 생성된 퇴적층의 대표적인 예로서는 황토를 들 수 있다. 석회암은 물속에 용해되어 있던 탄산칼슘이 수온 상승 등의 이유로 이산화탄소가 증발함에 따라 고체로 침전되어 생성된 것이다. 이와 비슷하게 암염은 물속에 녹아 있다가 물의 증발에 따라 고체로 석출된 소금이 거대한 덩어리로 뭉쳐진 것이다. 유기적 근원의 암석으로는 식물의 셀룰로오스와 리그닌이 변화하여 만들어진 석탄을 들 수 있다.

변성암은 주로 지하 깊은 곳과 같이 고온·고압의 상태에서 화성암과 퇴적암이 변화하여 형성된다. 예를 들면 대리암은 석회암이 압력과 열을 받아 변성된 것이다. 그 외에 결을 가지거나 서로 다른 종류의 광물들이 교대로 층을 이룬 모습의 점판암, 편마암 등이 있다.

암석의 생성 원인이 예고하는 바와 같이 암석은 영원하지 않다. 지표면의 암석은 풍화되어 퇴적암이 되고 아래쪽에 있는 것은 압력과 열을 받아 변성암으로 변화한다. 변성암은 지각 깊은 곳에서 용융되어 마그마로 된 다음 지각으로 상승하여 화성암으로 된다. 이 순환 과정을 암석의 윤회라고 하며 수억 년 이상 걸리는 긴 시간에 걸쳐서 일어난다.

광물과 암석을 통해 지각을 구성하고 있는 원소의 종류는 많지만 그러한 원소 중에서 무게의 비가 2%를 넘는 것은 산소, 규소, 알루미늄, 철, 칼슘, 나트륨, 칼륨, 마그네슘의 8가지뿐이다. 이들의 무게 비의 합은 98.5%에 달한다.

표 10.4 지각의 원소 조성

원소	무게 비율 (%)	원자 수의 비율(%)
산소	46.6	62.3
규소	27.7	21.6
알루미늄	8.1	6.5
철	5.0	2.2
칼슘	3.6	2.3
나트륨	2.8	2.2
칼륨	2.6	0.6
마그네슘	2.1	2.0
기타	1.5	0.3

10.3 수권

물은 고체 지구에서는 액체와 고체 상태로, 생물권에서는 액체 상태로, 기권에서는 기체 상태로 존재하며 기화, 액화, 이동과 같은 방법으로 4대 영역 사이에서 순환한다. 지구의 물은 해양에 97.2%, 극빙으로 2.15%, 지하수로 0.62%, 기타 호수, 강, 토양에 0.03% 등으로 분포되어 있으므로 물의 대부분은 해수로 존재하고 담수는 2.8%에 불과하다

해양의 생성과 지형

고체 지구의 표면은 크게 보아 몇 개의 거대 분지를 둘러싼 대륙 지각으로 구성되어 있다. 이 거대 분지에 언제인지는 모르지만 물이 차기 시작해서 마침내는 오늘날과 같이 해양으로 변모하게 되었다. 물로 채워진 이들 거대 분지를 태평양, 대서양, 인도양 등으로 부르고 있는데 이들의 전체 면적이 지구 표면적의 71%가 되기 때문에, 지구를 우주에서 보면 푸르게 보인다. 깊이와 면적으로 각 해양의 부피를 추산해보면 전체 해양 부피의 절반을 태평양이 차지하고 있다.

해양의 나이를 추정하기 위해서 물속에서 생성된 암석인 퇴적암의 나이를 측정해보면 가장 오래된 것이 39.5억 년 정도이다. 따라서 그 이전에 이미 지구에 물이 충분히 존재했었음이 틀림없고 아마도 해양도 존재하였을 것이다. 지구의 나이가 46억 년이므로 46억 년 전과 39.5억 년 전 사이에 해양이 만들어졌다고 결론지을 수 있다. 그러나 해양을 이루는 많은 양의 물이 어디에서 왔는지는 아직까지 정확하게 알려져 있지 않다. 다만 화산 활동에 의한 수증기가 냉각되어 만들어진 것으로 추측할 뿐이다.

해저 지형은 대륙으로부터 비교적 가까운 곳에 대륙붕, 대륙 사면, 대륙대가 있고 심해에는 해구, 심해저 평원, 해산, 평정 해산(guyot), 해령 등이 있다.

대륙붕은 대륙과 연결된 곳으로 경사가 매우 완만하고 폭이 약 75km,

평균 수심이 200 m 이내인 곳으로 햇빛이 비교적 잘 들기 때문에 각종 해양 생물이 서식하는 곳이다. 대륙붕은 경사가 급한 대륙 사면과 연결되어 있고 이를 지나면 다시 경사가 완만한 대륙대가 있다. 대륙대의 수심은 약 1.5~5 km이며 폭은 600 km 정도이다. 대륙붕과 대륙대에는 육성 퇴적물이 두껍게 퇴적되어 있다.

대륙대는 심해 지형의 하나인 해구나 심해저 평원으로 연결되는데 해구는 갑자기 수심이 7 km 이상으로 깊어진 곳으로 지진이 활발한 곳이다. 심해저 평원은 수심이 4~6 km인 넓고 편평한 해양 분지이다. 태평양의 전체 면적 중에서 약 3/4이 심해저 평원이다.

해산은 해저로부터 수 km 이상의 높이로 솟은 산으로 물 밖으로 나와 있는 것도 있다. 해산 중에서 해수의 침식에 의해 봉우리가 납작하게 되어 물 밑에 존재하는 것을 평정 해산(guyot)이라고 한다. 독도는 평정 해산에 가까운 해산이다. 해령은 높이가 2~4 km이고 길이가 수만 킬로미터로 매우 긴 해저의 산맥으로서 정상에는 1~2 km 깊이로 골짜기가 발달해 있으며 이곳으로부터 새로운 지각이 형성되고 있다. 예를 들면 대서양 한가운데 남북으로 길게 뻗어 있는 대서양 중앙 해령이 있다.

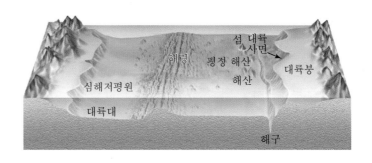

그림 10.8 해저 지형. 해저에는 대륙만큼 다양하지는 못하지만 몇 가지 대표적인 구조가 있다.

해수의 물리적 성질

해수에 포함된 무기물 중에서 3/4 이상이 소금이며 이 소금에 의한 해수의 염분은 평균 3.5% 정도이다. 해양에서 만들어진 퇴적층 중에서 10억 년 이전의 것에서는 염분이 거의 발견되지 않기 때문에 바다가 짜진 것은 10억 년 전 이후라고 추정된다.

해수에 소금 다음으로 많은 것으로는 황, 마그네슘, 칼슘, 칼륨 등을 들 수 있다. 실제로는 이들도 해수에 녹아 이온 상태로 존재한다. 해수의 양이온은 지표의 암석을 구성하고 있다가 물속으로 용해되어 모인 것이고, 음이온들은 화산 기체가 물에 녹아 모인 것으로 생각된다. 그런데 해수의 이온들은 수십억 년 동안 바다로 유입만 된 것은 아니다. 이들은 동식물의 몸을 이루는 데 사용되기도 하고 나트륨과 염소 같은 것들은 해저의 점토에 흡수되기도 하였다. 이런 과정에 의해 전체 화학 물질의 균형이 성립하고 있다.

해수면의 평균 온도는 17°C 정도이나 장소와 시간에 따라 다르다. 그러나 물의 비열이 크기 때문에 최저와 최고는 각각 북극해의 −2°C와 페르시아 만의 36°C로서 편차는 38°C에 불과하다.

해수의 운동

해수는 수직 · 수평의 2방향으로 운동한다. 수평 방향의 운동은 바람에 의해 발생하고 수직 방향의 운동은 주로 밀도 차이에 의해서 발생한다. 어느 것이든 해수 이동의 원동력은 태양광 에너지이다. 태양광은 지구를 불균일하게 가열하기 때문에 곳곳에 대기 혹은 물의 밀도 차이가 발생하며 그것이 바람이나 물의 이동으로 이어지는 것이다.

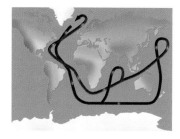

그림 10.9 북대서양 심층수. 차고 밀도가 높아진 해수가 북대서양에서 침강하여 남극까지 이동한 다음 상승하여 표층수로서 되돌아온다.

해수의 밀도는 수온과 염도에 의해 결정되는데 차고 염도가 높을수록 밀도가 높다. 고밀도인 해수의 침강은 대기와 심해 사이에 열적 상호 작용을 일으키는 역할을 한다. 높은 밀도에 의해 침강하는 가장 대표적인 해수는 북대서양 심층수로서, 냉각과 증발에 의해 무거워진 해수가 북미 대륙과 아이슬란드 사이에서 침강하여 바다 속 깊은 곳에서 남극 방향으로 흐른다.

해수의 꾸준한 흐름을 해류라고 하며 옛날부터 인간이 항해할 때 이용하여 왔다. 발생한 해류는 마찰력과 전향력(Coriolis force) 등에 의해 방향이 바뀌게 된다.

□ **전향력**

전향력은 지구의 자전 때문에 생기는 힘으로 북반구에서는 운동하는 물체의 경로를 오른쪽으로, 남반구에서는 왼쪽으로 휘게 한다.

중요한 해류로서 태평양의 저위도에서 동에서 서로 흐르는 남적도 해류와 북적도 해류는 무역풍에 의해서 발생하며 이들은 쿠로시오 해류와 북태평양 해류로 이어진다.

□ **무역풍**

아열대 고압대로부터 적도 저압대로 동에서 서로 부는 바람으로 실제의 무역과는 별 관계가 없다.

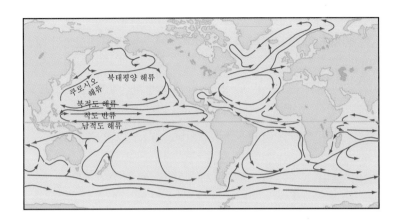

그림 10.10 주요 해류. 태평양에서 가장 중요한 해류는 무역풍에 의한 남적도 해류와 북적도 해류이다.

해수면의 높이는 대략 하루에 2번의 주기로 높아졌다가 낮아진다. 이 현상을 조석 운동이라고 하는데 달의 만유인력과 지구 회전에 의한 원심력의 합력에 의해 발생하는 현상이다. 이 운동에 의해 해수면의 높이가 가장 높을 때를 만조(밀물), 가장 낮을 때를 간조(썰물)라고 하며 만조와 간조 시 해수면의 높이 차를 조차라고 한다. 대양에서는 조차가 1m 이하에 불과하나 만이나 해협에서는 16m 이상의 조차가 발생하기도 한다.

□ **만조와 간조**

지구의 자전 주기가 하루이지만 달이 지구 주위를 돌기 때문에 만조와 간조는 24시간 50분의 주기로 반복되어야 할 것이다. 그러나 실제로는 이 주기 동안에 만조와 간조는 2회 일어난다. 그 이유는 만유인력과 원심력의 합력이 가장 강한 곳뿐만 아니라 가장 약한 곳에서도 만조가 되기 때문이다. 또한 태양의 만유인력도 영향을 미치기 때문에 만조나 간조가 증폭된다. 3힘을 모두 합하여 대조와 소조를 설명할 수 있다.

육지의 물

극빙은 남극과 북극에 있는 얼음으로서 해수가 언 것과 눈이 쌓인 것으로 구성되어 있으며 담수의 대부분을 차지한다. 극빙의 전체 면적은 지표면의 10% 정도를 차지하고 있다. 이 때문에 극빙은 물로서의 의미도 가지고 있지만 빛의 반사체로서도 중요한 역할을 하고 있다. 만일 무슨 원인으로 기온이 낮아져 극빙의 면적이 증가한다면 태양광의 반사율이 증가하여 기온은 더욱더 내려가는, 이른바 양의 피드백(positive feedback)이 발생하게 된다. 이 때문에 극빙의 양이 지구의 장기적 기후 변화에 큰 영향을 미치는 것으로 생각되고 있다.

육지의 물은 물리·화학적인 방법으로 암석을 분해시키거나 변질시킨다. 즉 물은 풍화 작용을 일으키는 요인 중의 하나이다. 물리적인 방법에 의해서 물이 만드는 지형 변화는 물이 얼 때 부피가 팽창하고 이에 따라 암석이 분열이나 파괴되기 때문에 발생한다. 물에 의한 화학적인 풍화작용은 물속에 녹아 들어간 이산화탄소가 약한 산성 용액을 만들어 암석이나 광물을 녹이든지 결합하여 다른 물질을 만들어 내는 과정이다.

물은 암석과 토양을 침식시킨다. 상부 토양 1cm가 형성되는 데 수백 년이나 걸리기 때문에 침식에 의해 소실된 토양이 자연적인 방법에 의해서 복구되기까지 긴 시간이 걸린다. 물은 풍화와 침식에 의해 잘게 부서진 암석을 운반하는 도구의 역할을 하며 결국에는 그러한 물질이 퇴적되어 새로운 암석으로 태어날 수 있도록 해준다.

지하수는 지하 750 m 이내의 암반과 표토 사이에 있는 물로서 수권의 1% 이내에 불과하지만 호수나 하천에 있는 물의 30배에 달한다.

□ **토양 침식과 댐**

침식된 토양은 하천으로 흘러들어 강 하류로 이동하는데 도중에 댐이 있으면 댐의 바닥에 퇴적되어 버린다. 이는 하류에 영양분이 포함된 퇴적토가 공급되지 않게 하기 때문에 농업 생산에 부정적으로 작용할 뿐만 아니라 댐의 수명을 단축시키게 된다. 그러한 전형적인 예가 나일 강의 애스완 댐(Aswan dam)이다. 애스완 댐은 나일 강의 홍수 조절 기능과 전력 생산의 측면에서는 성공적이었으나 하류의 농업 생산력을 떨어뜨린 점은 예상하지 못한 것이었다. 댐 건설 이전에는 1세기 동안에 6~15cm의 퇴적물이 하류에 침전되었으나 이제는 거의 없다. 따라서 농부들은 화학비료를 사용하고 있으며 이는 지중해의 수질 오염을 증가시키는 원인으로 지목되고 있다.

10.4 기권

기권은 고체 지구를 둘러싼 공기의 층으로서 4영역 중에서는 가장 큰 부피를 차지하고 있으며 에너지 수지의 측면에서 보면 태양의 에너지를 통과시키고, 받은 만큼 내보내는 외계와의 연결 통로 역할을 하고 있다. 기권은 이러한 수동적인 역할뿐만 아니라 고체 지구와 수권과의 복잡한 상호 작용을 통하여 물질과 에너지를 교환하고 있다.

기권의 일반적 성질

기권을 구성하는 물질은 대부분 공기로서 질소(78.09%), 산소(20.95%),

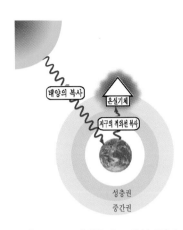

그림 10.11 온실효과. 온실기체가 지구로부터 복사되는 적외선을 흡수하여 온도가 올라가는 현상이다.

아르곤(0.93%)이 주성분이다. 이 중에서 산소는 대부분 식물의 광합성에 의해서 생성되었다. 그 외 이산화탄소, 메테인, 오존, 질소 산화물, 수증기 등과 같이 양은 작지만 온실효과[7]를 일으키는, 이른바 온실기체도 있다. 온실기체란 지표에서 방출되어 나오는 적외선을 흡수하여 공기의 온도를 높이는 기체를 말한다.

기권의 먼지($5\mu m$ 이하의 고체 입자)는 온실기체와는 반대로 태양광을 반사시켜 기온을 감소하게 하는 역할을 한다. 실제로 화산재의 영향으로 지구상의 광범위한 영역에서 기온의 강하가 관측된 바 있다.

기권의 성분은 80km 이상의 고도에서는 지표 근처와는 달리 헬륨과 같은 가벼운 기체의 비율이 커진다. 기권의 발생기 산소(O), 산소(O_2), 오존(O_3) 등은 태양의 복사선 중에서 생물에 해로운 자외선을 차단하는 역할을 하고 있다. 특히 오존은 성층권에 미량으로 존재하지만 가장 치명적인 자외선을 흡수한다.

기권의 온도는 주로 태양광에 의해 유지된다. 태양광 에너지는 지구에 $1,370W/m^2$의 율로 공급되지만 지표에 도달하는 것은 이보다 훨씬 작다. 그 이유는 기권이 일부를 흡수할 뿐만 아니라 지표가 곡률을 가지고 있기 때문이다.

기권의 분류

기권을 공기의 조성과 온도 변화의 경향에 따라 지표면으로부터 10km까지의 대류권, 10~50km의 성층권, 50~80km의 중간권, 80~300km의 열권의 4영역으로 나눈다.

대류권에서는 높은 곳일수록 $0.65°C/100m$의 비율로 온도가 감소한다. 이는 지표의 복사가 위쪽으로 갈수록 약해지기 때문이다. 이 영역에서는 공기의 대류가 일어난다. 날씨는 대부분 대류권의 상태에 의해 결정된다.

> **□ 대류권의 공기 밀도**
>
> 공기는 중력에 의해 압축된다. 따라서 지표면에 가까운 공기의 밀도가 가장 높다. 이 때문에 전체 기권 질량의 절반이 5.5km 이하의 기권에 있고 9km의 고도에서 공기의 양은 지표면의 38% 정도밖에 되지 않는다. 높은 산에서 숨을 쉬기가 어려운 것은 단순히 공기 중의 산소의 비율이 작아지는 것이 아니라 공기 전체의 밀도가 낮아지기 때문이다.

---

7) 온실기체에 의하여 지구의 온도가 올라가는 현상

성층권에서는 고도와 함께 온도가 −60°C로부터 0°C까지 증가한다. 온도 증가의 이유는 오존이 태양의 복사선 중 자외선을 흡수하여 내부 에너지로 변환시키는데 성층권의 상부로 갈수록 흡수할 수 있는 자외선의 양이 많기 때문이다. 오존의 대부분은 성층권에 있다.

중간권에서는 태양의 자외선이 잘 흡수되지 않기 때문에 위로 올라갈수록 온도가 감소하나 그 위의 열권에서는 파장이 아주 짧은 자외선을 흡수하기 때문에 온도가 계속 증가하게 된다.

100~400km에는 이온화한 기체들이 모여 있는 전리층이 있다. 전리층은 지구에서 오는 전자기파를 반사하기 때문에 장거리 무선통신을 가능하게 해준다.

□ 오로라

오로라(aurora)는 태양으로부터 오는 전자와 같은 전하와 대기권의 기체가 충돌할 때 발생하는 빛이다. 자기장이 강한 극지방에 전하가 모이게 되므로 극지방에서 주로 발생한다.

바람과 해류

기압 차이에 의해 공기의 수평적인 흐름이 발생하며 이를 바람이라고 한다. 바람의 세기는 풍속으로 측정되는데 기록된 최고 풍속은 325km/h이다. 그러나 평균 풍속은 지구상의 대부분의 지역에서 10~30km/h이다.

바람의 풍속과 풍향에 영향을 주는 요소들로는 기압 경도[8], 전향력, 마찰력 등이 있다. 기압 경도는 바람의 방향과 풍속을 결정하는 주요소이며 전향력은 이렇게 생성된 바람의 방향을 북반구에서는 오른쪽으로 휘게 만든다. 빠른 바람일수록 전향력에 의한 편향 정도가 커진다.

지구상에는 위도에 따라 대체적으로 온도가 비슷하기 때문에 대기의 순환이 일정하게 일어나고 있다. 이 때문에 발생하는 일정한 바람이 있으며 무역풍, 편서풍 등이 그 예가 된다. 또한 일정하게 부는 바람에 의해 해수의 흐름, 즉 조류가 발생하는 경우가 있으며 이를 취송류(wind driven current)라고 한다. 적도 근처 동태평양의 해수를 서쪽으로 이동시키는 해류인 북적도 해류와 남적도 해류는 무역풍에 의한 취송류이다.

그림 10.12 무역풍과 편서풍. 중위도와 저위도에서 부는 편서풍과 무역풍에 의해서 해류와 같은 2차적인 자연현상이 발생한다.

---

8) 단위 거리당 기압 변화량

참고문헌

1. B. Skinner 외(소칠섭 외 역), 지구 환경과학개론, 시그마프레스
2. 김유근 외, 대학지구과학, 형설출판사
3. 한국지구과학회, 지구과학개론, 교학연구사
4. 정창희, 지질학개론, 박영사
5. 박창고 외, 우주와 지구, 시그마프레스

대륙의 이동

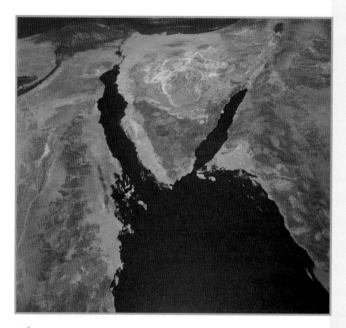

지구의 변화 중에서 가장 큰 규모로 일어나는 것이 판의 운동이다. 그 결과가 현재의 수륙 분포이며 판의 운동에 따른 환경의 변화는 생물의 일상적인 활동은 물론 장기적인 진화에도 영향을 미쳐왔다.

11.1 판구조 이론의 배경

현재 지구의 표면은 매끈하지 않고 복잡한 모양을 하고 있다. 그러나 원시 지구는 거의 용융 상태에 있었기 때문에 지금보다는 훨씬 매끄러운 모습이었을 것이다. 지구 표면의 모습을 변화시키는 자연현상으로는 풍화와 침식 등이 있지만 원시 지구로부터 현재의 모습으로 변하는 데에는 그와 같은 작은 규모의 변화로는 충분한 설명이 되지 못하다. 따라서 보다 큰 대규모의 지형 변화를 일으키는 메커니즘이 필요하다.

수축설과 팽창설

지표의 복잡한 지형은 용융된 지구가 냉각되면서 수축하였기 때문이라고 하는 견해가 있었다. 이 수축설을 지지한 사람들은 수축의 과정에서 주름이 생긴 것이 산맥이고, 그런 일이 일어나고 있는 곳에는 지진이 발생한다고 주장하였다.

현재 해양을 사이에 두고 마주 보고 있는 일부 대륙의 모습을 보면 마치 퍼즐의 조각들처럼 대륙의 해안선이 비슷하여 원래는 한 대륙이었을 수도 있다는 생각을 한 번쯤은 해 볼 수 있다. 이를 설명하기 위해서 방사성 붕괴에 의한 열에 의해서 지구 표면이 팽창하면서 갈라져 불규칙적인 모양의 대륙과 그 사이에 해양이 만들어졌다는 팽창설이 제안되기도 하였다.

수축설과 팽창설은 어느 특정한 부분에 대한 설명을 할 수는 있어도 전체 변화에 대한 종합적인 설명은 되지 못한다. 지각의 변화와 암석의 생성과 같은 변화를 종합적으로 설명할 수 있는 이론이 태어나기까지 여러 가지 관측 자료의 축적이 필요했다.

대륙 이동설

그림 11.1 베게너. 대륙 이동설을 주장하였지만 대륙 이동에 대한 원동력을 설명할 수 없어서 한동안 사장된 이론으로 남아 있었다.

대서양의 양쪽 해안, 즉 아프리카의 서쪽 해안과 남아메리카의 동쪽 해안이 마치 퍼즐의 조각처럼 모양이 서로 비슷하고 일부 생물의 화석이 해양을 사이에 둔 몇 개의 대륙에서 공통적으로 발견된다는 사실을 설명하기 위해서 옛날에는 육교와 같은 것이 생물의 이동 통로 역할을 하다가 바다 속에 잠겨버렸다는 육교설이 제기된 적이 있었으나 1912년 베게너(Alfred Wegener, 1880~1930)는 지각 평형에 의하면 육교의 침강은 불가능하고 대신에 과거에는 이들 두 대륙뿐만 아니라 모든 대륙들이 하나로 합쳐져 있었다가 무슨 이유로 쪼개져 이동을 한 끝에 현재의 모습으로 되었다고 하는, 이른바 대륙 이동설(theory of continental drift)을 주장하였다. 베게너는 쪼개지기 전의 거대한 대륙을 판게아(Pangea)[1]라고 불렀다.

베게너의 생각을 따르면 현재의 남아메리카, 남극 대륙, 아프리카, 인도, 오스트레일리아의 일부에 남아 있는 고생대 빙하의 흔적은 이들 대륙이 붙어서 남반구에 존재하던 시절에 만들어진 것으로 설명할 수 있고, 현재 대서양을 사이에 두고 서로 떨어져 있는 남아프리카와 남아메리카의 아르헨티나에 존재하는 같은 시대에 형성된 산맥의 형성 과정도 설명된다.

베게너는 대륙의 분열뿐만 아니라 충돌도 가능하다고 보았으며 알프스와 히말라야와 같은 높은 산악 지대를 만드는 조산 운동을 두 대륙의 충돌에 의한 것으로 설명하였다. 실제로 에베레스트에는 퇴적암의 일종인 석회암이 분포하는데 이는 이 산악 지대가 옛날에는 해저에 있었음을 의미한다.

□ **조산 운동**
지각의 대규모 지역이 변형되고 융기하여 산맥을 형성하는 과정을 말한다.

베게너의 주장에는 상당히 신빙성이 있었지만 당시 사람들에게는 대륙이 엄청난 마찰력을 이기고 이동하는 모습을 상상하기란 매우 어려웠다. 베게너와 그의 지지자들이 대륙의 이동을 위한 원동력의 정체를 규명하지 못하였기 때문에 대륙 이동설은 상당 기간 학계에서 인정받지 못한 상태로 남게 되었다.

고지자기와 해저 확장 이론

대륙 이동설은 1950년대의 지구 자기장 측정 기술의 발달로 되살아났

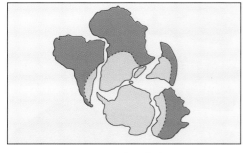 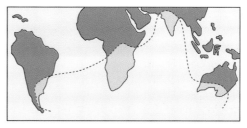

(a) 3억 5천만 년 전   (b) 현재

그림 11.2 고대 빙하 지역. 대륙이 (a)와 같이 붙어 있었다면 (b)의 고대 빙하 흔적이 설명된다.

1) 그리스 어로 'all continents'를 의미하며 판지아라고도 함

다. 널리 알려져 있는 지구 자기의 발생 이론인 다이나모 이론(dynamo theory)에 의하면 지구 자기장은 액체인 외핵이 고체인 내핵을 중심으로 회전하기 때문에 발생한다. 즉 액체인 철의 회전이 외핵에서 전류를 형성하여 자기장이 만들어지는 것이다. 액체 철의 회전은 지구의 자전에 관계하기 때문에 자기장은 자전축에 대하여 대칭적으로 발생할 것으로 추측된다. 실제로 자기의 극은 지구의 지리적 극과 가까운 위치에 있다.[2]

지표로 분출된 용암이 냉각되면 그 속의 철 성분은 지구의 자기장에 의해 영구자석이 되는 자화(magnetization)가 일어난다. 한번 자화가 일어나면 자력의 세기는 감소해도 방향은 변하지 않는다. 그러므로 자철석과 같은 광물에는 자신이 생성될 때의 지구 자기장의 정보가 기록되어 있는 셈이다. 퇴적암이 생성되는 경우에도 쇄설물 중의 자철석 조각은 지구 자기장의 방향으로 정렬하고, 고화되어 암석이 되면 자기장의 방향을 바꾸지 않게 된다.

지표상의 여러 곳에서 암석에 기록된 고지자기를 조사하면 암석이 생성될 당시의 지구 자기의 극의 위치를 추정할 수 있다. 1950년대의 관측 결과에 의하면 자극은 이동하였을 뿐만 아니라 북아메리카에서 추정한 자극의 이동 경로와 유럽에서 추정한 경로가 서로 일치하지 않는다는 사실도 밝혀졌다. 이 사실을 설명할 수 있는 손쉬운 방법은 두 대륙이 상대적으로 이동해 왔다는 것을 가정하는 일이다. 즉 어느 시기에도 지구의 자극은 N과 S 한 쌍밖에 없었으나 대륙이 이동하면 각 대륙의 암석에 기록되어 있

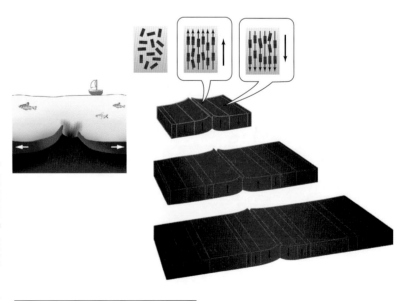

그림 11.3 중앙 해령과 고지자기. 중앙 해령에는 용암이 계속 분출하고 있으며 이 용암이 식어서 만들어진 암석 속의 철이 자화되어 당시의 지구 자기의 방향이 기록된다. 지구 자기의 방향은 바뀌기 때문에 그러한 자기 역전의 기록이 암석 속에 마치 자기 테이프처럼 남아 있게 된다.

2) 지자기의 북극은 지구의 자전축과 약 11° 정도의 각을 이루며 그린란드의 북서쪽에 위치

는 자석의 방향도 변하므로 그로부터 추정된 자극의 위치도 변한 것으로 나타나는 것이다.

지구 자기는 자극의 이동뿐만 아니라 아예 N과 S가 서로 바뀌는, 이른 바 역전도 여러 번 일어났다. 지구 자기의 역전이 왜 일어나는지 그 이유는 잘 알려져 있지 않으나 암석에 새겨진 자화 방향의 역전 기록으로부터 분명한 사실로 인정되고 있다. 심해의 중앙 해령(midocean ridge)이라고 불리는 해저 산맥에 있는 암석에도 그러한 증거가 남아 있는데 특히 이곳의 역전 기록은 해령을 중심으로 대칭적으로 새겨져 있다. 중앙 해령을 중심으로 대칭적으로 존재하는 이러한 지구 자기의 역전 기록을 설명하기 위하여 1961년 헤스(Harry H. Hess, 1907~1969)와 디이츠(Robert S Dietz, 1914~1995)는 해저 확장 이론(theory of seafloor spreading)을 제안하였다. 이 이론에 의하면 먼저, 마그마의 압력에 의해 해양 지각의 일부가 융기하여 중앙 해령이 된다. 곧이어 이 산맥의 축을 따라 지표가 갈라져서 열곡이 되고, 이 열곡을 통해 마그마가 분출하면서 산맥 양쪽의 지각을 밀어서 서로 반대 방향으로 이동시킨다. 마그마는 고화되기 직전에 지자기의 방향대로 자화된다. 마그마의 분출은 계속되기 때문에 이미 고화된 마그마를 실은 지각은 계속해서 밀려간다. 이와 같이 맨틀로부터 분출된 마그마가 암석으로 굳으면서 당시의 지구 자기장의 방향을 기록한 채 마치 컨베이어 벨트처럼 중앙 해령의 양쪽으로 대칭적으로 이동해갔다는 사실은 실제로 해양 지각이 이동하며 결과적으로 해저가 확장되는 것을 의미한다.

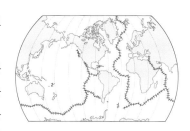

그림 11.4 **해양 열곡 지역.** 해저가 확장되고 있는 곳이다.

지자기의 역전 기록이 있는 해저 암석의 연대를 측정하여 지자기의 역전에 걸린 시간을 알아내고 거리를 측정하면 해저 확장의 속도를 계산할 수 있으며 계산 결과는 1년에 수 cm 정도라고 한다. 현재 9cm/yr의 속도로 확장되는 곳도 있다. 확장되고 있는 해저는 사실은 계속해서 생성되고 있는 것이므로 해저의 각 부분의 나이가 다르다. 가장 오래된 부분은 중앙 해령으로부터 가장 멀리 떨어진 부분이다. 그러나 어떤 해양 지각도 2억 년을 초과하는 것은 없다. 이에 비해서 대륙 지각중에는 30~40억 년이나 되는 것도 있다. 대륙 지각에 비해 해양 지각은 최근에 만들어진 것이다.

11.2 판구조 이론

지구에는 풍화와 침식과 같은 소규모의 지각 변동으로는 설명할 수 없는 거대한 규모의 지각 변동이 지속되어 왔다. 이러한 변동을 설명하기 위해서는 지구 내부의 구조와 관련한 보다 본질적이고 종합적인 이론이 필요하다.

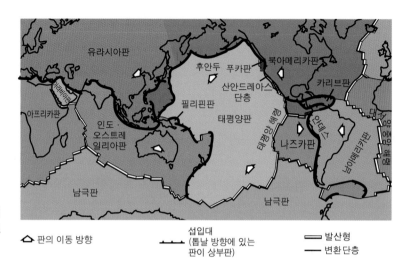

그림 11.5 판구조. 지구 표면의 암석권은 여러 개의 판으로 구성되어 있으므로 판의 경계가 존재한다.

해양판과 대륙판

1950년대 잠수함의 운항을 위한 해저 지형의 측정에서 대서양의 한가운데에 남북으로 길게 V자형의 계곡과 이 계곡의 양쪽에 산맥처럼 융기한 중앙 해령이 발달해 있고 이 계곡을 따라 지진과 화산 활동이 활발하다는 사실이 밝혀졌다. 이와 같이 규모가 큰 중앙 해령은 대서양에 있는 대서양 중앙 해령 외에도 동남 태평양에 있는 태평양 중앙 해령도 있다.

해저 확장 이론에 의하면 해저는 중앙 해령을 중심으로 대칭적으로 확장되고 있다. 그러나 해저는 무한정 확장되는 것은 아니다. 해양의 양끝에는 대륙이 있으므로 해양 지각이 그곳에서 대륙 지각과 충돌하기 때문이다. 즉 해저가 확장되면 결국에는 다른 대륙과 충돌하게 되며 충돌하는 곳의 해양 지각이 아래로 가라앉아 맨틀로 흡수된다. 또한 충돌에 의해 다른 대륙을 이동시킬 수도 있다. 결국 지각은 여러 개의 조각으로 나누어져 있으며 이러한 조각들이 각자 운동하기 때문에 대륙의 이합집산이 가능해지는 것이다.

암석권이 두께가 100 km 정도인 6개의 큰 판과 여러 개의 작은 판으로 나누어져 있고, 이들 판은 아래의 연약권 위에 떠 있으며 맨틀의 대류에 의해 이동한다는 것이 바로 판구조 이론(plate tectonics)의 핵심이다.

그림 11.6 화환. 태평양을 둘러싼 고리를 말하며 판의 경계부이다. 이곳에서 화산 활동과 지진이 잦은 이유는 판의 충돌 때문이다.

해양 지각을 포함하는 판을 해양판이라고 하는데 큰 것들로는 태평양판, 나즈카판(Nazca Plate)이 있다. 대륙 지각을 포함하는 것을 대륙판이라고 하는데 유라시아판, 아프리카판, 남아메리카판, 북아메리카판이 큰 대륙판이다.

수렴형 경계 발산형 경계 변환단층 경계

그림 11.7 경계의 종류. 판의 경계는 판의 상대적인 운동 방식에 따라 수렴형, 발산형, 변환 단층의 3가지 형태로 나누어진다.

판의 경계

일반적으로 대륙의 경계와 판의 경계가 반드시 일치하는 것은 아니다. 특히 북아메리카와 아프리카처럼 대륙의 경계와 판의 경계가 매우 떨어진 경우도 있다. 반면에 판의 경계와 거의 일치하는 경우도 있는데 남아메리카의 서해안이 좋은 예가 된다.

상대적으로 이동하는 두 판이 만나는 경계는 만나는 판의 종류와 이동 방향에 따라 3가지로 분류된다. 여기에는 다른 요소보다는 판의 성질에 따라 좌우되는 독특한 현상이 발생하므로 분간이 어렵지 않다.

첫째로 복수의 판이 서로 접근하는 수렴형 경계가 있는데 여기에는 한 판이 다른 판의 아래로 섭입(subduction)하는 경우와 두 판이 충돌하여 경계 부위가 융기하는 경우가 있다.

수렴형 경계에서 해양판과 대륙판이 접근한 경우에는 해양판의 높은 밀도 때문에 해양판이 대륙판 아래로 섭입된다. 또한 해양판과 해양판이 접근할 때에도 보다 밀도가 높은 판이 그렇지 않은 다른 판 아래로 섭입된다. 그러나 대륙판과 대륙판이 충돌하는 경우에는 두 판 모두 낮은 밀도 때문에 어느 판도 섭입이 되지 않고 서로 융기한다.

해양판이 섭입하는 섭입 경계에서는 해양판의 침강이 시작하는 곳에 해구(trench)가 발달하고 침강한 해양 지각의 상부층이 용융하여 마그마로 변하는 지하 약 100 km 지역의 바로 위쪽, 즉 대륙 쪽에서 활발한 화산 활동과 지진이 있게 된다. 이 화산 활동에 의해 호상 열도(island arc)[3]가 형성되기도 한다. 이러한 경계의 예로는 일본 열도, 알류산 열도, 안데스 산맥, 알라스카 등을 들 수 있다.

섭입된 해양판은 최대 700km까지 형태를 유지할 수 있으나 그 이상에서는 용융되어 연약권에 흡수되어 버린다. 따라서 섭입이 일어나고 있는 곳에서는 진앙의 깊이가 70km 이내인 천발 지진은 물론이지만 300~700km인 심발 지진도 자주 발생한다. 침강한 해양 지각이 용융하고 있는 비스듬한 단면을 베니오프대(Benioff zone)라고 한다.

대륙 지각은 맨틀보다 밀도가 낮기 때문에 두 대륙판이 만나면 판의 부

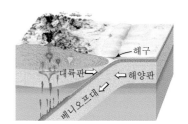

그림 11.8 섭입. 해양판과 대륙판이 충돌하면 해양판이 대륙판 아래로 들어가 용융한다. 해양판이 용융하는 곳의 위로는 마그마가 상승하여 화산 활동과 지진이 발생하고 두 판의 경계에는 해구가 발달한다.

3) 화산섬이 열을 이룬 것으로 마그마열도(magmatic arc)라고도 함

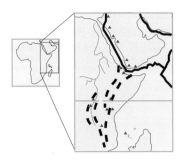

그림 11.9 아프리카대열곡. 발산형 경계이며 이곳에서는 지각이 갈라지고 있다. 미래에 해양으로 될 것이다.

력 때문에 섭입이 일어나지 않고 충돌을 한다. 그 결과 융기가 일어나서 대규모 산맥이 형성된다. 히말라야 산맥, 알프스 산맥, 우랄 산맥, 아팔라치아 산맥 등은 모두 두 대륙판의 충돌에 의해 생성된 것이다. 이런 산맥은 원래 해양 속에 있던 퇴적층이 융기한 것이다. 1508년 레오나르도 다빈치가 이탈리아의 산속에서 조개껍질을 발견할 수 있었던 이유가 바로 여기에 있다. 특히 인도 대륙은 과거 7,000만 년 동안에 남쪽으로부터 7,000km 이상 북상하여 현재 아시아 대륙과 충돌 중에 있으며 그 결과가 히말라야 산맥으로 나타난 것이다.

둘째, 해저의 확장과 같이 두 판이 서로 멀어지는 형태인 발산형 경계가 있다. 발산형 경계는 해저뿐만 아니라 대륙에서도 발견된다.

대륙의 발산형 경계는 대륙을 분리시키게 된다. 먼저 대륙의 넓은 부분이 마그마의 열에 의하여 팽창되고 위로 올라간다. 융기된 부분이 갈라져서 열곡으로 되는데 좋은 예가 아프리카 대열곡과 미국의 리오그란데 열곡(Rio Grande rift)이다. 열곡의 사이가 점점 넓어져 마침내는 해양 지각과 해양으로 된다. 이렇게 형성된 해양 중에서 가장 최근의 것이 홍해이다. 홍해는 아프리카판과 아라비아판의 사이에서 생성된 바다인 것이다.

해양의 발산형 경계는 해저 확장 이론에서 말하고 있는 중앙 해령에 존재한다. 예로서 대서양 중앙 해령과 태평양 중앙 해령을 들 수 있다. 중앙 해령 근처에서는 상승하는 마그마에 의해 암석권의 두께가 매우 얇다. 암석권은 양쪽으로 밀려나면서 중앙 해령으로부터 멀어질수록 두꺼워지며 냉각에 의해서 밀도가 증가하게 된다. 밀려난 판은 결국 다른 해양판이나 대륙판을 만나게 되며 그 경계에서 상대방 연약권의 밀도보다 커지면 침강하기 시작한다. 이렇게 해양 지각으로 덮여 있는 암석권이 다른 암석권 아래의 연약권으로 섭입하는 곳은 수렴형 경계 중의 하나가 된다.

셋째, 두 판이 서로 미끄러지면서 이동하는 경우인 변환 단층 경계(transform fault boundary)가 있다. 변환 단층 경계는 수직으로 발생한 대

그림 11.10 발산형 경계와 수렴형 경계. 해저 확장이 일어나는 곳은 발산형 경계이고 해양 지각이 대륙 지각 아래로 섭입하는 곳은 수렴형 경계이다. 발산형 경계는 대륙에서도 발생할 수 있다.

발산형 경계
(해양저확장)

수렴형 경계
(섭입)

발산형 경계
(열곡)

규모의 단열(fracture)⁴)에서 두 판이 스치면서 지나가는 경우를 의미한다. 미국 캘리포니아 해안 근처의 산안드레아스 단층(San Andreas Fault)이 좋은 예가 되는데, 이것은 서쪽의 태평양판과 동쪽의 북아메리카판의 경계이다. 태평양판은 북으로, 북아메리카판은 남쪽으로 이동하고 있다. 그 결과 이 지역에는 지진이 잦고 서로 반대쪽 판에 있는 두 도시 샌프란시스코와 로스앤젤레스는 점점 가까워지고 있다.

그림 11.11 샌프란시스코와 로스앤젤레스. 두 도시는 서로 다른 판 위에서 반대 방향으로 운동하고 있기 때문에 점점 가까워지고 있다.

□ 우리나라 부근의 판

우리나라는 대륙판인 유라시아판의 끝자락에 위치하고 있으나 일본은 이 유라시아판과 해양판인 필리핀판, 태평양판의 경계에 있다. 즉 이들 두 해양판이 대륙판에 섭입하여 형성된 호상 열도가 일본인 것이다. 같은 이유로 일본 근해에는 일본 해구가 있다. 이러한 조건 때문에 일본은 화산 활동과 지진이 잦은 것이다. 우리나라는 섭입한 판이 용융하는 곳의 위에 있으나 판이 이미 상당히 깊은 곳에 있기 때문에 우리나라에서 발생하는 지진은 주로 심발 지진이다.

판의 운동 속도

판과 판 사이의 상대 속도는 측정하기는 쉬우나 맨틀에 대한 속도인 절대 속도는 측정하기는 어렵다. 판구조 이론에 따르면 판은 맨틀 위에 떠서 움직이고 있고 우리는 맨틀을 볼 수 없기 때문에 맨틀에 대해서 판이 어떻게 이동하는지를 알 수가 없는 것이다. 그러나 만일 맨틀로부터 직접 마그마가 솟아오르는 장소가 있다면 그 곳은 판의 절대 속도를 측정하는 데 필요한 기준점이 될 것이다. 이러한 지형이 바로 열점(hot spot)으로서, 맨틀의 깊은 곳에서 분출하는 마그마에 의해 지형적인 융기를 일으킨 곳이다. 즉 열점은 맨틀의 대류에 관계없이 항상 일정한 장소에서 마그마가 분출되는 곳이다. 따라서 판이 열점 위를 지나간다면 지각에 화산과 같은 융기부의 자취를 남기게 될 것이다. 열점의 예로서 하와이 열도와 엠퍼러 해산군(Emperor Seamounts)을 들 수 있다. 이곳의 열점은 현재 하와이 부근에 위치해 있는 것으로 생각된다. 즉 하와이 섬이 가장 젊었으며 하와이 열도를 따라 북서쪽으로 갈수록 섬들의 나이가 증가한다. 하와이 열도는 태평양판 위에 있는데 열도의 나

그림 11.12 하와이 열도와 엠퍼러 해산군. 이들은 줄 지은 화산 섬들로서 바로 열점이다. 맨틀로부터 상승하는 마그마 위로 태평양판이 지나가기 때문에 만들어진 것이다. 4,300만 년 전에 태평양판의 운동 방향이 북서로 바뀌었다는 것도 알 수 있다.

---

4) 암석이 물리적으로 끊어진 곳

이와 간격으로부터 태평양판의 절대 속도가 8 cm/yr 정도임이 밝혀졌다. 또한 하와이 열도의 끝에 있는 앰퍼러 해산군은 북쪽으로 향하고 있는데, 이는 약 4,300만 년 전에 태평양판의 운동이 북쪽 방향으로 바뀌었음을 시사한다.

인공위성에 의한 GPS(Global Positioning System)는 1cm 이내의 오차로 지구상의 물체의 위치를 측정할 수 있으며, 이 방법으로 측정된 판의 이동 속도는 고지자기를 이용한 판의 속도와 잘 일치한다는 사실이 밝혀졌다.

대륙 이동의 원동력

대륙 이동설이 발표된 후에 얼마 되지 않은 1928년에 홈즈(Arthur Holmes, 1890~1965)가 맨틀의 대류설을 제안했으나 믿는 사람이 별로 없었다. 당시는 고지자기와 해저 지형이 알려지기 전이었다.

지구의 내부에는 지구가 처음 만들어질 때 물질의 낙하에 의한 중력 에너지와 방사성 물질의 붕괴에 의한 내부 에너지가 있다. 지구는 끊임없이 이 에너지를 외부로 방출하려고 하며, 그것이 단순히 전도로서만 불충분하기 때문에 대류라는 또 다른 물리적 방법을 취하게 된 것이다. 예를 들어 해저 확장은 해저의 열곡을 통해 뜨거운 마그마를 분출하여 지구 내부의 에너지를 바깥으로 내보내는 과정이다.

판의 이동에는 복잡한 요소가 많이 관련되어 있어서 홈즈에 의해 제안된 맨틀의 대류가 구체적으로 어떻게 판의 이동을 일으키는지 현재까지도 잘 알려져 있지 않다. 판에 작용하는 힘을 분석해보면 첫째, 맨틀의 대류에 의해서 발생하는 것으로서 상승한 맨틀이 판에게 수평 방향으로 작용하는 힘과 하강하는 맨틀이 해구에서 판을 아래로 끌고 들어가는 힘을 고려할 수 있다. 둘째, 맨틀의 대류와는 관계없이 중앙 해령으로 분출하는 마그마가 판을 양쪽으로 미는 힘과 차고 무거운 판이 자체의 무게에 의해서 해구에서 맨틀 속으로 미끄러져 들어가면서 나머지 부분까지 끌고 들어가는 힘이 있다. 셋째, 암석권과 연약권 사이에는 마찰력이 작용하여 이동에 대해서 브레이크 역할을 한다. 특히 대륙 지각은 맨틀 속에 깊이 박혀있어서 더 큰 저항으로 작용할 것이다.

그림 11.13 판에 작용하는 힘. 판에는 맨틀의 대류에 의해서 발생하는 힘, 분출하는 마그마에 의해서 판이 양쪽으로 밀리는 힘, 차고 무거운 판의 자체 무게, 암석권과 연약권 사이의 마찰력 등이 복합적으로 작용한다.

대체적으로 대류의 면적이 작고 긴 섭입 영역을 가진 판의 속도가 빠르다. 예를 들어 태평양판, 나즈카판, 코코스판(Cocos Plate), 필리핀판, 인도판 등이 다른 판보다 이동 속도가 2배 정도 크다. 이 사실을 고려하면 위에서 분류한 힘 중에서 판의 자체 무게가 끄는 힘이 판의 이동에 가장 중요한 것으로 보인다.

맨틀의 대류는 본질적으로 맨틀의 온도가 균일하지 못하다는 것을 시사하고 있다. 즉 차가운 맨틀의 일부는 하강하고 뜨거운 것은 상승한다. 그러나 대류가 실제로 어떻게 일어나는가에 대해서는 아무도 정확하게 알지 못한다. 가장 손쉬운 모형으로서 마치 끓는 물처럼 연속적으로 순환하는 모형이 있다. 연속적 대류에도 맨틀의 상부와 하부가 별도로 대류를 하는 2층 모형과 맨틀 전체의 대류인 1층 모형이 있다. 이들 모형에서 맨틀의 순환은 정해진 영역에서 일어나며 이 영역을 대류 세포라고 한다.

지구 내부의 대류는 맨틀의 점성이 매우 크므로 대류가 시작하여 한 사이클을 마치는 데 걸리는 시간이 수억 년 정도로 매우 길고 대류의 양상은 맨틀의 온도 분포에 의해 가장 큰 영향을 받게 될 것으로 추정된다.

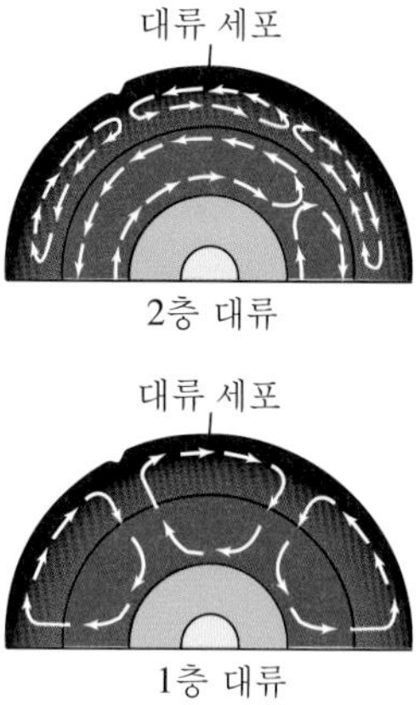

그림 11.14 대류 세포. 맨틀의 대류는 맨틀 전체에서 연속적으로 일어나는 1층 대류, 2개의 층이 독립적으로 일어나는 2층 대류 모형이 있다.

11.3 플룸 구조 이론

판구조 이론의 바탕에는 맨틀의 대류라고 하는 거대한 물질의 순환 과정이 있다. 그러나 판구조 이론은 대부분 판이라고 하는 껍질 부분의 이동에만 초점을 맞추고 있으며 나머지 맨틀 내부에서 일어나는 일은 상당 부분 추정으로 그친다. 지구의 내부 구조와 관련한 맨틀의 대류 과정을 정밀하게 기술하여 판구조 이론을 보다 완성도가 높은 이론으로 만들어 주는 근본적인 이론이 필요하다.

플룸의 대류

최근에는 플룸(plume)이라고 불리는 온도가 주위보다 수백도 높은 맨틀의 일부가 불연속적으로 상승한다는 이론이 제안되었다. 플룸의 상승과 하강은 연속적이라기보다는 불연속적으로 발생하는 대류의 성격을 가지고 있다.

플룸은 맨틀과 외핵의 경계에서 열역학적 불안정성에 의해서 발생한 주위보다 온도가 수백도 정도 높은 부분이다. 이 부분이 낮은 밀도 때문에 상승하여 플룸이 된다. 이 뜨거운 플룸은 깊은 곳에서는 좁고 긴 모양을 하고 있다가 상승하면서 옆으로 퍼지면서 버섯과 같은 모양으로 변한다. 버섯의 머리에 해당하는 부분의 크기는 1,000 km 정도로 생각된다.

플룸의 속도는 1m/yr로 비교적 빠르기 때문에 주위의 다른 암석과 열적 평형상태에 도달하지 못하고 온도가 거의 일정한 상태로 유지되면서 상승한다. 그러나 상승함에 따라 압력이 감소하면 부분 용융이 일어나 일부는

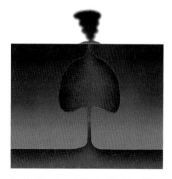

그림 11.15 플룸의 상상도. 맨틀 물질의 일부가 불균일한 온도 분포 때문에 상승하거나 하강하는 물질의 거대한 덩어리이다.

그림 11.16 데칸 고원. 현무암 대지가 풍화되어 계단처럼 되어 있다.

그림 11.17 아이슬란드. 아이슬란드는 대서양 중앙 해령 위에 있는 화산섬이다. 이 섬 아래에서 플룸이 상승하는 것으로 생각된다.

마그마로 변한 다음 몇 가지 형태로 지각을 뚫고 분출하게 된다.

플룸의 마그마가 이동하고 있는 암석권을 뚫고 가는 줄기의 마그마를 분출하게 되면 열점으로 나타난다. 대표적인 예로서 하와이−엠퍼러 해산군을 들 수 있지만 열점이 꼭 해양판에만 국한되는 것은 아니다. 대륙 한가운데 있는 미국의 옐로우스톤(Yellow stone)도 열점이다.

플룸은 맨틀의 깊숙한 곳에서 발생하여 위로 상승하는 것이므로 판의 이동과는 관계없다. 따라서 이에 의해서 발생하는 열점은 판의 절대 속도를 측정할 때 필요한 고정점으로 사용될 수 있음은 이미 설명하였다.

플룸으로부터 대량의 마그마가 암석권을 뚫고 분출하여 현무암질 용암이 100,000 km^3 이상 쌓인 곳을 현무암 대지(flood basalt province)라고 부른다. 예로서 시베리아 현무암 대지(Siberian Traps), 대서양 양안의 중앙대서양 마그마 대지, 인도의 데칸 고원(Deccan Traps)[5] 등을 들 수 있다. 이들은 대륙의 열점으로부터 만들어진 것이거나 근처에 현재 열점이 존재한다. 현무암 대지는 해양에도 존재하며 가장 규모가 큰 것이 5천만 km^{3}의 현무암이 30km의 두께로 쌓여있는 서태평양의 온통 자바 분지(Ontong Java Plateau)이다. 이 분지는 1억 2천만~8천만 년 전의 백악기에 생성되었다.

열곡도 플룸에 의해서 발생하는 것으로 보면 중앙 해령 아래의 플룸은 대량의 현무암을 분출하여 수면으로 나타나게 할 수도 있다. 예를 들면 대서양 중앙 해령 위에 솟아 있는 화산섬인 아이슬란드가 있다.

열점의 용암이나 현무암 대지는 맨틀의 하부로부터 발생한 플룸에 의해서 만들어진 것이므로 암석권이나 상부 맨틀과는 다른 하부 맨틀의 특성을 보여주고 있다.[6]

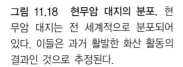

그림 11.18 현무암 대지의 분포. 현무암 대지는 전 세계적으로 분포되어 있다. 이들은 과거 활발한 화산 활동의 결과인 것으로 추정된다.

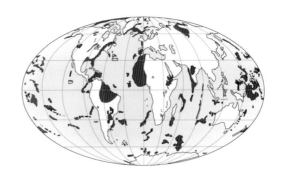

---

5) 'trap'은 산스크리트 어로 '계단'이라는 의미

6) 지구에 원래부터 있던 물질에서는 헬륨이나 스트론튬의 동위 원소비가 다름

슈퍼 플룸과 플룸 구조 이론

플룸의 생성 원인은 무엇인가? 먼저 해양판이 섭입하여 맨틀의 상부와 하부의 경계면인 660km 부근에 차가운 체류 슬랩(megalith)이 형성된다. 계속되는 섭입에 의하여 체류 슬랩의 크기가 점점 증가하기 때문에 중앙 해령에서 일어나는 해저의 확장 속도가 감소한다. 체류 슬랩은 다른 부분보다 상대적으로 온도가 낮아 밀도가 높기 때문에 체류 슬랩의 크기가 어느 한도를 초과하면 가라앉게 되는데 이것이 차가운 플룸이다. 차가운 플룸이 맨틀의 하부를 거쳐 외핵까지 도달하였을 때 경계면에서의 온도 교란에 의해 뜨거운 플룸이 발생하여 암석권까지 상승한다. 결국 떨어지는 차가운 플룸에 의해서 뜨거운 플룸이 발생하여 상승하게 되는 셈이다. 체류 슬랩이 가라앉기 전까지는 맨틀의 상부와 하부가 독자적인 대류를 하는 2층 대류가 지배적이나 경계면에서 뜨거운 플룸이 발생하여 암석권까지 상승하는 것은 1층 대류이다. 한편 체류 슬랩이 있던 곳에는 계속되는 섭입에 의하여 새로운 체류 슬랩이 형성된다. 이러한 체류 슬랩의 형성과 차가운 플룸의 발생의 주기는 해수면 변동의 기록에 의하면 4억 년 정도로 추정된다.

체류 슬랩이 형성되고 차가운 플룸이 하강하는 곳은 판이 충돌하여 합쳐지는 곳이고 뜨거운 플룸이 상승하는 곳은 판의 분열이 일어나는 곳이다. 이와 같이 플룸의 생성과 순환에 의해 판의 이합집산 과정을 설명하는 이론을 플룸 구조 이론(Plume Tectonics)이라고 한다. 판구조 이론이 지구 표피의 이동에 초점을 맞춘다면 플룸 구조 이론은 지구 내부, 즉 맨틀에서 일어나는 보다 본질적인 자연현상을 바탕으로 판구조의 변화를 설명하고 있는 것이다.

플룸은 실제로 존재하는가? 지진파 단층촬영(Seismic tomography) 기술은 병원에서 X선으로 인체를 단층촬영하듯이 지구 내부를 단층촬영할 수 있게 해 준다. 즉 지구 내부에서 고온인 곳에서는 지진파의 속도가 떨어지므로 이를 이용해서 지구 내부의 온도 분포를 알 수 있게 되는 것이다. 이러한 지진파 단층촬영에 의해서 지구에는 뜨거운 플룸이 핵과 맨틀의 경계에서 9개, 400km의 깊이에서 6개가 존재하는 것으로 나타났다.

플룸 중에서 특히 규모가 큰 것을 슈퍼 플룸이라고 하며 이들이 초대륙(supercontinent)[7]의 생성과 분열을 일으킨 원인이라고 생각된다. 예를

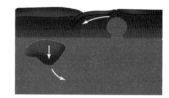
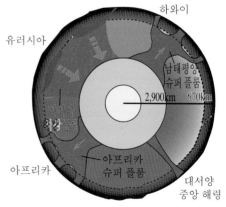

그림 11.19 체류 슬랩. 섭입한 지각이 지하 660km 근방에서 일시적으로 모여 있는 것을 체류 슬랩이라고 하며 이것이 떨어지면 뜨거운 플룸이 상승한다.

하와이
유러시아
남태평양 슈퍼 플룸
2,900km 670km
아시아 슈퍼 플룸
아프리카
아프리카 슈퍼 플룸
대서양 중앙 해령

그림 11.20 슈퍼 플룸. 아시아 대륙의 아래에는 차가운 슈퍼 플룸이 발생하고 있으며 아프리카와 하와이에는 뜨거운 슈퍼 플룸이 상승하고 있다.

---

7) 현존하는 대륙 전체 면적과 비슷할 정도로 규모가 큰 대륙

들면 뜨거운 슈퍼 플룸인 아프리카 슈퍼 플룸과 남태평양 슈퍼 플룸이 있다. 이 아프리카 슈퍼 플룸에 의해서 2억년 전에 아프리카 대륙이 초대륙 판게아로부터 분리되었고 남태평양 슈퍼 플룸은 6억 년 전에 초대륙 곤드와나(Gondwana)를 분열시켰다. 아시아 슈퍼 플룸은 유라시아 대륙이 형성된 3억 년 전부터 계속 자라고 있다.

슈퍼 플룸은 과거에도 존재했다고 보는 것이 옳은 생각일 것이다. 그러면 슈퍼 플룸에 의한 초대륙의 분열과 충돌은 단 한차례만 일어난 것이 아니고 우리가 이미 알고 있는 판게아 이전은 물론 그 이전에도 존재하였으며 나아가 초대륙은 지구 탄생의 초창기부터 5억 년의 주기로 반복되어 왔다고 주장하는 사람도 있다. 그러나 지구 환경은 과거와 반드시 똑같지는 않기 때문에 이러한 순환의 역사를 단정적으로 말할 수는 없다.

윌슨 사이클

윌슨(John Tuzo Wilson, 1908~1993)은 판구조 이론을 바탕으로 암석의 생성까지 포함하는 해양의 주기적 개폐 과정인 윌슨 사이클(Wilson Cycle)을 제안하였다. 이 사이클은 기존의 대륙이 판 운동의 결과로 분열하였다가 다시 대륙으로 합쳐지는 과정을 설명하고 있다.

처음에 대륙과 해양이 존재했다고 가정한다. 대륙 지각은 주로 화강암과 같은 가벼운 화성암으로, 해양 지각은 현무암과 같은 비교적 무거운 화성암으로 구성되어 있다. 대륙은 장기간의 풍화작용에 의해서 굴곡이 별로 없으며 해수면의 높이와 비슷하다고 가정한다.

대륙과 해양의 이러한 안정된 상태는 대륙 지각에 발산형 경계가 발생하여 깨어진다. 즉 지름이 수천 킬로미터인 플룸이 대륙 지각을 가열하기 시작하자 지각은 열에 의하여 수 킬로미터까지 부풀어 오르고 얇아진다. 결국 틈이 만들어지고 이를 따라 화산이 폭발한다. 이 틈은 분출하는 마그마에 의하여 수천 킬로미터 길이의 열곡으로 발전하며 점점 넓어져서 수백만 년 이내에 해양으로 된다. 따라서 원 대륙은 2개의 대륙으로 분리된다.

원래의 열곡은 해양 속에 잠겨 중앙 해령과 해양 지각으로 된다. 즉 2개의 대륙 지각 사이에 있는 1개의 해양 지각이 된 것이다. 해양 지각의 중앙 해령은 이제 해저 확장의 중심부로 역할을 하게 된다. 해양 지각은 점차 냉각되어 밀도가 높아지는데 대륙과 맞닿은 부분이 제일 오래된 것이므로 밀도가 제일 높다. 따라서 천만 년 정도가 되면 이 부분은 해수면 이하로 가라앉는다. 그러면 대륙으로부터 오는 퇴적물이 이 부분에 퇴적되어 사암, 석회암 등의 퇴적암으로 변한다. 해저 확장은 수천만에서 수억 년 동안 계

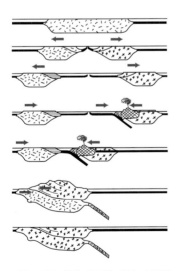

그림 11.21 윌슨. 판구조 이론이라는 대륙의 이동 과정을 주창하였다.

그림 11.22 윌슨 사이클. 윌슨 사이클은 해양과 대륙의 주기적인 개폐 과정과 그에 따른 암석의 윤회 과정을 판구조 이론에 입각하여 설명한다.

속되다가 중지한다.

해저 확장이 중지한 후 해양 지각이 한 대륙 지각의 아래로 섭입하는 수렴형 경계가 발생하여 해양이 닫히기 시작한다. 해양 지각이 섭입할 때 섭입면을 따라 해구가 생성된다. 또한 해양 지각은 해수와 같이 섭입하며 지열과 마찰열에 의하여 지하 100km 부근에서 용융하여 마그마로 된다. 마그마는 지표로 분출하며 대륙 지각에는 섭입면과 나란히 화산의 열이 생성된다. 섭입한 해양 지각이 부분 용융에 의해 분출한 용암은 주로 비교적 가벼운 안산암이고 맨틀에는 무거운 암석이 남게 된다. 마그마는 대륙 지각에 붙어있는 해양 지각과 그 위에 쌓인 두꺼운 퇴적층을 통과하는데 마그마의 열에 의해서 각섬암, 대리암, 점판암, 편마암 등 다양한 변성암이 생성된다.

해양 지각이 섭입에 의하여 거의 없어질 무렵 두 대륙 지각은 충돌하게 된다. 이때 조금 남아있는 해양 지각을 디딤 판으로 하여 섭입 경계에 있던 대륙 지각의 퇴적층이 반대편 대륙 지각 위로 올라간다. 따라서 이 퇴적층과 그 뒤의 화산까지 높이 치솟는 조산 운동이 일어나게 된다. 히말라야는 이런 과정에 의하여 생성되었다.

반대편 대륙 지각에 있던 퇴적물은 올라간 대륙 지각 아래에 깔려서 압력을 받게 되어 습곡과 같은 지형이 발달하고 횡압력에 의하여 각종 변성암이 생성된다.

□ 습곡

습곡은 수평으로 퇴적된 지층이 횡압력을 받아 마치 물결처럼 굴곡이 있는 모양으로 변형한 지질 구조이다. 흔히 조산 운동의 결과로 나타난다.

아래쪽에 있는 대륙 지각에는 분지가 발달하고 이 분지에 올라간 대륙 지각의 풍화작용에 의한 퇴적물이 쌓이기 시작한다. 퇴적물은 강을 통해 아래쪽 대륙 지각의 해안 쪽으로도 두껍게 침전되며 결국에는 합쳐진 두 대륙이 평평해진다.

이와 같이 윌슨 사이클은 열곡에 의한 대륙의 분리, 섭입에 의한 대륙의 생성, 충돌에 의한 대륙의 합병이라는 세 과정에 의하여 지각의 반복적인 변화 과정을 설명하는 것이다. 이 과정에서 화산 폭발에 의한 화성암과 변성암의 생성, 산악 지역의 풍화와 침식에 의한 퇴적암의 생성, 지각의 충돌에 의한 변성암의 생성 과정도 설명하고 있다.

윌슨 사이클은 초대륙 판게아의 분열 이후 지난 수억 년 동안에 일어난 지각의 변동에 대해서는 자료와 일치하도록 만들어져 있다. 그러나 그 이전의 일에 대해서는 단정적으로 말하기가 어렵다. 그것은 과거의 역사를 알아내기 위해서는 여러 대륙에 흩어져 있는 과거의 판의 경계 지역에서 산맥, 고기후, 화석 분포를 연결시켜 보아야 하지만 과거로 거슬러 갈수록 자료가 변질되어 증거를 찾기가 어렵기 때문이다.

자료에 의하면 판게아가 최초의 초대륙이 아닌 것으로 보는 견해가 지배적이며 현재와 같은 판구조의 운동은 25억 년 전부터 시작한 것으로 생각된다. 현재의 해양 지각의 나이와 판의 이동 속도로부터 해양의 개폐 주기를 5억 년 정도로 보고 있기 때문에 이미 수차례 초대륙의 생성과 분열이 있었던 셈이다. 가장 최근의 초대륙이 2억 5천만 년 전의 판게아이고 그 이전인 7억 5천만 년 전에는 로디니아(Rodinia)가 있었다. 이 사이클은 지구 내부의 에너지가 판구조 운동을 지속하기에 충분하지 못할 때까지 계속될 것이다.

현재의 상태를 미래로 연장하여 예측해보면 1억 5천만 년 이내에 아프리카와 유럽은 충돌하고, 오스트레일리아와 남극은 북으로 이동하고 대서양은 섭입을 시작하게 될 것으로 추정된다.

11.4 지구의 변화와 생물

지구상에서 가장 규모가 큰 변화는 지각의 생성, 이동, 소멸일 것이다. 이러한 과정과 관련하여 지구 환경은 여러 차례 큰 규모로 변화한 적이 있으며 이에 의해 생물권이 크게 영향을 받았을 것이다.

판의 운동과 생물의 진화

3억 5천만 년 전(석탄기의 초기)에는 남아메리카, 아프리카, 인도, 남극, 오스트레일리아가 합쳐진 초대륙 곤드와나가 남반구에 자리 잡고 있었다. 그 외의 대륙 중에 가장 큰 것이 북미와 유럽의 일부가 합쳐진 유라메리카(Euramerica)로서 적도 근처에 있고, 북쪽에 아시아의 일부인 시베리아와 카자크스타니아(Kazakstania)가 있고 동쪽에는 중국의 일부가 있었다. 이때 곤드와나의 남부는 남극 가까이 위치하였기 때문에 극빙으로 덮여 있었고 그로 인해 빙하의 흔적이 남게 되었다. 유라메리카는 적도 근방에 위치하였기 때문에 열대우림이 형성되어 있었다. 우림의 주요 식물은 양치류(Pterophyta)[8]였으며 동물로는 양서류가 육지와 해양의 양쪽을 오가

---

8) 유관속(물관부와 체관부로 물질을 수송하는 관다발조직)을 가지며 포자로 번식하는 녹색식물로서 잎이 마치 양의 이빨처럼 생겼음.

며 번성하고 있었다.

3억 년 전(석탄기 중기)에는 곤드와나가 북상하여 유라메리카와 충돌하였는데 충돌 지역은 북아메리카의 동부 해안과 아프리카의 북서부였다. 이 때문에 북미의 동쪽에는 아팔라치아 산맥이 형성되었다. 이 시기에 적도면을 따라 무성한 열대우림으로부터 대량의 석탄이 생성되기 시작하였고 유라메리카의 북쪽 끝(유럽)과 카자크스타니아－시베리아의 충돌에 의해서 우랄 산맥이 높아지고 있었다. 양치류와 양서류 외에도 곤충류가 번성하고 있었고 양서류로부터 진화한 파충류와 포유류형 파충류가 나타났다.

2억 5천만 년 전(페름기 말기)에는 중국과 인도차이나를 제외한 대부분의 대륙이 합쳐져 판게아가 완성되었다. 양치류 이외에 새로운 겉씨 식물의 일종인 침엽수와 은행이 번성하고 있었다. 곤드와나에는 겉씨 식물의 일종인 글로솝테리스(Glossopteris)가 번성하고 있었다. 시베리아에서 화산 활동에 의한 대규모 현무암 대지가 형성되었으며 비슷한 시기에 지구 역사상 규모가 가장 큰 생물의 멸종이 발생하여 해양 생물의 50%와 육상 생물의 75%가 사라졌다.

2억 년 전(쥐라기 초기)에는 중국, 인도차이나, 시베리아를 포함하는 아시아가 모양을 갖추기 시작하였고 북상하는 판게아와 갓 태어난 유럽을 통해 연결되었다. 이 시기는 거의 모든 대륙이 연결되어 있었기 때문에 화석이 전 대륙에 걸쳐 골고루 분포한다. 그러나 이후에는 특정한 대륙에만 발견되는 종이 존재하게 된다. 식물로는 침엽수와 소철류를 포함한 겉씨 식물이 절정기에 있었다. 동물의 세계에서는 바다에는 두족류인 암모나이트가, 육지에는 공룡과 같은 파충류와 잠자리, 메뚜기와 같은 곤충들이 번성하고 있었다.

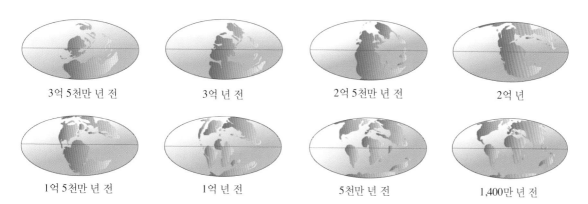

| 3억 5천만 년 전 | 3억 년 전 | 2억 5천만 년 전 | 2억 년 |
| 1억 5천만 년 전 | 1억 년 전 | 5천만 년 전 | 1,400만 년 전 |

그림 11.23 판게아의 역사. 판의 이동에 따른 대륙의 이합집산은 생물의 진화 과정에 큰 영향을 미쳤다. 판의 이동은 수억 년의 주기로 발생하지만 생물에 미친 결과는 현재까지 발견된다.

> □ **두족류**
>
> 뼈가 없는 연체 동물 중에서 머리에 다리가 있는 동물로서 오징어, 낙지, 암모나이트, 앵무 조개 등이 있다.

1억 5천만 년 전(쥐라기 말기)에 판게아가 분리되기 시작하였다. 먼저 크게 북부와 남부로 나누어졌는데, 북부는 북아메리카, 그린란드, 유럽, 아시아를 포함하는 대륙으로 로라시아(Laurasia)라고 부른다. 나머지 남아메리카, 아프리카, 오스트레일리아, 인도, 남극 대륙은 남쪽에 있는 초대륙인 곤드와나를 유지하고 있었다. 로라시아에서는 이미 북아메리카가 분리되었고, 북아메리카와 아프리카 사이에도 수백 km 정도의 폭으로 대서양이 형성되었다. 반면에 곤드와나는 비교적 오랫동안 모양을 유지하였다. 당시의 기후는 따뜻하였고 해수면은 높았다. 양치 식물과 겉씨 식물이 계속 번성하여 석탄을 만들었고 파충류가 번성하고 있었다. 상당수의 포유류도 서식하고 있었고 조류가 나타났다.

1억 년 전(백악기 중기)에는 오스트레일리아-남극 대륙을 제외하고는 모두 분리되었다. 북아메리카는 유럽과 연결되어 있었다. 기온이 낮아졌으며 양치 식물과 겉씨 식물이 번성하고 있는 중에 속씨 식물이 출현하였다. 이 시기는 공룡의 전성기였다.

> □ **겉씨 식물과 속씨 식물**
>
> 씨앗이 밖으로 노출되거나 개방되어 있는 식물이 겉씨 식물이며 소나무, 소철, 은행나무 등이 여기에 해당한다. 반면에 속씨 식물은 씨앗이 씨방 속에 들어 있는 식물이다. 사람은 이 씨앗을 포함하고 있는 속씨 식물의 열매를 먹기도 한다. 예를 들면 콩, 토마토, 사과, 복숭아 등이 있다. 속씨 식물은 현재 식물 중에서 거의 90%를 차지하고 있다.
>
> 겉씨 식물과 속씨 식물은 뿌리로부터 영양분이나 물을 이동하는 관의 구조와 수정하는 방식에서도 서로 다르다.

그림 11.24 캥거루. 캥거루는 유대류 동물 중의 하나이며 다른 대륙에서는 모두 멸종했으나 오스트레일리아 부근에는 살아남아 있다.

대륙들의 분리가 완전히 끝나기 전에 유대류(marsupials)가 로라시아에서 발생하여 곤드와나의 남아메리카를 거쳐서 오스트레일리아-남극 대륙까지 퍼져나갔다. 곧이어 태반류(placentals)가 로라시아에서 발생하여 곤드와나로 퍼져 남미의 남쪽 끝까지 퍼져나갔지만 유대류보다 약간 늦었기 때문에 오스트레일리아-남극 대륙이 이미 떨어져 나간 상태였다. 따라서 태반류는 한동안 오스트레일리아-남극 대륙으로 가지 못하였다.

□ **유대류와 태반류**

유대류는 주머니에 미숙한 태아를 키우는 동물 유형으로 캥거루 등이 있다. 태반류는 태반에서 배아를 기르는 동물로 사람, 말, 개, 호랑이, 쥐 등의 대부분의 포유류가 여기에 속한다.

6천 6백만 년 전(백악기 말기)에 로라시아는 북아메리카, 그린란드, 유라시아로 완전히 분리되었다. 이때 오스트레일리아–남극 대륙도 분리를 시작하였고 인도는 적도 아래에서 북상 중이었다. 오스트레일리아–남극 대륙을 제외하고는 생존 경쟁에서 우수한 태반류가 유대류를 압도하고 있었다. 이 시기에 멕시코의 유카탄(Yukatan) 반도에 운석이 충돌하였고 암모나이트와 공룡을 비롯한 생물의 대규모 멸종이 있었다.

5천만 년 전(에오세 초기)에 아프리카-아라비아가 유라시아와 충돌하였고 인도가 아시아와 충돌하여 티베트 고원과 히말라야 산맥을 형성하였다. 따라서 유라시아의 포유류가 이들 대륙으로 이동할 수 있었다. 또한 남북 아메리카는 육교를 통해 동식물이 이동할 수 있었다. 오스트레일리아와 남극 대륙이 서로 분리되어 오스트레일리아는 북상하였으나 남극 대륙은 남극으로 이동하여 생물이 멸종하였다.

1천 5백만 년 전(마이오세 중기)에는 대부분의 대륙이 현재의 모습을 갖추게 되었다. 특히 오스트레일리아는 적도 근방까지 올라갔고 태반류가 없는 상태에서 유대류가 살아 남아 캥거루, 코알라, 테즈매니안데블(tasmanian devil)과 같은 동물로 진화할 수 있었다.

화산 활동과 대규모 멸종

약 6,600만 년 전에 멕시코의 유카탄 반도에 직경 5km나 되는 거대한 운석이 떨어졌다고 한다. 운석은 대기와의 마찰에 의해 작열하고 있었기 때문에 충돌하기 전에 이미 반경 수십 킬로미터 이내의 생물을 완전히 태워버렸다. 곧 이은 충돌에 의해서 발생한 충격파는 충돌 지점으로부터 수백 킬로미터 이내의 생물을 전멸시켰으며 주변 지형까지 변화시켰다. 또한 흙먼지가 순식간에 수십 킬로미터 상공으로 치솟아 장기간 지구 전체를 뒤덮었다. 이 때문에 태양광이 차단되었고 그에 따른 급격한 기상 변화로 공룡을 비롯한 많은 생물이 멸종되었다고 한다.

6,600만 년 전에 공룡을 비롯한 지구상의 생물의 상당수가 멸종한 시기는 백악기와 제3기의 경계이기 때문에 K/T경계(Cretaceous/Tertiery

표 11.1 생물의 멸종 시기와 소행성 충돌

경 계	연령(백만 년)	충돌증거
Ordovician	450	없음
Frasnian-Famennian	375	있음
Permian/Triassic	245	있음
Triassic/Jurassic	208	있음
Cretaceous/Tertiary	66	있음
Eocene/Oligocene	37	있음

boundary)[9]라고 부른다. K/T경계의 지층에서는 지구에서는 희귀한 이리듐이 많이 발견되기 때문에 이리듐을 가진 소행성이 지구와 충돌하였을 때 비산한 먼지가 태양광을 차단하여 지구 전체의 생태계를 파괴하였다는 이론이 설득력을 얻고 있다.

〈표 11.1〉에 주어진 것과 같이 생물의 역사에는 K/T경계에 발생한 것을 포함하여 6회 정도의 대규모 멸종이 있었다. 그러나 그러한 멸종 중에서 K/T경계에서 발생한 것만큼 뚜렷하게 소행성의 충돌을 입증할 수 있는 자료가 있는 경우는 드물다. 물론 소행성의 충돌이 너무 오래전에 일어나서 당시에 만들어진 암석이 변형되어 증거가 발견되지 않을 수도 있겠지만 다른 원인을 생각해 볼 필요도 있다.

생물의 멸종을 소행성의 충돌로 설명하기 전부터 화산 활동에 의한 기후 변화가 이미 제안되어 있었다. 화산은 고체 성분인 화산재와 이산화탄소, 이산화황(SO_2), 염소, 플루오르, 수증기 등의 기체를 방출한다. 이 중에서 이산화황은 대기 중에서 물과 결합하여 황산 에어로졸을 만든다. 이 에어로졸은 수백−수천 년 동안 화산재와 함께 태양광을 차단하고 산성비를 내리게 할 수 있다. 따라서 화산 분출물에 의해서 단기적으로는 기온 강하가 발생하고 만일 화산의 규모가 크다면 범지구적인 빙하기를 초래할 수도 있다. 이러한 기체 성분이 소멸한 뒤에는 이산화탄소와 수증기에 의한 온실효과를 통하여 기온이 증가하게 될 것이다. 온실효과는 수백만 년 동안 지속될 수 있다. 이러한 기후의 변화는 생물의 멸종을 불러일으키기에 충분한 것이다.

20세기에 발생한 최대 규모의 화산 폭발은 필리핀의 피나투보(Pinatubo)에서 일어났으며 그로 인해 0.5°C의 범지구적 기온 강하가 관측되었다. 1783~1784년의 아이슬란드에서 일어난 화산 폭발은 겨우 12km³의 용암을 분출하였으나 아이슬란드의 작물 대부분을 죽게 하였으며 지구

9) 독어로 백악기를 'Kreide', 영어로 제 3기는 'Tertiery'라고 함

표 11.2 현무암 대지와 추정 경계

지 역	연령 (백만 년)	면적 (km^2)	추정 경계
시베리아	250	2.0	P/Tr
중앙 대서양 마그마 대지	200	11.0	Tr/J
데칸 고원	66	1.5	K/T

의 기온을 $1°C$ 정도 강하시켰다. 시베리아의 현무암 3백만 km^3과 비교하면 매우 작은 양임에도 불구하고 큰 영향을 미쳤던 것이다.

범지구적인 기후 변동을 일으킬 정도로 강한 화산 활동의 증거는 현무암 대지이다. 현무암 대지도 결국은 화산으로부터 분출된 용암에 의해 형성된 것이며 백만 년 이내의 짧은 시간 동안에 대량의 용암을 분출하면서 먼지와 가스도 방출하였을 것이다. 과거 2억 5천만 년 이내에 형성된 현무암 대지의 수는 십여 개로 파악되고 있다.[10] 그런데 그중에는 〈표 11.2〉에서 주어진 것과 같이 생물의 멸종 시기와 일치하는 것들이 있다. 이 사실은 당연히 현무암 대지의 형성과 생물의 멸종이 연관되어 있다는 점을 시사하고 있다.

중앙 해령을 통한 대량의 현무암 분출 과정에서 발생하는 이산화탄소는 온실효과를 통하여 기온을 상승시켰을 것이고 중앙 해령의 부피 증가에 의해 해수면이 상승하였을 것이다. 실제로 서태평양의 온통 자바 분지(Ontong Java Basin)가 형성될 때쯤인 9,500만 년 전에 평균 기온이 $10°C$ 정도 상승하였고 해수면은 지금보다 250m 정도 상승하였다는 범지구적 기후 변동의 자료도 있다.

현무암 대지 중에서 가장 대규모인 것은 시베리아에 있으며 2억 5천만 년에 형성된 것이다. 이 시기는 P/Tr경계(Permian/Triassic boundary)에 해당하며 생물의 역사에서 가장 큰 멸종이 일어난 시기와 일치한다. 또한 인도의 중서부에 있는 데칸 고원에도 한반도보다 몇 배나 넓은 $500,000\,km^2$의 면적에 걸쳐서 1.5km 이상의 두께로 쌓인 현무암 대지가 있다. 이 현무암 대지는 6,600만 년 전을 전후로 약 50만 년의 기간에 형성되었는데 이 시기가 공룡이 멸종하고 60%의 해양생물이 멸종한 K/T경계와 일치하는 사실을 단순히 우연이라고 보기는 어렵다.

그림 11.25 K/T경계. 검은색의 지층이 K/T경계에서 외계성 물질이 퇴적된 지층이다.

생물의 멸종이 소행성의 충돌에 의한 것이면 수천-수만 년 이내에 변화가 일어날 것이고 화산에 의한 것이면 수백만 년이 걸릴 수도 있다. P/Tr경계의 멸종 기간이 길다는 사실도 화산 활동이 생물의 멸종을 초래하였다는

---

10) 가장 최근의 현무암 대지 형성은 1,500만 년 전의 미국 서부의 콜롬비아강 현무암 대지

것을 입증하는 근거로 제시되기도 한다.

　소행성의 충돌과 화산 활동이 거의 동시에 발생한 것으로 간주하여, 소행성의 충돌이 먼저 고체 지구에 충격을 주고 이 때문에 화산 폭발이 이어져서 멸종이 일어났다고 보는 복합적인 견해도 있지만 만일 화산 활동에 의한 지구 환경의 변화가 주원인이라고 한다면 그러한 대규모의 화산 활동은 판의 운동과 결코 무관하지 않았을 것이라는 견해가 지배적이다.

참고문헌

1. B. Skinner 외(소칠섭 외 역), 지구 환경과학개론, 시그마프레스
2. 김유근 외, 대학지구과학, 형설출판사
3. W. Broecker(원종관 역), 지구 환경의 변천, 전파과학사
4. 한국지구과학회, 지구과학개론, 교학연구사
5. 정창희, 지질학개론, 박영사
6. 박창고 외, 우주와 지구, 시그마프레스

생물의 성질과 분류

생명을 몇 마디의 기준으로 정의하기는 매우 어렵다. 대신에 생물이라고 명백히 인정되는 것들을 그렇지 않은 것들과 비교하여 생명 현상의 공통적인 성질을 나열하는 것이 전통적인 방법이다.

12.1 생물의 기본 성질

살아 있는 동식물을 바위나 금속과 비교한다면 생물의 특성을 분명하게 지적할 수 있을 것으로 생각되지만 실제로는 그렇지 않다. 왜냐하면 일부 성질들은 생물과 무생물이 공유하는 것도 있기 때문이다. 따라서 생명의 정의에 제대로 접근하기 위해서는 생물을 몇 가지 측면이 아니라 종합적으로 이해하여야 한다.

조직화

생물의 특징 중 가장 기본적인 것을 지적하자면, 생물은 원자나 분자와 같이 명백히 생명이 없는 물질로 구성되어 있으나, 생물 자체는 이들 구성 물질의 성질이 직접 나타나지는 않을 정도로 고도로 조직화되어 있다는 점이다. 즉 그러한 구성 물질이 먼저 세포라고 하는 모든 생물이 소유하는 생명의 기본 단위를 형성한 다음 그 세포를 통해서 생명의 성질이 외부로 나타나는 것이다.

조직화의 측면에서만 보면 지표에 굴러다니는 화강암도 세포에 뒤지지 않는다. 화강암은 석영, 장석, 운모 등의 광물로 구성되어 있으나 화강암은 이들 개별 구성 광물의 성질보다는 화강암이라고 하는 특정한 암석의 성질을 나타내기 때문이다.

생장과 생식

생물은 생장(growth)과 생식(reproduction)을 할 수 있다. 생장은 생물의 총량이 증가하는 과정을 의미하며 고등 동식물과 같이 많은 수의 세포로 이루어진 다세포 생물의 경우에는 세포의 분열이라는 독특한 방법으로 일어난다. 따라서 다세포 생물의 크기와 세포의 크기 사이에는 상관관계가 없다.

생식은 개체의 수가 늘어나는 현상을 말하며 단수의 모체로부터 새로운 개체가 발생하는 무성 생식과 2개의 모체가 유전자를 교환하여 일어나는 유성 생식이 있다. 대체로 단세포 생물은 무성 생식을 하며 세포 분열 자체가 생식을 의미한다. 반면에 다세포 생물은 유성 생식을 통해 개체의 수를 늘린다.

생장과 생식의 측면만으로는 생물의 성질을 완전히 기술할 수 없다. 왜냐하면 수정과 같은 광물도 주위로부터 물질을 흡수하여 자랄 수 있으며 또 개수도 늘어날 수 있기 때문이다.

대사

생물은 주위의 환경으로부터 물질과 에너지를 얻어서 자신의 구조와 조직을 유지한다. 즉 생물은 주위로부터 물질과 에너지를 흡수하여 생존에 필요한 물질을 저장하고 저장된 물질을 분해하는 과정에서 발생하는 에너지를 사용하여 생명을 유지한다. 또한 생물은 불필요한 물질은 방출한다. 생물에서 일어나는 이러한 물질과 에너지의 출입 과정을 대사(metabolism)라고 한다.

생태학적 관점에서 생명이 유지되는 데에는 다른 생물을 포함하는 지구 환경 전체가 관련되어 있다는 사실을 간과할 수 없다. 즉 식물은 태양광 에너지를 동물이 사용할 수 있는 형태로 변환시키며 동물은 식물에게 이산화탄소를 공급해 준다. 또한 동식물이 필요로 하는 물질은 기권, 수권, 생물권, 고체 지구 사이에서 순환에 의해 공급된다. 이런 면에서 생명은 개개의 생물이 가진 성질이라고 하기보다는 지구의 성질이라고 생명의 본질을 정의하는 견해도 있다. 이를 가이아 이론(Gaia theory)이라고 한다.

환경 변화에 대한 반응과 적응

생물은 환경의 변화에 대해 반응할 수 있다. 이러한 환경의 변화, 즉 자극에는 전자기파, 중력, 음파, 접촉, 화학 약품 등이 있고 생물에는 이를 검출하기 위한 감각 기관이 있으며, 감각에 따라 생명의 유지를 위한 적절한 반응을 하게 된다. 예를 들어 미모사의 잎을 접촉하면 옴츠린다. 그것은 초식 동물에게 먹이로서 매력이 없게 보여 살아남기 위한 반응이다.

환경의 변화가 일시적이 아니라 지속적일 경우 생물의 신체 기능도 그에 맞도록 지속적으로 변화하는 적응이 일어난다. 예를 들면 연어는 민물에 있을 때는 오줌으로만 소량의 이온을 배설하다가 염분 농도가 높은 바닷물에 가게 되면 흡수한 이온을 오줌은 물론 아가미로도 배출한다.

그림 12.1 미모사. 미모사의 잎을 건드리면 움츠러든다. 이것은 생물의 성질 중의 하나인 환경 변화에 대한 반응이다.

항상성

생물은 체내의 상태를 일정하게 유지하려는 항상성의 능력을 가지고 있다. 예를 들어 체온이 올라가면 사람의 몸에서는 땀이 배출된다. 그것은 체열에 의해 증발하는 물이 기화열만큼 에너지를 앗아가도록 하여 체온이 내

□ 세균 침입에 대한 반응과 면역

병원균이 체내로 침입하더라도 사람의 몸은 이에 저항할 수 있는 능력을 가지고 있다. 병원균과 같은 외부로부터 들어온 물질이나 암세포와 같은 외래 단백질을 항원이라고 하며 인체는 이를 식별하고 히스타민과 같은 화학 물질을 분비하며 이에 따라 백혈구의 일종인 림프구가 항체를 생산한다. 항체는 항원과 결합하여 독소의 중화, 결합, 침전 등과 같은 방법으로 항원을 불활성화하고 혈액 속의 백혈구가 이를 잡아먹는, 이른바 식균 작용에 의해 처리한다. 같은 이유로 림프구는 장기이식을 받았을 때 거부반응을 일으키는 부정적인 역할도 한다.

림프구는 T림프구와 B림프구의 두 종류가 있으며 모두 골수에서 생산된다. 이들은 일종의 기억 세포로 체내에 남아 있다가 같은 항원이 침입하면 빠른 속도로 항체를 만들어 항원을 무력화시킨다. 이것이 바로 면역의 원리이다.

려가게 하는 기능이다.

2가지 반대 방향의 기능을 갖는 호르몬을 분비하여 생물체 내의 환경을 일정하게 유지하는 방법이 있다. 예를 들어 글루카곤(glucagon)이라는 호르몬은 간에 저장된 글리코겐을 글루코오스로 변화시켜 혈액 속으로 보내며 인슐린(insulin)이라고 하는 호르몬은 반대의 기능을 한다. 따라서 인슐린 분비 기능이 약하면 혈액 속에 글루코오스가 과다하게 많은 상태, 즉 혈당량이 높은 상태가 되며 이를 당뇨병이라고 한다.

유전과 진화

유전은 한 생물의 형질, 즉 형태와 성질이 그대로 다음 세대로 전달되는 현상이며 이러한 형질을 규정하는 정보를 유전 정보라고 한다.

생물이 대를 이어 존재하기 위해서는 그 생물의 유전 정보에 안정성이 있어서 정확하게 다음 세대로 전달되어야 한다. 그래야만 한 종이 다른 종에 대하여 구별되고 연속될 수 있다.

진화는 생물의 형질이 변화하는 현상이다. 실제로 생물은 긴 세월 동안 변해 왔음이 틀림없다. 이는 생명의 역사 초기에 있던 생물들이 이제는 거의 존재하지 하지 않으며 대신에 새로운 생물들이 존재한다는 사실과 월등히 많아진 생물의 종류에 의해서 뒷받침되는 사실이다. 진화는 일상적인

□ 유전 정보
생물의 생장에 필요한 단백질의 합성을 위한 암호로 구성된 정보를 말한다.

물질의 변화 과정에서는 거의 나타나지 않는 특별한 성질이다.

12.2 세포의 구성과 구조

세포는 생명의 기본 단위이며 여러 가지 물질로 구성되어 있다. 그러나 생물에 따라 세포가 서로 다른 물질로 구성되어 있는 것은 아니고 몇 가지의 공통적인 물질로 구성되어 있다. 물질 조성의 측면에서 생물의 종류에 따라 약간의 차이는 있으나 전체적으로는 통일성을 가지고 있다는 것이다.

분자 수준의 세포의 조성

분자 수준에서 세포의 주요 구성물은 물을 제외하면 탄수화물, 단백질, 지질, 핵산의 4가지이다.

탄수화물은 식물 세포에는 주로 녹말의 형태로, 동물 세포에서는 주로 글리코겐의 형태로 존재하며 에너지원이다. 또한 탄수화물의 다른 형태인 셀룰로오스는 식물 세포의 벽을 구성하며 단백질과 지질에 결합하여 복합체를 형성하기도 한다. 탄수화물은 세포 내에서 에너지원과 구조물의 역할을 하고 있는 셈이다.

단백질은 세포 내에서 생성된 후 변성하여 호르몬, 헤모글로빈, 항체, 효소 등이 된다.

지질에는 중성 지방, 인지질, 스테로이드 등이 있다. 중성 지방은 동물에서 에너지원으로 사용되고 있으며 인지질은 세포막의 주성분이고, 스테로이드는 콜레스테롤과 일부 호르몬의 주성분이다.

핵산에는 DNA(Deoxyribo Nucleic Acid)와 RNA(Ribo Nucleic Acid)의 2종류가 있다. DNA는 사슬처럼 생긴 고분자로서 단백질과 결합하여 실처럼 길게 풀어진 염색사의 형태로 존재하며 세포가 분열할 때에는 뭉쳐져 염색체의 형태로 존재한다. 즉 염색체는 DNA와 이에 결합한 단백질을 말한다. 염색체는 특정한 화학 약품에 의해 염색이 되므로 얻어진 이름이다.

핵산의 가장 중요한 역할은 유전 정보의 저장이다. 이 정보는 핵산 중에서 DNA에 존재하며 이 유전 정보에 따라 RNA가 단백질을 합성한다. RNA에는 기능이 다른 몇 가지가 존재한다.

탄수화물, 단백질, 지질, 핵산의 4가지 주요 고분자 물질 이외에 세포에는 반드시 물이 존재한다. 물은 세포 전체 무게의 약 70%를 차지하며 대사에서 중요한 용매로서 역할을 하고 있다. 이와 같이 세포에서 물이 차지하

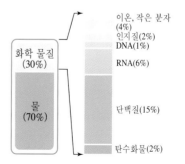

그림 12.2 세균 세포의 구성. 세포에서 가장 큰 비중을 차지하고 있는 물질은 물이다.

는 비중이 특별히 크다는 사실은 생명의 기원이 원시 해양에서 일어났을 것이라는 추측의 근거가 되기도 한다.

원자 수준의 세포의 조성

세포를 구성하는 물질을 원자 수의 순서로 나열하면 수소, 탄소, 산소, 질소, 인, 등이다. 이는 지각을 이루고 있는 물질의 순서인 산소, 규소, 마그네슘, 칼륨, 수소, 탄소 등과는 사뭇 다르다.

원소 중에서 탄소의 다양한 성질이 생물이 발생하고 진화하는 데 가장 큰 역할을 한 것으로 보인다. 지구상에 흔한 원소인 규소도 다른 결합을 할 수는 있으나 규소-산소의 결합이 가장 강하므로 다른 결합의 기회가 적다. 반면에 탄소는 여러 가지 공유 결합을 하지만 결합 강도에서 큰 차이를

표 12.1 단백질에서 발견되는 20개 아미노산의 이름, 구조와 분자량

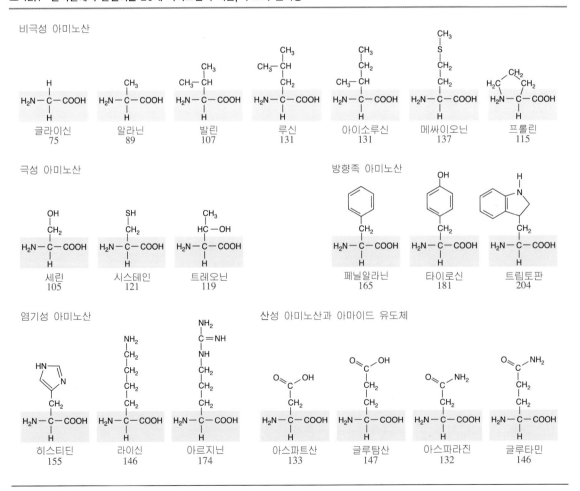

보이지 않는다. 따라서 탄소는 수소, 산소 등 몇 가지 원소들과 다양한 방법으로 결합하여 수많은 유기물을 생성할 수 있다. 그 중에서 가장 진화에 적합한 형태의 물질이 선택되었을 것이다. 만일 융통성이 없는 규소가 탄소 대신에 사용되었더라면 환경에 잘 적응하는 형태의 생물로는 발전할 수 없었을 것이다.

알려진 생물의 종류만도 백만 종이나 되지만 세포를 이루는 물질의 대부분은 대략 100여 가지의 화합물로 구성되어 있다. 즉 탄소, 수소, 산소, 질소, 인, 황 등으로 만들 수 있는 화합물은 무수히 많지만 생물에서 사용되는 것은 그리 많지 않다는 것이다. 예를 들어 단백질은 20종의 아미노산으로, DNA는 4종의 디옥시리보 뉴클레오티드(deoxyribo nucleotide)로 구성된다.

세포의 구조와 소기관

세포의 크기는 대부분 수~수백 마이크로미터(μm) 사이에 있다. 그러나 수 센티미터의 타조의 알이나 수 미터의 신경 세포와 같이 매우 크거나 긴 것도 소수이지만 존재한다.

세포에는 외부와의 경계인 세포막 혹은 원형질막이 존재한다. 두께가 5~10nm 정도인 이 세포막은 인지질로 구성되어 있기 때문에, 물질을 선택적으로 투과시킴으로써 세포 내부의 화학적 분위기를 외부와 다르게 만들어 준다. 따라서 세포 내부에서는 세포가 필요로 하는 특정한 화학 반응이 빠르게 일어날 수 있다.

세포 중에서는 유전 물질인 DNA를 포함하여 생명 현상의 중심 역할을 하는 핵과 나머지 물질인 세포질로 구분되는 종류가 있으며 이를 진핵 세포라고 한다. 즉 진핵 세포는 핵막에 의해 핵과 세포질이 확연히 구별되는 세포를 말한다. 고등 생물은 모두 진핵 세포로 이루어져 있다.

핵막이 없어서 핵과 세포질이 구분되지 않는 세포도 존재하며 이를 원핵 세포라고 한다. 대부분의 하등 생물은 원핵 세포로 이루어져 있다.

▫ 리보솜과 항생제

세포내 소기관인 리보솜(ribosome)은 단백질의 합성이 일어나는 곳이다. 그런데 진핵 세포의 리보솜과 원핵 세포의 리보솜은 크기는 물론 화학적 성질도 다르다. 예를 들어 테트라사이클린과 스트렙토마이신과 같은 항생제는 세균의 리보솜의 기능은 정지시키나 인간의 진핵 세포의 리보솜에는 아무런 역할을 하지 않는다.

그림 12.3 세포의 크기. 세포의 크기는 대부분 수 μm–수백 μm 사이의 범위에 있다.

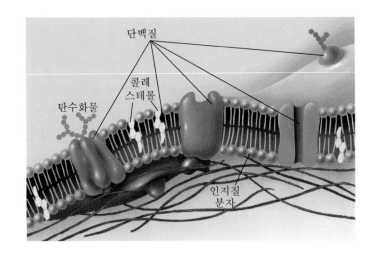

그림 12.4 세포막의 모형도. 세포막에는 두 겹의 인지질이 그림과 같이 친수성의 끝이 바깥쪽을 향하도록 정렬해 있다. 막의 소수성 끝은 내부에 위치해 있다. 이러한 구조 때문에 산소나 이산화탄소와 같은 작은 비극성 분자, 물, 작은 에탄올과 같은 극성 분자 등은 이 막을 통과할 수 있으나 각종 이온이나 셀룰로오스와 같은 물질은 통과할 수 없다. 이런 물질은 막을 관통하는 막수송 단백질에 의해 통과할 수 있다.

진핵 세포이건 원핵 세포이건 한 생물은 한 종류의 세포로만 이루어져 있다. 진핵 세포로 이루어진 생물을 진핵 생물이라고 하고 그렇지 않은 생물을 원핵 생물이라고 한다.

생물의 역사에서 간단한 구조의 원핵 생물이 먼저 나타난 다음 그것이 진화해서 진핵 생물이 되었다는 데에는 이견이 별로 없다.

세포질에는 각자 고유의 기능을 수행하는 소기관들이 있다. 예를 들면 ATP(Adenosine Tri Phosphate)를 생성하여 에너지 발생을 담당하는 미토콘드리아(mitochondria), 광합성을 담당하는 엽록체, 유전 정보에 따라 단백질의 합성이 일어나는 곳인 리보솜, 세포 내에서 생성된 효소와 호르몬을 세포 외부로 수송하는 소포체, 골지체(Golgi complex), 세포 내 청정 작용을 하는 리소좀(lysosome) 등이 있다.

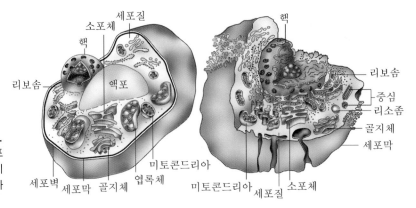

그림 12.5 식물 세포와 동물 세포. 두 세포의 가장 큰 차이는 식물 세포에는 엽록체와 액포가 존재하는 것이다. 액포 때문에 대체로 식물 세포가 동물 세포보다 크다.

12.3 생물의 대사

생물은 주위의 물질을 흡수하여 다른 물질로 변환시키고 에너지를 추출한다. 이 과정은 일련의 화학 반응이다. 대장균과 같이 간단한 생명체에서 일어나는 화학 반응의 수도 수천 가지 이상일 정도로 이 반응은 매우 복잡하다. 그러나 대사 과정의 수많은 화학 반응들은 서로 공통점을 가지고 있어 체계적으로 분류를 하면 그 종류는 그렇게 많지는 않다. 또한 대사에 관여하는 물질의 가짓수도 매우 많지만 중심 역할을 하는 것은 대략 백여 가지 정도에 불과하다.

대부분의 생물은 탄소를 필요로 하는데 그 이유는 생물이 필요로 하는 탄소 화합물, 즉 유기물을 합성하고 에너지를 얻기 위한 것이다. 생물은 주위로부터 어떤 상태의 탄소를 취하는가에 따라 독립 영양 생물과 종속 영양 생물로 나누어진다. 독립 영양 생물은 전체 생물 종의 5%에 불과하다.

독립 영양 생물

대기 중 혹은 물속에 녹아 있는 이산화탄소로부터 탄소를 공급받아서 탄수화물을 생산하는 생물이 독립 영양 생물이다.

벼, 장미, 사과, 고사리와 같은 대부분의 식물은 독립 영양 생물로서 빛 에너지를 이용하여 대기 중의 이산화탄소와 물로부터 탄수화물을 합성한다. 이 과정에서 산소가 부산물로 발생한다. 빛 에너지로 유기물을 합성하는 것을 광합성이라고 한다.

광합성을 하는 모든 생물이 산소를 발생시키는 것은 아니다. 예를 들면 많은 광합성 세균은 물 대신에 수소나 황화수소(H_2S)로부터 수소를 공급받아 광합성을 하지만 산소를 발생시키지는 않는다. 이러한 세균의 예로서 녹색 유황 세균, 홍색 유황 세균 등을 들 수 있으며 이들은 산소가 없는 연못 바닥의 침전물 표면에 산다.

빛 대신에 주위에서 흡수한 무기물을 산화시켜 얻은 에너지를 이용해

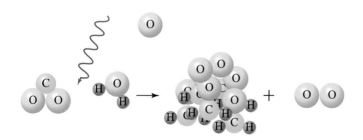

그림 12.6 독립 영양 생물. 이산화탄소와 물로부터 빛 에너지를 이용하여 유기물과 산소를 생산한다.

탄수화물을 합성하는 생물도 있다. 예를 들면 심해의 열수 분출구 근처에 있어서 태양 빛을 전혀 받을 수 없는 환경에 살고 있는 무색의 유황 세균은 황화수소를 산화시켜 에너지를 얻고 이를 이용하여 탄수화물을 합성한다. 또한 철 세균은 철을 산화시켜 에너지를 얻는데 물탱크에서 간혹 볼 수 있는 갈색의 때가 바로 이 세균의 군집이다.

종속 영양 생물

고등 동물과 대부분의 세균과 같은 종속 영양 생물은 복잡한 형태의 유기물로부터 탄소를 얻는다. 즉 종속 영양 생물은 독립 영양 생물이나 다른 세포들이 이미 생성한 유기물을 분해하여 필요한 탄소를 얻는 것이다. 독립 영양 생물이 이산화탄소와 같이 산화된 형태의 탄소를 사용하는 것에 비해 이들은 환원된 형태의 탄소를 사용한다.

종속 영양 생물의 대부분은 산소를 사용하여 유기물을 분해한 다음 사용하고 독립 영양 생물이 필요로 하는 이산화탄소와 물을 생산하여 공급해 주는 역할을 한다. 예를 들면 사람은 음식물 속의 유기물을 산소로 분해하여 에너지원으로 저장해 두었다가 필요할 때 사용한다.

한편 종속 영양 생물이 필요로 하는 산소는 독립 영양 생물이 이산화탄소와 물을 사용하여 유기물을 합성하는 과정에서 생산된다. 이런 과정에 의하여 이산화탄소, 산소, 물은 순환하게 된다.

종속 영양 생물 중에는 산소를 사용하지도 않으며 이산화탄소 대신에 암모니아, 황화수소, 메테인을 생성하는 것도 있다. 예를 들어 메테인 생성 세균은 늪지의 유기물을 분해하여 메테인을 생산하고 효모는 탄수화물로부터 에탄올을 생산한다.

종속 영양 생물 중의 일부는 빛 에너지를 사용하여 기존의 유기물을 분해하여 사용하는 것이 있다. 예를 들면 하수 처리장의 침전물에서 흔히 발견되는 홍색 비유황 세균이 있다. 이러한 생물은 광합성 대사의 보다 원시적 형태인 것으로 추정된다.

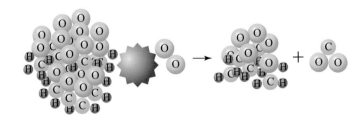

그림 12.7 종속 영양 생물. 산소를 사용하여 기존의 유기물을 분해하여 에너지를 얻는 생물로서 대부분의 동물이 여기에 속한다.

에너지의 생산과 소비

대부분의 독립 영양 생물은 광합성에 의하여 필요한 물질과 에너지를 생산하며 종속 영양 생물은 독립 영양 생물들이 생산한 유기물로부터 에너지를 추출하므로 가장 원초적인 에너지는 태양광 에너지라고 볼 수 있다. 거의 모든 생명체는 결국 빛 에너지를 이용해서 생존하고 있는 셈이다.

모든 생물은 대사 과정에서 얻는 에너지를 ATP 분자를 통해 소비한다. ATP가 분해되면 7.3 kcal/mol의 에너지가 방출된다. 이렇게 발생된 에너지는 생명체의 운동, 물질의 운반, 물질의 합성 등에 사용된다. 그러나 세포 속에 존재하는 ATP의 농도는 매우 낮다. 그 이유는 ATP가 에너지를 장기적으로 저장하는 수단이 아니라 즉각적인 소비를 위한 것이기 때문이다. 생성된 ATP 분자는 대부분 1분 이내에 소비된다.

고등 동물과 같이 산소 호흡을 하는 생명체가 흡수한 주위의 물질, 즉 음식물 중의 거대 분자들은 먼저 작은 분자들로 분해된다. 예를 들면 다당류는 글루코오스와 같은 간단한 단당류로, 단백질은 20가지의 아미노산으로, 지질은 글리세롤과 지방산으로 분해된다.

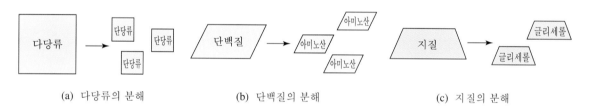

(a) 다당류의 분해   (b) 단백질의 분해   (c) 지질의 분해

그림 12.8 유기물의 분해 산물. 고등 동물은 섭취한 유기물을 보다 간단한 형태로 분해하여 저장해 둔다.

동물의 경우에는 글루코오스가 간이나 근육에 글리코겐의 형태로 저장되어 있다. 글루코오스에는 다량의 에너지가 포함되어 있으며 최종 에너지원인 ATP로 변화하여 에너지를 발생한다. 이렇게 글루코오스가 ATP로 변환되는 것은 보다 더 사용하기가 쉬운 형태의 에너지로 변하는 과정이다. 즉 글루코오스를 고액권이라고 하면 ATP는 사용하기 쉬운 소액권에 비유할 수 있다.

글루코오스로부터 ATP가 생산되는 과정을 세포의 호흡이라고 하며 크게 산소의 사용 유무에 따라 유기 호흡, 무기 호흡, 발효의 3가지 종류로 나뉜다.

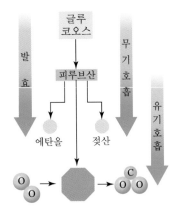

그림 12.9 호흡 과정. 호흡은 글루코오스로부터 ATP가 생산되는 과정이다. 이 과정은 분해 산물에 따라 무기 호흡과 발효로 나뉘고 산소에 의한 피루브산의 연소 과정까지 일어나는 것을 유기 호흡이라고 한다.

■ 호흡의 효율

이론적으로는 글루코오스 한 분자가 산화될 때 나오는 에너지는 ATP 1분자가 분해될 때 나오는 에너지의 약 100배나 되기 때문에 유기 호흡을 통해 글루코오스로부터 얻어지는 에너지는 이것의 40%밖에 되지 않는다. 시중의 자동차 엔진의 효율과 크게 다르지 않다고 하겠다.

효모나 유산균과 같은 하등 생물은 산소를 사용하지 않는 무기 호흡만을 하며 이 과정에서 에탄올이나 젖산이 생성된다. 이 과정을 특히 발효라고 한다. 이러한 유기 노폐물은 인간이 이용하기도 한다.

■ 무기 호흡과 근육 피로

산소가 충분히 공급되지 않는 상태에서 심하게 근육을 사용하면 무기 호흡 과정에서 만들어진 피루브산이 젖산으로 변하게 된다. 근육 피로는 바로 이 젖산에서 오게 되나 휴식을 취하면 젖산은 간에서 산화되거나 글루코오스로 재합성되어 회복이 된다. 그러므로 젖산의 생성은 비정상적인 호흡 과정에서 발생하는 일시적 현상이다.

반면에 고등 동물은 보통 무기 호흡과 유기 호흡의 연속 과정으로서 ATP를 생산한다. 이 호흡 방식은 무기 호흡 단독 방식에 비해 에너지 변환 효율이 수십 배 높다.

글리세롤과 지방산으로 분해된 지질도 글루코오스의 산화 과정과 비슷한 경로를 거쳐 ATP로 변환된다. 지질은 사람의 경우 체중의 약 10%에 해당하며 탄수화물에 못지않은 중요한 에너지원이다. 사실 같은 무게이면 탄수화물이나 단백질보다 지질에 더 많은 에너지가 저장되어 있다. 그 이유는 탄소-수소의 결합수가 훨씬 많기 때문이다.

척추 동물[1]은 간이나 신장에서 세포 활동에 필요한 에너지의 절반을 지질로부터 공급받는다. 특히 동면이나 이주하는 동물은 필요한 에너지의 대부분을 지질로부터 얻는다.

단백질은 탄수화물이나 지질처럼 세포 내에 에너지원으로 대량으로 저장되어 있지는 않고 세포의 구성단위나 효소의 형태로 존재하고 있을 뿐이다. 단백질이 아미노산으로 분해되어 에너지원으로 사용되는 경우는 기아 상태와 같은 특수한 경우이다.

---

1) 등뼈를 가진 동물로 어류(3강), 양서류, 파충류, 조류, 포유류로 구성

효소

생명체 내에서 일어나는 화학 반응은 거대 분자가 관여하는 매우 복잡한 양상을 띠는 경우가 대부분이나 화학 반응의 범주에서 벗어나지 않는 만큼 촉매도 꼭 같은 방법으로 작용한다.

생명체 내의 화학 반응에 관여하는 촉매인 효소는 단백질이 변성한 것이며 각자 특정한 반응 물질에만 작용하여 반응 속도를 증가시키는 역할을 한다. 즉 효소는 반응 물질인 기질과 결합하여 반응의 활성화 에너지[2]를 낮춤으로써 반응 속도를 증가시킨다. 효소가 작용하여 일어나는 반응의 종류로는 분해, 변경, 합성 등이 있다. 효소는 촉매로서 작용하는 것이기 때문에 반응 후에 없어지지 않고 계속해서 다음 반응을 일으키는 데 사용된다. 인체에는 3,000여 종의 효소가 있다.

□ 탄수화물과 효소

침 속의 아밀라아제라는 효소에 의해 녹말이 엿당으로 분해된다. 그러나 아밀라아제는 같은 탄수화물인 셀룰로오스를 분해하지는 못한다. 셀룰로오스는 다른 효소인 말타아제에 의해 분해된다. 소와 같은 초식성 동물에게는 이 말타아제가 있다.

□ 조효소

효소가 작용하기 위해서 다른 물질을 필요로 하는 경우가 있는데 이를 조효소라고 하며 비타민 B1, B2, B12 등이 좋은 예가 된다. 따라서 비타민은 대량으로 필요한 것은 아니지만 생명체 내에서 필요로 하는 화학 반응이 제대로 일어나게 하기 위해서는 반드시 공급해 주어야 하는 물질이다. 일부 하등 동물은 비타민을 스스로 합성하는 능력을 가지고 있으나 고등 동물은 이를 대부분 상실하였다.

□ 페니실린과 효소

푸른 곰팡이에서 추출되는 페니실린은 폐렴과 같은 세균 감염에 의한 질병과 상처 감염을 치료하는 데 탁월한 효과를 나타내는 항생제이다. 페니실린은 세균이 세포벽을 합성할 때 사용하는 효소와 비슷한 역할을 한다. 즉 세포벽을 만드는 데 사용되는 기질에 효소 대신에 결합하여 세포벽의 생성을 방해하기 때문에 세균을 죽게 하는 것이다. 이와 같이 대부분의 항생제는 세균의 효소의 작용을 방해하는 방식으로 약재의 역할을 한다.

---

2) 반응이 일어나는 데 필요한 최소한의 에너지

12.4 생물의 분류

생물 사이의 유사점과 차이점은 생물을 분류할 수 있는 근거를 제공한다. 즉 생물이 가지고 있는 특성은 생물을 분류하거나 서로 가까운 정도를 판별할 수 있는 기준으로 사용되는 것이다. 그러나 생물의 종류는 매우 많을 뿐만 아니라 그 사이에서 유사점과 차이점을 구별해내는 분명한 잣대가 있는 것도 아니고 그나마 판단을 내리기 어려운 경우도 있다. 따라서 생물의 분류는 학자마다 다르고 시대마다 다른 불안정한 상태에 있을 수밖에 없다.

생물을 분류하는 1차적인 목적은 분류를 통해 생물에 대한 체계적인 연구를 가능하게 해주는 것이고 나아가 생물의 진화 과정에 대한 정보를 얻어내고자 하는 것이다. 이러한 생물 분류의 중요성은 분류학이라는 생물학의 세부 분야를 낳게 하였다.

분류의 기준과 의의

생물의 분류는 오래전부터 시작되었으며 처음에는 주로 외형과 동식물의 이용 목적과 같은 편의상의 기준을 사용하였다. 이러한 분류 방식을 인위 분류라고 한다.

그러나 최근에는 외형적인 특징뿐만 아니라 생화학적 분석 도구와 전자현미경 등을 사용하여 세부적인 기능의 차이와 미시적인 세포의 구조 등과 같은 생물의 고유한 성질을 기준으로 분류하는 자연 분류를 하고 있다. 이와 같이 생명체의 구조와 기능의 유사점을 근거로 하는 계통적 분류는 생물의 진화 단계를 알 수 있도록 해준다. 그러나 생물의 구조와 기능에 따른 계통적인 분류 결과가 반드시 진화 과정과 일치하는 것은 아니다.

원핵 생물

원핵 생물은 생물의 역사에서 최초로 등장하는 생물로서 35억 년 전에 최초로 모습을 드러내었다. 원핵 생물의 세포의 크기는 진핵 생물의 1/10 정도인 $1-10\mu\mathrm{m}$로 작고 소기관의 수도 적은 비교적 간단한 구조로 되어 있다. DNA도 막으로 싸여져 있지 않아 세포질과 뚜렷하게 구분되지 않는다.

원핵 생물인 세균은 무사 분열에 의한 이분법(binary fission)으로 생식하며 조건이 좋다면 매우 빠른 속도로 분열한다. 예를 들면 대장균은 매 20분마다 세포의 수가 두 배로 증가할 수 있다.

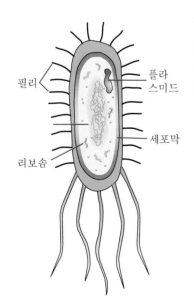

필리

플라스미드

세포막

리보솜

그림 12.10 원핵 생물. 원핵 생물에는 핵막이 없는 등 구조가 진핵 생물에 비해 간단하다.

대부분의 세균은 종속 영양 생물이지만 원핵 생물 중의 일부는 광합성으로 무기물로부터 필요한 유기물을 스스로 합성한다. 예를 들어 남조류[3] (blue-green algae)는 빛을 흡수하는 색소체가 있어 수중 환경에서 광합성을 하면서 바다, 호수, 하천 등 광범위하게 서식한다. 이들에 의해서 생산되는 산소와 유기물은 다른 생물에 의해 사용된다. 남조류는 플랑크톤의 주요 성분 중의 하나이다.

광합성이 아니라 무기물을 산화시켜 에너지를 얻는 것도 있다. 무색 유황 세균은 황화수소를 산화시켜 물을 생산하고 부산물인 황은 세포 내에 저장한다. 그 밖에 황으로부터 황산을 생산하여 토양을 산성화시키는 세균, 철이나 망간을 산화시켜 에너지를 얻는 세균, 수소를 이용하는 세균도 있다.

□ 유사 분열과 무사 분열

유사 분열은 대부분의 진핵 세포에서 일어나는 세포의 분열 방식으로서 염색체가 2벌로 복제된 후 세포의 양쪽 끝으로부터 생긴 실과 같은 방추사에 의해서 1벌씩 양쪽으로 끌려간 다음 세포질이 나누어지는 과정으로 일어난다.

무사 분열은 모든 원핵 세포와 원생 생물(Protozoa)과 같은 일부 원시적인 진핵 세포에서 일어나는 세포의 분열 방식으로서 복제된 DNA가 방추사 없이 스스로 2벌로 분리된 후 세포질이 2등분되는 단순한 과정으로 일어난다. 세균의 이분법이 전형적인 예라고 할 수 있다.

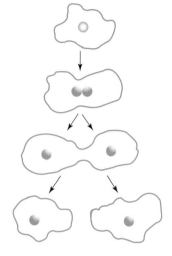

그림 12.11 이분법. 세균은 주로 이분법에 의한 간단한 과정으로 번식한다.

진핵 생물

15억 년 전에 나타난 진핵 생물은 원생 생물의 일부, 균류(Fungi), 식물, 동물 전체를 포함하고 있으며 그 세포는 원핵 세포보다 복잡한 구조를 가지고 있다. 진핵 세포에는 주변의 세포질로부터 염색체가 포함된 핵을 구별하는 핵막뿐만 아니라 소포체, 엽록체, 미토콘드리아 등과 같은 다양한 소기관이 존재한다.

대부분의 진핵 세포는 유사 분열에 의해서 생장하고 감수 분열에 의해 생식한다. 진핵 세포의 엽록체와 미토콘드리아는 에너지를 세포가 사용할 수 있는 형태로 변환시키는 소기관이다.

엽록체는 식물과 조류에만 있는 것이기 때문에 식물과 동물의 구분에 사용되기도 한다. 엽록체와 미토콘드리아 모두 자신의 DNA와 리보솜을

---

3) 남세균 혹은 시아노박테리아(cyanobacteria)라고도 함

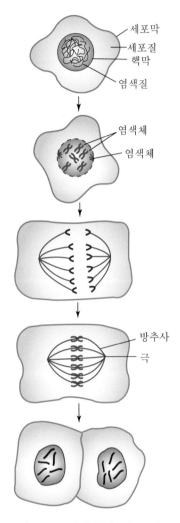

그림 12.12 유사 분열. 대부분의 고등 동식물이 취하는 분열 방법으로 이분법보다 복잡한 과정을 거친다.

그림 12.13 박테리오파지. 바이러스의 일종이다. 바이러스는 다른 세포 내에서만 생존할 수 있는 기생자이다.

가지고 있다. 엽록체는 식물에서 이산화탄소, 물, 빛 에너지로부터 글루코오스를 합성하는 역할을 하며 대부분의 진핵 세포가 가지고 있는 미토콘드리아는 세포의 에너지 저장원인 ATP를 생성하는 곳이다.

엽록체는 글루코오스와 같은 탄소 화합물과 산소를 생성하는 반면에 미토콘드리아는 이들을 사용하여 세포가 이용할 수 있는 에너지원을 생산한다. 이러한 성질과 엽록체와 미토콘드리아의 내부에 있는 DNA 때문에 엽록체와 미토콘드리아는 옛날에 별도의 원핵 세포로 진화해오다가 다른 원핵 세포에 의해 포획되어 공생해왔다는, 이른바 단계적 세포내 공생설(serial endosymbiosis hypothesis)이 설득력을 얻고 있다.

바이러스

바이러스의 크기는 20~300 nm의 범위에 있다. 이는 큰 유기물 분자의 크기로부터 세균의 크기까지 상당히 넓은 범위에 있다는 것을 의미한다.

작은 크기를 가지고서 인간에게 질병을 일으키는 의미에서 세균과 바이러스는 일상적인 생활에서는 크게 구분되어 있지 않다. 그러나 내부 구조에는 큰 차이가 존재한다.

세균 이상의 고등 생물을 구성하는 일반적인 세포는 원형질막으로 둘러싸인 세포질과 그 속에 있는 여러 가지의 소기관들로 이루어져 있다. 그러나 바이러스는 핵산과 이를 둘러싼 단백질의 표피 그리고 세포 침투용 효소 몇 가지 외에는 다른 기관들을 가지고 있지 않다. 따라서 바이러스는 독자적으로는 살아갈 수 없고 다른 숙주 세포 내에만 번식할 수 있는 절대적 기생자이다.

바이러스의 단백질은 바이러스의 활동에는 큰 기여를 하지 않는 것으로 보이며 특히 박테리오파지(bacteriophage)[4]와 같은 바이러스는 세균에 침입할 때 아예 단백질 껍질은 버린다. 뿐만 아니라 바이러스는 무기물의 결정과 같은 상태로 비활동적인 상태로 장기간 존재하다가 조건이 맞으면 다시 활동할 수도 있다. 이러한 특성 때문에 바이러스를 생명체로 본다고 하여도 어느 부류에 포함시켜야 할지가 분명하지 않게 된다.

현재까지 알려진 바이러스는 수백 종이며 그중에서 헤르페스(Herpes)와 같은 것은 유전 물질로서 DNA를 가지고 있지만 인플루엔자(Influenza)와 같은 바이러스는 RNA를 유전 물질로 가지고 있다. RNA로부터 DNA를 합성하는 바이러스를 역전사 바이러스(retrovirus)라고 한다.

---

4) 'phage'의 어원은 라틴어 '먹는다'는 뜻의 'phagein'

바이러스의 절대적 기생 특성 때문에 많은 종류의 생물이 바이러스에 의해 감염된다. 인간에게 발병하는 바이러스성 질병은 수백 종에 달하며 그중 흔한 것으로서는 감기, 인플루엔자, 간염, 천연두, 풍진, 소아마비, 수두, AIDS(Acquired Immune Deficiency Syndrome) 등이 있다.

□ AIDS

AIDS는 후천성 면역 결핍증이고 하며 이를 일으키는 바이러스는 HIV (Human Immunodeficiency Virus)라고 하는 역전사 바이러스의 일종이다. 이 바이러스는 T림프구를 선택적으로 공격한다. T림프구는 암이나 병원균의 침입에 대해 면역 반응을 시작하는 데 중요한 역할을 하는데, 만일 HIV에 감염되면 면역 체계가 붕괴되므로 여러 가지 다른 질병에 감염될 확률이 높아진다.

분류와 명명

일반적인 생물 분류의 기준은 생물 사이의 유연 관계이다. 그에 따른 분류의 결과는 여러 단계로 나타내어진다. 관례에 따라 상위에 있는 분류 단계일수록 포함하고 있는 생물의 종류가 많아진다.

분류 단계는 가장 하위의 종(Species)으로부터, 속(Genus), 과(Family), 목(Order), 강(Class), 문(Phylum)[5], 계(Kingdom)의 7단계가 있다. 더 세부적인 단계가 필요할 때에는 각 단계의 하위 세부 단계로 아(Sub), 상위 세부 단계로 상(Super)이라고 하는 접두사를 덧붙여 사용한다.

각 분류 단계에 대한 절대적인 정의는 없으나 상위 단계일수록 정의가 단순하기 때문에 분류에 대한 이견이 작아지는 경향이 있다. 중간 단계는 상위 단계의 정의를 포함하고 약간 세부적인 특성을 가지는 것으로 정의된다. 따라서 하위로 내려 갈수록 정의가 복잡해지며 이견이 있을 소지도 커진다. 결국 가장 하위 단계인 종에 대한 정의는 학자에 따라 다양하지만 대체로 종은 형태적 특징과 생활형이 같은 무리로서 무리 내의 개체 사이에서 생식을 할 수 있으며 그에 따라 발생한 자손도 같은 생식 능력을 가지는 경우라고 보고 있다.

린네에 의해 최초로 제안된 분류법에서는 모든 생물을 식물과 동물의 2가지의 가장 큰 분류 단위로 나눌 수 있는 것으로 가정하였으나 미생물이 발견된 후로는 분류 단위를 새로 조정하게 되었다. 이에 따라 현재에는 모든 생물을 5개의 가장 큰 분류 단위인 원핵 생물계(Kingdom Monera), 원

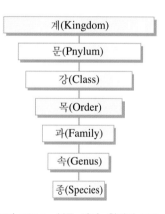

그림 12.14 분류 단계. 현대의 표준적인 분류는 종, 속, 과, 목, 강, 문, 계의 7단계를 사용한다.

5) 식물일 경우에는 'Division'을 사용

표 11.2 생물의 분류

계	분류 기준	생 물
원핵 생물	원핵, 단세포, 세포벽	폐렴균, 대장균, 장티푸스균, 콜레라균, 염주말
원생 생물	진핵, 조직 및 기관 없음	김, 미역, 클로렐라, 아메바, 유글레나, 짚신벌레, 유공충, 말라리아 병원충
균	진핵, 균사, 종속 영양	푸른곰팡이, 효모, 버섯
식물	진핵, 다세포, 셀룰로오스 세포벽, 광합성	솔이끼, 쇠뜨기, 고사리, 소나무, 벼, 옥수수, 백합, 장미, 콩, 감자
동물	진핵, 다세포, 운동성, 종속 영양	해파리, 말미잘, 플라나리아, 회충, 오징어, 조개, 소라, 메뚜기, 거미, 지네, 불가사리, 우렁쉥이, 먹장어, 상어, 붕어, 개구리, 거북, 비둘기, 사람

생 생물계(Kingdom Protista), 균계(Kingdom Fungi), 식물계(Kingdom Plantae), 동물계(Kingdom Animalia)로 나눈다.

원핵 생물은 지구상에서 가장 오랫동안 존재해온 생물로서 핵막이 없고 세포 내 소기관이 많지 않아 구조가 간단하다. 세포벽이 있어 형태가 유지되지만 진핵 생물의 세포벽과는 다르다. 단세포 생물이지만 세포들이 모인 군체를 형성하기도 한다. $1 \sim 5 \mu m$ 정도의 크기를 가진 결핵, 폐렴, 페스트, 장티푸스, 콜레라, 이질 등을 일으키는 각종 세균, 김치, 된장, 요구르트 발효를 일으키는 유산균, 공중 질소를 고정하는 아조토박터(azotobacter), 황세균, 철세균 등과 염주말, 흔들말과 같은 남조류가 포함된다. 큰 남조류는 다세포로 보이지만 실제로는 세포의 군체로 존재하는 것이다. 하천, 호수, 연안의 물이 녹색으로 변화하는 녹조 현상은 주로 남조류의 과다 번식에 의해 발생한다.

원생 생물은 동물이나 식물로 분화가 완전히 되지 못한 하등의 생물로서 주로 단세포이지만 다세포도 있다. 진핵 생물이며 세포 내에는 각종 소기관들이 있으므로 원핵 생물보다는 진화한 형태이지만 분화된 조직이나 기관은 없다. 말라리아 병원충, 짚신벌레, 식물성 플랑크톤, 미역, 다시마, 파래 등을 포함하고 있다.

균류는 균사로 이루어진 생물로 세포벽은 있으나 엽록체가 없어서 종속 영양 생활을 한다. 진핵 생물이며 단세포의 효모, 다세포인 곰팡이류(mold)[6]를 포함하고 있다. 이 중에서 효모는 주로 이분법으로 번식하나 곰팡이류는 포자(spore)[7]로 번식한다. 각종 버섯과 무좀균이 여기에 속한다.

식물은 셀룰로오스 세포벽을 가진 다세포 진핵 생물로서 광합성을 하는

---

6) 균사(hypha)를 가지고 있으며 포자로 번식하는 다세포 종속영양의 진핵 생물
7) 모체 일부에서 무성적으로 만든 생식세포. 꽃이 피지 않는 식물은 대개 이 방법으로 생식

육상 생물을 의미한다. 엽록체로서 광합성을 하기 때문에 독립 영양 생물이며 이끼, 고사리, 소나무, 장미, 잔디 등이 포함되어 있다.

동물은 다세포 진핵 생물로서 소화 기관과 생식 기관 등과 같은 조직적인 구조를 가지고 있으며 이동할 수 있는 종속 영양 생물이다. 우렁, 개구리, 지렁이, 사람, 고양이, 잠자리, 바퀴벌레, 비둘기 등이 여기에 속한다.

생물은 보통 가장 하위 단계인 속명과 종명을 차례로 쓰는 이명법으로 표기된다. 예를 들면 현대인은 *Homo sapiens* 혹은 약자로는 *H. sapiens*로 표기된다. 관례적으로 이탤릭체로 쓰였음을 주의하라.

□ **인간의 분류**

완전히 분류된 종은 계명부터 종명까지 7개의 분류 이름을 차례로 가지게 된다. 예를 들어 현대인은 동물계(Kingdom Animlia) 척삭동물문(Phylum Chordata) 포유류강(Class Mammalia) 영장류목(Order Primates) 인류과(Family Hominidae) 인류속(Genus Homo) 사피엔스종(Species Sapiens)으로 분류된다. 여기서 척삭동물문에는 어류, 조류, 파충류, 포유류와 같이 척추를 가지고 있는 동물이 포함되고 그중에서 포유류강은 태반으로 출생하는 동물의 집단이다. 영장류는 포유류 중에서 원숭이나 사람과 같이 지능을 가진 동물이다. 인류과 인류속 사피엔스종은 인류에 국한된 분류이며 현존하는 1종을 제외한 나머지는 모두 화석 인류로서 멸종하여 존재하지 않는다.

계통수와 진화 관계

생물학에서는 모든 생물은 공통 조상을 가지며 그로부터 오랜 세월에 걸쳐 여러 갈래로 나누어지고 진화하여 현재와 같이 다양한 생물이 존재하게 되었다고 본다. 그 공통 조상인 최초의 생물을 시원 생물(protobiont)이라고 부른다.

생명체 무리 사이의 유연 관계, 파생 관계, 진화의 역사를 나뭇가지처럼 나타낸 그림이 계통수(phylogenetic tree)이며 다양한 생명체 무리들의 상호 관계를 계통적으로 표시한 것으로서 무리 간의 관계를 쉽게 이해할 수 있게 해준다. 따라서 계통수는 시원 생물이 어떤 과정을 거쳐서 현재의 다양한 생물의 종들로 진화해왔는가를 보여준다. 그러나 일부 생물 종들의 갈래에 대하여 학자 사이에 의견이 완전히 일치되지 않은 부분이 있기도 하다.

그림 12.15 계통수. 시원 생물로부터 여러 가지로 생물이 진화되어 나오는 모습을 보여준다.

참고문헌

1. Robert A. Wallace 외(이광웅 외 역), 생명과학의 이해, 을유문화사
2. Lehninger 외(채범석 역), 생화학, 서울외국서적
3. Stryer(박인원 역), 생화학, 서울외국서적
4. J. McMurry(경석헌 외), 유기화학, 자유아카데미
5. 주충로, 생명과학의 현대적 이해, 연세대학교 출판부
6. 이영록, 생명의 기원과 진화, 고려대학교 출판부
7. 박인원, 생명의 기원, 서울대학교 출판부
8. McMurry(경석헌 외 역), 유기화학, 자유아카데미
9. 강만식 외, 현대생물학, 교학연구사

생명의 기원과 진화

현대의 과학적 이론은 원시 지구에서 물질과 에너지의 상호 작용에 의해서 생명이 만들어졌다고 설명한다. 이렇게 태어난 원시적 생명은 진화에 의해서 다양하고 복잡한 구조로 변화해서 현재의 모습으로 되었다.

13.1 생명의 발생과 기원론

신화와 종교에서 흔히 찾아볼 수 있는 창조론에 의하면 생물은 초능력을 가진 신에 의해서 창조되며, 대부분 흙과 같은 무기물로 만들어진 생물의 형태가 과학 법칙을 초월한 과정으로 생명을 가지게 되는 것으로 설명하고 있다. 창조론은 과학 법칙으로 설명할 수 없는 과정에 의해 생물이 창조되는 것으로 보기 때문에 과학의 대상이 될 수 없다.

반대로 과학적 생명의 기원론은 이미 알려져 있는 자연의 법칙으로 물질과 에너지의 상호 작용으로부터 원시적 생물이 만들어진 다음 그렇게 태어난 생물이 진화에 의해서 다양하고 복잡한 구조로 변화해 나가는 것으로 설명하고 있다.

자연 발생설과 생물 속생설

무생물로부터 생물이 발생한다는, 이른바 자연 발생설의 역사는 고대 그리스의 아리스토텔레스로부터 시작하며, 그 이후 중세의 성 토마스 아퀴나스(St. Thomas Aquinas, 1225~1274), 근대의 하비, 심지어는 뉴턴까지도 자연 발생설을 지지하였다.

자연 발생설은 초자연적인 힘을 빌지 않고 생명이 발생한다고 보았기 때문에 미신적이라든가 종교적인 관점의 기원론은 아니라고 볼 수 있지만 생명의 발생 과정에 대한 구체적인 방법을 밝히지 않았다는 측면에서 일종의 미완성 이론이라고 볼 수 있다.

자연 발생설에 반대하여 헉슬리(Thomas Huxley, 1825~1895) 등은 생물은 오로지 다른 생물로부터만 태어난다는, 이른바 생명 속생설을 주장하였다. 이에 의하면 생명은 연속이며 결코 무생물로부터 새로운 생물이 태어나는 법은 없다. 자연 발생설은 1864년 파스퇴르의 실험에 의해 완전하게 부정되었으며 결코 무생물로부터는 생물이 발생하지 않는다는 사실이 입증되었다.

한편 자연 발생설의 부정은 새로운 문제를 낳게 되었다. 자연 발생이 아니라면 최초의 생물은 어떻게 하여 지구에 나타나게 된 것인가에 대한 의문이 제기되는 것이다. 이에 대한 해답의 한 가지로, 화학자인 아레니우스(Svante Arrhenius, 1859~1927)는 포자 범재설을 제안하였다. 이에 의하면 생명의 씨앗과 같은 것이 우주로부터 지구에 날아와 진화하여 현재의 생물로 되었다고 한다. 그러나 그러한 생명의 씨앗이 어떻게 높은 에너지의 복사가 가득 찬 우주에서 장거리 여행을 견디어 낼 수 있었는지 설명을

그림 13.1 포자 범재설. 우주로부터 날아온 생명의 씨앗이 지구 생명의 기원이 되었다는 가설이다.

필요로 할 뿐만 아니라 궁극적으로 해결되어야 할 생명의 기원 문제를 우주의 다른 곳으로 옮겨 놓는 것에 지나지 않는 것으로 보인다.

비과학적 기원론

19세기 베르셀리우스(Jons J. Berzelius, 1779~1848) 등에 의해서 주장된 생기론은 생물은 생물을 구성하고 있는 물질적 구성단위 외에도, 정의할 수도 없고 측정할 수도 없는 생명력을 가지고 있으며 생물은 이 생명력에 의해서 생존한다고 보았다. 따라서 무생물을 지배하는 법칙과 생물에 적용되는 법칙은 서로 다르고 유기물은 오로지 생물에 의해서만 만들어질 수 있다고 하였다. 생기론적 생명의 기원도 생명력을 과학적으로 정의할 수 없으므로 과학의 대상이 되지 않는다.

많은 종교에서는 생물을 신의 지적 고안의 결과라고 본다. 그러면 생물은 신의 의지와 목적에 의해서 인간의 능력이 미칠 수 없는 고도의 기술로써 창조된 것이다. 이와 같이 창조론자들은 생물이 복잡하면서도 고도로 조직화되어 있다는 점으로부터 생물은 자연적인 결과나 인간의 조작으로서는 결코 만들어질 수 없으며 오직 초능력을 가진 신의 지혜에 의해서만 창조될 수 있다고 생각한다.

유물론적 기원론

과학적 유물론[1]은 자연현상을 자연의 법칙으로 모두 설명할 수 있다는

---

1) 'naturalism'이라고도 한다.

믿음이다. 이에 따르면 생물도 자연의 일부이므로 자연 법칙의 적용 대상일 뿐 그 이상도 그 이하도 아니다. 따라서 유물론은 적당한 조건이 주어지면 생물은 발생할 수 있다는 점을 부인하지 않는다.

일반적인 물질뿐만 아니라 생물까지도 원자나 분자로 구성되어 있다는 사실이 밝혀졌고 뉴턴 역학의 성공에 힘입어 우주의 모든 것이 원자나 분자에 적용되는 과학 법칙에 따라 변화한다고 보는 기계론적인 관점이 출현하였다. 이에 의하면 생물은 원자와 분자로 구성되어 있으므로 생명 현상까지도 이들 원자와 분자를 지배하는 법칙에 의해서 설명될 수 있으며, 생물에서 일어나는 모든 현상이 나머지 무생물에 대해서 일어나는 일반적인 현상과 다를 것이 없게 된다.

기계론적 관점에 따르면 생물은 원자와 분자로 이루어져 있으므로 그들을 운 좋게 잘 결합시켜 생물의 형체를 이루게 할 수도 있으며, 일단 생물의 모습으로 조합되면 그 이후로는 과학 법칙에 의하여 기계와 같이 활동을 시작해야 할 것이다. 그러나 수많은 원자와 분자들이 어느 순간 결합하여 복잡한 생물을 이룰 수 있는 확률이 얼마나 있는가 하는 의문에는 설득력을 잃고 만다.

생명의 기원에 대한 유물론적 관점 중에서 가장 구체적으로 생명의 기원을 설명하는 것이 화학적 발생론이다. 이에 의하면 생물과는 관계가 없는 화학 반응에 의해 무기물로부터 간단한 유기물들이 만들어진 다음에 점점 복잡한 형태의 유기물로 변화하는 과정에서 생물이 발생하였다고 한다. 우주의 긴 역사에 비추어 이와 같은 물질의 진화에 의한 생명의 발생은 필연적이었다는 견해이다.

▫ 자연 발생설과 화학적 발생론

자연 발생설도 무생물로부터 생물이 발생한다고 본다. 따라서 큰 틀에서 보면 생물의 화학적 발생론은 자연 발생설의 속편인 셈이다. 그러나 자연 발생설에서 생물의 탄생 과정에 대한 구체적인 설명이 결여되어있는 것과는 대조적으로 화학적 발생론은 물리·화학적 법칙에 따라서 생물의 발생 과정을 합리적으로 설명하는 점에서 다르다. 물론 현대의 화학적 발생론도 생물의 발생에 대한 가능성만 제시할 뿐 전체 과정을 모두 설명하고 있는 것은 아니다.

13.2 화학적 진화

물질의 진화에 의한 생물의 발생 과정을 추적하기 위해서는 먼저 원시 대기의 조성과 물질의 결합에 필요한 에너지원에 대한 설명이 필요하고, 우리가 알고 있는 물리 · 화학적 지식으로 생물에 필요한 유기물이 어떻게 합성되었는지 설명하여야 한다. 또한 불안정한 원시 생물이 진화에 의해서 안정한 상태로 변해가는 과정에 대한 이해도 필요하다.

□ 오파린의 가설

생명의 기원에 대한 최초의 체계적인 화학적 기원론은 오파린(Aleksandr Ivanovich Oparin, 1894~1980)에 의해 제안되었다. 오파린은 그의 저서 '생명의 기원'에서 생명도 물질과 다를 것이 없으므로 물질의 화학적 진화에 의해서 생명이 태어난다는, 이른바 생명의 화학적 기원을 주장하였다.

46억 년 전에 태어난 원시 지구는 매우 뜨거웠으며 대기 중에는 산소가 별로 없는 대신에 우주에 가장 많은 원소인 수소가 포함된 물질인 메테인, 암모니아, 물과 같은 수소 화합물이 많이 있었다. 원시 대기를 구성하는 그러한 물질로부터 열, 자외선, 번개의 에너지 등에 의하여 간단한 유기물이 만들어지고 기온이 100°C 이하로 내려가면 대기 중의 유기물을 녹인 뜨거운 비가 내려 지표에 군데군데 모이게 되었다. 결과적으로 지표면의 여러 곳에 유기물을 함유한 호수나 바다가 형성되었으며 이를 원시 수프 (primordial soup)라고 한다.

원시 수프에는 처음에는 대기 중에 있던 유기물만 존재하였으나 이들의 화학적 반응에 의해 생성된 복잡한 유기물의 양이 점점 늘어나게 되었다. 그 중에는 아미노산도 있었으며 아미노산은 중합 반응을 거쳐 마침내 단백질과 같은 거대한 분자로 되었다.

물에 녹은 단백질 분자는 콜로이드 입자를 형성하며 그 주위로 물 분자 층이 둘러싸게 되었다. 이를 코아세르베이트(coacervate)[2]라고 한다.

□ 콜로이드

수용액 속에서 용질(녹아 있는 물질)이 물 분자와 수소 결합을 하여 가라앉지 않고 물 분자 사이에 떠 있는 용액을 콜로이드 용액이라 한다. 아교, 녹말, 단백질과 같이 물속에서 확산 속도가 대단히 작은 분자들이 그러한 상태가 된다. 용질 사이의 거리에 따라 졸 혹은 겔 상태로 불린다.

---

2) 라틴어로 '같이 쌓다'는 의미

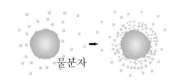

물분자

그림 13.2 코아세르베이트. 단백질이 물 분자의 막으로 둘러싸여 마치 생물의 세포막과 같은 모습을 연상시킨다.

코아세르베이트는 서로 합쳐지거나 물 분자의 막을 통하여 외부와 물질을 교환하여 성장하거나 분열도 하였다. 코아세르베이트의 물 분자 막은 주위의 다른 유기물과 결합하여 차츰 반투성의 막으로 되었다. 이 막에 의해서 특정 물질만 선택적으로 코아세르베이트 안으로 들어갈 수 있었다. 따라서 외부에서는 농도가 묽어서 일어날 수 없는 반응도 내부에서는 가능해졌다.

코아세르베이트는 무생물적으로 생성된 분자들의 집합이지만 물 분자의 막으로 둘러싸여져 외부 환경과 구별되며 부분적으로 물질 대사를 하는 등 세포와 닮은 점을 가지고 있기 때문에 이를 원시 세포 혹은 시원 생물이라고 한다. 원시 세포는 화학적 진화와 생물학적 진화의 경계에 있는 생물이라고 할 수 있다.

코아세르베이트 중에서 자신에게 유리한 방향으로 작용하는 화학 반응을 일으키는 것들만 생존할 수 있었다. 특히 유기물의 고갈이 일어난 후에는 원래 존재하던 유기물에 의존하지 않고 자신이 필요로 하는 물질을 합성할 수 있는 반응 경로를 발달시킨 코아세르베이트만 살아남을 수 있게 되었다.

코아세르베이트의 장기적인 진화에는 단순한 성장뿐만 아니라 복제 기구의 발현을 필요로 하였다. 코아세르베이트의 주성분은 단백질이지만 형성 당시에 흡수한 핵산, 탄수화물 등 다른 물질도 포함되어 있었다. 이들 물질은 내부의 화학 반응에서 얻어진 에너지와 촉매의 작용에 의해 복제 능력을 갖춘 유전 물질로 진화하였다.

리포좀 가설

코아세르베이트는 단백질과 물 분자의 막으로 형성된 것이다. 이에 반해 원시 수프 속의 인지질이 막을 형성하였다는 가설이 제기되었다.[3]

인지질은 한쪽 끝은 친수성, 반대쪽은 소수성의 성질을 가지고 있는 분자로서 물속에서 횡으로 나란하게 정렬하여 친수성 끝은 수용액 쪽을 향하는 구형의 막을 형성하게 된다. 이렇게 단백질 주위로 인지질의 막이 둘러싼 것을 리포좀(liposome)이라고 하며 이 리포좀을 원시 세포로 보는 것이 리포좀 가설의 핵심이다. 현존하는 생물의 세포막도 인지질로 이루어져 있다는 사실이 리포좀 가설이 제안되게 한 근거 중의 하나다.

---

3) 모로위치(Harold Morowitz) 등이 제안하였다.

마이크로스피어 가설

환원성 기체로부터 간단한 유기물과 아미노산을 만드는 것은 어렵지 않게 일어나는 일이지만 실제로 아미노산이 단백질로 되는 과정은 그렇게 간단하지는 않다. 단백질을 만들기 위해서는 많은 수의 아미노산이 적절한 순서에 따라 중합되어야 하기 때문이다.

단백질의 합성 과정에 대해서 오파린은 분명하게 밝히고 있지는 않다. 이에 대해 폭스(Sidney Fox, 1912~)는 아미노산의 혼합체를 120~200℃의 온도에서 가열하면 단백질과 비슷한 유사 단백질(protenoid)이 생성되고, 이를 냉각시키면 마이크로미터 규모의 구형으로 뭉쳐지는 성질로부터 이 구형의 작은 유사 단백질 덩어리를 마이크로스피어(microsphere)라고 부르고 몇 가지 성질이 세포와 흡사한 점이 많다는 사실을 근거로 그것이 원시 세포였을 것이라는 마이크로스피어 가설을 주장하였다.

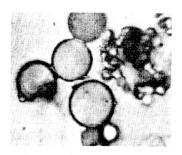

그림 13.3 **마이크로스피어.** 아미노산을 가열하여 만들어진 유사 단백질이 뭉친 것으로 세포와 유사한 기능이 있다.

밀러-유레이 실험

1951년 대학원학생 밀러(Stanley Miller, 1930~)는 그의 스승인 유레이(Harold Urey, 1893~1981)의 제안에 따라 메테인, 암모니아, 수증기, 수소의 혼합 기체 속에서 약 60,000 볼트의 고압으로 전기 방전이 일어나도록 하였다. 실험에 앞서 유레이는 원시 지구의 대기에서 가장 많았던 성분들은 지금의 목성의 대기와 비슷한 수소, 헬륨, 메테인, 암모니아, 황화수소, 수증기였으며, 이산화탄소는 석회석의 형태로 존재하였을 뿐 대기 중에는 극소량만이 존재하였을 것으로 가정하였다.

실험 결과 여러 가지 아미노산, 특히 생명체의 단백질을 구성하는 일부 아미노산이 검출되었다. 즉 무기물로부터 아미노산과 같은 단백질 합성에 필요한 유기물을 생명체가 아닌 무생체적 방법으로 합성한 것이다.

이 실험은 원시 지구에 존재하던 물질과 에너지로부터 자연적인 과정에 의해서 생명체를 이루는 데 필요한 기본적인 구성단위가 합성될 수 있다는 것을 입증한다. 물론 실험에서 더 복잡한 구조인 단백질이나 핵산이 만들어진 것은 아니지만 충분한 시간이 주어진다면 그러한 개연성이 존재한다는 것을 암시한다고 볼 수 있다. 이 실험은 이후의 다른 유사한 실험이 여러 가지 각도로서 원시 지구에서 생명 탄생의 가능성을 탐사하도록 하는 촉매가 되었다.

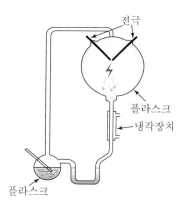

전극
플라스크
냉각장치
플라스크

그림 13.4 **밀러-유레이 실험.** 오파린의 생물의 화학적 기원의 가능성을 시험하기 위한 실험으로, 원시 대기에 전기 방전으로 에너지를 가하여 일부 아미노산을 합성하였다.

13.3 생물학적 진화

지구의 역사는 대략 46억 년이며 화석 연구에 따르면 다세포 생물의 역사는 약 7억 년 전까지만 거슬러 올라간다. 다세포 생물이 출현하기 이전에도 보다 더 간단한 생물이 살고 있었을 것이므로 실제 생명의 역사는 지구의 나이와 맞먹을 정도로 길다고 할 수 있을 것이다. 그러나 최초의 생물인 단세포 원핵 생물과 같이 크기도 작고 몸체가 단단하지 않은 것은 발견이 어렵다. 특히 5억 4천만 년 이전의 암석은 대부분 한 번 이상 가열된 경험을 가지고 있으므로 더욱더 생물의 흔적이 남아 있기가 힘들다. 이 때문에 고대 암석을 화학적으로 분석하고 현미경으로 관찰하여 최초 생물의 흔적을 찾아내고, 화석 자료와 분자 생물학[4]적 방법으로 기나긴 생물학적 진화 과정을 추적한다.

최초의 생물

그림 13.5 스트로마톨라이트. 오스트레일리아의 샤크 베이(shark bay)에 현재 생존하고 있는 세균과 침전물이 차례로 층을 이룬 것이다.

오스트레일리아에서는 35억 년 전의 생물로서 현재의 남조류와 흡사한 생물의 미화석(microfossil)[5]이 발견되었다. 이 화석은 세균과 침전물이 차례로 층을 이룬, 이른바 스트로마톨라이트(stromatolite)의 형태를 이루고 있다. 스트로마톨라이트는 지금도 염도가 높은 해안 근처의 일부 지역[6]에서 생존하고 있으며 남조류와 홍조류(red algae)[7] 등의 군집과 석회석이 차례로 층을 형성한 것이다. 따라서 당시의 환경도 이와 비슷했던 것으로 추정할 수 있다. 화석의 남조류는 광합성을 하는 단세포 생물이며 우리 인간을 포함한 현존하는 모든 생물의 공통 조상인 것으로 보인다. 이와 같이 35억 년 전의 지구에는 이미 광합성을 하는 미생물이 살고 있었으므로 생명의 역사는 이보다 훨씬 더 거슬러 올라가야 할 것이다.

지구에서 생명이 존재할 수 있었던 가장 빠른 시간은 다른 천체들과의 충돌 횟수가 현저히 줄어든 39억 년 전으로 추정된다. 당시의 지상에서는 고온에 의해서 생성된 생물이 파괴되었어도 심해에서는 살아남을 수 있었을 것이다.

원시 해양에서 발생한 최초의 생물은 간단한 구조의 원핵 생물의 일종

---

4) 분자 수준에서 생명을 연구하는 생물학의 세부 분야
5) 현미경으로 확인할 수 있는 생명의 흔적
6) 오스트레일리아의 샤크 베이(Shark Bay)
7) 색소인 'phycoerythrin'을 가지고 있어서 붉은색이 나는 조류로서 붉은 빛을 반사하고 푸른 빛을 흡수하여 광합성을 함. 김과 우뭇가사리 등이 있음.

으로서 무기 호흡을 하는 종속 영양 생물이었을 것이다. 즉 최초의 생물은 산소를 필요로 하지 않는 호흡이나 발효에 의해 원시 수프에 다량으로 축적된 유기물을 분해하여 생물에 필요한 에너지를 얻고 있었다. 이 과정에서 발생한 이산화탄소가 대기 속에 축적되기 시작하였으며 원시 해양에는 유기물이 고갈되기 시작하였다. 결국 이러한 환경에 적합한 형태의 생물인 독립 영양 생물이 나타나기 시작하였다.

그림 13.6 **스트로마톨라이트 화석.** 오스트레일리아에서 발견된 것으로 35억 년 전의 화석이다.

호기성 생물의 출현

대기 중의 이산화탄소를 이용하는 독립 영양 생물은 처음에는 주위의 물질을 변화시키는 과정에서 에너지를 얻었으나, 이러한 물질이 고갈되자 빛을 이용하여 광합성을 하는 형태의 생물이 출현하게 되었다. 이러한 생물은 엽록체를 가지고 있었다.

최초의 광합성 생물은 현재의 녹색 유황 세균이나 홍색 유황 세균처럼 유기물을 합성하는 데 필요한 수소를 물이 아닌 수소 분자나 황화수소로부터 얻었기 때문에 산소를 방출하지 않았다. 오히려 이들은 산소가 있는 곳에서는 살 수 없는 혐기성 생물이었을 것이다.

수소와 황화수소는 곧 고갈되었기 때문에 35억 년 전부터는 이들 대신에 물을 사용하는 남조류와 비슷한 생물이 나타나기 시작하였다. 물을 사용한 광합성의 부산물은 산소였다. 처음에는 발생한 산소가 철과 반응하여 녹으로 저장되었으나 결국에는 대기 속에 축적되기 시작하였다. 이에 따라 20억 년 전에는 대기 중의 산소의 농도가 상당한 수준에 도달하였고 이를 이용하여 유기 호흡을 하는 생물이 출현하게 되었다. 무기 호흡에 비해 유기 호흡이 훨씬 더 효율적이므로 고등 동물이 탄생할 수 있는 계기가 된 것이다. 이들 고등 동물은 이산화탄소를 발생하였다. 이렇게 하여 산소와 이산화탄소의 수급이 평형상태를 이루는 생물계가 성립되었다.

진핵 생물의 출현

대부분의 진핵 생물은 유사 분열을 하며 유사 분열은 산소가 없이는 진행될 수 없다. 따라서 원핵 생물보다 복잡한 구조의 진핵 생물이 태어나서 진화가 가속된 것은 당연히 대기 중의 산소 농도가 안정한 상태로 된 이후에 일어난 일이다.

세포의 크기, 핵, 유사 분열의 증거 등을 근거로 현재까지 발견된 가장 오래된 진핵 생물은 오스트레일리아에서 발견된 15억 년 전의 화석 생물

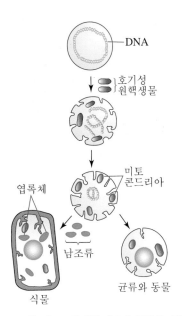

그림 13.7 단계적 세포내 공생설. 몇 종류의 원핵 생물들이 공생 관계를 이루어 식물, 동물과 같은 진핵 생물로 진화했다고 보는 이론이다.

그림 13.8 삼엽충의 화석. 고생대에 번성한 해양 생물이다.

이다. 그러므로 진핵 생물은 그보다 이른 시기에 출현했다.

진핵 생물의 세포는 원핵 생물에는 없는 엽록체와 미토콘드리아와 같은 소기관 등이 있어 복잡한 구조를 가지고 있다. 처음에는 한 원핵 생물 내에서 이러한 기관들이 분화하여 진핵 생물이 되었다고 보았으나 최근에는 둘 이상의 서로 다른 종류의 원핵 생물이 일련의 공생 관계를 이루어 진화하였다는 단계적 세포내 공생설이 지배적인 견해로 되었다.

이 학설에 의하면, 먼저 글루코오스를 분해하는 대사 능력을 가진 원핵 생물에게 잡아먹힌 호기성 원핵 생물이 미토콘드리아로 변하여 공생체를 이룬 다음, 산소 분위기에 적응하게 되어 진핵 생물의 원조가 되었으며 이 공생체는 균류와 동물로 진화하였다. 한편 공생체 중에서 어떤 것은 또다시 엽록체를 가진 남조류와 공생하여 조류와 식물로 진화하였다.

다세포 생물의 출현

최초의 생물은 단세포였다. 그러나 오랜 진화의 결과 다세포 생물이 나타났다. 남부 오스트레일리아에서는 약 7억 년 전에 살았던 원시적인 다세포 동물의 화석 30여 종이 발견되었다. 따라서 다세포 생물의 역사는 7억 년 이상이라고 할 수 있다.

생물의 역사 39억 년 중에서 단세포 생물의 역사가 32억 년이고 나머지 불과 7억 년이 다세포 생물이 활동하는 시간이다. 그만큼 다세포 생물로 진화하기가 어려웠던 것으로 생각된다.

다세포 생물은 6억 년 전에는 다양한 종류로 나타났다. 그들의 대부분은 해파리와 같이 모두 몸이 연하고 간단한 구조를 가진 무척추 해양 동물이었다. 그들의 뒤를 이어 5억 년 전의 해양에는 삼엽충이 번성하였다.

최초의 척추 동물은 5억 년 전에 나타난 턱이 없는 무악 어류(Agnatha)였다. 그 이후 차례로 연골 어류와 경골 어류가 나타났다. 4억 년 전에는 양서류가 나타나서 물과 육상 모두에서 생활하였으며 이후로 육상 동물이 출현하게 되었다. 양서류가 최초로 출현한 시기가 약 4억 년 전이므로 생물은 35억 년 동안 바다 속에서만 산 셈이다.

식물은 바다에 살던 녹조류로부터 진화하여 5억 년 전에 육상으로 진출한 것 같다. 화석 기록과 RNA 구조의 비교에 의하면 고사리와 같은 양치류가 먼저 출현하였다.

4억 년 전 지구상에는 육지 생활을 하는 최초의 생물인 양치류, 곤충류, 양서류 등이 출현하였다. 당시에는 현재 대기의 조성과 비슷할 정도로 산소가 충분했으므로 유기 호흡으로 보다 더 효율적으로 에너지를 사용하여 생물의 생장과 진화가 빠르게 진행될 수 있었다. 이때 포자로 번식하는 양치류는 울창한 삼림을 형성하여 석탄으로 변화하였다.

양치류는 3억 년 전부터 쇠퇴하기 시작하였고 2억 5천만 년 전부터는 종자 식물[8] 중에서 침엽수, 은행나무와 같은 겉씨 식물이 번성하다가 1억 년 전에는 속씨 식물이 갑자기 출현하여 번성하기 시작하였다. 6천만 년 전에는 초본(herbs)까지 출현하였다.

포유류와 영장류의 출현

양서류가 나타나고 수천만 년이 경과한 후인 약 3억 년 전에 파충류와 포유류가 나타났다. 포유류는 파충류로부터 진화한 것으로 보이나 체온이 일정하고 젖으로 새끼를 양육하는 점에서 크게 다르다. 체온이 일정한 것은 기온에 크게 영향을 받지 않고 생존할 수 있는 장점으로 작용한다. 해부학적으로 보면 포유류는 파충류에 비해서 체온 조절을 위한 신경계와 순환계가 발달되어 있으며 태생을 위한 골반 등의 신체 구조도 파충류에 비해서 다르다.

1억 5천만 년 전의 지구에는 여러 종류의 원시 포유류가 여러 대륙에 서식하고 있었다. 이들은 모두 쥐나 고양이 정도의 작은 몸집을 가지고 있었으며 당시 번성하던 공룡 사이에 숨어서 살았던 것으로 짐작된다.

원시 포유류의 대부분은 6,600만 년 전에 파충류와 함께 거의 멸종하였는데 일부가 살아남아 태반을 가진 동물인 태반류가 전 세계를 지배하는 가운데 불완전한 태반을 가진 유대류와 단공류가 각각 캥거루와 오리너구리 등으로 진화하여 일부 지역에만 서식하고 있다. 포유류는 대부분의 파충류가 사라진 이후에 대대적으로 번식과 진화를 하였으며 그 이후 오늘까지의 시기를 '포유류의 시대'라고 한다.

그림 13.9 캥거루. 불완전한 태반을 가지고 있는 유대류로서 주머니에서 미성숙한 새끼가 자란다.

13.4 인류의 진화

화석을 이용한 인류 진화의 연구는 이미 수백 년의 역사를 가지고 있으며 현재는 화석 인류와 현대인의 해부학적 구조 및 단백질이나 DNA와 같은 분자 수준의 유사점과 차이로부터 그 기원과 진화 과정을 밝혀내고 있다. 그러나 화석 자료는 언제나 불완전한 형태로 출토되고 있을 뿐만 아니

---

8) 종자로써 번식하는 식물로서 겉씨 식물과 속씨식물로 나뉨

라 계속 새로운 것들이 발견되어서 과거의 해석이나 분류를 보완하고 때로는 뒤집기도 한다. 따라서 인류의 진정한 계보의 파악은 현재로서는 상당 부분 미완의 상태이며 지속적인 연구 결과에 의해 점차 진실에 접근할 수 있게 될 것이다.

영장류의 출현

포유류의 일원인 영장류(Primates)[9]는 공룡이 사라진 이후인 6,500만 년 전에는 확실하게 모습을 드러낸다. 그들은 지금의 다람쥐와 비슷한 모습으로서 나무 위에서 살았다. 화석의 분포로부터 영장류의 발생 장소는 북아메리카 혹은 북아메리카와 유럽 사이[10]로 추정된다.

그림 13.10 6000만 년 전 영장류의 상상도. 다람쥐와 비슷한 모습의 영장류가 최초로 북미 근처에서 태어났으며 수상 생활을 했다.

이들 중 일부는 3,000만 년 전에 아프리카, 유럽, 아시아 대륙에 퍼져 살다가 지상 생활을 하는 인류과의 동물(Hominidae)과 수상(樹上) 생활을 하는 성성이류(Pongidae), 긴팔원숭이류(Hylobatidae)[11] 등으로 분리되었다. 성성이류와 긴팔원숭이류를 유인원이라고 한다.

이들 중에서 성성이류는 오랑우탄, 고릴라, 침팬지 등의 조상이 되었다. 이들의 신체 구조는 상체와 하체의 비, 뇌의 형태, 치열 등의 면에서 인류과의 동물과는 달랐다. 인류과의 동물은 직립보행에 알맞은 신체 구조를 가지고 있었다. 인류과의 동물과 다른 동물이 분리된 시기는 분자 시계를 이용하여 측정된다. 이에 의하면 약 1,800만 년 전에 긴팔원숭이가 먼저 분리되었으며 그 다음에는 약 1,400만 년 전에 오랑우탄이, 그리고 고릴라가

□ 분자 시계

단백질이나 DNA는 여러 세대에 걸치면서 변이가 발생하며 그 변이 정도를 알면 변이에 걸리는 시간을 추정할 수 있다는 원리를 이용하여 단백질이나 DNA의 구조의 차이를 시간으로 환산하는 기법이다.

유사 계통의 두 생물이 분리된 시간을 화석의 연대로부터 알아낸 다음 두 생물의 단백질이나 DNA의 구조에서 몇 군데가 다른지 분자 생물학적으로 알아낸다. 이로부터 한 개의 변이가 일어나는 데 걸리는 시간을 알 수 있다. 이 값을 다른 유사한 종들 사이에 사용하여 분리된 시간을 측정할 수 있다. 특히 mtDNA[12]의 변이는 핵 DNA보다 5~10배 빠르므로 단기간의 진화를 측정하는 데 좋다.

---

9) 영장은 'primus(으뜸)'이라는 라틴어로부터 유래
10) 당시에는 북아메리카와 유럽이 연결되어 있었음
11) 긴팔원숭이(gibbon)와 주머니긴팔원숭이(siamang)으로 진화
12) 미토콘드리아에 있는 DNA

700만 년 전에 분리되었다. 최종 분리인 사람과 침팬지의 최종 분리는 600만 년 전에 일어난 것으로 추정된다.

그림 13.11 침팬지. 유인원 중에서는 가장 최근인 600만 년 전에 인류와 분리되었다.

원인

인류의 먼 조상이 침팬지로부터 분리된 후 오래 지나지 않은 시기인 약 440만 년 전에 그들이 에티오피아에 살았던 증거가 발견되었다. 440만∼120만 년 전의 시기에 아프리카의 케냐, 에티오피아, 탄자니아 등에 살았던 이들을 원인(猿人), 혹은 오스트랄로피테쿠스(Australopithecus)라고 한다. 오스트랄로피테쿠스는 속명이다.

원인(猿人)의 키는 1.5m 이하이고 뇌의 용적도 450 cm³ 정도로 매우 작았으나 모두 두 발로 보행할 수 있었고 간단한 석기와 나무를 이용할 줄 알았으며 수렵 생활을 하고 있었다. 이들 중 400∼300만 년 전에 에티오피아에 살았던 오스트랄로피테쿠스 아파렌시스(*Australopithecus Afarensis*)가 인류의 직계 조상으로 여겨진다. 이 종의 대표 화석이 바로 루시(Lucy)라고 하는 300만 년 전의 여성의 화석이다.

호모족의 출현

탄자니아에서 원인(猿人)의 자손으로서 약 150∼200만 년 전에 살았던 인류의 조상 화석이 발견되었으며 이를 호모 하빌리스(*Homo habilis*)라고 부른다. 그들의 두개골 용적은 650 cm³ 정도로 작았으나 현대인의 형태와 비슷하였다. 그들은 두 발로 걸으면서도 때에 따라서는 나무를 탄 것으로 추정되며 단순한 형태의 도구를 사용하였다. 비슷한 시기의 호모 루돌펜시스(*Homo rudolfensis*)와 함께 이들은 초기 인류로 분류되며 이들 중 일부가 인류로 진화한 것으로 추정된다.

진화의 역사에서 초기 인류와 현대인의 중간에 위치하는 종인 직립 원인(直立原人) 혹은 호모 에렉투스(*Homo erectus*)[13)]가 200만 년 전에 출현하여 40만 년 전까지 살았다. 초기 호모 에렉투스와 그 이전 인류의 조상은 모두 아프리카에만 살았으나 100만 년 전부터 호모 에렉투스는 아프리카로부터 유럽과 아시아로 퍼져 나갔다. 이들은 완전한 직립보행자였으며 많은 화석과 유물을 남겼다. 중국의 베이징 원인(原人)과 인도네시아의 자바 원인(原人)도 여기에 속한다. 베이징 원인은 40∼50만 년 전에 중국에 살았고 1,075cm³ 정도의 뇌의 용적을 가졌으며 골각기와 불을 사용한 흔적

그림 13.12 호모 에렉투스의 재구성도. 화석 인류가 정말로 현생 인류의 직계 조상인가에 대해서는 의문이 있지만 호모 에렉투스는 인간의 직계 조상으로 취급된다.

---

13) ‘erectus’는 ‘곧바로 선’이라는 뜻의 라틴어

을 남겼다. 자바 원인의 뇌 용적은 860cm³ 정도였다. 이전의 다른 종들이 인류의 직계 조상인가에 대해서는 여러 가지 의문점이 제기되고 있지만 호모 에렉투스는 거의 확실히 인간의 직계 조상으로 간주되고 있다.

현대인의 출현

현대인(Homo sapiens)[14] 바로 이전에 살았던 인류의 방계 조상은 흔히 네안데르탈인(Neanderthals)이라고도 불리는 구인(舊人, *Homo neanderthalensis*)[15]으로, 약 15만 년 전부터 유럽과 서아시아 등의 지역에서 살기 시작했다. 이들의 뇌 용적은 1,580cm³ 정도로 현대인의 1,350cm³ 보다 컸고 추운 기후에 잘 적응할 수 있는 골격을 가져 현대인과는 약간 차이가 있다. 그들은 장사 지내는 습관을 가졌으며, 장식품을 만드는 등 문화 활동도 하였다. 그들은 약 4만 년 전까지 살았으나 그 후 멸종되었다.

DNA 비교에 따르면 네안데르탈인은 현대인과는 상당히 거리가 있어서 현대인의 조상은 아닌 것으로 보는 것이 일반적인 견해이다.

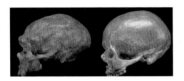

그림 13.13 네안데르탈인과 현대인. 네안데르탈인은 현대인의 조상인 크로마뇽인과 동시대에 살았던 적도 있으나 알 수 없는 이유로 멸종하였다.

□ **네안데르탈인과 현대인**

해부학적으로 네안데르탈인은 현대인의 조상이 아닌 것으로 생각되고 있다. 이는 분자 수준에서도 입증된다. 즉 네안데르탈인의 mtDNA는 현대인에 비교하여 27군데의 차이를 보인 반면 현대인 사이에서 나타난 차이는 8군데이다. 따라서 현대인과 네안데르탈인 사이에는 혼혈이 일어나지 않았다고 생각된다. 인류와 유인원 사이에는 55개의 차이가 나타난다. 핵의 **DNA**를 비교하여도 같은 결론에 도달한다. 그러나 최근에는 네안데르탈인과 현대인 사이에 혼혈이 일어났다는 연구 결과가 발표되었다.

그림 13.14 네안데르탈인의 골각기. 네안데르탈인은 인류의 직계 조상이 아닌 화석 인류 중에서는 가장 최근의 종이다. 이들은 장식품을 제작하고 매장을 하는 풍습도 지녔다.

약 4만 년 전에는 현대인과 동일한 크로마뇽인(Cro-Magnon)으로 대표되는 신인(新人, *Homo sapiens*)이라고 불리는 인류가 나타났다. 구석기 시대에 살던 이들은 벽화를 그리는 등 상당한 예술 수준을 가졌다. 크로마뇽인의 출현은 상당히 급작스러운 것으로 보이며 그 때문에 그들에 의해 네안데르탈인이 모두 제거되었다고 보는 견해도 있다.

해부학적으로 보아 현대인의 직계 조상은 크로마뇽인이 아닌 크로마뇽인과 같은 시대에 살던 다른 신인이었다고 생각된다.

---

14) 'sapiens'는 '현명한'이라는 뜻의 라틴어.

15) 'neanderthalensis'를 아종(subspecies)명으로 보아서 네안데르탈인을 '*Homo sapiens neanderthalensis*'로 표기하기도 함.

현대인의 기원

현대인의 기원에 대해서는 두 가지 이론이 있다. 한 가지는 주로 분자생물학자들이 주목하는 유전학적 근거에 의한 것이고, 나머지 한 가지는 고인류학자들이 주목하는 유전의 지역별 연속성에 근거를 둔 것이다.

아프리카 기원설(Out of Africa Hypothesis)[16]은 10만∼20만 년 전에 1개의 작은 단위로서 고립되어 살고 있던 현대인의 조상이 아프리카로부터 유럽과 아시아로 이주하였고, 이들이 네안데르탈인과 같은 그 이전에 이미 아프리카로부터 이주하여 각 지역에서 진화하여 살고 있던 호모 에렉투스의 자손들을 대체하였다고 본다. 따라서 현대인은 세계 각처에서 동시에 나타났다. 이 견해에 따르면 피부색의 차이와 같은 현대인 사이의 차이는 비교적 최근에 발생한 것이다. 대부분의 증거는 이 가설을 뒷받침한다.

다지역 진화설(Multi-regional Evolution Hypothesis)[17]는 100만∼200만 년 전에 아프리카를 떠난 호모 에렉투스가 세계의 여러 지역에 흩어져 살면서 각자 진화해서 현대인이 되었다고 본다. 결과적으로 지역에 따른 현대인의 해부학적 특성은 각 지역에 살았던 호모 에렉투스로부터 유전되었으며 상당히 긴 시간의 유전과 진화 끝에 지역적인 인종의 차이가 발생했다는 것이다.

결론적으로 아프리카 기원설은 현대인으로의 최종 진화가 아프리카에서 일어났다고 보는 것이고 다지역 진화설은 현대인이 여러 지역에서 동시에 진화하여 나타났다고 보는 것이다. 현재 다지역 진화설보다는 아프리카 기원설이 지배적인 견해이다.

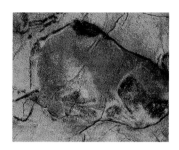

그림 13.15 크로마뇽인의 벽화. 스페인의 알타미라 동굴에 있는 이 벽화는 구석기 시대에 살았던 크로마뇽인의 예술적 소질을 보여주는 예로서 잘 인용된다.

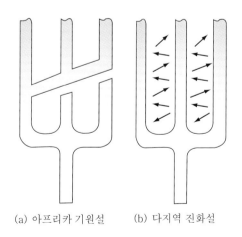

(a) 아프리카 기원설   (b) 다지역 진화설

그림 13.16 현대인의 기원설. (a) 아프리카 기원설은 비교적 최근에 아프리카로부터 이주한 인류의 조상이 전 세계로 퍼져나갔다는 설이고, (b) 다지역 진화설은 인류의 조상이 그보다 훨씬 이전에 전 세계의 여러 지역에서 독립적으로 진화하고 있었다는 설이다.

---

16) 'Single origin model' 혹은 'Eve hypothesis' 라고도 불림
17) 'In-Situ hypothesis' 라고도 불림

어느 견해를 따르더라도 화석 증거에 의하면 10만 년 전까지 여러 지역에 흩어져 살던 호모 에렉투스, 네안데르탈인 등은 4만 년 전까지는 모두 사라지고 크로마뇽인과 같은 신인만 남게 되었다. 그 이후 크로마뇽인이 사라진 시기인 대략 1만 년 전부터 신석기 시대가 도래하고 인류는 역사 시대로 들어오게 되었다.

13.5 진화의 이론

현대에는 창조론자를 제외하고는 진화 자체를 부정하는 사람은 별로 없는 것으로 보인다. 그러나 다윈의 시대에는 당시의 지배적인 견해였던 종의 불변설을 부정하고 합리적인 방법으로 진화를 설명하기는 쉽지 않았다. 이에 다윈은 자연 선택이라는 진화의 기구로서 목적을 효과적으로 달성한 것으로 보인다. 그러나 자연 선택에 의한 진화는 충분히 인정된다고 하더라도 자연 선택 이전에 내세운 여러 가지 전제 조건의 근거가 충분히 제시된 것은 아니었다. 이러한 문제는 현대의 분자생물학에 의해 대부분 해결되었다.

진화의 증거

진화의 증거로는 생물의 지리적 분포, 화석 생물의 지질학적 분포, 비교해부학적 유사성, 발생 과정의 유사성, 계통 분류에 의한 유연 관계, 생화학 혹은 분자생물학적 유연 관계 등을 들 수 있다.

생물의 형질에 어떤 지리적 분포가 있는 경우가 있다. 이것은 주로 지리적 격리에 의하여 일어나는 현상으로서 고립된 장소의 생물은 균일한 형질을 가지는 것을 말한다. 전형적인 예가 갈라파고스(Galapagos)의 핀치(finch)[18]들이다. 갈라파고스 군도의 각 섬의 자연 환경은 조금씩 다르며 이에 따라 섬마다 형질이 조금씩 다른 핀치가 분포하고 있다.

고대의 화석은 지질학적 연대가 다른 여러 지층에 차례로 형성되어 있

□ 갈라파고스

남미의 에쿠아도르로부터 960km 정도 떨어진 태평양상의 군도로서 다윈이 진화론을 생각할 수 있도록 자료를 제공한 곳으로 유명하다.

18) 십자매, 금화조, 문조, 카나리아 등의 새 종류

다. 이것은 연대순으로 생물이 변화해 왔음을 의미하고 있을 뿐만 아니라 비록 멸종한 고대 생물이라도 현존하는 생물과 유사한 점을 가지고 있다는 사실을 확인시켜 준다. 예를 들어 시조새(Archaeopteryx)는 날개에 3개의 발톱이 있고 부리가 없는 등 육식 공룡을 닮은 점이 있기 때문에 파충류가 조류로 진화하는 도중의 동물로 생각된다. 또한 뒷다리가 있는 고래의 화석으로부터 고래가 네발 달린 육상 동물로부터 진화한 것으로 추측할 수 있다.

비교해부학[19]은 거리가 매우 먼 종 사이에도 상동 기관(homologous organ)이라고 불리는 해부학적으로 기능과 모양은 다르나 기본 구조가 동일한 기관이 존재한다는 것을 밝혀내었다. 예를 들어 인간의 팔, 말의 앞다리, 박쥐의 날개, 돌고래의 앞지느러미는 용도는 다르지만 원래 같은 기원을 가지는 기관이다. 이것은 이들 생물이 공통의 기원으로부터 분리되어 진화되어 왔음을 의미한다.

그림 13.17 시조새의 화석. 시조새는 파충류로부터 조류가 진화하는 과정 중의 동물로 생각된다. 진화를 입증하는 자료로 잘 인용된다.

반대로 기원은 달라서 기본 구조가 다르지만 동일한 환경에 적응해 왔기 때문에 기능이나 형태면에서 유사하게 진화한 기관이 존재한다. 이를 상사 기관(analogous organ)이라고 하며 새와 곤충의 날개가 그러한 것이며 완두와 포도의 덩굴손도 그러한 기관이다.

인간의 맹장은 퇴화한 기관이다. 고대 인간의 조상은 식물의 셀룰로오스를 소화하기 위하여 맹장이 필요하였으나 식습관의 변화에 의하여 오랫동안 사용하지 않았기 때문에 흔적만 남아있을 뿐이다. 필요 없는 것이 퇴화한다면 진화도 가능하다.

서로 다른 동물일지라도 발생 초기인 배아에서는 유사한 점이 관찰된다. 예를 들어 조류, 파충류, 어류, 포유류의 발생 단계에서 아가미의 모습을 볼 수 있다. 이것은 이들 생물이 어류와 같은 공통의 조상으로부터 나왔다는 것을 의미하며 헤켈(Haeckel, 1834~1919)이 주장한 '개체의 발생은 계통 발생을 반복한다.' 는 이른바 계통 발생설 또는 진화 재연설의 근거이다.

생물을 유사점에 근거하여 계통적으로 분류할 수 있다. 분류 결과는 계통수로 나타나는데 이것은 실제 생물의 진화 계보를 나타내는 것으로 해석될 수 있다. 예를 들어 개속(Genus Canis)에 속한 코요테(coyote), 개, 늑대의 공통 조상은 상위 단계인 개과(Family Canidae)에 속한 코요테, 붉은 여우, 회색 여우, 개, 늑대의 공통 조상으로부터 분리되었다.

생화학적 분석에 의해서 생물의 단백질을 구성하는 아미노산은 20종이며 거의 모든 생물에서 공통적이지만 단백질은 생물마다 다르다는 사실이

그림 13.18 코요테. 개나 여우와 흡사하다. 이런 부류의 동물은 공통 조상으로부터 유래한 것으로 추정된다.

---

19) 생물체 각 부위의 구조와 기능을 연구하는 생물학의 한 분야

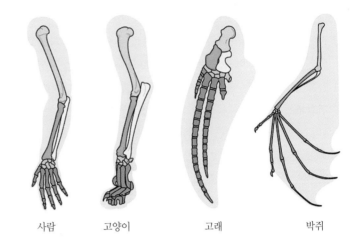

사람　　　　고양이　　　　고래　　　　박쥐

그림 13.19 상동 기관. 동물의 날개, 팔, 다리 등은 원래 같은 기원이었으나 진화에 의해 기능과 모양이 달라졌다.

밝혀졌다. 이로부터 생물 간의 유연 관계의 정도를 알아낼 수 있다. 예를 들어 사람의 혈청에 대해 형성된 토끼의 항체가 각 동물에게 일으키는 항원 항체 반응의 정도가 다르다. 이로부터 동물 간의 유연 관계가 정량화될 수 있다.

분자생물학적으로는 생물의 DNA의 염기서열[20]이나 단백질의 아미노산 서열을 비교하여 유연 관계가 멀수록 염기 서열의 차이가 크다는 사실이 발견되었다. 예를 들어 헤모글로빈을 구성하는 아미노산 서열의 차이로부터 각종 동물 사이의 유연 관계를 조사할 수 있는데 이는 진화 중에 발생한 돌연 변이가 염기 서열에 누적되기 때문이다. 즉 생물이 비록 공통의 조상으로부터 출발하였다고 하더라도 장기간 진화하면 돌연 변이가 축적되므로 유전적 차이가 커지는 것이다.

자연 선택

가축의 품종은 개량될 수 있으며 개량된 가축은 이전의 품종을 대체하여 대량으로 사육되고 있다. 물론 이것은 인공적으로 일어나는 일이지만 자연적으로도 적당한 조건에서는 비슷한 일이 일어날 수 있다고 볼 수 있다. 즉 자연적인 조건에 따라 특정한 형질의 생물이 다른 형질을 가진 생물을 대체하는 자연 선택에 의한 진화가 일어날 수 있다는 것이다.

이와 같이 다윈은 자신의 경험으로부터 자연 선택에 의한 진화가 일어나는데 필요한 몇 가지 요소를 가정하였다.

첫째, 집단[21] 내에서 변이가 일어날 수 있어야 한다. 이것은 집단 내의

---

20) DNA에 포함된 염기들의 순서
21) 개체군 혹은 집단은 서로 교배하거나 교배가 가능한 개체의 무리를 의미

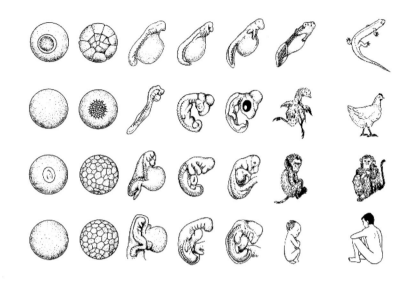

그림 13.20 동물 발생상의 유사점. 동물은 배아와 태아의 단계에서 모두 비슷한 모양이다.

생물 중에서 동일한 것은 하나도 없다는 관찰로부터 얻어진다. 비록 크지는 않더라도 개체 사이에 차이는 분명히 존재한다.

둘째, 변이는 유전된다. 즉 생물은 자손에게 자신의 형질을 전달한다.

셋째, 집단 내 생물은 생존을 위한 경쟁 관계에 있다. 이것은 태어나는 생물의 수가 집단이 처해 있는 환경이 허용하는 한계를 초과하기 때문이다. 결국 생물은 생존을 위해서 환경을 적절히 이용하거나 다른 생물과의 상호 관계에 의하여 생존 가능성을 증대시키려는 노력을 하게 된다.

넷째, 개체 사이에는 형질에 의해 결정되는 환경에 대한 적응 능력의 차이가 존재한다. 이 때문에 적응을 잘 할 수 있는 개체는 살아남아서 그렇지 않은 개체보다 더 많은 수의 자손을 생산할 수 있게 된다.

다윈의 가정은 진화론의 발표 이후 과거 150년 동안 여러 가지 경로로 확인되어 왔으며 이제는 사실로 받아들여지고 있다. 이러한 가정을 받아들이면 결국 자연 선택에 의한 진화가 인정될 수밖에 없다.

▫ 후추 나방과 자연 선택

자연 선택에 의한 진화는 여러 예로써 입증된다. 대표적인 예로써 영국의 산업혁명 전후로 대도시 근처에 살고 있던 후추나방 색상의 비율이 달라진 것을 들 수 있다. 산업혁명 이전에는 짙은 색 나방이 귀하여 수집 품목으로 인기가 있었을 정도였으나 산업혁명 이후에는 반대로 밝은 색의 나방이 귀해졌다. 그것은 산업혁명 당시 공장의 매연이 나무표피를 검게 만들었기 때문에 짙은 색의 나방보다는 밝은 색의 나방이 새와 같은 포식자의 눈에 잘 띄어서 숫자가 줄었기 때문이다.

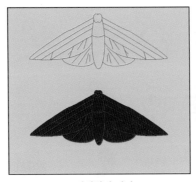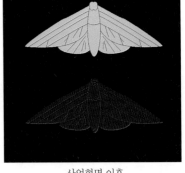

산업혁명 이전　　　　　　산업혁명 이후

그림 13.21 후추 나방과 산업혁명. 산업혁명 전에는 나무 둥치가 밝은 색이었기 때문에 검은 후추 나방이 포식자의 눈에 잘 띄었으나 산업혁명 이후에는 반대로 되었다.

변이와 돌연 변이

현대 유전학에서 보면 유전은 양친이 가진 2벌의 유전자가 무작위로 혼합되어 완전한 1벌의 유전자가 만들어지는 유전자 재조합(gene recombination)[22]에 의해 일어난다. 따라서 유전자의 혼합 정도에 따라서 태어난 자손들은 서로 다른 유전자형(genotype)을 가지게 될 것이다. 이 과정은 각 자손에 독립적이므로 자손들이 서로 다른 유전자형을 가지게 되는 변이가 발생하는 것이다.

> **□ 유전자형과 표현형**
>
> 단순히 DNA 속에 들어있는 유전자에 의해 결정되는 것이 생물의 유전자형이다. 반면에 생물이 외부로 나타내는 것은 표현형이다. 유전자형과 표현형은 반드시 일치하지는 않는다.

자손의 유전자형이 결정되는 과정에서 양친이 가지고 있지 않은 유전자까지 더해지는 경우가 발생한다. 이 경우 자손은 양친의 유전자가 아닌 새로운 유전자를 가지고 태어날 수도 있으며 이 현상이 바로 돌연 변이이다. 따라서 돌연 변이는 보다 더 다양한 변이가 만들어지는 과정인 것이다. 경험에 의하면 돌연 변이가 발생할 확률은 환경에 의해 변화할 수는 있지만 환경이 돌연 변이의 형태까지 만들어 내지는 않는다. 예를 들면 항생제를 남용하였을 때 내성을 가진 세균이 출현한다는 것은 그러한 세균의 숫자가 늘어난다는 것이지 항생제 때문에 그러한 세균이 만들어진다는 것은 아니다.

돌연 변이는 다윈의 점진적 진화에 반하여 상당히 큰 변화로서 드브리스

---

22) DNA 속으로 외래 유전자가 짜여져 들어가는 과정. 제14장 참조

가 제안한 진화의 중심 기구이다. 비록 드브리스가 관찰한 것이 현대적 개념의 돌연 변이가 아닌 것으로 판정이 났지만 돌연 변이는 실제로 존재한다는 사실이 1910년에 모건(Thomas H. Morgan, 1866~1945)에 의하여 초파리를 사용한 실험에서 확인되었다. 더 나아가 밀러(Hermann J. Muller, 1890~1967)는 초파리에 X선을 쪼여서 인공적으로 돌연 변이를 발생시키기까지 하였다.

그림 13.22 **모건.** 초파리에서 돌연 변이가 발생한다는 사실을 확인하였다.

집단 유전학과 현대적 종합 이론

1900년대 전반에는 통계적인 방법으로 진화 과정을 설명하는 생물학의 새로운 분야인 집단 유전학(population genetics)이 성립하였다. 이 방법은 진화를 집단이 가진 유전자형의 빈도가 바뀌는 현상으로 인식하고 진화의 과정을 수학적 모형으로 만들어서 통계적으로 설명하는 것이다.[23]

집단 유전학의 관점에서는 집단은 개체들이 가지고 있는 모든 유전자의 종류를 모은 유전자 풀(gene pool)을 형성하고 있는 것으로 본다. 교배에 의하여 유전자풀 내의 유전자는 재조합되어서 다음 세대로 전달되는데 유전자풀에는 대립 유전자(allele)[24]들이 존재하므로 다음 세대에는 변이가 출현할 수 있다. 또한 돌연 변이는 이 유전자풀에 새로운 대립 유전자를 더해주는 역할을 한다. 그러면 더욱 다양한 유전자형이 출현할 수 있다. 자연 선택은 그 중에서 가장 적합한 표현형(phenotype)을 찾아낸다. 자연 선택은 표현형에 작용하나 그 결과는 유전자풀의 대립 유전자의 빈도를 변화시키게 된다. 이와 같이 집단 유전학은 자연 선택에 의한 진화 과정을 집단 내의 대립 유전자의 빈도를 변화시키는 과정으로 기술한다.

1900년대 중반에는 진화의 기구와 과정에 대해서 집단 유전학을 포함한 지금까지 알려진 모든 요소를 합성한 이론인, 이른바 현대적 종합 이론이 제안되었다. 이에 의하면 진화는 궁극적으로 집단에서 표현형의 분포가 변동하는 현상이며, 이는 돌연 변이에 의해서 나타난 새로운 표현형을 가지는 변종에 대해서 유전자 부동(genetic drift), 격리, 자연 선택이 작용하여 일어나게 되는 것이다. 또한 종의 분화는 집단이 고립된 상태로 진화를 해왔기 때문에 발생하고 이러한 과정이 장기간 지속되면 더 높은 분류 수

---

23) 피셔(R.A. Fisher, 1890~1962), 라이트(Sewall Wright, 1889~1988), 할데인(J.B.S. Haldane, 1892~1964) 등의 업적

24) DNA의 특정한 자리에 위치할 수 있는 다른 유전자. 즉 DNA의 특정한 유전자를 대체할 수 있는 다른 유전자

준의 변화까지도 초래하게 된다고 본다.[25]

□ 유전자 부동

통계적 관점에서 보면 진화는 자연 선택과 같이 어떤 방향성을 가지는 기구뿐만 아니라 우연히 무지향적인 원인으로 일어나기도 한다. 이를 유전자 부동(遺傳子浮動)이라고 한다. 유전자 부동의 배경에는 자손의 유전자형을 결정하는 유전자 재조합 과정이 있다. 유전자 재조합에서 어떤 대립 유전자가 전달되는지는 확률적이다. 따라서 집단 내의 대립 유전자의 빈도가 세대마다 달라지는 현상이 발생할 뿐만 아니라 작은 집단에서는 극단적으로 특정 대립 유전자가 사라지든지 반대로 지배적으로 나타날 수도 있다. 물론 집단의 개체수가 많으면 이러한 효과는 작아지겠지만 과거에 작은 집단으로부터 유래한 큰 집단에서 유전자형의 다양성이 없어진 사실이 입증하듯이, 만일 생물에게도 고립이나 천재지변에 의한 집단의 축소가 종종 발생하였다면 유전자 부동에 의한 진화의 방식을 결코 무시할 수 없을 것이다.

참고문헌

1. Robert A. Wallace 외(이광웅 외 역), 생명과학의 이해, 을유문화사
2. Lehninger 외(채범석 역), 생화학, 서울외국서적
3. Stryer(박인원 역), 생화학, 서울외국서적
4. J. McMurry(경석헌 외), 유기화학, 자유아카데미
5. 주충로, 생명과학의 현대적 이해, 연세대학교 출판부
6. 이영록, 생명의 기원과 진화, 고려대학교 출판부
7. 박인원, 생명의 기원, 서울대학교 출판부
8. McMurry(경석헌 외 역), 유기화학, 자유아카데미
9. 강만식 외, 현대생물학, 교학연구사

---

25) 헉슬리(Julian Huxley, 1887~1975), 도브잔스키(Theodosius Dobzhansky, 1900~1975), 메이어(Ernst Mayr, 1904~) 등이 제안

유전과 유전 공학

진화가 생명의 발전이라면 유전은 생물이 진화할 수 있는 기회를 증대시켜 주는 생명의 힘이다. 이러한 유전은 분자 수준의 화학적 반응에 의해 일어나는 것이고, 이를 조작하여 생물의 형질을 변경하는 일까지도 가능하다.

14.1 유전의 본질

생물의 생장과 생식은 세포의 분열에 의한다. 세포의 분열은 어미 세포로부터 동일한 형질을 가진 딸 세포가 생산되는 것이다. 이러한 세포의 자기 복제의 기능을 유전이라고 한다. 만일 새로이 태어난 딸 세포가 어미 세포와 다르다면 생물은 단순히 새로운 생물의 탄생을 끝없이 반복하고만 있을 뿐 진화를 기대하기는 어려울 것이다. 유전에 의해서 딸 세포는 어미 세포의 형질을 이어받기 때문에 생물은 자신을 성장시키며 종족을 보존하여 진화의 기회를 증대시킬 수 있다.

DNA의 기능

유전의 본질은 중심 원리(central dogma)에 의해 기술된다. 즉 생물의 모든 유전 정보는 DNA라고 하는 복잡한 고분자 물질 내에 암호로서 존재하고, DNA는 자기 복제를 통해 동일한 유전 정보를 다음 세대로 전달할 수 있으며, 유전 정보 자체는 RNA를 거쳐 단백질로 번역된다는 것이 바로 중심 원리이다.

유전 정보가 저장된 유전 물질이 DNA라는 사실은 몇 가지 실험에 의해 잘 입증된다. 그중에서 박테리오파지라는 바이러스를 이용한 허시-체이스 실험(Hershey-Chase experiment)이 잘 인용된다.

박테리오파지는 DNA와 그것을 둘러싼 단백질의 외피로 되어 있다. 박테리오파지의 DNA를 방사성 동위 원소 $^{32}_{15}P$로, 단백질 외피는 $^{35}_{16}S$로 표지한 다음 대장균에 기생하게 한 후에, 이들 동위 원소를 추적해보면 $^{32}_{15}P$는 대장균의 내부에서 발견되고 $^{35}_{16}S$는 대장균의 외부에서 발견된다. 이는 박테리오파지가 대장균에 침입할 때는 단백질 외피는 대장균의 표면에 남기고 DNA만 침입하며 침입한 DNA는 대장균 세포의 물질을 이용하여 단백질을 합성하고 완전한 바이러스로 번식한다는 것을 의미한다.

이 실험으로부터 세포의 다른 부분은 유전에 직접적으로 관여하지 않고 DNA가 새로이 태어난 자손의 형질을 결정하게 되는 유전 현상을 일으키는 본질이라는 것을 알 수 있다.

DNA의 구조

DNA는 디옥시리보 뉴클레오티드라고 하는 단위체가 중합하여 만들어

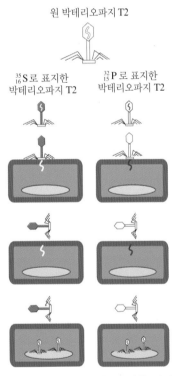

원 박테리오파지 T2

$^{35}_{16}S$로 표지한
박테리오파지 T2

$^{32}_{15}P$로 표지한
박테리오파지 T2

그림 14.1 허시-체이스의 실험. 박테리오파지의 단백질은 $^{35}_{16}S$로, DNA는 $^{32}_{15}P$로 표지되기 때문에 박테리오파지가 세포에 침투하여 번식하는 과정을 추적해보면 DNA만이 세포 속으로 침투하여 새로운 바이러스를 만든다는 것을 알 수 있다.

진 고분자이며 이 디옥시리보 뉴클레오티드는 디옥시리보오스(deoxy-ribose)[1], 인산기[2], 염기가 결합하여 이루어진다. 그런데 염기에는 아데닌(Adenine), 구아닌(Guanine), 시토신(Cytosine), 티민(Thymine)의 4종류가 있기 때문에 디옥시리보 뉴클레오티드에도 4종류가 있는 셈이다. 염기들은 그 첫 글자를 따서 각각 A, G, C, T로 표시한다.

그림 14.2 **왓슨과 크릭**. DNA의 나선 구조를 발견하여 노벨상을 수상하였다.

DNA는 선형으로 길게 결합한 2개의 디옥시리보 뉴클레오티드가 마치 용수철처럼 포개져 있는 이중 나선의 구조를 형성하고 있다. 나선은 가지처럼 뻗어 나온 염기들의 결합에 의하여 형태를 유지하고 있다. 이렇게 2개의 염기가 결합되어 있는 것을 염기쌍이라고 한다. 이중 나선 구조는 1953년 왓슨(James Watson, 1928~)과 크릭(Francis Crick, 1916~)에 의해 발견되었다.

이중 나선을 지탱하는 염기들은 A-T, C-G의 쌍으로만 결합하기 때문에 한쪽 나선에 있는 염기의 순서는 다른 쪽의 염기 순서를 결정하게 된다. DNA 가닥의 이러한 결합 방식을 상보적 결합이라고 한다. 즉 어떤 염기 순서를 가진 한 가닥과 결합한 나머지 가닥의 염기 순서는 자동으로 결정된다. 이 사실은 다음 절에서 DNA 복제를 반보존적이라고 하는 것과 관련이 있다.

이 두 가닥의 상보적 구조 때문에 DNA에는 같은 양의 아데닌과 티민, 같은 양의 시토신과 구아닌이 들어 있다. (A+T)/(G+C)의 비는 생물의 종에 의해 결정되는 고유한 값이다.

DNA 나선의 직경은 2nm 정도이며 직경에 비해 길이가 매우 길다. 예를 들면 대장균 DNA의 길이는 1.4mm나 되고 사람의 경우에는 더욱 심해서 거의 1m에 가깝다.

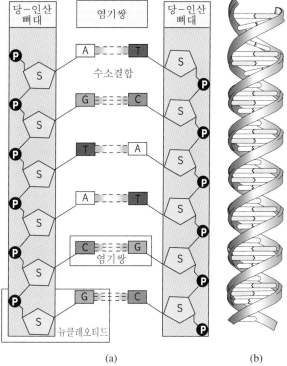

(a)　　　　　　(b)

그림 14.3 **DNA의 구조**. (a) 두 가닥을 지탱하고 있는 힘은 염기 사이의 결합력이다. 염기에는 4종류가 있다. (b) DNA는 이중 나선 구조를 가지고 있다.

표 14.1 **(G+C)의 비율**

생물	박테리오파지(T3)	대장균	헤르페스 바이러스
(G+C)비(%)	53	51	72

---

1) 탄수화물의 일종으로서 5개의 탄소가 사용된 5탄당의 일종. 'deoxy'라는 접두사는 리보오스(ribose)라는 다른 5탄당에서 산소 원자 1개가 결여되어 있음을 의미
2) 인(P)을 포함한 산의 원자단

염색체와 유전자

DNA가 단백질과 결합하여 염색질을 형성한 다음 다발처럼 포개진 상태로 놓여져 염색체를 이룬다. 염색체란 이름은 어떤 특정한 화학 약품에 의해 염색이 되기 때문에 얻어진 것이다.

세포에는 일반적으로 여러 개의 염색체가 있다. 인간의 세포에는 46개의 염색체가 들어있으며 똑같은 모양의 염색체가 두 개씩 쌍으로 들어 있어 이 쌍들을 1번에서 22번까지로 명명하여 부르고 있다. 나머지 2개는 여자의 경우 같은 모양을 하고 있으며 이를 XX라고 부른다. 남자의 경우는 다른 모습을 취하고 있으며 이를 XY라고 부른다. 성에 따라 다른 이 염색체의 쌍을 성염색체라고 한다.

염기는 생물의 종에 따라 다른 고유한 순서로 DNA 속에 배열되어 있으며 이 순서를 염기 서열이라고 한다. 그런데 DNA가 가지고 있는 유전 정보, 즉 단백질 합성의 유전 암호는 바로 이 염기 서열임이 밝혀졌다.

염기는 단 4종류뿐이지만 여러 개의 염기가 DNA를 형성할 때 그 염기 서열에는 다양한 조합이 가능하다. 그럼에도 불구하고 같은 생물의 종은 거의 동일한 염기 서열을 가지고 있다. 바로 염기 서열이 생물의 종을 결정한다는 사실을 의미한다.

생물은 여러 종류의 단백질을 합성해내고 있다. 그런데 특정한 단백질은 DNA의 전체가 아닌 DNA의 일부가 가지고 있는 유전 암호에 의해 합성됨이 밝혀졌다. 이렇게 특정 단백질 합성에 대한 유전 암호를 가지고 있는 수천에서 수백만 개의 염기로 이루어진 DNA의 일부를 유전자라고 한다.

유전체(genome)는 유전자(gene)와 염색체(chromosome)의 합성으로 만들어진 단어로서 한 종의 세포[3]에 들어있는 DNA의 완전한 한 벌을 말

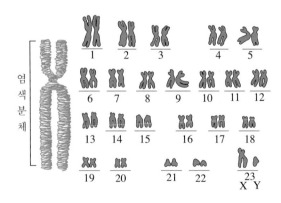

그림 14.4 인간(남성)의 염색체. 인간의 염색체는 46개이며 그중에서 2개(XY)가 성을 결정하므로 성염색체라고 불린다. 각 염색체는 중간이 붙어있는 2개의 염색 분체로 구성된다.

3) 염색체뿐만 아니라 미토콘드리아나 엽록체에도 DNA가 존재

표 14.2 일부 생물의 염색체, 유전자, 염기쌍의 수($k = 10^3$, $M = 10^6$)

	염색체	유전자	염기쌍
대장균	1	4k	4.6M
효모	17	7k	15M
지렁이	6	22k	100M
초파리(fruit fly)	8쌍	26k	180M
인간	23쌍	30k	3,000M

한다.

인간의 염색체에 들어있는 염기쌍의 수는 Y 염색체의 5천만으로부터 1번 염색체의 2억 5천만까지의 범위에 있으며 유전체는 약 30억 개의 염기쌍으로 구성되어 있다. 이 염기쌍에 의해서 최대 10여만 개의 유전자가 존재하는 것으로 추정되나, 현재까지 기능이 밝혀진 유전자는 9,000여 개 정도뿐이며 나머지 대부분의 염기쌍에 대해서는 알려진 것이 없다.

14.2 중심 원리의 구현

세포의 분열과 생명의 유지에 필요한 필수적인 DNA의 자기 복제와 단백질의 합성은 DNA의 주도적인 역할에 의한다. DNA는 세포 분열에 앞서 자신을 복제하고, RNA로 하여금 단백질을 합성하게 하여 생물이 필요로 하는 물질을 공급하거나 생산할 수 있게 한다.

자기 복제

DNA는 세포질의 분리에 앞서 자신을 먼저 복제한다. 이 과정은 몇 가지 효소와 ATP의 에너지를 이용하여 2가닥을 결합시키고 있는 염기 사이의 결합을 끊는 것으로부터 시작하여 분리된 각 DNA 가닥을 주형으로 하여 2개의 DNA를 생성하는 것이다. 세균의 경우 1초당 3,000개 정도의 뉴클레오티드가 정확히 중합된다고 한다. 이때 새로이 생성된 DNA에 원래의 1가닥이 주형으로 사용되었기 때문에 이 복제 과정을 반보존적 복제라고 한다.

단백질의 합성

그림 14.5 **반보존적 복제.** DNA는 2가닥으로 되어 있고 각 가닥은 복제에서 주형으로 사용되기 때문에 복제가 반보존적이라고 불린다.

유전에 있어 단백질의 합성은 DNA의 자기 복제만큼이나 중요하다. 단백질은 호르몬과 같이 생명 현상을 유지하고 통제하는 물질로 작용하거나 각종 조직을 이루기 때문이다.

생물을 이루는 물질의 종류는 매우 많다. 동물의 경우 살, 뼈, 머리카락 등 단백질이 아닌 것으로 보이는 것도 있으나 모두 세포에서 만들어진 단백질이 수정 과정을 거쳐서 변화한 것들이다. 즉 동물의 체내에서 새로이 합성된 것은 모두 단백질이다.

생물에 필요한 단백질의 종류만큼 이들의 합성에 필요한 정보가 DNA에 수록되어 있다. 이러한 단백질을 합성하는 데 필수적인 정보인 유전자는 DNA를 이루고 있는 염기의 서열에 의해 결정된다.

비록 유전 정보가 저장되어 있는 곳이 DNA이지만 단백질의 합성에 직접적으로 관여하는 것은 RNA이다. DNA와 RNA 모두가 구조의 뼈대로서 5탄당을 가지고 있는데 DNA는 5탄당 중에서 디옥시리보오스를, RNA는 리보오스를 사용하고 있다. DNA는 염기로서 아데닌, 구아닌, 시토신, 티민을 가지고 있으나 RNA는 티민 대신 우라실(Uracil)을 가지고 있다. DNA는 이중 나선 형인데 비해 RNA는 외가닥이다. DNA는 RNA보다 수천~수백만 배 길다.

DNA에는 1종류만 있지만 RNA에는 기능이 다른 3종류가 있다. 단백질의 합성 장소인 리보솜을 구성하는 rRNA, 단백질 합성에 필요한 아미노산을 운반하는 tRNA, 그리고 합성 과정 전체를 통제하는 mRNA의 3종류가 바로 그들이다.

단백질 합성은 먼저 DNA의 유전 정보가 RNA의 형태로 바뀌는 것으로부터 시작한다. 이 과정은 디옥시리보 뉴클레오티드 중합체로 이루어진 DNA가 리보뉴클레오티드의 중합체로 된 RNA를 합성하는 것이다. 이때에도 역시 DNA가 주형의 역할을 하기 때문에 DNA의 유전 정보가 그대로 RNA에게 복사된다. 그러나 DNA의 복제 과정과는 달리 주형 가닥(sense strand)이라는 DNA의 2가닥 중의 1가닥으로부터, 몇 가지 중합 효소에 의해 RNA가 생성된다. 이때 티민 대신에 우라실이 사용된다.

이렇게 태어난 RNA의 70~80%를 차지하는 것이 rRNA이며 이들은 단백질 합성에 앞서 기존의 어떤 단백질과 결합하여 리보솜을 형성한다. 이 리보솜은 단백질 합성이라는 화학 반응이 일어나는 장소가 된다. 그 이후 단백질 합성의 나머지 과정은 mRNA와 tRNA가 담당하게 된다. 즉 mRNA가 리보솜에 결합하여 대기하고 있으면 tRNA가 필요한 아미노산

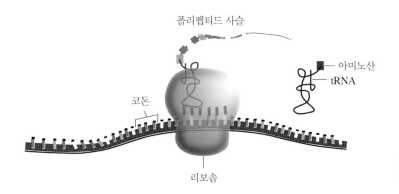

그림 14.6 **단백질의 합성.** mRNA의 통제 하에 tRNA가 필요한 아미노산을 운반해 와서 단백질을 중합한다.

을 차례로 운반해 와서 중합이 되도록 한다. 물론 tRNA가 아무 아미노산을 가져오는 것은 아니다. mRNA에는 아미노산이 암호화된 코돈(codon)이 있다. 코돈은 3개의 염기 서열에 의해서 정해지는 아미노산의 암호이다. mRNA에는 이런 코돈이 연속적으로 배열되어 있으며 이 순서에 따라 tRNA가 아미노산을 차례로 운반해 오는 것이다.[4] 이 과정 모두가 리보솜에서 일어난다.

특정 아미노산을 나타내는 코돈은 4가지 염기 U, C, A, G 중에서 선택된 3개의 순서 있는 조합으로 구성되어 있기 때문에 만들 수 있는 조합의 총수는 64이다. 각 조합이 특정한 아미노산을 의미하나 실제로 코돈이 지칭하는 아미노산 수는 20가지밖에 되지 않는다. 64가지 코돈 중에는 같은 아미노산을 의미하는 것도 있기 때문이다. 예를 들어 CAA, CAG는 모두 글루타민(glutamine)이라는 아미노산을 의미한다.

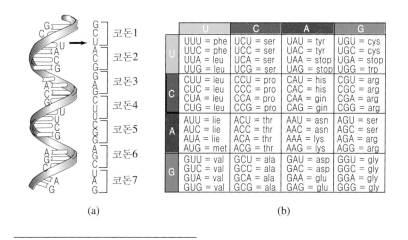

(a)   (b)

그림 14.7 **코돈과 아미노산.** 코돈은 mRNA의 연속된 3개의 염기 서열을 말하며 특정한 아미노산을 나타낸다.

---

4) tRNA에는 한쪽 끝에 안티 코돈(anticodon)라는 역암호가 있어서 mRNA의 특정한 코돈과 염기쌍을 이룰 수 있고 다른 끝에는 이 코돈이 지정하는 아미노산을 부착시킬 수 있기 때문에 mRNA의 코돈에 따라 지정된 아미노산을 tRNA가 운반해 올 수가 있음

단백질 합성에 대한 유전 정보가 DNA로부터 RNA로 복사되는 것을 전사(transcription)라고 부르고 이렇게 전사된 RNA의 유전 정보가 단백질로 바뀌는 과정을 번역(translation)이라고 한다. 전사는 DNA와 RNA 모두가 핵산이며 단백질 합성에 필요한 유전 암호가 디옥시리보 뉴클레오티드라는 공통의 언어로 표현되어 있다는 것을 의미한다. 즉 DNA에 있던 암호가 RNA로 단순히 베껴졌다고 보는 것이다. 반면에 RNA의 뉴클레오티드로 된 암호는 아미노산의 열로 만들어진 단백질로 발현됨에 따라 아미노산이라는 다른 언어로 바뀌었다. 즉 번역된 것이라고 본다.

14.3 유전자 재조합

1972년 원숭이 바이러스의 DNA를 박테리오파지 람다(Bacteriophage λ)[5]의 DNA 속으로 짜 맞추어 넣는데 성공함으로써 시작된 유전자 재조합은 DNA 재조합과 혼용되는 용어로서, 좁은 의미로서는 DNA 내의 일부 유전자를 분리하여 복제할 수 있는 능력을 가진 다른 DNA 분자에 맞추어 넣는 기술을 의미한다. 그러나 보다 더 넓은 의미로는 이렇게 만들어진 DNA를 생물학적 혹은 화학적으로 복제시키는 기술까지도 포함한다.

유전자 재조합은 다분히 인공적인 과정을 내포하나 사실은 자연적으로도 일어나고 있다. 예를 들면 생물의 생식 세포[6]의 분열 과정에서 두 성염색체의 DNA의 일부가 이동한다.

제한 효소의 역할

유전자 재조합 기술의 핵심은 제한 효소(restriction enzyme)라고 불리는 DNA를 자르는 단백질의 발견에 있다. 제한 효소는 DNA의 특정한 염기 서열을 인식하고 지정된 자리에서 절단한다. 제한 효소는 대부분의 세균 세포에 있으며 원래는 DNA 분자, 특히 박테리오파지의 DNA로부터 세균을 보호하는 역할을 수행하는 물질이다. 제한 효소라는 이름은 외부 DNA가 세균 세포의 단백질 합성 기구를 점령하는 것을 제한하는 역할을 하고 있기 때문에 얻어진 것이다. 즉 외부의 DNA가 침입하면 제한 효소는 그 DNA를 인식하고 잘라버려서 제대로 작동을 하지 못하게 만들어 박테리아

---

5) 박테리오파지의 일종
6) 정자, 난자, 포자 등과 같이 생식을 위해 분화한 세포

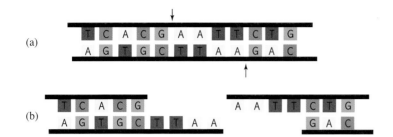

(a) / (b)

그림 14.8 제한 효소 EcoRI 의 작용. EcoRI 는 염기 서열 GAATTC을 인식하고 그 중에서 G-A 사이를 자른다.

를 보호하는 기능을 한다. 대장균으로부터 얻어진 최초의 제한 효소는 EcoRI이며 그 후에 다른 것들이 많이 발견되었다.

제한 효소는 DNA에서 4~6개(특별한 경우에는 8개)로 구성된 특정한 염기 서열을 인식하고 그 중에서 규정된 부위를 절단한다. 예를 들면 EcoRI 효소는 DNA의 염기 서열 'GAATTC'을 인식하고 'G'와 'A' 사이를 자른다. 반면에 제한 효소 HaeIII는 'GGCC'를 인식하고 'G'와 'C' 사이를 절단한다.

유전자 클로닝

넓은 의미의 유전자 재조합을 같은 유전적인 특성을 갖는 DNA의 복제품을 만든다는 의미에서 유전자 클로닝(gene cloning)이라고도 한다. 즉 유전자 클로닝은 재조합된 DNA를 생물학적 방법으로 여러 벌로 증폭시키는 과정을 말한다.

유전자 클로닝을 위해서는 재조합된 DNA가 세포 내에서 여느 DNA와 같이 복제될 수 있어야 한다. 이를 위해서 원하는 유전자를 지닌 채, 살아 있는 세포 내로 투입된 다음 그 세포가 분열함에 따라 저절로 복제될 수 있는 완전한 DNA를 필요로 한다. 이러한 DNA를 클로닝 벡터(cloning vector)라고 부르며 박테리오파지 람다의 DNA와 세균의 플라스미드 (plasmid)를 예로서 들 수 있다. 플라스미드는 세균과 곰팡이류에 들어있는 원형의 비교적 작은 규모의 DNA이며 세포 분열에 따라 자연적으로 복제되는 성질을 갖고 있다. 플라스미드가 클로닝 벡터로 잘 사용되는 이유는 그리 많지 않은 유전자를 가지고 있을 뿐만 아니라 세포로 잘 전이하기 때문이다. 또한 플라스미드 중의 어떤 것은 세포 내에서 많은 수로 존재할 수 있어 다량의 복제품을 얻고자 할 때 유리하다.

좁은 의미의 유전자 재조합은 필요로 하는 유전자를 이 플라스미드 클로닝 벡터에 맞추어 넣는 일이다. 이를 위해서 먼저 원형의 플라스미드를 제한 효소로 잘라 열리게 한다. 그런 다음 필요로 하는 유전자를 가진 외부

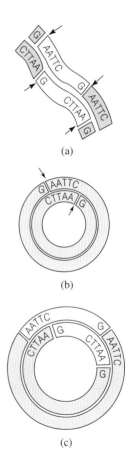

(a) / (b) / (c)

그림 14.9 유전자 재조합. (a) 제한 효소로 DNA의 특정한 염기 서열 사이를 자른다. (b) 같은 제한 효소로 플라스미드를 자른다. (c) DNA 절편을 플라스미드에 짜 맞추어 완전한 플라스미드가 되게 한다.

의 DNA 조각을 혼합하고 DNA 중합에 필요한 효소인 DNA 리가아제 (ligase)를 가하면 새로운 유전자를 갖는 완전한 형태의 DNA 분자로 재조합된다. 이 재조합된 DNA를 대장균 세포 내로 주입시키고 배양시키면 재조합된 DNA는 세균이 증식함에 따라 같은 수로 증폭된다.

중합 효소 연쇄 반응

그림 14.10   멀리스. 중합 효소 연쇄 반응의 발견으로 노벨상을 수상하였다.

DNA의 일부를 선택적으로 증폭시키는 방법으로서 1993년에 멀리스 (Kary Mullis, 1944~)가 고안한 중합 효소 연쇄 반응(polymerase chain reaction)이 있다. 이 방법은 세포 내에서가 아니고 시험관 속에서 하기 때문에 앞에서 소개한 클로닝 기술보다 더 빠르게 진행시킬 수 있다. 그러나 이 기술에서는 목표로 하는 DNA 서열의 일부를 이미 알고 있어야 한다. 그 이유는 그 서열에 상보적인 짧은(15~40개의 뉴클레오티드) DNA를 인공적으로 미리 합성해 두어야 하기 때문이다. 이 정도 길이의 DNA를 올리고 뉴클레오티드(oligo nucleotide)라고 한다.

먼저 증폭시킬 DNA를 가열하여 가닥들을 분리시킨 다음 이들에 상보적인 염기쌍을 가지는 올리고 뉴클레오티드를 혼합시키고 온도를 낮추면 외가닥으로 분리된 원래의 DNA에 올리고 뉴클레오티드가 결합한다. DNA 생성에 필요한 물질을 가해주면 올리고 뉴클레오티드가 자라서 완전한 이중 가닥의 DNA로 된다. 이 과정은 생물 내에서 일어나는 반보존적 복제와 동일하다. 이렇게 한 번의 반응에 의해서 2개의 동일한 DNA를 얻을 수 있으며 위의 과정을 반복하면 대량의 DNA가 생산된다.

중합 효소 연쇄 반응은 매우 효율적인 과정이다. 한 단계에 소모되는 시간은 대략 5분 정도이고 보통 수 시간 내에 30회 정도 반복될 수 있기 때

그림 14.11 중합 효소 연쇄 반응. 증폭시키고자하는 재조합 DNA의 가닥들을 분리시키고 이에 상보적인 염기 서열을 갖는 올리고 뉴클레오티드와 필요한 물질을 혼합시키면 올리고 뉴클레오티드가 자라면서 완전한 DNA로 만들어진다.

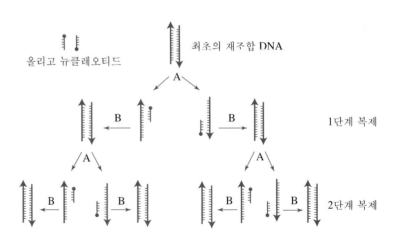

문에 $2^{30} \cong 10^9$배 정도로 증폭된다. 이 방법에 의해서 4만 년 전에 멸종한 맘모스의 DNA를 증폭시켜 현재의 코끼리와 비교할 수 있었다.

중합 효소 연쇄 반응은 실제로 생물 내에서 DNA를 복제할 때 사용되는 방법으로 새로운 것은 아니다. 다만 유전학자들이 DNA 중합 효소가 이미 1950년대에 발견되었음에 불구하고 시험관 속에서 그것을 사용하여 DNA를 증폭시킬 수 있다는 사실을 간과해왔을 뿐이다. 이 간단한 착상 하나로 많은 사람들의 질시 속에 멀리스는 노벨상을 수상하였다.

유전자 재조합 기술의 초기에는 주로 DNA 구조가 간단하여 잘 알려진 원핵 생물, 특히 세균과 박테리오파지가 적용 대상이었다. 이에 반해 전형적인 진핵 생물의 DNA의 양은 박테리오파지의 만 배나 되어 DNA 자체에 대한 정보가 거의 없었다. 그러나 1970년 후반부터 진핵 생물의 DNA 구조도 상당히 밝혀지기 시작했는데 이는 유전자 재조합 기술을 진핵 생물에도 적용하였기 때문이었다.

□ 〈쥬라기 공원〉은 가능한가

영화 〈쥬라기 공원〉에서는 공룡의 피를 빤 후 화석으로 된 모기의 DNA로부터 살아 있는 공룡을 부활시킨다. 실제로 일부 고생물, 예를 들면 미이라, 아이스맨(알프스 빙하에서 발견된 5,000년 전의 인간), 냉동된 맘모스, 호박(琥珀) 속에 있는 파리 등의 DNA를 추출하여 현존하는 자손들의 그것과 비교하는 데 사용한 적은 있다. 그러나 그것은 핵의 DNA가 아니고 주로 mtDNA와 같은 일부 DNA에 한정되어 있다. 공룡의 경우는 그것마저도 불가능하다. 이미 화석이 된지 6,600만 년 이상 경과하였기 때문에 DNA의 흔적은 있으나 그것을 추출하여 조사할 수가 없다.

14.4 유전 정보의 수집과 이용

종이 다르면 DNA의 길이뿐만 아니라 염기 서열까지 완전히 다르다. 또한 같은 종이라도 개체에 따라 염기 서열에서 약간의 차이를 보이고 있다. 이러한 정보는 종간의 진화 계열과 개체의 형질의 차이를 설명하는 데 결정적인 자료를 제공한다. 염기 서열을 완전히 알기 이전에도 DNA의 대체적인 모습으로부터 종이나 개체에 대한 여러 가지 정보를 얻어낼 수 있다.

어떤 생물이 인간의 건강, 에너지, 농업, 환경 문제를 해결할 수 있는 특별한 기능을 가지고 있을 때 유전 정보는 그러한 기능을 본질적으로 이해하게 할 수 있는 구체적인 자료를 제공해 준다.

유전 정보 알아내기

유전 정보의 궁극적인 해독은 바로 염기 서열의 파악이다. 그러나 고등 생물의 염기 서열을 완전하게 알아내는 일은 DNA의 거대한 규모를 고려하면 매우 어려운 일이다. 그래도 특정한 제한 효소의 작용에 의해 잘려진 DNA 조각들의 길이와 염기 서열 등을 조사하여 생물의 특성을 알아내는 기술은 이제 보편적인 일이 되었다.

DNA의 조사는 대부분 이중 가닥인 DNA를 90°C 이상으로 가열하거나 알칼리 용액으로 처리하여 분리시키고 유전자 재조합에서 사용하는 제한 효소로써 잘게 자르는 것으로 시작한다. 제한 효소를 DNA에 가하면 제한 효소가 인식하는 부위의 위치에 따라 DNA는 여러 가지 크기의 절편으로 잘라진다. 만약 DNA에 같은 수의 염기가 무작위로 배열되어 있다고 하면 4개로 된 어떤 특정한 염기 서열이 존재할 확률은 $4^4 = 256$ 개의 염기쌍마다 한 번 정도일 것이다. 반면에 6개로 된 특정의 염기 서열의 빈도는 대략 $4^6 = 4,096$ 분의 1이 된다. 따라서 제한 효소는 임의의 DNA를 수백 내지 수천의 염기쌍의 길이를 갖는 조각으로 자르게 된다.

잘려진 DNA 절편들을 길이에 따라 분리시키는 방법으로서 전기 영동법(electrophoresis)이 잘 사용된다. DNA의 인산기에 있는 음전기는 외부 전기장에 의해서 전기력을 받게 되는데 DNA 절편이 작을수록 겔 속을 더 잘 이동할 수 있으므로 절편의 크기에 따른 분류가 가능해진다.

근친 관계에 있는 종 사이에는 절편의 길이 분포에서 유사점이 나타나며 같은 제한 효소에 의해 잘려진 DNA라고 하더라도 개체에 따라 길이가 다른 조각들이 나타나기도 한다.

DNA 속에 특정한 염기 서열이 있는지를 알아보는 것도 가능하다. 이를 위해서는 먼저 주어진 염기 서열에 상보적인 염기 서열을 가지는 DNA 절편을 먼저 만들고 이것을 방사성 원소로 표지하여야 한다. 이렇게 방사성 원소로 표지한 DNA 조각을 핵산 탐침(nucleic acid probe)이라고 한다. 이 핵산 탐침을 조사하려는 DNA의 조각들과 혼합하면 핵산 탐침은 자신과 상보적인 염기 서열을 갖는 조각과 결합한다. 이를 전기 영동법으로 분리한 다음 사진 건판을 가까이 놓으면 핵산 탐침이 있는 곳은 방사선을 내므로 사진 건판을 감광시키게 된다. 이렇게 하여 특정한 염기 서열을 가진 DNA 절편을 확인할 수 있다.

게놈 프로젝트

  게놈 프로젝트(genome project)는 생물 유전체의 염기 서열을 밝혀내는 연구 과제이다. DNA의 염기 서열은 유전자를 결정하므로 이를 알아내는 것은 매우 중요한 일이다. 1977년에 ϕX174라고 하는 바이러스의 DNA에 있는 5,386개의 염기 서열이 밝혀진 것을 시작하여 사람의 mtDNA에 있는 16,569개의 염기 서열, 박테리오파지 람다 DNA의 48,513개의 염기 서열, 대장균, 효모, 초파리, 지렁이 등 하등 생물의 3백만 개에 달하는 게놈의 염기 서열이 밝혀졌다. 최근에는 일부 고등 생물과 인간 유전체의 염기 서열도 밝혀졌다.

  인간의 유전체에 포함된 염기쌍의 수는 30억 개 정도이며 그중에서 유전자로서 기능을 하는 부분은 10% 정도에 불과하고 나머지 염기쌍의 역할에 대해서는 아직 잘 알지 못하고 있다. 실제로 DNA에는 RNA로 전사되지 않는 곳이 거의 대부분이기 때문에 이들이 아무 것도 하는 일이 없는 것으로 생각되기도 한다. 그러나 이들의 알려지지 않은 역할에 대한 의문과 함께 인간 DNA의 기능에 대한 완전한 이해는 인간 유전체의 염기 서열의 완전한 파악에 있다는 데 의견이 모아지게 되었다.

  인간 게놈 프로젝트(Human Genome Project)는 1970년대에 시작한 인간 유전자에 대한 분자 수준의 연구에서 싹이 터서 1980년대에는 여러 나라에서 나름대로 인간 유전체의 지도, 즉 DNA 내의 염기 서열을 찾아내기 시작하였다. 그러나 인간 게놈 프로젝트는 미국이 주도하여 인간 게놈 기관(Human Genome Organization)이라는 국제적 조직을 1989년에 설립한 후부터 본격적으로 시작하였다. 이 인간 게놈 프로젝트의 목표는 30억 개에 달하는 인간 DNA의 염기 서열과 10만여 개로 추정되는 유전자를 찾아내어서 이들을 데이터베이스에 저장하며, 데이터 분석을 위한 도구의 개발뿐만 아니라 이 프로젝트에 관련되어 일어날지도 모르는 윤리적·법적·사회적 문제에 대한 연구를 하는 것이다.

  2000년에 인간 게놈 기관과 셀레라제노믹스(Celera Genomics) 사가 공동으로 염기 서열의 초안을 발표한 이후 이제는 인간 유전체의 염기 서열을 완전하게 밝혀내는 단계에 이르렀다. 또한 유전자의 수도 26,000~39,000개 정도로, 알려진 것보다 훨씬 적은 것으로 추정되고 있다.

  인간 게놈 프로젝트를 수행하면서 과학자들은 생물학에서 새로운 방식의 연구 방법을 도입하게 되었다. 그것은 컴퓨터를 사용하여 유전 정보를 분석하는 것이다. 유전자는 A, T, C, G의 4가지 염기의 순서 있는 배열에 의해 결정되므로 컴퓨터를 이용해 주어진 유전자가 어떤 기능을 할 것인지 추측하는 생물정보학(bioinformatics)의 발전도 예고한다.

인간 게놈 프로젝트에서 얻어지는 정보는 질병의 진단과 유전자 치료를 통해 인간의 건강 증진에 기여하게 될 것이 분명하지만 정보의 오용에 대한 우려도 만만치 않다. 예를 들면 개인의 유전자 정보가 누설되어 고용과 보험 가입에서 차별을 받을 수 있게 된다.

인간 게놈 프로젝트에 투자된 미국의 연구비는 초기의 수천만 달러로부터 점점 증가하여 2000년에는 3억 6,000만 달러가 되었으며 연구 책임자만 수백 명에 이를 정도였다. 이 프로젝트는 인간 게놈 기관의 통제 아래 진행되어 왔으며 수십 개국의 수천 명의 과학자와 기술자가 공동으로 연구하는 거대 과학의 한 표본이라고 할 수 있다.

인간 게놈 프로젝트 이후의 연구는 유전자 기능 연구와 유전자 비교의 두 가지 방향으로 진행될 것으로 보인다. 유전자 기능 연구는 인간이 가진 각 유전자의 기능을 연구하여 유전적 질병의 원인을 밝히는 일이다. 현재 발견된 유전자의 대부분에 대해서는 그 기능을 잘 알고 있지도 못한 형편에 비추면 매우 중요한 일임을 알 수 있다.

유전자의 비교는 인종, 개인, 종간의 차이를 유전자의 차이와 관련짓는 일이다. 또한 유전자뿐만 아니라 유전체의 나머지 부분에 대한 연구도 필요하다. 인간 유전체의 불과 수% 이하가 단백질 합성에 관련하고 있다. 유전체의 대부분을 차지하고 있지만 단백질 합성에 관여하지 않는 염기들의 기능에 대해서는 아직 제대로 연구된 적이 없다. 이들이 기나긴 생물 진화 과정에 남겨진 유물과 같은 것이라고 믿는 사람도 많이 있다.

DNA 지도

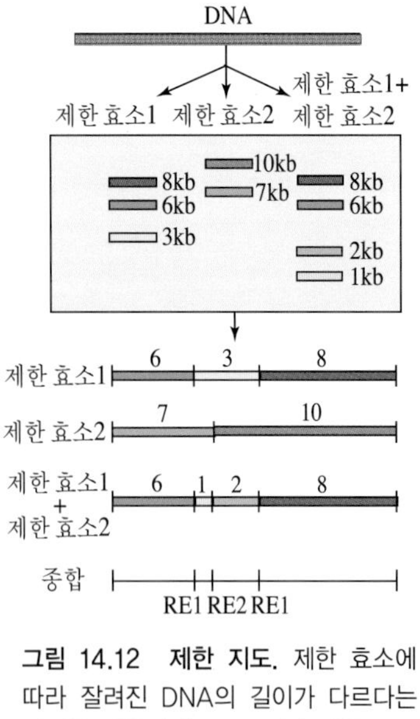

그림 14.12 제한 지도. 제한 효소에 따라 잘려진 DNA의 길이가 다르다는 사실을 이용하여 DNA 내에 제한 효소의 작용점을 찾아낼 수 있다.

DNA 속의 유전 정보를 나타내는 것이 DNA 지도로서 유전 정보를 정리하는 방법이라고 할 수 있다. DNA 속에 수록된 정보는 1차원적 구조를 가지고 있기 때문에 DNA 지도도 1차원적 구조를 가지게 된다. DNA 지도에는 해상도에 따라 몇 가지가 있는데 가장 정밀한 것이 염기쌍을 DNA의 가닥을 따라 표시한 것이다. 이것은 DNA의 염기 서열을 완전하게 표시한 지도로서 집중적인 노력을 요구한다.

이것보다 낮은 해상도의 지도는 제한 지도로서 DNA 내에 제한 효소가 인식하는 특정한 염기쌍이 어떻게 배치되어 있는지를 나타내는 것이다. 또한 DNA 내에 유전자들이 어디에 위치하는가를 알려주는 유전자 지도도 있으며 염색체 상에서 특정 유전자의 위치를 나타내는 지도도 있다.

염기 서열은 종 사이는 물론이지만 개체 사이에서도 미소한 차이를 보여주기 때문에 개체의 DNA 지도는 그 개체만이 가지고 있는 고유한 유전 정보로서 그 개체에 대한 보다 정밀한 형태의 지문이라고 할 수 있다. 그러므로 DNA 지도는 개체의 유전적 특성의 이해는 물론이고 개체 사이나 종 사이의 차이점과 유사점을 이해하는 데 매우 정확한 자료를 제공한다. 또한 DNA 지도는 유전자 변형과 같은 정밀한 유전자 조작을 필요로 하는 분야에도 이용된다.

DNA 지문법

핵산 탐침을 사용하여 DNA에서 특정한 염기 서열을 발견하는 기술을 인간의 DNA에게 적용시킨 것이 바로 DNA 지문법(DNA fingerprinting)이라는 기술이다. 의학에서는 이 기술을 사용하여 알츠하이머 병(Alzheimer's disease)과 같은 일부 유전적 질병을 진단한다. 그러한 유전적인 질병을 가진 사람의 DNA에는 그 질병을 일으키는 특별한 유전자가 있기 때문에 가능한 일이다.

DNA 지문법을 법의학 분야에도 적용할 수 있는데 이것은 염기 서열의 다형성(sequence polymorphism)이라는, 사람 개개인의 DNA 염기 서열이 평균적으로 0.01%의 수준에서 가벼운 차이를 보이며 동일한 구조를 가지고 있는 사람은 극히 드물다는 사실에 착안한 것이다. 그러므로 범행 현장에서 채취한 증거물의 DNA와 용의자의 DNA를 지문법으로 비교하면 동일인의 것인지 알아낼 수 있다. 이 기술은 매우 효율적이어서 수년이 경과된 혈흔, 머리카락 1개, 소량의 체액으로부터 DNA 지문을 얻어낼 수 있으며 특히 우연의 일치 가능성이 거의 없다는 점에서 1987년 이래로 재판에서 친자 확인, 강력 범행 등의 증거로 채택되고 있다.

현재까지는 전사한 군인의 본인 확인을 위해서는 골격, 치아, 혈액 등에 전적으로 의존해 왔으나 신뢰도가 높지 않았다. 이를 해결하기 위하여 미군은 소속 군인들의 DNA를 보관하기 시작하였다. 만일의 경우 사체로부터 채취한 극소량의 DNA와 미리 보관한 DNA를 비교하면 오차가 거의 없이 본인 여부를 판단할 수 있기 때문이다.

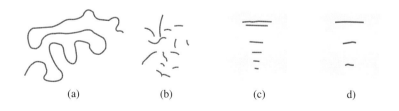

(a)　　　(b)　　　(c)　　　d)

그림 14.13 DNA 지문법. (a) DNA를 준비한다. (b) 제한 효소로 자른 다음 방사성 혹은 형광 색소로 이미 표지된 DNA 조각과 혼합하면 상보적 구조의 DNA와 결합한다. (c) 전기 영동법으로 길이에 따라 분류한다. (d) X선 사진을 찍거나 자외선을 비추면서 일반 사진을 찍으면 DNA 지문이 얻어진다.

유전 정보와 컴퓨터 데이터

유전 정보는 새로운 형태의 디지털 데이터이다. 기존의 0과 1의 2가지의 부호로 된 디지털 데이터와는 달리 A, T, C, G 라는 4가지 부호로 기록된 정보이다. 2진법의 디지털 데이터의 크기를 비트(bit) 단위로 표시하는 것과 비슷하게 DNA의 길이를 염기 단위로 표시하기도 한다. 인간 유전체의 유전 정보량은 30억 염기이다.

컴퓨터 데이터의 경우 고정된 길이의 기본 단위를 할당한다. 예를 들면 숫자나 문자와 같은 1가지 정보를 저장하는 데 보통 8비트를 사용하며 이를 바이트(B)라고 한다. 바이트의 크기를 늘리면 보다 더 큰 숫자를 저장할 수 있으나 작은 숫자를 저장하게 되면 기억 매체를 낭비하게 된다. 반면 DNA의 정보 단위는 코돈으로서 3개의 염기를 사용하고 있다. 2개의 염기와 3개의 염기에 저장할 수 있는 정보의 수는 각각 $4 \times 4 = 16$과 $4 \times 4 \times 4 = 64$이다. 생체에 필요한 아미노산의 숫자가 20가지임에 비추어 보면 코돈이 단지 3개의 염기로 이루어져 있다는 사실은 결코 우연이 아님을 알 수 있다. 생물은 DNA라는 기억 매체를 최대한 이용하고 있는 셈이다.

RNA로 전사된 DNA 정보의 기본 단위가 3염기의 코돈임을 고려하면 인간 게놈의 30억 염기는 10억 개의 단위 데이터가 모여 있는 것이며 컴퓨터의 기억 용량과 비교하면 1GB에 해당한다.

컴퓨터에서는 단위 데이터가 모여서 파일을 형성한다. 파일은 데이터의 집단으로서 비로소 완전한 정보의 단위가 된다. DNA의 경우에 완전한 정보의 단위는 유전자이며 그 길이는 수천~수십만 염기의 범위에 있다.

컴퓨터 데이터와 유전 정보 사이의 다른 점은 컴퓨터에는 휘발성과 비휘발성의 2가지 데이터가 사용되는 반면 유전 정보에는 잘 변경되지 않는 비휘발성 데이터뿐이다.

14.5 유전 공학

유전 현상의 인공적인 조작을 통해서 생물체의 형질의 변경을 일으키고 변경된 형질을 직·간접으로 이용하는 기술을 유전 공학(genetic engineering)이라고 한다.

유전 공학은 크게 분자 규모 이하와 이상의 2가지 수준에서의 조작으로 나눌 수 있다. 분자 규모 이하의 수준이란 바로 유전자 재조합을 말하고 분자 규모 이상은 핵치환(nuclear transplantation)[7]과 세포 융합(cell fusion)[8]과 같은 보다 큰 규모에서의 유전적 조작을 의미한다. 유전자 재조합이 훨씬 본질적이고 더 다양한 방법으로 새로운 형질을 만들어 낼 수 있으므로 분자 규모 이상의 유전적 조작도 궁극적으로는 유전자 재조합을 통한 유전 조작으로 수렴될 것으로 보인다.

핵치환

분자 규모 이상의 수준에서 하는 유전 공학 기술 중에 대표적인 것이 핵치환이다. 핵치환은 난자에서 핵을 제거하고 남은 세포질에 배아 혹은 다른 개체의 체세포의 핵을 이식하여 새로운 세포를 만드는 기술이다.

1997년 영국의 로즐린 연구소(Roslin Institute)에 의한 양의 복제는 암양의 유선(乳腺) 세포로부터 핵을 분리한 다음, 핵이 제거된 미수정 난자에 넣어서 완전한 새끼 양으로 출생시킨 것이다. 생물은 세포의 핵에 의해서 그 형질이 결정되는 만큼, 이렇게 만들어진 새끼 양은 유선 세포를 제공한 암양의 복제라고 보아야 할 것이다. 이 새끼 양의 이름이 바로 돌리(Dolly)로서 한동안 세상을 떠들썩하게 만든 주인공이다.

그림 14.14 돌리와 보니. 최초의 복제 생물로 태어난 돌리는 자손까지 출산하여 정상적으로 성장하는 듯 보였으나 조로 현상을 보여 도축되었다.

> ▣ **돌리의 운명**
>
> 돌리는 새끼까지 출산하는 등 한동안 정상적인 모습을 보였으나 조로(早老) 현상을 보여 2003년 2월에 도축되었다. 이에 대해 아직까지 복제 기술에 문제가 있음을 입증하는 것이라는 주장이 제기되기도 하였다.

생물의 복제는 돌리가 처음은 아니다. 1962년에 영국의 거든(John Gurdon, 1933~)에 의해 이미 개구리가 복제되었으며 그 이후로 양과 소의 복제도 만들어졌다. 그러나 그들을 복제할 때 사용한 핵이 성체의 것이 아니고 배아의 것이었다. 배아는 각 기관으로 분화하기 전의 수정란으로 소수의 세포로 구성되어 있으며 각 세포는 동등하여 조건에 따라 어떤 기관으로도 분화할 수 있는 상태에 있다. 따라서 배아를 사용해서 태어난 생물은 한 개체의 복제는 아니다. 거든의 개구리 복제의 경우에서도 개구리의 난자를 자외선으로 처리하여 제거한 다음, 일종의 배아 세포인 올챙이의 소장 상피 세포의 핵을 이식하였던 것이다.

---

7) 핵이식, 핵치환을 혼용
8) 복수의 세포가 합쳐져 1개의 세포로 변하는 과정

그림 14.15 복제 생물의 출생 과정. 돌리를 출생시킨 과정으로 암양의 난자의 핵을 제거한 뒤 다른 암양의 유선 세포를 분화할 수 있게 만든 다음 그 난자에 넣고 대리모에게 출산시킨다.

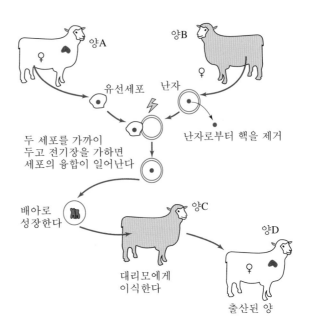

배아와는 달리 성체의 세포에서는 분화가 더 이상 일어나지 않는다. 따라서 성체 세포의 핵을 복제에 사용하기 위해서는 분화를 할 수 있도록 DNA를 활동성으로 만들어야 한다. 실제로 분화가 된 후의 DNA는 분화를 일으키는 유전자가 메틸화(methylation)[9]되어 있다. 따라서 이 메틸화된 것을 제거하면 분화를 다시 시작할 것이며 이렇게 해서 태어난 생물이 바로 돌리인 것이다. 따라서 돌리는 핵을 제공한 성체의 완전한 복제인 셈이다.

핵치환은 현재 생물 복제의 기본적인 기술로 자리 잡고 있으며 사회 윤리적 측면에서 가장 비판을 받고 있는 기술이기도 하다.

줄기 세포의 이용

피부에 상처가 발생하면 새로운 살이 돋아 오른다. 이것은 피부에 있는 어떤 세포가 새로운 피부 세포를 만들어 내기 때문이다. 이와 같이 신체의 여러 곳에 존재하다가 정해진 신호에 따라 신체 각부에 필요한 기능과 형태를 가진 세포를 만들어 내는 특별한 세포가 바로 성체 줄기 세포(adult stem cell)이다. 즉 성체 줄기 세포가 인체의 각 조직에 존재하는 주요 이유가 바로 조직의 재생이라고 할 수 있다.

성체 줄기 세포는 보통 제대혈(탯줄 혈액)이나 성인의 골수와 혈액 등에

---

9) 염기에 메틸기가 결합하는 현상

서 추출해내며 이들은 뼈, 간, 혈액 등 인체 장기의 세포로 분화된다. 성체 줄기 세포는 증식이 어렵고 쉽게 분화되는 경향이 강하지만 환자 자신의 장기의 특성에 맞게 분화할 수 있는 특성을 지니고 있는 장점도 있어서 난치병 환자를 위한 새로운 치료 방법으로 떠오르고 있다.

성체에 이미 존재하는 성체 줄기 세포외에, 줄기 세포는 태아로 되기 전의 배아에도 존재하며 이 줄기 세포는 인체의 모든 조직과 장기로 분화할 수 있는 보다 더 다양한 능력을 가지고 있다. 즉 수정한 지 14일 이내의 배아에 있는 줄기 세포를 배아 줄기 세포(embryonic stem cell)라고 하며, 이 줄기 세포는 장차 인체를 이루는 모든 세포와 조직으로 분화할 수 있기 때문에 전능 세포 혹은 만능 세포로 불린다. 이에 따라 최근에는 배아로부터 줄기 세포를 추출하는 연구가 활발히 진행되어 오고 있다. 그런데 배아는 수정란뿐만 아니라 성체 핵의 치환에 의해서도 만들어질 수 있다.

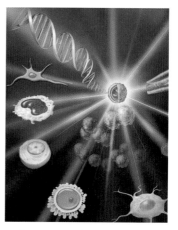

그림 14.16 줄기 세포의 역학. 배아 줄기 세포는 조건에 따라 인체의 어떠한 조직이나 기관으로 분화될 수 있는 무한한 능력을 가진 세포이다.

수정 혹은 핵치환 후 4~5일이 지난 배아는 구형이며 배반포(blastocyst)라고 불린다. 배반포는 150여 개의 세포 덩어리인 내세포괴(inner cell mass)와 액체 공간인 포배강(blastocoel)을 둘러싸고 있는 영양막(trophoblast)으로 구성되어 있다. 배아의 내세포괴를 배아 줄기 세포라고 하며 궁극적으로는 이것이 태아로 성장한다.

1998년 배아 줄기 세포가 수정란 배아로부터 분리되어 배양이 성공한 이후 이에 대한 연구가 계속되어 왔다. 특히 난치병 환자의 체세포에서 분리한 핵으로 핵치환에 의해 만든 환자맞춤형 줄기 세포를 배양할 수 있으면 이를 특정한 조직으로 성장시켜 난치병 환자의 유전적 치료가 가능할 것으로 기대된다. 예를 들어 척추 부상으로 하반신이 마비된 환자의 신체 기능을 회복시킬 수 있는 신경 세포를 배양하는 것이 가능하다고 과학자들은 믿고 있다.

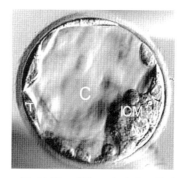

그림 14.17 배반포. 수정 후 5일이 지난 배아로서 T, C, ICM은 각각 영양막, 포배강, 내세포괴이다.

그러나 수정란의 배아를 사용하든, 핵치환에 의한 배아를 사용하든 '배아는 장차 태아로 자랄 수 있는 엄연한 생명의 씨앗이라는 점에서 조직이나 장기를 얻기 위해 배아로부터 줄기 세포를 추출하는 것은 살인 행위나 마찬가지다.'라고 하는 주장도 있다.

성체의 핵치환에 의한 배아 줄기 세포는 수정란 배아 줄기 세포와 달리 이미 성장한 신체 조직에서 추출한 핵으로부터 만들어지기 때문에 직접적인 윤리 논쟁을 피할 수 있는 것으로 보이지만 2가지 모두 자궁 내와 같은 적절한 조건에서는 태아로 성장하게 되는 엄연한 생명이라는 점에서 윤리 문제를 완전히 피해갈 수는 없다. 또한 동물에 이미 적용되어 성공한 핵치환 기술로 인간의 복제품도 만들 수 있을 것으로 추정되어 심각한 사회적 문제가 내포되어 있는 것도 사실이다. 여기에 바로 과학의 딜레마가 있는 것이다.

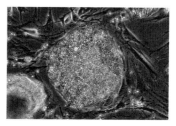

그림 14.18 인간 배아 줄기 세포. 20배 확대된 인간의 배아 줄기 세포이다 (미국 위스콘신대학교 자료).

인체는 뇌·혈관·폐·심장·간·뼈·근육 등의 특정한 기능을 담당하는 여러 조직의 유기적 집합체이다. 이들 고유의 기능을 담당하는 신체의 일부를 장기라고 한다. 또한 장기는 몇 가지의 조직이라고 불리는 동일한 종류의 세포 집단으로 구성된다.

일부 난치병은 장기와 같은 복잡한 시스템 전체의 문제에 의한 것도 있지만 장기를 구성하고 있는 조직의 결함에 의해 발생하기도 한다. 예를 들어 당뇨병은 췌장이라는 장기에서 인슐린을 생산하는 조직에 문제에 있는 것이다. 이 경우 정상적인 인슐린 생산 조직을 이식하면 당뇨병이 치료될 수 있을 것이다.

세포 융합

형질이 다른 두 세포를 융합시켜 두 생물의 형질 중의 일부가 나타나도록 잡종 생물을 만드는 기술을 세포 융합이라고 한다. 이때 2종류의 세포를 융합하기 위해서는 바이러스나 폴리에틸렌글리콜과 같은 세포 융합 촉진제를 사용하며 식물 세포의 경우에는 먼저 셀룰라아제라고 하는 효소로서 세포벽을 제거해야 한다.

세포 융합의 예로서 독일의 막스 플랑크 연구소(Max Planck Institute)에서 만든 포마토(pomato)를 들 수 있다. 포마토는 토마토와 감자의 세포를 융합하여 땅 위에서는 토마토가 열리고 땅 속에서는 감자가 열리는 잡종 식물이다.

같은 방법으로 무추(무＋배추)와 가자(가지＋감자)가 만들어졌고 질병의 진단과 치료에 사용되는 단일 클론 항체(monoclonal antibody)도 만들어졌다. 단일 클론 항체는 1가지 항원에만 작용하는 항체로서 방사성 물질이나 형광 물질로 표지하면 항원의 위치를 찾아낼 수 있고 임신 진단, 병원

항원이 체내로 침입하면 여러 종류의 B 림프구에서 항체를 생산하기 때문에 혈액 속에는 여러 가지 항체가 존재하게 된다. 특정한 B 림프구를 분리하여 배양하면 한 가지의 항체, 즉 단일 항체를 쉽게 얻을 수 있을 것으로 생각되지만 B 림프구가 체외에서는 배양되지 않는 문제점이 있다. 이를 해결하기 위해서 특정한 B 림프구를 미엘로마라고 하는 분열 능력이 뛰어난 종양 세포와 융합시켜 잡종 세포인 하이브리도마 세포를 만든다. 이 하이브리도마 세포는 종양 세포의 분열 능력과 특정 항체를 생산하는 능력을 가지고 있으므로 대량의 단일 클론 항체를 생산을 가능하게 해준다.

균에 의한 질병 감염 여부를 확인하는 데 사용되기도 한다.

이와 같이 세포 융합으로 만들어진 생물에서는 원래 생물의 우수한 형질만을 선택적으로 나타나게 할 수 있으므로 이 기술은 새로운 품종 개발에 이용되고 있다.

유전자 재조합

유전자 재조합에 의해서 특정한 형질을 발현하는 유전자가 세포에 도입되어 형질이 변경된 생물을 형질 전환 생물(transgenic organism)이라고 한다. 즉 형질 전환 생물은 유전자 조작 생물(Genetically Modified Organism)이다. 이들 생물은 연구용뿐만 아니라 의학과 농업 등의 실제적인 용도에 이용될 수 있다.

세균 내에서 증폭된 DNA를 발현시켜 그 산물을 상업적으로 이용한 최초의 예는 인슐린이다. 1978년 쥐의 인슐린이 최초로 세균 속에서 발현된 이후로 인간의 인슐린이 세균 내에서 생산되었으며 유전 공학에 의한 상업적 제품으로서는 최초로 1982년 의약품으로 사용이 허가되었다. 이전까지는 인슐린은 동물로부터 채취되어 사용되어 왔으나 여러 가지 거부반응이 나타난 바 있었다. 그러나 유전 공학적으로 생산된 것은 그러한 문제가 없어 당뇨병 환자에게 많은 도움을 주고 있다. 인슐린 이외에 유전자 재조합의 기술로 세균이나 미생물을 생산 균주로 하여 인터페론, 간염 백신 등을 생산하여 의약품으로 사용되고 있으며 나아가 포유 동물의 세포를 생산 세포로 사용하여 생장 호르몬, 혈우병 치료제, 백혈병 치료제 등을 생산하고 있다.

농업에서의 유전 공학은 농업 생산의 증대와 병충해에 저항이 강한 품종의 개발에 집중되고 있다. 구체적으로는 제초제에 내성을 가져 제초제에 의해 성장에 영향을 받지 않는 생물, 질소 고정 유전자를 보유하여 질소 비료를 필요로 하지 않는 식물, 해충에 대해 독성 물질을 분비하는 식물, 철분과 같은 특정 성분을 많이 함유하는 식물 등을 만들 수 있다. 예를 들어 어떤 토양 세균[10]은 해충을 죽이는 단백질을 생산하는 유전자를 가지고 있다. 이 유전자를 옥수수와 같은 식물에 주입하면 식물이 해충의 피해를 받지 않게 된다.

유전자 재조합에 의한 최초의 유전자 조작 식품은 1994년 미국에서 개

---

10) 바실루스 튜링겐시스(*Bacillus thuringiensis*)
11) 폴리갈락튜로나제(polygalacturonase)

발된 익어도 물러지지 않는 토마토이다. 과일이 익으면 어떤 효소[1]에 의해 껍질이 물러지는데, 이 효소를 생산하는 유전자의 일부를 수정하여 기능을 억제한 것이 바로 이 토마토인 것이다.

　일부 미생물은 이전부터 폐수 처리에 사용되어 왔다. 생분해성 플라스틱 제품은 자연에서 미생물에 의해 저절로 분해되도록 생산된 것이다. 최근에 문제가 되고 있는 폐수 속의 중금속이나 해양의 기름을 분해할 수 있는 미생물을 유전자 재조합으로 만들 수 있다면 매우 효율적으로 오염을 제거할 수 있을 것이다.

　동물의 유전자 재조합 예로서 1982년에 만들어진 슈퍼 생쥐(supper mouse)를 들 수 있다. 이 슈퍼 생쥐는 일반 쥐의 성장 호르몬 유전자를 재조합시킨 결과였다. 재조합된 쥐의 성장 호르몬 유전자를 수정된 생쥐의 난자의 핵에 주입하면 형질 전환이 쉽게 일어난다. 이렇게 태어난 슈퍼 생쥐의 몸무게는 보통 생쥐의 2배에 달했다. 생쥐의 형질 전환이 안정적이라면 사람의 경우에도 적용될 수 있을 것으로 추정된다.

　축산업에서 유전자 재조합은 우리나라의 경우에도 1994년 락토페린(lactoferrin)을 다량 포함하는 젖을 생산하는 생쥐를 만들어 내었다. 락토페린은 철분 흡수와 병원균을 죽이는 데 필요한 단백질로서 신생아에게는 특히 중요한 단백질이다.

　그러나 형질이 전환된 동물은 대체로 질병에 약하고 번식에 문제가 있는 등 아직까지 해결되지 않은 문제점도 있다.

▫ 역전사 바이러스와 형질 전환

　유전 정보를 DNA보다는 RNA에 저장하는 바이러스로서, 역전사 효소를 사용하여 RNA를 DNA 중합을 위한 주형으로 사용한다. 이를 역전사라고 한다. 이 DNA는 숙주 세포의 DNA로 짜여 들어가서 정상적인 자기 복제와 단백질 합성에 의해 바이러스를 조합하는 데 필요한 새로운 RNA와 다른 구성 물질을 만들어내게 된다. 바이러스의 DNA가 숙주 세포의 DNA로 짜여 들어갔기 때문에 숙주 세포의 형질을 영구적으로 변화시킨다. 이 때문에 백혈병과 같은 암이 발생하는 등 숙주 세포에 영향을 미치게 된다.

유전 공학의 양면성

　유전 공학은 농축산 분야에서 생산성이 높은 품종과 병충해에 강한 품종의 개발을 통해서 식량 문제를 해결하고, 의료 분야에서는 각종 의약품을 저렴하게 생산하거나 동물로부터 거부반응이 적은 장기를 생산하여 질병 치료와 유전적 질병의 교정에 대한 수단을 제공하고, 환경 분야에서는 미생물로 각종 폐기물을 분해하여 환경오염을 줄이는 등 인류 복지에 크게 기여할 수 있다. 그러나 유전 공학에는 이와 같은 식량 문제, 질병 및 노화 문제, 환경 문제 등에 대한 긍정적인 역할만 있는 것이 아니고 인류 생존에 치명적인 문제를 야기할 수 있는 양면성이 내재되어 있다.

예를 들어 유전자 조작 식품의 위해성에 대한 논란이 계속되고 있다. 그 것은 아직까지 유전자와 그 역할에 대한 인간의 지식이 완전하지 못하기 때문이다. 그러한 예로서 복제양 돌리가 조로 현상을 보인 점을 이미 지적한 바 있다. 유전자 조작 식품에 대한 의존도가 높아진 이후 나중에 그 유해성 이 밝혀진다고 하더라도 이미 돌이킬 수 없는 상황에 처해 있을 수도 있다.

각종 치료제를 생산하기 위해 미생물을 이용하고 있으나 재조합된 미생 물이 모든 약물에 내성을 가지고 번식하게 된다면 궁극적으로는 인간의 존 재를 위협하게 될 것이다. 특히 바이러스는 자주 돌연변이를 일으키기 때문 에 조심스럽게 취급해야 한다.

유전자 치료라는 기술은 본질적으로 인간의 형질 전환에 기초를 둔 것 이므로 사회·윤리적 문제를 일으킬 수 있는 가능성이 매우 높다. 따라서 이 기술의 적용은 신중하게 이루어져야 한다.

식량 문제의 해결과 난치병 치료를 위한 과정에서 동식물을 복제하는 일은 이제 다반사로 일어나고 있다. 그러나 이러한 생명의 복제는 결국에 는 생명 경시 풍조를 조장할 수 있다. 그리고 동물에게 적용된 동일한 복제 기술이 인간에게 이어질 것이라는 데에 이의를 제기하는 사람은 별로 없 다. 그러나 인간의 복제는 사회·윤리적으로 매우 심각한 문제점을 내포하 고 있다. 히틀러가 자신의 복제품을 세계 도처에 만들어 두었다고 생각해 보라. 이들 복제 인간들이 모두 원본 히틀러와 똑같은 사고방식을 소유하 고 있을지는 알 수 없지만 아무래도 걱정이 될 수밖에 없다.

어떤 이유에서든 인간의 생명 자체가 상업화되면 인명의 경시와 인간 차별로 이어지게 될 것이다. 예를 들어 유전자를 조사해보면 태어나기 전 부터 어떤 질병에 걸리기 쉬운 체질인지 판별할 수 있다. 따라서 이를 바탕 으로 직업 선택의 자유나 건강 보험 가입에 제한을 가할 수 있다.

이러한 유전 공학의 문제점을 해결하는 최선의 해결책은 과학자를 포함 한 인간 스스로가 생명을 어떤 목적을 이루기 위한 수단이 아니라 그 자체 를 목적으로 보는 생명에 대한 확고한 윤리 의식을 갖는 것이다.

유전 공학의 오용과 남용을 막아서 생명의 존엄성을 유지하기 위한 최 소한의 방책으로서 각국에서는 생명 윤리 기본법을 제정하고 있다. 즉 유 전 공학 발전의 방향과 한계를 법으로서 규정하여 생명의 존엄성을 훼손하 지 않고 이 기술이 건전하게 발전하여 인류 복지에 기여할 수 있도록 한다는 것이다.

참고문헌

1. Robert A. Wallace 외(이광웅 외 역), 생명과학의 이해, 을유문화사
2. Lehninger 외(채범석 역), 생화학, 서울외국서적
3. Stryer(박인원 역), 생화학, 서울외국서적
4. J. McMurry(경석헌 외), 유기화학, 자유아카데미
5. 주충로, 생명과학의 현대적 이해, 연세대학교 출판부
6. 하영사 외, 생물Ⅰ, 도서출판 형설
7. 하영사 외, 생물Ⅱ, 도서출판 형설
8. 조희형 외, 생물Ⅰ, 대한교과서
9. 김윤택 외, 생물Ⅱ, 중앙교육진흥연구소

환경과 인간

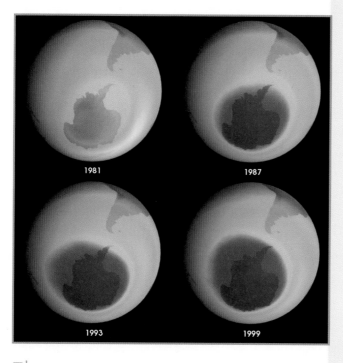

1981

1987

1993

1999

지구 환경은 인간에게 물질과 에너지를 공급해 주고 있으나 이러한 자원은 대부분 유한한 것이다. 또한 물질의 사용은 환경 오염을 일으키기 때문에 인간은 이러한 문제까지 해결해야 하는 새로운 환경에 처해 있다.

15.1 생태계와 영양 단계

엄밀히 말하자면 지구상의 모든 생물은 어떤 형태로든지 서로 연관을 맺고 있다. 그러나 대체로 한 생물은 제한된 영역에 살고 있으며 상호 작용도 사실상 그 영역 내의 다른 생물로 한정된다. 이러한 의미에서 보면 물질과 에너지의 수급 면에서 어느 정도 독립적인 생물 집단이 존재한다.

생태계

지구에서 생물이 서식하는 곳은 수직으로는 심해의 바닥으로부터 고산의 봉우리까지, 수평적으로는 북극으로부터 남극까지의 지표와 해저의 모든 부분을 포함한다. 그 중의 한 장소에서 살고 있는 같은 종의 생물의 무리를 개체군(population)이라고 하며, 같은 장소에서 서식하고 있는 상호 관련이 있는 개체군의 집합을 군집(association)이라고 한다. 예를 들면 얼룩말과 사자는 한 군집 내에 속할 수 있지만 초원에서 서식하는 사슴과 사막에서 자라는 선인장은 같은 군집에 포함될 수가 없다. 그러나 선인장과 도마뱀은 같은 군집에 속할 수 있다.

생태계(ecosystem)란 군집에 속하는 생물과 그들의 서식지까지 포함하는 복합적 체계를 말한다. 예를 들면 사자, 얼룩말, 미생물 등 부속 생물 모두를 포함하는 초원은 한 생태계를 형성한다. 환경에 따라 다양한 생태계가 존재하며 외부와 비교적 구분이 뚜렷한 것도 있지만 그렇지 않은 것도 있다. 예를 들어 호수나 섬은 비교적 뚜렷한 경계를 가진 생태계이지만 초원과 사막은 그렇지 않은 생태계이다. 모든 생태계는 서로 직간접으로 연결되어 있으며 생태계 전체는 생태권(ecosphere)이라고 하는 가장 큰 단위를 이룬다.

생태계의 정상적인 기능을 위해서는 충분한 에너지와 영양분이 공급되어야 한다. 외부와 완전히 고립되어 필요한 물질과 에너지를 자체적으로 해결하는 생태계는 존재하지 않는다. 즉 모든 생태계는 다른 생태계 그리고 다른 권역과 에너지 및 물질을 주고받는다. 생태계 사이의 균형뿐만 아니라 한 생태계 내의 생물들 사이에도 상호 작용과 균형이 성립되어야 생태계가 정상적으로 유지될 수 있다.

가장 원초적인 에너지는 태양광 에너지이다. 태양광 에너지는 광합성 과정에서 식물 내의 에너지로 전환되어 식물의 성장에 사용되고 나머지는 저장된다. 식물에 저장된 에너지는 동물과 같은 다른 소비자에 의해서 사용된다. 동물은 생존 중에 에너지의 일부를 방출하고 나머지는 그들의 사

그림 15.1 **생태계.** 얼룩말은 초목을, 사자는 얼룩말을 먹고산다. 실제로 생태계는 생물의 유해를 분해하는 미생물과 같은 다른 생물이 관련되어 이보다 더 복잡한 구조를 가지고 있다.

체가 미생물에 의해 분해되는 과정에서 미생물과 생태계를 거쳐 외부로 방출된다.

지구에 존재하는 110여 가지의 원소 중에서 생물의 생존에 필수적인 원소의 수는 17가지 정도이다. 그중에서 질소, 탄소, 수소, 산소, 인, 황 등의 6가지가 생물체를 구성하는 물질의 95%를 차지하고 있다. 지구에 존재하는 이들 물질은 대부분이 화합물 상태로 존재하므로 생물체는 이들 화합물을 분해하여 필요한 원소나 보다 단순한 형태의 화합물을 추출해내는 기능을 가지고 있다. 예를 들면 식물의 탄소 공급원은 이산화탄소이며 이산화탄소는 식물의 엽록체 내에서 탄소와 산소로 분해된다.

물질은 어느 특정한 생물체에 영원히 머무르지는 않고 순환된다. 결국 생태계란 물질과 에너지의 순환 과정에 직 · 간접으로 관련된 구성원들의 모임이라고 할 수 있다.

생태계 내의 생물들은 일차적으로 환경으로부터 오는 물리 · 화학적인 영향을 받고 있다. 생태계 내의 환경적 요인과 함께 생태계 내의 한 생물이 다른 생물의 생존에 영향을 미칠 수가 있으며 이러한 생물학적 요인도 생물의 종류와 수를 결정하는 요인 중의 하나이다.

영양 단계

생태계 내의 생물은 그 기능에 따라 생산자, 소비자, 분해자로 나뉜다. 생산자는 독립적으로 생존할 수 있는 광합성 식물이다. 이들은 주위의 무기물과 태양광 에너지로부터 에너지가 저장된 물질을 생산한다. 소비자는 스스로 태양광 에너지를 이용할 수 없는 동물과 미생물로서 생산자나 다른 동물을 먹고산다. 이러한 먹고 먹히는 체계를 먹이 사슬이라고 하며 인간은 이 먹이 사슬의 가장 상위에 위치한다. 먹이 사슬은 실제로는 상당히 복잡하게 얽혀 있는 먹이 그물의 구조를 갖게 된다.

먹이 사슬을 관련된 생물의 특성에 따라 크게 몇 단계로 나눌 수 있다. 그러면 에너지가 생산자로부터 소비자까지 여러 단계를 거쳐서 전달되는데 그러한 각 단계를 영양 단계(trophic level)라고 한다. 같은 영양 단계의 생물사이에는 직접적인 에너지 이동은 없다. 최후의 영양 단계는 미생물로서 동식물의 사체를 원 상태의 무기물 혹은 단순한 유기물 형태로 분해시키는 과정을 담당한다. 이들 분해자들에 의해 물질과 에너지의 순환이 완성된다.

생태계의 균형은 각 영양 단계를 구성하는 구성원들의 양적 균형을 의

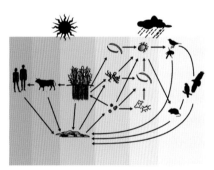

그림 15.2 **먹이 그물**. 미생물과 동식물이 관여하는 복잡한 먹이 사슬이다.

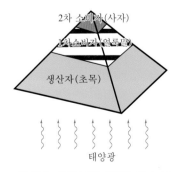

그림 15.3 **영양 단계**. 태양의 에너지가 사자에게까지 전달되는 단계만을 나타내고 있다.

미한다. 생물의 양으로 흔히 생물량(biomass)을 사용하는데 생물의 건량
(乾量)을 말한다. 지구상의 생물량의 99%가 식물에 의한 것이다. 따라서
동물의 생물량은 1% 정도밖에 되지 않는다. 또한 식물량의 대부분은 육지
에 존재하며 0.3%만이 해양에 있다.

영양 단계가 올라갈수록 생물량은 줄어 피라미드와 같은 구조를 이루며
이를 생태학적 피라미드(ecological pyramid)라고 한다. 피라미드 구조를
이루는 이유는 한 단계에서 다음 단계로 전달되는 에너지가 10~20% 정
도에 불과하기 때문이다. 예를 들면 생산자의 유기물이 모두 소비자의 먹
이로 되는 것은 아니고 대부분은 분해자가 이용하기 때문이다. 뿐만 아니
라 상위 단계의 생물일수록 생존 과정에 더 많은 에너지를 필요로 한다. 생
태학적 피라미드는 환경에 의해 모양이 결정되며 어떤 이유로 한 단계의
생물군의 개체 수가 증감하면 다른 단계에 영향을 미쳐서 전체가 새로운
형태의 피라미드로 변모하게 된다.

15.2 물질의 순환

물질의 순환에 생물권이 관여하지 않는 경우도 있다. 생물권이 관련되
는 경우는 그 물질이 생물의 활동이나 성장에 필요한 경우이며 이러한 물
질의 순환은 생물학적, 화학적, 물리학적으로 연관된 과정에서 일어나므
로 이를 생지화학적 순환(biogeochemical circulation)이라고 한다.

생지화학적 순환은 크게 보아 생물권과 나머지 권역들과의 상호 작용으
로서 고체 지구, 수권, 기권에서 단순한 무기물의 상태로 존재하던 것이 생
물체를 이루는 성분으로 사용되고 생물의 사후에는 분해되어 원래의 형태
로 된 후 고체 지구, 수권, 기권에 다시 저장되는 과정이다.

생명을 이루는 물질 중에서 가장 흔한 것들이 탄소, 산소, 질소, 인, 황
등이기 때문에 이들의 순환 과정이 가장 중요하다.

탄소의 순환

탄소의 순환 과정은 순환의 주기에 따라 단기 순환, 중기 순환, 장기 순환
의 3가지로 나뉜다. 그러나 이 구분은 단순히 편의상의 것일 뿐 어느 한 가
지도 다른 것으로부터 완전히 독립되어 있는 것은 없다. 즉 각 순환 과정에
서 사용되는 탄소의 일부는 다른 과정으로 전달되거나 다른 과정으로부터
전달받는다.

단기 순환은 식물의 광합성 중에 이산화탄소의 형태로 흡수된 탄소가 호흡과 분해에 의해 그 대부분이 다시 기권으로 돌아가는 과정이다. 광합성에 의해 고정된 탄소를 함유한 유기물의 일부는 먹이 사슬을 통해 여러 단계의 소비자들에게 차례로 전달된다. 소비자들은 호흡에 의해 탄소의 일부를 이산화탄소의 형태로 방출한다. 또한 동식물의 사체는 미생물에 의해 분해되어 이산화탄소나 메테인을 발생시킨다. 그러나 초기에 고정된 탄소의 전부가 이 과정에 의해 대기로 돌아가는 것은 아니다. 동식물의 사체 중 일부는 토양 속에 유기물로 저장되고 나중에 풍화와 침식에 의해 하천을 통해 해저에 퇴적되기 때문이다. 해저에 퇴적된 탄소의 일부는 장기 순환 과정을 거치게 된다.

장기 순환은 생물의 유해로부터 직접적으로, 혹은 침전에 의해 탄소를 포함한 퇴적층이 생성된 다음 암석의 윤회 과정에서 기체의 형태로 방출된 것을 다시 생물이 이용하거나 물에 용해되는 과정이다. 이 순환은 암석의 윤회 과정과 거의 같은 5억 년 정도의 주기를 가진다.

고체 지구의 가장 큰 탄소의 저장소가 바로 탄산칼슘($CaCO_3$)으로 이루어진 석회암이다. 많은 양의 이산화탄소가 석회암 속에 들어있는 것은 지구상의 생물에게는 큰 행운이다. 만약 석회암이라는 이산화탄소의 저장고가 없다면 대기 중의 이산화탄소의 농도가 너무 높아 온실효과에 의해 지구의 기온은 금성 이상으로 올라가 있을 것이다.

석회암의 주요 생성 경로는 해양 생물의 껍질이 쌓여 화석화되는 것과 수용액의 침전이다. 일부 해양 생물은 탄산칼슘의 껍질을 형성하는 과정에서 용해되어 있는 이산화탄소를 사용하고 이 껍질은 미생물에 의해 분해된다. 이때 발생한 이산화탄소는 물에 용해되거나 대기로 방출된다. 분해를 피한 껍질은 퇴적층의 일부가 되는데 이제부터 탄소는 암석의 윤회 과정에 포함된다. 즉 판의 운동에 의해 이 퇴적층 혹은 석회암을 포함한 암석의 해양판은 다른 판 아래로 섭입하여 맨틀의 일부가 된다. 이 과정에서 탄산칼슘의 일부는 주변의 암석에 있던 규소와 결합하여 규산칼슘($CaSiO_3$)으로 변화하게 되며, 이때 발생한 이산화탄소는 화산 활동에 의해 대기 중으로 방출된다. 이 이산화탄소의 일부는 빗물 속으로 녹아 들어간다. 섭입하지 않고 융기에 의해 지상으로 노출된 석회암은 풍화에 의해 지표수 혹은 지하수에 흡수된다. 이러한 물에는 이미 유기물의 분해에 의해서 생성된 이산화탄소가 존재하므로 이산화탄소의 농도가 더욱 높아진다. 이 물은 칼슘과 규소를 포함하고 있는 암석을 용해시키고 탄산칼슘($CaCO_3$)을 침전시킨다.

역사적으로 대기 중의 이산화탄소의 농도는 현재에 비해 10배 정도의

표 15.1 탄소의 분포

	대기	물	생물	석회암	퇴적암	화석연료
양	0.0233	1.30	0.145	1,600	250	0.27
(100조톤)	1.47(0.1%)			1,850.27(99.9%)		

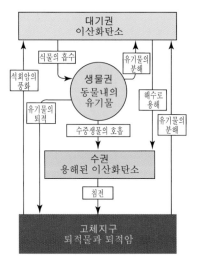

그림 15.4 탄소의 순환. 기권의 탄소는 주로 이산화탄소의 형태로 존재하며 물에 녹거나 암석으로 퇴적된다. 용해된 탄소나 암석의 탄소는 분해되어 기권으로 되돌아가는 순환을 반복한다. 탄소의 순환은 생물권의 개입으로 더욱 다양해진다.

범위 내에서 변화해왔다고 한다. 이산화탄소의 농도가 높은 시기가 활발한 화산 활동의 시기와 무관하지 않는 것으로부터 그러한 이산화탄소 농도의 증가는 주로 화산 활동에 의한 것으로 추정된다.

탄소의 중기 순환은 단기 순환 과정에서 먹이 사슬에 있는 일부 생물이 죽어서 퇴적된 유기물 속에 들어 있는 탄소의 순환을 말한다. 퇴적층의 퇴적 유기물로서 대표적인 것으로 석탄, 석유, 천연 가스 등이 있다. 석탄은 육상 식물의 퇴적물이고 석유와 천연 가스는 해양의 식물성 플랑크톤의 유해가 퇴적된 것이다. 이들은 주로 석회암과 사암층에 저장되어 있다. 지각 변동에 의해 이들이 지표로 노출되면 산소와 반응해서 이산화탄소를 방출하게 된다. 이 과정의 순환 주기는 수백만 년 정도이다. 그러나 이러한 자연적인 중기 순환은 이제 거의 존재하지 않는다. 이들 에너지원은 연료로서 인공적으로 연소되어 이산화탄소로 변화하고 있다.

화석연료의 연소와 같은 인위적인 원인에 의한 이산화탄소의 발생에 대해 많은 사람들이 근심을 하고 있다. 자연적인 이산화탄소의 발생에 비해 무시하지 못할 정도로 많은 양이 대기 중으로 배출되어 지구 대기의 온도를 증가시키는 온실효과를 일으키는 것으로 생각되기 때문이다.

산소의 순환

대기의 약 20%를 차지하고 있는 것이 산소이다. 원시 대기에는 산소가 없었으나 식물의 광합성에 의해 산소가 생성되었음은 이미 지적한 바 있다. 이렇게 이산화탄소를 사용하는 광합성에 의해서 생산된 산소는 생물의 호흡이나 분해에 의해 소비되고 또다시 이산화탄소를 만들게 된다. 따라서 산소의 순환 과정은 탄소의 순환과 밀접한 관계를 맺고 있다. 광합성에 의한 산소의 발생과 호흡과 분해에 의한 산소의 소비 과정을 산소의 단기 순환이라고 하며 이 과정에 의해서 육상에서는 산소의 생산과 소비가 거의 균형을 이루고 있다.

해양 생물이 생산하는 산소의 양은 그리 많지는 않지만 해양에서 호흡이나 분해에 의해 소비되는 양보다는 많다. 따라서 일부 산소는 대기 중으로 유입된다. 또한 육상의 유기물 중의 일부는 완전히 분해되지 않고 해양으로 운반되고 해양의 다른 유기물과 합쳐져 해양 바닥에 퇴적된다. 생성된 유기물이 모두 분해되지 않기 때문에 대기 중의 이산화탄소의 양이 감소하고 산소의 양이 증가할 것으로 생각될 수도 있지만, 실제로 그러한 일이 일어나지 않는 이유는 지표면에 노출된 퇴적암 속의 유기물이 산화되고 다른 물질이 풍화될 때 산소를 소모하면서 이산화탄소를 발생시키기 때문이다. 이 과정은 물론 탄소의 중기 순환에 관계하고 있다. 따라서 탄소의 중기 순환에서 퇴적물의 양에 따라 대기 중의 산소의 양이 변화한다. 실제로 퇴적물이 많았던 시기에는 대기 중의 산소의 양이 증가하고 퇴적물이 적었던 시기에는 반대의 경향이 있었다. 식물이 땅속에 묻혀 석탄으로 변화하던 시기인 석탄기와 페름기 동안에 산소의 양이 증가한 이유가 바로 이것이다.

질소의 순환

질소는 생물의 단백질을 구성하는 데 반드시 필요한 성분 중의 하나이다. 질소는 대기의 79%를 차지하고 있을 정도로 풍부하나 동식물이 사용하기 위해서는 먼저 암모니아나 질산염[1]의 상태로 되어야 한다. 기체 질소가 이러한 물질로 변화하는 과정을 공중 질소 고정이라고 하며 뿌리혹박테리아와 같은 일부 미생물만이 가지고 있는 능력이다. 그들이 고정한 질소와 동식물의 유해로부터 분해된 질소는 식물에 공급되고 먹이 사슬을 통해 동물에게 전달된다. 생태계에 사용되는 질소의 25%는 대기로부터 고정된 것이며 나머지는 토양 등에 이미 저장되어 있는 것이다.

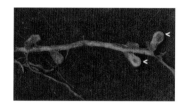

그림 15.5 뿌리혹. 클로버의 뿌리혹에는 뿌리혹박테리아가 살고 있으며 이들에 의해 대기 중의 질소가 식물 내로 흡수되는 공중 질소 고정이 일어난다.

해양의 질소는 1%만이 대기로부터 고정된 것이며 나머지는 물속에 저장되어 있던 것이다. 식물성 플랑크톤은 물속에 용해되어 있는 질소를 사용하고 죽은 뒤에는 미생물에 의해 분해되어 질소는 다시 물에 용해된다. 이와 같이 질소 순환에 관한 한 해양은 거의 독립적으로 운영된다.

농경지에서 재배된 식물 속에 들어있는 질소는 식물이 완전히 분해되기 전에는 대기 중이나 토양 속으로 돌아가지 못한다. 뿐만 아니라 수확된 곡물은 다른 곳에서 소비되므로 토양 중의 질소 부족은 당연하다. 토양의 질소 부족을 보충하기 위해서 요소 혹은 질산염의 화학 비료를 뿌리게 된다. 그러나 과다하게 뿌려진 화학 비료는 지하수에 흡수되어 하천과 연근해를 오염시키게 된다.

화석연료 속에 들어있던 질소는 연소에 의해서 대기 중으로 돌아가지만 질소 산화물의 형태로도 방출되므로 대기의 오염원으로 작용하게 된다.

---

1) 질산기(NO_3^-)를 포함하는 물질

15.3 날씨와 기후

날씨는 기권의 단기적인 상태를 의미하고 기후는 장기간에 걸친 기권의 상태를 의미한다. 둘 모두 기온, 기압, 습도, 구름, 풍속, 풍향 등의 6가지 기상 변수에 의해 결정된다. 이렇게 기후를 지배하는 요소가 많고 이러한 요소들을 결정하는 지구 환경이 매우 복잡하기 때문에 기후를 정확하게 예측하기는 매우 어렵다.

날씨와 기후를 결정짓는 이들 6가지 요소들은 지각의 변동과 같은 지구 자체의 내적 요인과 우주적 요인에 의해서도 영향을 받는다. 이 중에서 지질의 변동은 수천 년 이상의 비교적 장기간에 걸친 현상이지만 우주적 요인은 더욱더 긴 주기로 작용한다.

기후의 변화

그림 15.6 아이스 맨. 아이스 맨은 알프스의 눈 속에 5,000여 년 동안 묻혀 있다 최근에 기온이 증가하여 설선이 위로 후퇴하였기 때문에 발견되었으며 기후 변동의 증거라고 할 수 있다.

여러 자료를 종합해 보면 지구의 평균 기온이 현재보다 4~5°C 정도까지 낮아지는 시기가 대략 10만 년의 주기로 반복되어 왔음을 알 수 있다. 이렇게 기온이 낮은 시기를 빙하기라고 하며 빙하기와 빙하기 사이에 같은 주기로 기온이 상승하는 시기를 간빙기라고 한다. 지금 우리는 간빙기에 살고 있다.

공룡이 활동하던 약 1억 년 전에는 특히 기온이 높았다. 당시의 해수면은 지금보다 100~200m 정도 높았으며 기온은 6°C 이상 높았다고 추정된다. 왜 당시의 온도가 높았는지 그 이유를 정확히 알 수는 없으나 활발한 화산 활동에 의해서 공기 중의 이산화탄소의 비율이 높았고 이에 따라 온실효과가 심했기 때문으로 생각된다. 대규모의 화산 활동은 아무래도 판의 운동에 관련된 자연현상이었을 것이다.

> □ **최근 기후의 변동**
>
> 기온 변화에 대해서는 100년 이상의 측정 기록이 존재하며, 이에 의하면 과거 100년 동안 지구의 평균 기온은 약 1°C 정도 상승했다고 한다. 학자들은 100년이라는 짧은 기간 동안 그 정도로 큰 변화가 우연히 발생할 확률은 작기 때문에 인간의 활동에 의한 것이라고 믿고 있다.

기후 변화의 요인

기후 변화에 관계하는 요인들 중 3가지의 천문학적인 요인이 있다. 그

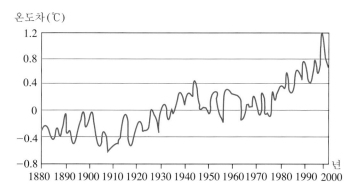

그림 15.7 과거 100여 년간의 기온 기록. 기온이 기록되기 시작한 것은 불과 100여 년이다. 이 기간 동안 지구의 평균 기온은 약 1℃ 정도 상승한 것으로 보인다. 이러한 빠른 증가는 다른 이유보다는 대기 중 이산화탄소의 농도 증가에 의한 것으로 생각된다(현재의 평균 기온에 대한 차이를 나타내었다).

것은 지구 자전축의 세차(precession)[2], 자전축의 기울기의 변화, 공전 궤도의 이심률의 변화 등이다.

천문학적 관측에 의하면 자전축 세차의 주기는 23,000년, 자전축 기울기 변화의 주기는 41,000년, 이심율의 변화 주기는 100,000년이다. 이 3가지 요인들을 모두 고려하면 특정 지역에 도달하는 태양광 에너지가 수십 퍼센트의 범위 내에서 변화하며 그 주기가 관측된 빙하기의 주기와 어느 정도 일치한다. 이러한 계산을 기초로 밀란코비치(Milutin Milankovitch, 1897~1958)는 천문학적 요인에 의해 빙하기와 간빙기가 발생한다고 주장하였다.

그러나 천문학적인 요인이 지구 기후의 장기 변화와 관계함을 알 수는 있지만 변화의 크기를 설명하지는 못한다. 실제로 일어난 변화의 폭이 컸기 때문이다. 따라서 온도 변화를 증폭시키는 다른 요인이 있다고 본다.

천문학적 요인 이외에 기후의 변화에 영향을 주는 요인은 모두 지구 자체에 의한 것이다. 예를 들면 수륙 분포, 대기의 투과율과 조성, 지표면의 물리적 조건 등이 있다.

실제로 온실기체의 주성분인 이산화탄소와 메테인의 비율이 빙하기에는 수십 퍼센트 낮았다는 자료가 있다. 물론 그러한 기체들이 기온을 크게 강하시키는 증폭 요인으로 작용했을 것으로 추정할 수는 있으나 그때 왜 그들의 비율이 낮았는지는 알 수 없다. 또한 빙하기에는 대기 중에 화산재와 같은 먼지가 많았다는 증거가 있는데 이것이 태양광 에너지의 일부를 차단했을 것은 분명하다. 빙하기에 눈과 얼음의 양이 증가하면 태양광 에너지의 반사율도 자연히 높아졌을 것이다. 이것도 기온 강하의 증폭 요인 중 한 가지였을 것이다.

그림 15.8 지구의 장기적 기온 변화. 지구에는 여러 차례 빙하기와 간빙기가 있었으며 이러한 장기적 기후 변화에는 천문학적 요인도 있다.

---

2) 지구의 자전축이 고정되어 있지 않고 방향이 바뀌는 현상

엘니뇨

오늘날 이상 기후의 주범으로 엘니뇨(El niño)가 지목을 받고 있다. 엘니뇨에 의한 비정상적인 기후는 지구상의 어느 특정한 장소에만 발생하는 것은 아니다. 엘니뇨는 수권, 기권이 직접적으로 관련되어 있는 범지구적인 자연현상이기 때문이다.

□ 엘니뇨의 어원

19세기 페루의 어부들에 의해 사용되기 시작한 엘니뇨라는 용어는 스페인어로 '소년' 혹은 '아기 예수'라는 의미를 가지며 단순히 크리스마스 전후에 남아메리카의 서안을 따라 북쪽으로 향하는 정상적인 훔볼트 해류(Humbolt Current)를 대치하는, 남쪽으로 향하는 온난 해류가 발생한 것을 의미하였다. 이 온난 해류가 발생하면 인근 정어리 어장의 어획량이 감소하였다. 왜냐하면 정어리 어장은 무기물이 풍부한 저온의 심층수 때문에 형성되는데 이 심층수는 훔볼트 해류가 정상적일 때에만 용승하기 때문이다.

어장이 형성되지 않는 시기인 크리스마스로부터 다음 해 봄까지 어부들은 출어하지 않고 쉬었다. 그러나 3~10년의 주기로 다음 해 봄이 왔는데도 오히려 근해 해수의 온도가 더 올라가고 어장이 황폐화까지 하는 현상이 발생하는 경우도 있었다. 이것은 일종의 비정상적인 엘니뇨라고 할 수 있으며 이것이 전 세계적인 이상 기후를 일으킨다. 보통 엘니뇨라고 하면 이 비정상적인 엘니뇨를 말한다.

현재 엘니뇨의 기상학적인 정의는 적도상 중태평양 해수의 온도가 평소보다 0.5℃ 이상 높은 상태가 6개월 이상 지속되는 경우를 말한다.

정상적인 상태에서는 무역풍은 동에서 서로 불고 이에 의한 취송류인 남적도 해류는 서쪽으로 오면서 점점 따뜻해져서 서태평양 뉴기니 근처에서 동쪽보다는 10℃ 이상 높은 거대한 온난 수역을 형성한다. 이 해수에 의해 더워진 공기가 상승하여 인도네시아에는 대량의 강우가 있게 된다. 그러나 중서부 태평양에서 동에서 서로 불던 무역풍이 약화되거나 반대로 불면 해류의 방향이 역전되어 적도상의 중태평양 해수의 온도가 올라가는 엘니뇨가 발생하게 된다.

엘니뇨가 발생하면 중부 태평양으로 불어오는 서쪽의 고온 다습한 공기와 동으로부터의 무역풍이 남동 태평양에서 상승하여 그 해상에 많은 비를 내리게 한다. 반대로 서태평양, 나아가 인도, 남아프리카까지 가뭄이 들게 된다. 뿐만 아니라 북미 대륙 등 거의 전 세계적인 이상 기후를 초래한다. 일부 사람들은 엘니뇨의 주기가 점점 짧아질 뿐만 아니라 더 강해지는 경향을 보이는 것이 화석연료의 과다 사용에 의해 발생하는 온실효과 때문이

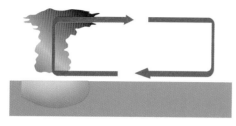 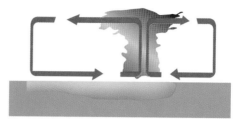

(a) 정상 상태   (b) 엘니뇨 상태

그림 15.9 엘니뇨 현상. (a) 정상 상태에서는 무역풍이 충분히 강해서 서태평양에 온난 수역이 형성되나, (b) 무역풍이 약해지면 중동부 태평양에 온난 수역이 형성된다.

라고 주장하고 있다.

15.4 자 원

생물의 사회는 자원에 의존하여 운영되고 있다. 특히 인간의 사회와 같은 고도의 물질 문명을 유지하는 데에는 매우 다양한 물질을 필요로 하고 있다.

지구에 존재하는 자원은 인간의 용도에 따라 식품 자원, 광물 자원, 에너지 자원 등으로 분류하며, 이 중에 식물, 동물, 햇빛, 바람 등은 다시 공급 가능한 재생 가능한 자원인 반면 금속, 시멘트, 석탄, 석유, 우라늄 등은 재생 불가능한 자원들이다. 따라서 우리 사회를 움직이고 있는 자원의 대부분은 재생 불가능한 것들이다. 재생 불가능한 자원은 매우 오래전에 지구의 변화 과정에 의하여 장기간에 걸쳐 특별한 환경에서 만들어진 것이기 때문에 지금과 같은 환경에서 단시간 내에 재생될 수는 없다.

광물 자원

광물은 금속과 비금속성의 고령토, 소금, 석고, 탄산나트륨 등의 물질을 말하며 비금속성 광물은 도자기, 화학 약품, 건축 자재, 비료 등으로 사용된다.

유용한 광물이 존재하여 경제적으로 채굴 대상이 되는 장소를 광상이라고 하며, 형성 과정의 차이에 따라 뜨거운 수용성 용액에 의해 광물이 집적된 열수 광상, 마그마의 광물 집적에 의한 마그마 광상(magmatic mineral deposits), 호수 혹은 해수의 광물 침전에 의한 퇴적 광상, 지표수의 광물 집적에 의한 사광상(placer), 풍화작용에 의한 잔류 광상 등의 5가지로 구분한다.

열수 광상은 마그마 내에 포함된 물, 지각 내를 흐르는 물 혹은 해수에

그림 15.10 열수 분출구. 해저의 화산에 의해 데워진 해수가 여러 가지 물질을 녹인 다음 분출구 근처에서 침전시킨다. 이런 곳에도 열수 광상이 형성될 수 있다.

그림 15.11 **금의 사용.** 금은 화학적으로 매우 안정하며 변형이 쉬워서 여러 가지 장식품으로 사용되어 왔다. 현대의 대부분의 금광에서는 대부분 다른 광물과 혼합된 암석으로부터 화학적인 방법으로 금을 추출한다.

용해되어 있던 광물이 한 장소에 침전된 것이며 대부분의 대규모 광상이 여기에 해당한다.

마그마 광상은 마그마에 광물 입자들이 층을 이루며 가라앉는 이른바 분별 결정 작용에 의해 형성된 광상을 말하며 이 과정에 의해 크롬, 철, 백금, 니켈, 세슘, 티타늄 등의 광물이 집적된다.

□ **분별 결정 작용**

용매에 복수의 용질이 녹아 있을 때 용질의 용해도의 차를 이용하여 분리하는 방법이다. 암석의 경우 여러 광석이 혼합되어 녹아있는 경우 가열하였다가 냉각시키면 녹는점이 높은 것이 먼저 결정화한다.

퇴적 광상은 용액 상태의 광물이 특정한 장소에서 침전된 것이다. 가장 흔한 퇴적 광상 중의 한 형태는 증발에 의해 광상이 형성되는 것이다. 예를 들면 석고, 암염, 칼륨 광상이 있다. 철, 구리, 납, 아연도 퇴적성의 광상을 형성하기도 한다.

퇴적물 입자 중에서 비중이 큰 광물이 유수에 의해 한 곳에 모이게 되어 형성된 광상이 사광상이며 금, 백금, 다이아몬드 등이 이곳에서 나는 가장 중요한 광물들이다. 예를 들어 유명한 남아프리카의 금광은 대부분 사광상이다.

지표에 노출된 암석이 비와 공기의 풍화작용에 의해 가용성 물질이 제

표 15.2 **금속과 광물**

금 속	광 상	화학식
철	자철석(magnetite)	Fe_3O_4
	적철석(hematite)	Fe_2O_3
	갈철석(limonite)	$Fe_2O_3 \cdot nH_2O$
납	방연석(galena)	PbS
알루미늄	보오크사이트(bauxite	$Al_2O_3 \cdot 3H_2O$
구리	천연 구리(copper)	Cu
	반동석(bornite) 휘동석(chalcocite)	Cu_5FeS_4
은	천연 은(silver)	Ag
	휘은석(argentite)	Ag_2S
아연	섬아연석(sphalerite)	ZnS
수은	진사(cinnabar)	HgS
금	천연 금(gold), 황철석(pyrite)에 포함	Au

거되고 불용성 물질만이 잔류하게 되어 형성된 것이 잔류 광상이며, 철의 원료인 갈철석 광상과 알루미늄의 원료인 보오크사이트(bauxite) 광상이 대표적인 예이다.

에너지 자원

인간은 핵연료, 석탄, 석유, 천연 가스, 목재 등을 이용하여 전 세계적으로 연간 3.0×10^{20}J의 에너지를 소모하고 있는 것으로 추산된다. 이는 1인당 매년 석탄 2톤 혹은 석유 10배럴을 태우는 것과 같다.

에너지 자원은 석탄, 석유, 천연 가스 등의 화석연료, 동식물의 대사 작용으로부터 얻어지는 목재와 분뇨 등의 생물량, 수력, 조력, 풍력, 핵연료 등이 있다.

화석연료란 퇴적물 속에 포함된 동식물의 유해가 퇴적된 후 압력과 열에 의해 변화된 것을 말하며 전 세계 에너지 소비량의 85%를 담당하고 있다. 이 중에서 석탄은 비교적 전 세계적으로 고르게 분포되어 있지만 석유와 천연 가스의 매장 장소는 특정 지역에만 한정되어 있다. 석탄과 석유에는 유기물뿐만 아니라 무기물도 포함되어 있으며 연료로 사용할 때에는 포함된 황이 대기 오염을 일으킨다.

해양의 세균과 식물성 플랑크톤의 혼합물이 변화되어 석유와 천연 가스가 된다. 이는 석유가 대부분 해양성 퇴적암에서 발견되는 사실로부터 입증된다. 석유와 천연 가스는 주로 고생대 이후부터 형성되기 시작하였으며 신생대의 지층에 총 매장량의 58%, 중생대에 27%, 고생대에 15%가 있다. 현재까지 약 1조 배럴의 석유가 사용되었으며 나머지 채굴 가능한 석유 매장량은 1.5조 배럴 정도로 추정된다. 전 세계의 석유 사용량은 1년에 300억 배럴 정도이므로 앞으로 겨우 50년 정도의 수요를 충족시킬 것으로 예상된다.[3]

육상 식물에 풍부한 셀룰로오스와 리그닌(lignin)[4] 등의 유기물이 변화하여 석탄이 된다. 석탄은 육상 식물이 처음으로 출현한 4억 1천만 년 전의 실루리아기부터 형성되기 시작했으나 페름기와 석탄기에 형성되기 시작한 것이 가장 많다. 채굴 가능한 석탄의 양은 14조 톤으로 에너지로 환산하면 석유 63조 배럴에 해당한다. 따라서 석탄은 장기적인 에너지원임을 알 수 있다.

---

3) 새로운 유전의 발견과 채굴 기술의 향상으로 석유 사정에 대한 보다 낙관적인 견해도 있다.
4) 식물에 존재하는 그물 모양의 고분자 화합물로서 셀룰로오스와 함께 식물의 조직을 튼튼하게 하는 역할을 한다. 식물 전체 중량의 20~30%에 해당

표 15.3 화석연료의 가채 매장량과 사용 가능 기간

화석연료	가채 매장량 (단위: 조 배럴)	사용 가능 기간 (단위: 년)
석유 및 천연 가스	1.5	50
석 탄	63	2,100

* 에너지 발생량에서 석탄 0.22톤은 석유 1배럴에 해당한다.

□ **석탄의 분류**

석탄은 휘발성 물질의 농도에 따라 토탄, 갈탄, 역청탄, 무연탄으로 불리며 열에 의해 휘발성 물질이 완전히 배출되고 변형된 것이 흑연이다.

생물량에 의한 에너지는 전 세계 에너지 소비량의 14%를 감당하고 있으므로 결코 적은 양이 아니다. 그러나 매년 성장하는 식물의 양이 전 세계 에너지 소비량의 9배에 해당할 정도로 매우 많다고 해서 이를 결코 마음대로 사용해서는 안 된다. 생물량의 과다 소비는 환경을 파괴하여 장기적으로는 인류의 생존을 위협할 수 있기 때문이다.

전 세계의 유수가 가지고 있는 발전 능력은 연간 150억 배럴의 석유에 해당하나 실제로 사용 가능한 수력 자원은 이보다 훨씬 적을 것이다. 왜냐하면 수력을 전기와 같은 다른 에너지로 변환시킬 수 있는 장소가 매우 제한적이기 때문이다.

핵연료는 우라늄, 플루토늄, 토륨과 같은 물질이며 이러한 물질의 핵분열 과정에서 에너지가 발생한다. 우라늄 1g의 핵분열에서 나오는 에너지는 석유 14배럴에 해당할 정도로 막대하다. 핵연료는 채굴 가능성까지 고려하면 유일한 장기적 에너지 공급원이라고 할 수 있으며 점차 에너지 사용량에서 그 비중이 높아가고 있는 추세이다. 비록 방사성 오염의 문제를 안고 있으나 핵연료는 현재 세계 전력 수요의 8%를 충당하고 있다.

그 밖의 에너지원인 지열, 풍력, 조력, 태양광 에너지 등이 있으나 효율을 감안할 때 에너지 소모량에 기여도가 그리 크지 않을 뿐만 아니라 장소에 따라 설치 가능성이 제한되는 단점이 있다.

15.5 환경오염

환경의 오염은 오염 대상에 따라 크게 토양 오염, 수질 오염, 대기 오염의 3종류로 구분한다. 토양은 주로 표토층을 의미하며 수질은 하천, 호수,

지하수, 해양과 그 바닥의 토양을 포함한다. 대기는 주로 대기권을 말한다.

어느 종류의 오염이든지 사실은 서로 밀접한 연관성을 가지고 있다. 대기의 오염은 강우에 의해 수질 오염과 토양 오염으로 이어지고 수질 오염과 토양 오염도 상호 관계가 있다. 다만 편의상 오염 물질의 일차적인 배출 장소에 따라 3종류의 오염을 구별할 뿐이다.

토양 오염

토양은 지각의 암석이 풍화작용에 의해 잘게 부서진 것이다. 토양에는 동식물의 유해와 물이 함유되어 있다. 인간은 토양으로부터 영양을 섭취하여 자라는 식물을 먹고 토양에 의해 정류된 물을 마신다. 따라서 토양의 오염은 인간의 건강에 직접적인 영향을 미치게 된다.

토양 오염의 2가지 원인은 쓰레기 매립과 같은 직접적인 것과 오염 물질을 포함한 하천수나 빗물에 의한 부차적인 것이 있다. 오염 물질은 수은, 납, 카드뮴 등과 같은 중금속과 가정 폐기물, 산업 폐기물 등이다.

수은은 농약, 온도계, 페인트, 염소, 수산화나트륨의 제조 과정에서 사용되며 무겁기 때문에 공장 폐수에 섞인 수은은 근처의 하천 바닥에 쌓이게 된다. 수은은 유기물과 반응하여 메틸수은(methylated mercury)으로 변할 수 있는데 이 물질은 물에 잘 녹으며 독성을 가지고 있다. 수은이나 메틸수은은 물고기를 포함한 먹이 사슬을 통해서 인체에 축적되어 중추 신경계에 이상을 나타내게 된다.

납도 흔한 중금속으로서 대도시의 경우 페인트, 차선 도색용 칠이 새로운 요인으로 등장하게 되었다. 납 중독은 지능 저하, 정신 이상 등을 일으킬 수 있다.

□ 납 중독과 네로 황제

로마 시대의 귀족 사회에 납 그릇이 유행하였는데 네로 황제와 같은 정신 이상 증세도 납 중독에 의한 것이라는 주장이 제기되기도 했다.

산업 폐기물은 업종에 따라 매우 다양하며 그 중에는 유독성 물질도 있고 잘 분해되지 않는 것도 있다. 이들을 그대로 매립하는 것은 토양을 완전히 파괴시키는 결과를 초래할 뿐만 아니라 지하수의 오염을 통하여 주변의 하천이나 농경지까지 오염시키게 된다.

가정 폐기물은 음식물 쓰레기, 종이, 플라스틱, 유리, 도자기, 깡통과 같은 것들이다. 음식물 쓰레기를 매립하면 무엇보다 먼저 침출수의 처리 문제가 발생한다. 침출수는 고도로 영양이 풍부한 물로서 처리하기가 매우 어렵다. 매립지에는 메테인과 같은 연소성 가스도 발생하는데 자연적으로 발화하여 도깨비불로 오인되기도 한다.

수질 오염

인체의 약 70%는 물이며 성인 한 명이 하루에 섭취하는 물의 양은 보통 2.4리터라고 한다. 물은 체내에서 영양분의 운반과 체온 조절 등의 중요한 역할을 하기 때문에 체내의 물의 12%만 손실되어도 생명이 위험하게 된다. 동물뿐만 아니라 식물까지도 물질 대사의 용매로서 반드시 물을 필요로 한다. 따라서 물속의 오염 물질은 인간을 포함한 생물의 체내로 들어와 중대한 장애를 초래할 수 있다.

담수 오염원은 크게 병원균, 유기물, 무기물, 열, 방사성 물질의 5가지 종류로 나뉜다.

병원균에 의해 감염된 동물의 배설물은 이질, 장티푸스, 콜레라 등의 수인성 전염병의 요인이 된다.

물이 유기물을 함유한 물질에 의해 오염되는 현상을 부영양화라고 하며 이 물질을 분해하면서 생존하는 미생물과 수중 식물이 증가하는 요인이 된다. 부영양화를 일으키는 물질은 동식물의 사체, 배설물, 음식 쓰레기 등이 있다. 이들은 모두 질소와 인을 포함하고 있다.

물속으로 유입된 유기물은 물에 녹아있는 산소, 즉 용존 산소(Dissolved Oxygen)가 충분하면 수중에 있는 호기성 미생물에 의해 분해되어 없어진다. 이에 따라 물속에 있는 유기물 양의 척도로서 생화학적 산소 요구량(Biological Oxygen Demand)을 흔히 사용하는데 바로 유기물의 호기성 분해를 위해 필요로 하는 산소의 양이다. 도시 하수의 주성분인 사람의 배설물, 음식물 찌꺼기, 폐유, 공장 폐수, 농업 폐수 등의 유기물은 BOD를 증가시킨다.

생화학적으로 분해가 불가능한 유기물, 예를 들면 플라스틱, 농약, 페인트 등은 화학적인 방법에 의해서만 분해가 가능하며, 이때 필요로 하는 산소의 양을 화학적 산소 요구량(Chemical Oxygen Demand)이라고 한다.

수질 오염을 일으키는 무기물은 수은, 납, 크롬, 카드뮴, 아연, 비소 등의 중금속과 산, 염기 그리고 탄산칼슘과 같은 고체 부유물 등이며, 이들의 배출 업종은 도금, 화공, 염색업, 제철업 등이다.

열은 주로 제철소나 화력 혹은 원자력 발전소의 냉각수에 포함되어 하

그림 15.12 **하수 처리 시설.** 도시 하수에 산소를 공급하여 미생물에 의한 호기성 발효를 촉진시키거나 희석시켜 오염된 물을 정화한다.

천이나 바다로 방출된다. 열에 의한 직접적인 피해는 수중 생물에 대한 것이며 수온 상승에 의한 부영양화의 촉진도 간접적인 피해이다.

대표적인 방사성 물질은 우라늄, 라듐, 플루토늄 등이며 이들을 주로 사용하는 곳은 원자력 발전소이다. 그 외 요오드(I^{131}), 세슘(Cs^{137}) 등과 같은 의료용 혹은 진단용 방사성 물질의 취급이 늘고 있으며 이들에 의한 물의 오염 위협도 존재한다.

대기 오염

인간이 하루에 흡입하는 공기의 양은 13kg 정도이다. 이렇게 많이 흡입하는 공기가 오염되어 있다면 호흡 곤란, 기침 등의 호흡기 장애와 눈에 직접적인 피해를 줄 뿐만 아니라 체내에 흡수되어 인체의 여러 기관에 문제를 일으킬 수 있다.

대기 오염은 지구의 기권 중에서 대류권의 공기의 오염을 말한다. 대기 오염을 일으키는 오염 물질 중에서 가장 중요한 것들은 일산화탄소, 탄화수소, 질소 산화물, 황 산화물, 분진 등의 5종류 정도로 나눌 수 있다. 이들

□ 산성비

이산화황(SO_2)과 같은 황 산화물은 주로 황을 함유하고 있는 석유나 석탄을 연소시킬 때 발생한다. 운송 수단에 의한 오염과는 달리 이들은 특정 지역에 국한되어 있기 때문에 지역적인 오염을 일으킬 수 있다. 황 산화물은 대기 중의 물과 결합하여 황산으로 되기 때문에 산성비의 원인이 된다. 석조 구조물의 부식은 주로 황산을 함유하는 산성비에 의한다.

□ 스모그

일몰 후 지표면 근처의 온도는 강하하였지만 주간에 이미 데워진 상층부의 공기는 한동안 높은 온도를 유지할 수 있다. 이 현상은 다음날 태양광에 의해 정상화되는 것이 보통이지만 만일 안개나 구름 그리고 분진 등에 의해 지표가 태양광 에너지를 흡수하지 못하면 그러한 기온 역전이 상당한 시간 동안 지속될 수 있다. 기온의 역전이 일어난 지역에서는 오염된 공기가 대류에 의해 확산되지 못해 스모그(smog)를 형성할 수 있다.

이산화황과 분진이 수증기와 혼합된 스모그를 런던형 스모그라고 하고, 차량 등으로부터 배출된 산화질소, 일산화탄소, 탄화질소, 납 등이 햇빛에 의해 화학 반응을 일으켜 오존 등 유해한 산화물이 발생한 스모그를 광화학 스모그 또는 LA형 스모그라고 한다. LA형 스모그일 경우 생성된 독성 기체들에 의해 황갈색의 안개가 발생하는 것이 특징이다.

그림 15.13 산성비에 의한 피해. 일에 있는 이 사암 조각상은 1702년에 만들어진 것이다. 왼쪽은 1908년, 오른쪽은 1969년의 모습이다. 사암, 석회암, 대리석과 같이 칼슘을 함유한 암석은 빗물 속의 황산 이온과 반응하여 석고로 변한다. 이것은 빗물에 의해 쉽게 떨어져 나가게 된다. 따라서 대기 중의 이산화황이 이러한 암석 부식의 주범이다.

그림 15.14 LA의 스모그. 대도시에는 공장이나 자동차의 배기 가스에 의해 스모그가 발생할 가능성이 항상 높다. (a) 주로 자동차의 배기 가스 중에서 일부가 태양광에 의해 유독한 물질로 변화한 LA형 스모그가 발생하였을 때와, (b) 같은 장소이지만 정상일 때의 모습이다.

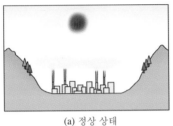

그림 15.15 스모그의 발생. 정상적으로는 대기의 온도가 고도에 따라 감소한다. 반대로 지면 근처에서 온도가 고도에 따라 증가하는 기온의 역전 상태가 오랫동안 지속되면 스모그가 발생하기 쉽다.

은 대부분 화석연료의 연소 과정에서 발생한다. 나머지는 도료, 담배 연기와 같이 특정한 장소에 한정적으로 발생하는 것들이며 넓은 영역으로 보아서는 크게 중요하지 않다.

지구 온난화

지구 온난화에 기여하는 온실기체로는 이산화탄소, 메테인, 염화불화탄소(CFC), 수증기, 산화질소 등이 있다. 이들 중에서 이산화탄소가 가장 큰 영향을 주고 있는 것으로 알려져 있다.

현재 화석연료의 연소로 인해 매년 약 220억 톤의 이산화탄소가 발생하고 있으며 삼림의 파괴만으로도 매년 약 70억 톤의 이산화탄소가 발생하

표 15.4 지구 온난화에 대한 온실기체의 기여도

온실기체	이산화탄소	메테인	CFC
대기 중의 농도(ppm)	355	1.72	0.001
기여도(%)	60	15	12

는 것과 같은 효과가 발생하고 있다. 대기 중으로 방출된 이 막대한 양의 이산화탄소가 기온 상승을 일으키지 않는다는 것이 오히려 이상하게 들릴지 모른다.

실제 과거 100여 년 전부터 기온은 1°C 정도 증가한 것으로 보인다. 그리고 산업혁명 이후부터 화석연료의 사용 증가에 의해 이산화탄소의 배출량이 증가된 것도 분명하다. 따라서 지구의 기온 상승이 대기 중 이산화탄소에 일어났을 가능성을 배제할 수는 없다.

비록 이러한 가능성에 대한 의견은 완전히 일치되어 있지 않다고 하더라도 기온 상승은 비록 조그만 크기일지라도 해수를 팽창시키고 극지방의 얼음을 대량으로 녹여 해수면을 상승시킴으로써 인간의 활동 범위를 크게 축소시키는 등 인류에 미치는 영향이 매우 크기 때문에 심각하게 받아들여져야 한다. 현재 추세라면 2050년경에는 기온이 2°C 정도 더 높아지며 이에 따라 해수면이 30cm 정도 상승할 것이라고 한다.

오존층의 파괴

오염 문제가 대류권이 아닌 그보다 더 높은 곳에서 나타나는 현상은 성층권에 있는 오존층의 파괴이다. 성층권에는 태양광 중의 자외선의 일부를 흡수하는 오존의 밀도가 높다. 성층권의 오존층이 없으면 인간은 햇빛에 노출되는 야외 활동을 아예 할 수가 없을 정도가 된다. 태양광의 자외선에 의해서 화상은 물론 피부암이 발생하기 쉽기 때문이다.

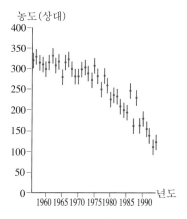

그림 15.16 **오존의 감소.** 남극의 헬리만 기지에서 측정한 오존량은 1950년 이래로 계속 감소하여 현재는 1960년대의 1/3 이하로 감소하였음을 보여준다.

오존층의 파괴는 성층권을 비행하는 제트 비행기에 의해 시작되었다. 항공기가 아산화질소(N_2O)를 배출하기 때문이다. 뿐만 아니라 에어로졸 스프레이에서 분무제로 사용하는 CFC도 마찬가지 작용을 하였다. 또한 구형 냉장고에서 냉매로 사용되던 프레온 가스(CF_2Cl_2)도 CFC의 일종이다. CFC는 자외선에 의해 분해되어 염소 원자를 생성하며 이 염소 원자가 오존을 산소로 분해시키는 반응에서 촉매로 작용하여 오존층을 파괴한다.

광범위한 영역에 걸친 오존층의 파괴는 이미 관측된 사실이며 이를 개선하기 위한 대책으로 CFC의 사용 제한과 새로운 냉매의 사용에 대한 국제협약이 이미 발효 중이다. 오존층을 파괴하는 다른 가스로는 소화기에 사용하는 할론(CF_3Br)과 일산화탄소, 이산화탄소, 메테인 등이 있다.

□ CFC

CFC에는 $CFCl_3$, $CF2Cl_2$, $C2F_3Cl_3$ 등이 있다.

내분비 교란 화학 물질

그림 15.17 뮐러. DDT를 합성하여 해충의 구제에 기여한 공로로 1948년에 노벨생리/의학상을 수상하였다.

내분비 교란 화학 물질(Endocrine Disrupting Chemicals/Endocrine Disrupter)[5]은 신체에서 분비되는 호르몬과 같은 물질 혹은 비슷한 물질로서 체외로부터 흡수되어 체내에서 정상적인 호르몬의 역할을 교란시켜 생식 이상, 성장 이상 등의 신체 기능에 위협을 초래하는 물질로 정의된다.

인체 내에서 합성되는 호르몬 외에 호르몬의 기능과 유사한 역할을 할 수 있는 인공적인 물질이 많이 존재한다. 이들은 호르몬의 수용체와 결합하여 정상 호르몬의 작용을 모방 혹은 차단하기도 하고 비정상적인 대사를 촉발시키거나 암을 발생시키기도 한다. 또한 내분비 교란 화학 물질 중에는 수용체와 결합하지 않고 호르몬의 합성, 배설, 이동을 일으키는 것도 있다. DES(Di-Ethyl-Stilbestrol), DDT, PCB, 다이옥신(Dioxin) 등은 대부분 인체 내에서 성호르몬(sex hormone)의 기능을 모방하는 내분비 교란 화학 물질이다.

□ 성호르몬

여성의 난소에서는 에스트로겐과 프로게스트론이라는 호르몬이 분비된다. 이들 호르몬은 여성의 성적 발육과 임신에 관계한다. 에스트로겐이 결핍되면 여성이 남성화하고 프로게스트론의 결핍은 유산을 일으키는 것으로 알려져 있다. 경구 피임약은 에스트로겐을 함유하고 있어서 이를 복용하면 인체는 임신 중으로 인식하여 더 이상 배란을 하지 않게 된다. 반면에 남성의 정소에서는 테스토스테론이라는 호르몬이 분비되어 남성이 남성다운 성징을 나타내도록 한다.

방사선

그림 15.18 도시 쓰레기 소각장. 이러한 시설에서는 다이옥신이 발생하며 발생량을 줄이기 위해서는 젖은 쓰레기를 줄여야 한다.

방사선은 전자기파나 고속으로 운동하는 입자의 흐름을 말하며 물질에 방사선이 입사하여 영향을 주는 것을 방사선 피폭(radiation exposure)이라고 한다.

방사선은 입자 1개당 에너지와 단위 시간당 입자 수에 의해 그 영향력이 정량화되며 생체에 대한 영향을 논의할 때 이 2가지 모두를 1개의 값으로 나타내는 흡수 선량(absorbed dose)을 사용한다. 흡수 선량은 생체의 단위 질량당 흡수된 방사선의 총 에너지를 말한다. 단위로는 그레이(Gy)를 사용하는데 1Gy는 생체 1kg당 1J의 에너지가 흡수된 상태를 말한다.

방사선의 종류에 따라 생체에 미치는 영향이 다르기 때문에 흡수 선량

---

5) 일본에서는 환경호르몬이라는 용어를 사용하고 있음

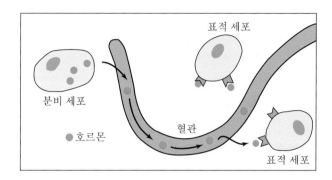

그림 15.19 호르몬의 작용 원리. 호르몬은 혈관 속을 돌아다니다가 표적 세포에 있는 수용체와 결합하여 그 세포가 특정한 기능을 하도록 한다.

에 종류에 따른 가중치를 곱한 등가 선량(equivalent dose)이 잘 사용된다. 광자, 전자의 가중치는 1이고 중성자는 에너지에 따라 다른 5~20 사이의 가중치가 부여된다. 생체에 대한 중성자의 영향이 크다는 말이다. 등가 선량의 상용 단위는 사이버트(Sv)이다. 사람에 대한 반치사 선량(median lethal radiation dosage)[6]은 5Sv 정도로 알려져 있다.

중성자와 같은 중성 입자는 원자핵과 직접 상호 작용할 수 있지만 방사선과 생체 내 물질과의 가장 흔한 상호 작용은 이온화이다. 이렇게 생성된 이온과 전자는 결국 래디컬(radical)이라고 불리는 화학적 활성이 큰 물질을 만들게 된다.

생체의 구성 성분 중에서 분자 수준에서는 가장 많은 구성단위가 물이므로 방사선 피폭에 의해 물이 래디컬로 변하기 쉽다. 물론 유기물의 래디컬도 생성될 수가 있으며 이들 래디컬은 화학적 활성이 매우 강하므로 세포 내의 단백질, 핵산, 지질, 탄수화물 등의 분자와 반응하여 분자의 손상, 변성, 절단 등을 초래한다. 소량의 방사선에 의한 손상은 저절로 복구되기도 하지만 래디컬에 의해 세포의 사멸 또는 기능 마비와 같은 급성의 결과나 세포의 돌연 변이와 같은 만성적인 결과가 발생할 수 있다.

그림 15.20 체르노빌 원자력 발전소 사고. 1986년에 발생한 이 사고로 많은 사람이 직·간접으로 방사능 피폭에 의해서 사망하였거나 지금도 치료 중에 있다.

□ 래디컬

생체 내의 구성단위는 주로 분자이고 분자 내 원자들은 2개의 전자를 사이에 둔 공유 결합을 하고 있는 경우가 많다. 즉 분자 내의 전자들은 2개씩 짝을 지어서 존재하는 것이다. 그런데 방사선은 원자를 결합시키고 있는 전자를 분리하거나 아예 떼어 낼 수도 있다. 그러면 원자 내에 공유 결합을 하지 않은 전자들이 존재하게 되는데 이들을 래디컬이라고 한다. 즉 래디컬은 짝을 짓지 않은 전자를 가진 분자를 말하며 이온일 수도 있다. 래디컬은 화학적 활성이 커서 주위의 분자나 원자와 잘 결합하여 다른 물질을 만들게 된다.

---

6) 방사선 조사 후 집단의 50%를 사멸시키는 데 필요한 선량

세포의 물질 중에서 핵산은 유전 물질이므로 핵산의 변화는 장기적인 문제를 일으키게 된다. 그 중에서 체세포에서 일어나는 유전적 교란은 당대의 이상 형질의 발현으로 그치지만 생식 세포의 경우에는 변화된 형질이 다음 세대로 전달되기도 한다.

방사선 피폭에 의해 증가된다고 확실히 인정되는 세포의 형질 변화는 암일 것이다. 이는 히로시마와 나가사키의 원폭에 의해 발생한 염색체 이상 그리고 백혈병 발생의 증가에 의해 뒷받침된다고 하겠다. 그러나 방사선 피해에 대한 조사는 주로 동물 실험에 의한 결과이며 인체에 대해서는 통계적 표본의 부족으로 그리 정확하지는 않은 상태이다.

15.6 인간에 의한 환경의 변화

원시 생물이 인간으로 진화하기까지는 약 39억 년의 시간이 걸렸다. 이 긴 시간 동안 이미 수많은 생물들이 나타났다가 사라졌다. 생물의 절멸은 생물 자체의 문제에 의한 것일 수도 있지만 자연적인 지구 환경의 변화에 의한 것도 있다. 그러나 불과 20만 년 전에 나타난 인간은 이러한 자연적인 과정에 예속되지 않고 영원히 생존하고자 한다. 그것을 위해 인간은 꾸준히 자연환경을 변화시켜오고 있다.

자원 소비

인간의 활동에 의한 자연 변화는 수세기 전까지는 그렇게 광범위한 것은 아니었다. 그러나 18세기의 산업혁명이 시작되자 상황은 돌변하였다. 생산은 가내 수공업이 아니라 공장제 공업으로 변모하였다. 대량생산에 소모되는 자원은 제품의 원료뿐만 아니라 산업용 기계를 움직이는 석탄과 같은 동력원도 있었다. 이에 따라서 다량의 광물 자원과 석탄이 채굴되었고 이러한 화석연료의 연소 과정에서 이산화탄소가 대량으로 방출되기 시작하였다.

과학의 혁명 이후로 발전된 과학과 기술에 의해 생산된 도구와 약재 등은 인간의 평균 수명의 증대를 가져왔다. 인구 증가와 과학 기술의 발전은 대량 생산과 이에 따른 자원의 대량 소비를 연쇄적으로 일으키게 되었다. 산업혁명 시대부터 새겨지기 시작한 자연의 변화는 지금도 발견된다.

20세기 이후로 인간의 활동에 의한 자연 환경의 변화에는 가속도가 붙기 시작하였다. 인류 문명은 에너지, 의약품, 주택, 의류, 식품, 전자 제품

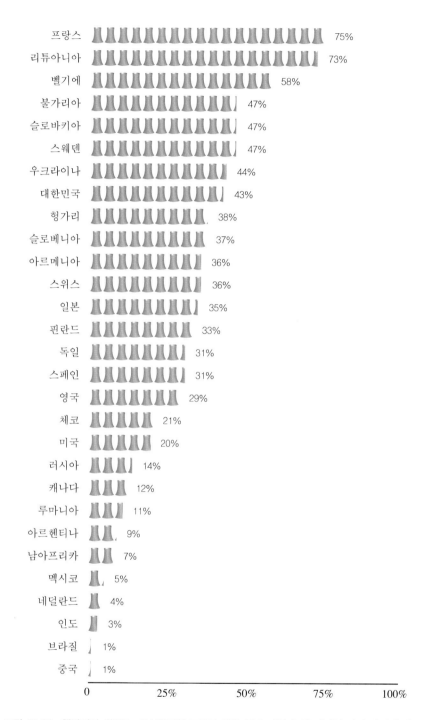

그림 15.21 **핵발전의 의존도.** 화석연료의 고갈과 공해 문제 때문에 전 세계의 전기 에너지 생산에서 핵발전의 비중은 날로 높아져 가고 있다.

등의 생산을 위해 석탄뿐만 아니라 석유, 핵연료 등의 에너지 자원, 광물 자원, 생체 자원, 수자원 등을 대량 소비하고 있다. 자원을 얻기까지의 과정뿐만 아니라 생산된 제품들에 의한 자연의 변화는 매우 크고 광범위하다. 광물과 에너지 자원은 점점 고갈되어 가고 있으며 특히 에너지 자원은 모든 형태의 것을 다 합쳐도 수백 년 이상을 버티기 힘든 상태이다.

물질 생산은 이제 천연적인 형태의 것을 넘어서 지구 역사상 자연적으로는 한번도 존재한 적이 없는 물질이 생산되기도 하고 기존의 것도 인간의 필요에 따라 대량으로 생산되기도 한다. 이러한 물질들은 여러 곳으로 폐기되어 오염 문제를 야기하고 있다. 이들 오염에는 유독성 기체에 의한 대기의 오염, 독성 물질에 의한 토양 및 수질 오염 등이 있으며 결국에는 인간이 살아가는 환경으로 되돌아오고 있다. 20세기의 불과 100여 년 동안에 일어난 인간의 활동에 의한 자연 변화의 크기는 그 이전 인간의 먼 조상이 태어난 이래 수백만 년 동안에 인간이 남긴 것보다 훨씬 크다고 할 수 있다. 20세기에 일어난 변화는 크기와 속도의 측면에서 유래가 없는 것이며 자연 자체의 복구 능력을 훨씬 초과하는 것이었다. 따라서 일부 환경은 완전 복구에 앞으로 수백 년 이상이 필요로 할 정도에 이르렀으며 지금도 그런 상태로 이행되는 곳이 많다.

이산화탄소로부터 산소를 생산하여 인류의 생존에 절대적으로 필요한 열대우림은 목재 채취와 개발의 명목으로 지금도 매년 1% 정도가 사라지고 있다고 한다. 대량의 화석연료의 연소 및 지구 역사상 단일 생물 종으로서는 최대로 많은 인간의 호흡에 의해 소모되는 산소의 양을 식물들의 광합성이 충분하게 공급하지 못할 날이 올 수도 있을 것이다.

천연 자원을 포함한 물자는 실제로 선진국에서 더 많이 소비하고 있다. 선진국의 국민은 생활 수준이 높아서 물질 소비량이 많기 때문이다. 반면에 빈국은 목재와 광석과 같은 천연 자원을 부국으로 수출하여 공업 제품을 사 들여오고 있다. 그러나 이 거래는 균형이 잡힌 것이 아니고 대부분의 경우 빈국에서 적자를 보고 있다. 빈국은 이를 메우기 위해 더욱더 많은 천연 자원을 수출하려고 하며 따라서 급속도로 천연 자원의 고갈이 일어나고 있는 중이다.

인구 증가와 도시화

세계의 인구는 1만 년 전에는 약 1,000만, 19세기에 약 10억, 현재는 약 60억으로 매년 25만 명 정도가 늘어나고 있으며, 인구가 2배로 느는 데 걸리는 시간은 40년 정도로서 인구는 지수적으로 늘어나고 있다. 이러한 추

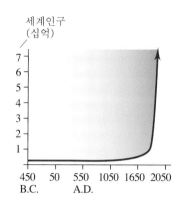

세로는 100년 후에는 100억에 육박할 것으로 추정된다.

물론 인구 증가 추세는 나라마다 다르다. 대체적으로 세계 인구의 20%를 차지하는 선진국의 인구 증가율은 0에 가까운 반면 80%가 집중된 개발도상국의 증가율은 훨씬 높아 세계 인구의 증가를 주도한다. 따라서 환경문제는 이들 나라에서 더욱 집중적으로 제기될 것이 분명하다. 특히 개발도상국은 환경 문제에 대한 대비가 없이 급속도로 발전해 왔다. 이들 국가에서는 에너지와 물질 자원의 생산, 분배, 소비 및 폐기물 처리가 문제 거리가 되고 있다. 이러한 국가에서 산업화 사회의 특성인 도시 집중화는 이런 문제를 증폭시키게 된다. 자연은 오염 물질을 스스로 정화할 수 있는 능력을 가지고 있는데 도시화는 오염 문제를 좁은 영역 내에 집중시키기 때문이다. 자연의 자정 능력을 초과한 과다한 오염은 결국 생물의 생존을 위협하게 된다.

그림 15.22 인구의 변화. 세계 인구는 산업혁명 이전까지는 거의 일정하였으나 그 이후부터 지수적으로 증가하기 시작하였다.

환경 보존의 이유

인간은 생존을 위해 끊임없이 자연의 상태를 변화시키고 있으나 그러한 변화가 장기적으로는 오히려 인간의 생존에 위협을 초래하는 경우가 발생하고 있다. 인간 자신이 일으키는 환경의 변화는 인간 이전의 어느 다른 생물에 의한 것보다 광범위하고 심각하기 때문에 단기적인 생존 전략이 아닌 인간의 장기적인 생존을 위해서 자연을 어떻게 취급하여야 할 것인가를 결정하여야 한다. 대부분의 경우에는 자연환경을 자연적인 상태로 유지하는 것이 최선의 방법으로 나타난다. 비록 인간이 자연적인 원인으로 절멸한다고 하더라도 그때까지 걸린 시간이 인간 자신이 파괴한 환경 때문에 스스로 멸망하기까지 걸리는 시간보다는 훨씬 길 것으로 생각되기 때문이다. 그러므로 인위적인 자연환경의 변화는 최소한으로 줄여야 한다는 결론에 도달한다.

지구상에 존재한 적이 있는 생물 종의 수는 5억이라고 하며 그중에서 90%가 이미 멸종했다. 약 6,600만 년 전에 일어난 공룡의 멸종과 같은 대규모의 멸종만도 6회 정도 있었다. 생물의 역사에서는 한 종이 멸종하면 다른 새로운 종이 태어나서 번성한다. 종의 출몰은 생명 순환의 한 과정일지도 모른다. 따라서 인간이 번성하는 시기에 다른 종이 멸종한다고 해서 큰 문제가 아니고 자연적인 과정으로 해석하려는 주장도 나올 수 있으며 쓸모없이 보이는 일부 생물이 절멸된다고 해서 인간에 해로울 것이 없을 것으로 생각할 수도 있다. 그러나 비록 그 생물이 지금 현재는 인간에게 별로 도움이 되지 않는다고 하더라도 그 생물의 어떤 측면이 미래 어느 날에 인간의 생존에 절실히 필요할지도 모른다는 사실을 알아야 한다. 한 식물이 멸종하고 난 후에 비로소 어떤 질병에 대한 그 식물의 약효가 발견될 수도 있다. 오늘날 우리의 주식인 쌀, 밀, 옥수수 등의 야생종이 지금의 개량종으로 개발되기 전에 이미 멸종했더라면 지금 우리는 무엇을 먹으며 살고 있을까?

현재 지구에 존재하는 생물의 종의 수는 수천만으로 추정된다. 이들 모두가 지구상에서 생태권을 이루고 있는 구성원들이며 어느 한 종의 멸종은 다른 종들에게 직접 혹은 간접적인 영향을 미쳐 인간을 포함하는 생태학적 피라미드를 변화시킬 수도 있다. 인간도 생태계의 일원으로서 다른 종의 변화에 의해 어떤 규모라도 영향을 받게 된다. 우리는 그러한 영향에 대해 아직 완전히 알지 못하고 있다. 뿐만 아니라 이미 파괴된 생태계의 균형은 복구되지 못하는 경우가 허다하다. 따라서 생태계의 교란에 의한 인간의 피해를 알게 되어도 이미 때가 늦은 경우가 발생할 수 있다.

그리고 인간 이익의 관점이 아닌, 보다 큰 윤리적인 차원에서 보면 인간에 의한 다른 생물의 멸종은 그 생물의 생존할 수 있는 권리를 빼앗는 것이다. 인간이 과연 그러할 권리를 가지고 있는가는 알 수 없지만 많은 사람들은 그러한 일을 측은하게 생각하는 본성을 가지고 있다.

참고문헌

1. B. Skinner 외(박수인 외 역), 생동하는 지구, 시그마프레스
2. Fred t. Mackenzie 외(김예동 외 역), 환경변화와 인간의 미래, 동아일보사
3. 김희수 외, 지구과학 I, (주)천재교육
4. 경재복 외, 지구과학 I, (주)중앙교육진흥연구소
5. P. O' Neill(문희정 외 역), 환경화학), 한국경제신문사
6. Enger Smith(김종욱 역), 환경과학개론, 북스힐
7. 中原英臣 외(손동헌 역), 환경호르몬의 공포, 종 문화사
8. Theo Colborn 외(권복규 역), 도둑맞은 미래, 사이언스북스
9. 주광열, 과학과 환경, 서울대학교 출판부
10. 최의소 외, 환경공학, 청문각
11. 강만식 외, 방사선 생물학, 교학연구사
12. W. Broecker(원종관 역), 지구환경의 변천, 전파과학사
13. 우규환 외, 화학 I, 중앙교육진흥연구소
14. 이덕환 외, 화학 I, 대한교과서
15. 서정쌍 외, 화학 I, 금성출판사
16. W. Broecker(원종관 역), 지구환경의 변천, 전파과학사

찾 아 보 기